WOLFGANG MÖSSNER

Prüfung und Praxis Bäcker/in

WOLFGANG MÖSSNER

PRÜFUNG UND PRAXIS BÄCKER/IN

Der direkte Weg zum Erfolg

Das Standardwerk für Ausbildung und Beruf

MATTHAES VERLAG GMBH, STUTTGART

ISBN 978-3-87515

8. überarbeitete und erweiterte Auflage 2009
Ehemals erschienen unter den Titeln
„Der Bäcker in der Prüfung und in der Praxis“ (1. bis 5. Auflage)
„Praxishandbuch Bäckerei“ (6. Auflage)

Printed in Germany

Vorwort zur 8. Auflage

Das bewährte Standardwerk „Prüfung und Praxis Bäcker/in" in der 8. Auflage überarbeitet, aktualisiert und wiederum verbessert, ist durch seine Praxisnähe eine unerlässliche Fachliteratur für unseren Berufsstand. Hier finden nicht nur der Bäckermeister als Betriebsinhaber, sondern auch Auszubildende und Meisterschüler umfassendes Informationsmaterial, das trotz der Fülle der einzelnen Fachgebiete übersichtlich gegliedert und überschaubar ist.

Mit diesem Buch verbinde ich den Wunsch, dass es mit dem gleichen Zuspruch wie alle vorhergehenden Auflagen bei Kollegen, Gesellen und Auszubildenden angenommen wird. Denn als langjähriger badischer Verbandsgeschäftsführer und Leiter der Badischen Bäckerfachschule mit fast 40-jähriger Berufspraxis sowie zahlreichen weiteren Tätigkeiten bin ich mit den Problemen unseres Handwerks bestens vertraut.

Ein Fachbuch soll nicht nur als Informationsmittel dienen, sondern auch anregen und motivieren, sich mit der täglichen Arbeit intensiv und kontinuierlich auseinanderzusetzen. Nicht zuletzt aus diesem Grund ist dieses Werk unverzichtbar für jeden Bäckereibetrieb.

Ein ganz besonderer und neu hinzugekommener Bestandteil dieses Buches sind die komplexen Prüfungsaufgaben nach Lernfeldern (mit Lösungen).

Ich wünsche Ihnen viel Erfolg in der täglichen Praxis.

Ihr Wolfgang Mößner

Inhaltsverzeichnis

Vorwort 5
Prüfungsfragen aus der Ernährungslehre (Berufstheorie) 11

Rohstoffkunde (Berufstheorie) 33
Getreide und Mehl 33
Wasser 44
Milch und Milchprodukte 46
Zucker 58
Süßstoffe 68
Zuckeraustauschstoffe 69
Speisesalz (Natriumchlorid NaCl) 71
Bäckereifette 74
Eier/EU-Eiervermarktungsnormen-Verordnung 80
Backmittel 85
Süd- und Trockenfrüchte 88
Kandierte Früchte 89
Unbearbeitete Ölsamen 89
Bearbeitete Ölsamen 90
Rohmassen und Süßwaren aus bearbeiteten Ölsamen 91
Zuckerwaren 93
Kakaoerzeugnisse, Kakao 94
Glasurmassen 97
Gewürze 98
Massen 101

Lockerungsmittel (Berufstheorie) 103
Chemische Lockerungsmittel 103
Physikalische Lockerungsmittel 105
Biologische Lockerungsmittel 107

Sauerteigführungsarten (Berufstheorie) 115
Merkmale der Dreistufen-Sauerteigführung 115
Berliner Kurzsauerteigführung 115
Detmolder Einstufen-Sauerteigführung 118
Weinheimer Qualitätssauerteigführung 124
Salzsauerteigführung 127
Wochensauerteigführung 132
Detmolder Zweistufen-Sauerteigführung 132
Allgemeines über Weizenvorteige und Weizensauerteige 139
Prüfschema für Brot 142
Prüfschema für Brötchen 144
Prüfschema für Stollen 146
Aufgaben, Leistungen und Ziele öffentlicher Qualitätsprüfungen 148

Backöfen und Backprozess (Berufstheorie) 151
Backöfen 151
Backprozess 160

Brotfehler und Brotverderb (Berufstheorie) 163
Brotfehler 163
Brotverderb 163
Aktuelle Brotfehler – Ursachen und Abhilfe 165
Aktuelle Brötchenfehler – Ursachen und Abhilfe 169
Fehlertabellen/Feine Backwaren 173

Allgemeine Fragen (Berufstheorie) 183

Backversuche (Berufstheorie) 189
Die Beweisführung der Gär- und Einwiegeverluste 189
Die Bedeutung der Knetzeit bei Weizenteigen 192
Die backtechnischen Auswirkungen geringer und hoher Zuckerzusätze 193
Die backtechnischen Auswirkungen geringer und hoher Fettzusätze bei Hefefeinteigen mit Schnellknetung (Spiralknetmaschine) und Langsamknetung (Hubknetmaschine) 195
Die Bedeutung der Milch als Zuguss 199
Die Wirkung eines Backmittels bei Weizenbrot 200
Die backtechnischen Auswirkungen von Eiern bei Hefegebäckstücken 202
Die Bedeutung der Säure im Roggenmehl (ohne Salz) 203
Hefebackversuch (mit Salz und ohne Säure) 204
Roggenmehlteig (ohne Säure und ohne Salz) 205
Einfluss der Backofentemperatur und der Backzeit auf die Krumenfarbe 206
Experiment des Salz-Hefe-Verfahrens bei Schnittbrötchen 207
Untersuchungsmöglichkeiten für die Backstube im Hinblick auf die Klebermenge und die Kleberqualität 209

Teigrheologie (Berufstheorie) 215
Farinogramm 215
Extensogramm 216
Fallzahl 220
Amylogramm 223

Frischhaltung von Gebäck und Brot sowie Vorratsherstellung (Berufstheorie) 227
Allgemeines 227
Tiefkühlung bei Brötchen 228

Tiefkühlung bei Hefekleingebäcken und Hefefeingebäcken 231
Tiefkühlung von verschiedenen Feingebäcken 233
Brotfrischhaltung durch Wärme 235
Brotfrischhaltung durch Einsatz von Frischhaltemitteln, durch richtige Teigführung und Brotlagerung 238
Das Unterbruch-Backverfahren 240
Gärverzögerung und Gärunterbrechung 243
Gärverzögerung durch Kühlung bei Plunder- und Hefekleingebäcken 245
Gärunterbrechung durch Tiefkühlung bei Plunder- und Hefekleingebäcken sowie Brezeln 247
Gärunterbrechung und Gärverzögerung mit automatisch steuerbaren Anlagen 248

Bauanleitungen für die technische Betriebsgestaltung 251
Produktionsräume 251

Organisationen für das Deutsche Bäckerhandwerk 263
Betriebliche Altersvorsorge für das Bäcker- und Konditorenhandwerk 263
Tarifvertragsrechtliche Auswirkungen der Tarifverträge zur betrieblichen Altersvorsorge für die Beschäftigten des Deutschen Bäckerhandwerks e. V. 263
SHB-Versicherung 266

Technische Mathematik (Berufstheorie) 269
Teigausbeute(TA) – Bezeichnungen und Berechnungen 269
Berechnung der Zugusstemperatur 276
Backverlust-Berechnungen 281
Material- und Verlustberechnungen 287
Gebäckausbeute (GA) und Brotausbeute (BA) 288
Volumenausbeute 291
Umrechnen von Rezepturen mit der Schlüsselzahl 292

Kaufmännisches Rechnen (Berufstheorie) 295
Durchschnitts- und Mischungsrechnen 295
Mischungsrechnungen mit dem Mischungs-(Andreas-)kreuz 299
Mischung von 3 und mehr Sorten 303
Zinsrechnen 307
Diskontrechnen 312

Kostenrechnung (Berufstheorie) 319
Einführung 319
Vollkostenrechnung 320
Teilkostenrechnung 323

Gesetzeskunde 329
Berufsgenossenschaft 333
Infektionsschutzgesetz 336

Komplexe Prüfungsaufgaben mit Lösungen 339

Anhang 391
Leitsätze für Brot und Kleingebäck 391
Leitsätze für Feine Backwaren 397
Einteilung von Brot und Kleingebäck in Gruppen und Untergruppen 410
Mehltypen-Regelung 412
Mehlprüfung – Roggen/Hefebackversuch 413
Längsschnitt durch ein Weizenkorn 415
Weltgetreideerzeugung 416
Verordnung über die Berufsausbildung zum Bäcker/zur Bäckerin 419
Ausbildungsrahmenplan 424

Quellenverzeichnis 431

PRÜFUNGSFRAGEN AUS DER ERNÄHRUNGSLEHRE

(Berufstheorie)

Was versteht man unter Ernährung?

Unter Ernährung versteht man die Aufnahme der verschiedenen Nahrungsmittel beim Essen, die der Körper nicht unmittelbar verwerten kann; sie müssen zuerst aufgeschlossen werden.

Welche Nahrungsmittel unterscheidet man nach dem Herkommen?

Man unterscheidet pflanzliche und tierische Nahrungsmittel. Zu den pflanzlichen Nahrungsmitteln gehören Getreide, Mehl, Grieß, Gemüse, Früchte, Kartoffeln usw. Zu den tierischen Nahrungsmitteln gehören Fleisch, Wurst, Fisch, Milch, Käse, Eier, Butter, Schmalz usw. Die Nahrung wird im Körper durch den Stoffwechsel chemischen Umwandlungen unterworfen; sie dient der Energiezufuhr.

Welche Nährstoffe enthalten die Nahrungsmittel?

Kohlenhydrate (Zuckerstoffe), Eiweißstoffe, Fette.
Kohlenhydrate liefern Brennstoff für den Körper.
Eiweiß liefert die Aufbaustoffe.
Fett ist ein höchstkonzentrierter Brenn- und Baustoff.

Welche anderen Bestandteile enthalten die Nahrungsmittel noch?

Vitamine, Mineralstoffe, Wasser, Spurenelemente und Ballaststoffe (Cellulose).
Vitamine haben in unserem Körper eine Fülle von anregenden und regelnden Aufgaben.
Mineralstoffe zählen nicht zu den eigentlichen Nährstoffen; Kalksalze werden für den Aufbau der Knochen benötigt; Eisensalze zur Blutbildung. Phosphorsaure Salze werden zur Bildung von Hirn- und

Nervenzellen benötigt. Wasser ist in allen Nahrungsmitteln.
Spurenelemente sind Mineralien, die in geringsten Spuren im Körper vorhanden sein müssen.
Ballaststoffe sind für den menschlichen Körper unverdaulich, aber notwendig für viele Funktionen.

Nennen Sie die wichtigsten Kohlenhydrate! Worin sind sie enthalten?

Die wichtigsten Kohlenhydrate sind Zucker (Trauben- und Fruchtzucker in Früchten und in Bienenhonig), Milchzucker in der Milch; Rohr- und Rübenzucker in Zuckerrohr und Zuckerrüben; Malzzucker im keimenden Getreide. Pflanzliche Stärke in Getreide, Hülsenfrüchten und Kartoffeln; tierische Stärke in der Leber und in den Muskelzellen.

Nennen Sie die chemischen Elemente der Kohlenhydrate!

Kohlenstoff, Wasserstoff und Sauerstoff.

Warum lassen sich eiweißhaltige Lebensmittel nicht durch eine entsprechende Menge kohlenhydrathaltiger Lebensmittel ersetzen?

Eiweiß wird im Körper für den Aufbau von Muskeln und Organen benötigt. Für diesen Aufbau sind Aminosäuren nötig, welche lebensnotwendig sind. In kohlenhydratreicher Kost sind diese Aminosäuren nicht enthalten und daher als Ersatz völlig ungeeignet.

Nennen Sie je 2 Einfach-, Zweifach- und Vielfachzucker!

Einfachzucker: Trauben- und Fruchtzucker;
Zweifachzucker: Rohr- und Rübenzucker;
Vielfachzucker: Stärke und Cellulose.

Was versteht man unter spezifischem Gewicht?

Das Gewicht von 1 cm^3 eines festen Stoffes, eines Gases oder einer Flüssigkeit, ausgedrückt in Gramm.

Was versteht man unter Mikroorganismen, und was bewirken sie?

Mikroorganismen sind Bakterien, Hefen sowie Schimmelpilze und gelangen in der Regel von außen auf Lebensmittel. Sie wachsen bevorzugt an der Oberfläche, z. B. auf Speiseresten, Käse und Wurst.

Wie vermehren sich Mikroorganismen?

Mikroorganismen vermehren sich durch Zellteilung. Ihre Anzahl verdoppelt sich innerhalb einer bestimmten Zeit. Ob und wie schnell die Vermehrung erfolgt, hängt von verschiedenen Faktoren ab, u. a. vom Wasser- und Nährstoffangebot sowie von der Aufbewahrungstemperatur. Lebensmittelverderbende Mikroorganismen nehmen Inhaltsstoffe aus den Lebensmitteln auf, verstoffwechseln sie und scheiden Abbauprodukte wieder aus. Letztere können als übel riechende oder unangenehm schmeckende Stoffe den Verderb des Lebensmittels anzeigen.
Einige Mikroorganismen bilden giftige Stoffwechselprodukte oder sind krankheitserregend.
Beispiel: 100 g Kartoffelsalat 10 000 Staphylokokken.
Steht der Kartoffelsalat im warmen Zimmer herum, entwickeln sich darin

- in 1 Stunde 40 000 Mikroorganismen
- in 2 Stunden 160 000 Mikroorganismen
- in 3 Stunden 640 000 Mikroorganismen
- in 4 Stunden 2 560 000 Mikroorganismen

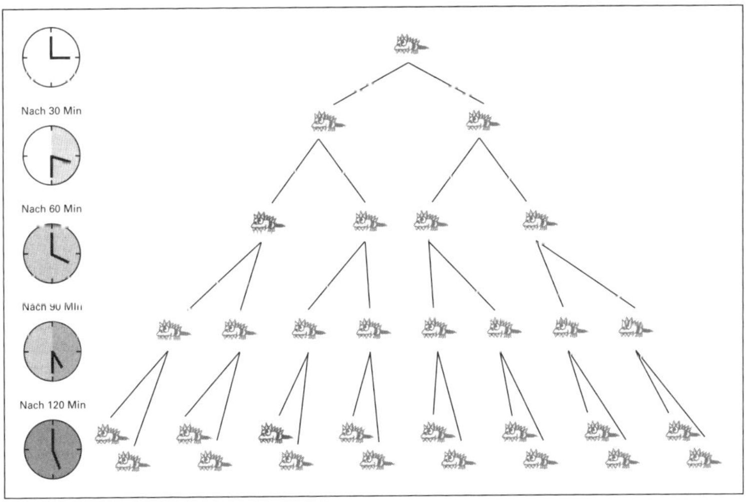

Was sind Salmonellen, und welche negativen Auswirkungen haben sie?

Salmonellen sind pathogene Bakterien, die weltweit mit Abstand am häufigsten Lebensmittelvergiftungen verursachen. Salmonellose stellt die klassische Lebensmittelinfektion schlechthin dar. Salmonellen kommen überall vor: in der Luft, im Wasser, im Boden, in menschlichen und tierischen Ausscheidungen oder im Tierfutter. Lebensmittel, die mit Salmonellen verseucht sind, sehen normal aus, riechen und schmecken völlig einwandfrei. Insgesamt kennt man etwa 2000 Salmonellenarten, die Magen- und Darmerkrankungen auslösen.
Die Vermehrung der Salmonellen erfolgt besonders schnell bei 20 bis 45° C und vor allem beim Auftauen tiefgefrorener Lebensmittel. Um ein Wachstum zu verzögern, sind Eier grundsätzlich kühl bei bis zu 4° C zu lagern.
Salmonellen werden durch ausreichendes Erhitzen, z. B. durch Kochen oder Backen, abgetötet. Dabei müssen Kerntemperaturen von mindestens 90° C erreicht werden.

Welche Lebensmittel sind für einen Befall mit Salmonellen besonders gefährdet?

Gefährdet für einen Befall mit Salmonellen sind vor allem eiweißreiche Lebensmittel, die einen hohen Wassergehalt aufweisen, z. B. Speiseeis, ältere Eier und Eierspeisen, die mit rohen Eiern zubereitet wurden, Milch und Milchprodukte, Mayonnaisen, Kremspeisen mit Eiern und Feinkostsalate, Hackfleisch, Fisch, rohes sowie angebratenes Fleisch und Fleischerzeugnisse, wie Aufschnitt oder frische Mettwurst, Geflügel und Wildfleisch, Krusten-, Schalen- und Weichtiere. Anders als angenommen besteht keine Gefahr bei Eierlikör, denn hochprozentiger Alkohol über 20 Vol.-% tötet Salmonellen ab.

Was versteht man unter einem Atom?

Das Atom ist das kleinste Teilchen eines chemischen Elements, das noch dessen Eigenschaften aufweist. Nach neuen Erkenntnissen ist das Atom nicht unteilbar.

Atome sind Gebilde aus einem Atomkern, der aus positiven Elementarteilchen (Protonen) und Neutronen besteht, sowie negativ geladenen Teilchen (Elektronen), die auf Quantenbahnen um den Kern kreisen. Die Zahl der Protonen im Kern ist identisch mit der Ordnungszahl im periodischen System der Elemente.

Nennen Sie wichtige Mineralstoffe!

Wichtige Mineralstoffe sind Natrium, Kalium, Calcium und Magnesium als Mengenelemente; Eisen, Zink und Fluor als Spurenelemente.

Wozu benötigt der menschliche Körper Mineralstoffe?

Der Körper benötigt die Mineralstoffe als Baustoffe zum Aufbau des Knochengerüstes und der Zähne; sie dienen aber auch als Reglerstoffe, die für den Stoffwechsel zu sorgen haben. Diese Mineralstoffe sind in allen pflanzlichen und tierischen Lebensmitteln unterschiedlich verteilt.

Wo sind Mineralstoffe im Getreidekorn gelagert?

In den Randschichten (Schale) des Getreidekorns. Beim reichlichen Verzehr von Vollkornbrot kann deshalb kein Mineralstoffmangel eintreten.

Wie kann man generell dem Mineralstoffmangel im Körper begegnen?

Weißbrot, Kuchen, Feingebäck, Torten, Zucker, Bonbons und Schokolade haben nur wenige Mineralstoffe. Deshalb sollte man eine gemischte und kräftige Kost bevorzugen. Dazu reichlich Gemüse und Obst sowie mineralstoffreiche Getreidemahlerzeugnisse einschließlich Vollkornbrot essen.

Welche Stoffe besorgen die Umwandlung der Nährstoffe?

Die Enzyme (griechisch), auch Fermente (lateinisch) genannt.

Was sind Enzyme?

Enzyme sind hochmolekulare Verbindungen auf Eiweißbasis, die als Wirkstoffe jeweils nur einen bestimmten Nährstoff in den Lebensmitteln auf- oder abbauen, ohne sich selbst dabei zu verändern.

Wo kommen Enzyme vor?

Enzyme sind in allen pflanzlichen und tierischen Lebensmitteln enthalten und spielen bei der Zubereitung, Verarbeitung und Lagerung eine wichtige Rolle. Die einfache alkoholische Zuckerspaltung (durch den Zymasekomplex) beginnt mit Aufbaureaktionen.

Welche Bedingungen müssen für die Tätigkeit der Enzyme vorhanden sein?

Feuchtigkeit (Wasser) und Wärme. Temperaturen von 40 bis 45° C lassen sie rascher arbeiten; bei kühleren Temperaturen arbeiten sie langsamer.

Welche besonderen Eigenschaften haben Enzyme?

Für jede Umwandlung eines Nährstoffs ist stets ein besonderes Enzym notwendig, das sich bei dieser Tätigkeit nicht verändert.

Welche Enzyme interessieren den Bäcker oder Konditor am meisten?

Die zuckerabbauenden, eiweißabbauenden und fettspaltenden Enzyme.

Nennen Sie zuckerabbauende, fettspaltende und eiweißabbauende Enzyme!

Zuckerabbauende Enzyme (Amylasen):
Stärke wird durch Diastase in Malzzucker abgebaut;
Malzzucker wird durch Maltase in Traubenzucker abgebaut;
Traubenzucker wird durch Zymase in Alkohol und Kohlensäure (Gärung) zerlegt;
Rohrzucker wird durch Invertase in Frucht- und Traubenzucker gespalten;
Milchzucker wird durch Laktase in Traubenzucker und Galaktose gespalten.
Fettspaltende Enzyme heißen Lipasen. Sie zerlegen Fett in die beiden Bausteine Glyzerin und Fettsäuren.
Eiweißabbauende Enzyme heißen Proteasen. Sie bauen Eiweiß bis zu den Aminosäuren ab.

Welches sind die wichtigsten Enzymdrüsen und ihre Enzyme?

Mundspeicheldrüsen erzeugen Amylasen (Stärkeabbau).
Magenschleimhäute produzieren Pepsin (Eiweißabbau).
Leber (mit Gallenblase) erzeugt Gallen-

flüssigkeit (macht die Lipasen erst wirksam).
Bauchspeicheldrüse produziert Lipasen (Fettabbau); erzeugt Trypsin, Erepsin (Eiweißabbau); produziert Maltase, Invertase, Laktase (Zuckerabbau).

In welchem Fall wird das Enzym zerstört?

Wenn große Hitze auf das Enzym einwirkt, gerinnt der Eiweißanteil; dadurch wird das Enzym zerstört.

Warum benötigen die Enzyme für das Wirken Wasser?

Enzyme können ihre Tätigkeit (Auf- oder Abbauen, Spalten) nur dann durchführen, wenn Wasser vorhanden ist (Schüttwasser, Gärvorgang usw.).

In unseren Nahrungsmitteln sind nicht nur Nährstoffe, sondern auch andere Bestandteile vorhanden. Zum Beispiel Wasser. Was wissen Sie über Wasser?

Wasser ist in allen Nahrungsmitteln enthalten. Es ist kein Nährstoff, ist aber in der Ernährung unbedingt notwendig, weil Wasser nicht nur zur Lösung der abgebauten Nährstoffe, sondern auch zum Transport dieser Nährstoffe im Körper und für die Vorgänge im Organismus gebraucht wird.

Woraus besteht Wasser?

Reines Wasser ist eine chemische Verbindung aus 2 Atomen Wasserstoff sowie 1 Atom Sauerstoff. Die chemische Formel heißt H_2O.

Welche Eigenschaften muss Wasser haben?

Für die Ernährung oder zur Verwendung als Zugussflüssigkeit beim Teigmachen muss Wasser die guten Eigenschaften von Trinkwasser haben: farb- und geruchlos, klar und frei von Verunreinigungen, frei von Pilzen und Bakterien.

Was versteht man unter dem Härtegrad des Wassers?

Nach der Menge der gelösten Mineralstoffe unterscheidet man hartes oder weiches Wasser. Die Wasserhärte wird in Härtegraden gemessen. Hartes Wasser enthält viel aufgelöste Mineralsalze (besonders Kalk), hat einen guten Geschmack (Quellwasser). Weiches Wasser enthält keine oder nur wenig Salze und hat einen faden

Geschmack (Regenwasser, abgekochtes Wasser oder destilliertes Wasser).

Der a_w-Wert wird oft als Maß für die Haltbarkeit von Lebensmitteln herangezogen!

a) Was besagt der a_w-Wert?

b) Nennen Sie mind. 3 Konservierungsmethoden, die auf der Veränderung des a_w-Werts beruhen!

a) Der a_w-Wert gibt den Gehalt an freiem Wasser in einem Lebensmittel an. Freies Wasser kann von Mikroorganismen genutzt werden, Lebensmittel mit hohen a_w-Werten sind deshalb anfällig gegen mikrobiellen Verderb.

b) Trocknen, salzen (pökeln), zuckern, gefrieren, räuchern, gefrier- sowie lufttrocknen u. a.

Die unverdaulichen Bestandteile der Nahrungsmittel nennt man Ballaststoffe (z. B. Cellulose). Warum bezeichnet man sie auch als „funktionsfördernde Bestandteile"?

Man nennt sie deshalb funktionsfördernde Bestandteile, weil sie die Darmtätigkeit anregen und die Verdauung fördern.

Was sind Ballaststoffe?

Ballaststoffe sind unverdauliche Bestandteile der Nahrung, die nur in pflanzlichen Lebensmitteln vorkommen. Tierische Kost ist frei von Ballaststoffen.
Chemiker unterscheiden lösliche, wasserbindende und unlösliche Ballaststoffe. Sie bilden in den Pflanzen ein Netzwerk von Gerüsten und Verstrebungen zu Standfestigkeit, Halt und Stabilität oder den äußeren Schutz, z. B. bei Getreidearten.

Was können Ballaststoffe bewirken?

Ballaststoffe verhüten die gefürchtete Darmträgheit sowie Verstopfung und reduzieren durch ihre Quellung eine Überdosierung an konzentrierten Nährstoffen bei der Nahrungsaufnahme. Der Magen ist schneller „gefüllt", das Sättigungsgefühl stellt sich schneller ein. Der aufgequollene „Füllstoff" Ballaststoff bringt mehr Volumen in den Darm und damit auch Nahrung für die Dickdarmflora, die Verdauungsbakterien gedeihen und arbeiten optimal. Neben der Vermeidung von Verstopfungen helfen Ballaststoffe bei Darmkrankheiten, verhindern hohe Blutfett- sowie Cholesterinwerte und beugen Übergewicht, Gallensteinen sowie Arterienverkalkung vor.

Wie kann die Ballaststoffbilanz verbessert werden?

Ernährungsmediziner raten zur Aufnahme von mindestens 30 bis 40 g Ballaststoffen täglich (zurzeit liegt sie bei 17 bis 21 g). Wenigstens 15 bis 20 g der Ballaststoffe sollten aus Brot und Getreidemahlprodukten stammen, da diese die Verdauung am wirksamsten regulieren, der Rest aus Gemüse und Obst. Diese genannten 15 bis 20 g sind z. B. in 300 g Brot/Brötchen, das sind 6 Scheiben/Stück täglich. Vollkornbackwaren haben einen besonders hohen Anteil an unlöslichen Ballaststoffen und verbessern die Ballaststoffbilanz beträchtlich.

In welchen Nahrungsmitteln sind Ballaststoffe vorhanden?

Ballaststoffe sind in Getreide und Getreideprodukten sowie in Obst, Gemüse und Hülsenfrüchten enthalten. Bei einzelnen Lebensmitteln ist die Höhe des Gehalts abhängig von Sorte, Reifezustand und Anbaubedingungen.
Die Ballaststoffe aus Getreide und die Ballaststoffe aus Obst und Gemüse sind unterschiedlich zusammengesetzt und haben im Körper auch unterschiedliche Wirkungen.

Welches ist der wichtigste Ballaststofflieferant in der Ernährung?

Das Getreidekorn ist der wichtigste Ballaststofflieferant in unserer Ernährung. Im Korn befindet sich der größte Teil der Ballaststoffe in den Randschichten. Beim Vermahlen gelangen unterschiedliche Anteile der Randschichten und damit der Ballaststoffe in das Mehl. Einen hohen Anteil an Ballaststoffen haben Mehle mit hoher Typenzahl (hohem Aschegehalt).

Übersicht über die Gesamtballaststoffe in g pro 100 g Lebensmittel

In Getreideprodukten	
Buchweizen	3,7
Haferflocken	9,5
Hirse, geschält	3,9
Knäckebrot	13,0–24,0
Mehrkornbrot	8,0
Roggenmehlbrot	4,3–6,8
Roggenmischbrot	4,0–5,8
Roggenmischbrot mit Schrotanteilen	4,9–6,0
Roggenvollkornbrot	6,4–9,0
Toastbrot	3,8
Vollkornnudeln, gekocht	4,4
Weizenbrötchen	3,4
Weizenbrot	3,2
Weizenkleie	40,0–50,0
Weizenmischbrot	3,4–4,9
Weizenschrotbrot	6,3–7,1

In Obst	
Ananas	1,4
Äpfel	1,5–2,3
Bananen	1,3–2,0
Birnen	2,8
Erdbeeren	2,0
Himbeeren	4,7
Johannisbeeren, schwarz	3,6–4,8
Johannisbeeren, rot	3,6–3,9
Orangen	2,2
Pfirsiche	1,7
Stachelbeeren	2,4–4,4
Süßkirschen	1,9

In Gemüse und Kartoffeln	
Blumenkohl	2,9
Brokkoli	3,0
Chinakohl	1,7
Erbsen, frisch	4,6–5,9
Gurken	0,9
Kartoffeln	1,9
Kohlrabi	1,5
Kopfsalat	1,6
Möhren	2,9
Paprika	2,0
Porree	2,2
Rettich	1,2
Rosenkohl	4,4
Rote Bete	2,5
Rotkohl	2,5
Sauerkraut	2,2
Spinat	1,8
Tomaten	1,3
Weißkohl	3,0
Wirsing	2,8
Zwiebeln	1,4

In verzehrfertigen Hülsenfrüchten	
Gelbe Erbsen	4,9
Grüne Erbsen	5,0
Kichererbsen	4,4
Kidneybohnen	8,3
Linsen	2,8
Weiße Bohnen	7,5

Je heller ein Mehl ist, desto geringer ist der Gehalt an Ballaststoffen.

Einen besonders hohen Ballaststoffgehalt haben

- Weizenbackschrot, Type 1700
- Weizenmehl, Type 1600
- Roggenmehl, Type 1740
- Roggenbackschrot, Type 1800

Was versteht man unter Hülsenfrüchten?

Unter Hülsenfrüchten versteht man die reifen trockenen Samen der Schmetterlingsblütler. Sie gehören seit Jahrtausenden zu den Kulturpflanzen der Menschen. Der Ursprung der meisten Hülsenfruchtpflanzen sind die Länder des Mittleren Ostens, Mittel- und Südamerika, Afrika und Asien, vor allem China.
Die wichtigsten Hülsenfrüchte sind Erbsen, Bohnen, Linsen sowie Sojabohnen. Erdnüsse zählen botanisch auch zu den Hülsenfrüchten, werden jedoch im Handel zu den Schalenobstsorten gerechnet.

Welchen Einfluss haben Hülsenfrüchte in der Ernährung?

Hülsenfrüchte haben von allen pflanzlichen Produkten den höchsten Eiweißgehalt und gehören in der Welternährung zu den wichtigsten Eiweißlieferanten. Bemerkenswert ist der hohe Gehalt an Fett in Sojabohnen und an Kohlenhydraten in Erbsen, Bohnen und Linsen. Außerdem enthalten Hülsenfrüchte beachtliche Anteile an lebensnotwendigen Mineralstoffen und Spurenelementen, z. B. Calcium, Phosphor, Eisen, Kupfer, Mangan, Zink und Jod, sowie an Vitaminen, besonders A, B_1 und B_2, sowie an Ballaststoffen.

Welche Bedeutung haben „essentielle" Fettsäuren für die Ernährung?

Essentielle Fettsäuren sind lebensnotwendig und müssen dem Körper mit der Nahrung zugeführt werden, z. B. Linolsäure, Linolensäure.

Weshalb ist der Gehalt an essentiellen Fettsäuren in Ölen im Allgemeinen höher als in festen Fetten?

Weil essentielle Fettsäuren ungesättigt bzw. mehrfach ungesättigt und deshalb in der Konsistenz flüssig sind.

Welche unterschiedlichen Aufgaben haben im Körper die Nährstoffe?

Kohlenhydrate und Fette liefern die Energie für den Kraft- und Wärmebedarf; Eiweißstoffe dienen vorwiegend als Baustoffe für Haut und Muskulatur.

Wozu dienen die Nährstoffe?

Die Nährstoffe, die der Körper bei der Verdauung der Nahrungsmittel herauszieht, dienen als Aufbaustoffe der Körpersubstanz, werden in den Muskeln zu Energie umgewandelt oder steuern diese Vorgänge.

Welche Energie wird bei diesem Stoffwechsel im Körper frei?

Die Wärmeenergie.

Wie heißt die Messeinheit beim Energieumsatz im Körper?

Joule (J); 1000 Joule sind 1 Kilojoule (kJ).

Woher kommt der Name „Joule"?

Die Bezeichnung „Joule" stammt von dem Namen des englischen Physikers James Prescott Joule (1818–1889). Das Joule wurde eingeführt, um physikalische und chemische Zusammenhänge übersichtlicher zu gestalten.

Was versteht man unter einem Joule im physikalischen Sinne, und wozu benötigt der Mensch Energie?

1 Joule ist die Arbeit, die verrichtet wird, wenn sich der Angriffspunkt der Kraft 1 N um 1 m in Richtung der Kraft verschiebt. $1\ J = 1\ Nm = 1 kgms^{-2}m = 1\ kgm^2s^{-2}$.
Der Mensch benötigt Energie, damit er leben und arbeiten kann. Er nimmt die Energie mit der Nahrung zu sich und wandelt sie durch Verdauung und Stoffwechsel z. B. in mechanische Arbeit (Muskelbewegung, Atmung, Herztätigkeit) oder chemische Arbeit (Aufbau neuer Verbindungen) um.
Die Energie, die der Körper aus den Nährstoffen Fett, Eiweiß und Kohlenhydraten gewinnen kann, wird heute in Kilojoule angegeben; die Angabe in Kilokalorien (Abkürzung: Kcal) ist nur zusätzlich möglich.
Die Energieangabe in kJ wurde international und 1978 in Deutschland eingeführt, da sie bessere Umrechnungs- und Vergleichsmöglichkeiten bietet.
Nach der Nährwert-Kennzeichnungsverordnung gilt: 1 g Fett liefert 37 kJ (9 kcal), 1 g Eiweiß liefert 17 kJ (4 kcal), und 1 g Kohlenhydrate liefert 17 kJ (4 kcal).
Beispielsweise enthält Roggenmischbrot im Durchschnitt 924 kJ (212 kcal) und 6,4 g

Eiweiß, 1,1 g Fett und 45,4 g Kohlenhydrate je 100 g.
Umrechnungsmöglichkeiten:
1 Kilojoule (kJ) = 0,239 kcal = 0,24 kcal
1 Kilokalorie (kcal) = 4,184 kJ = 4,2 kJ

Im Zusammenhang mit der Strahlenbelastung des Menschen in der heutigen Zeit tauchen immer wieder die Begriffe „Rem" und „Becquerel" auf. Erklären Sie die beiden Bezeichnungen!

Rem ist ein Maß für die Schädlichkeit verschiedener Strahlenarten für den Menschen. Bei der Bestimmung wird die unterschiedliche biologische Wirkung verschiedener Strahlenarten bei gleicher Energiedosis berücksichtigt. Seit dem 1. 1. 1986 ist das „Rem" durch die neue gesetzliche Einheit „Sievert" ersetzt (1 Sievert [Sv] = 100 rem).
Becquerel ist eine Maßeinheit für die Aktivität (den Zerfall) eines Radionuklides. Die Einheit von 1 Becquerel liegt dann vor, wenn von der Menge eines Radionuklides 1 Atomkern pro Sekunde zerfällt.
Becquerel ersetzt die früher gebräuchliche Einheit „Curie" (1 Curie = 37 000 000 000 Becquerel).

Welche Eigenschaften haben die Farb-, Duft- und Geschmacksstoffe der Nahrungsmittel?

Sie sind appetitanregend und fördern die Absonderung von Verdauungssäften.

Was sind Vitamine?

Vitamine sind lebensnotwendige Ergänzungsstoffe, die für den Stoffwechsel im menschlichen Körper unerlässlich sind. Der Körper selbst kann keine bilden; er ist deshalb auf eine vitaminhaltige Nahrung angewiesen.

Wie kann man Vitaminmangelkrankheiten verhüten?

Durch sorgfältig zubereitete Kost aus vitaminreichen Nahrungsmitteln. Reich an Vitaminen sind junge grüne Pflanzen, Gemüse, Obst, Milch, Eier, Fleisch, Vollkornerzeugnisse usw. Ernste Mangelkrankheiten können auch durch Vitaminpräparate verhütet werden.

Vitamine

Wasserlösliche Vitamine

Bezeichnung	Vorkommen	Bei Fehlen auftretende Mangelerscheinungen	Eigenschaften (biochemische Funktion)
Vitamin B_1 (Thiamin)	Hefe, Getreide, Vollkornbackwaren Weizenkeimlinge, Schweinefleisch, Kartoffeln, Tomaten Hirn, Leber, Milch.	Appetitlosigkeit, Beriberi (Mangelkrankheit mit Lähmungen und Kräfteverfall), Polyneuritis (= Nervenentzündung), Funktionsstörungen von Herz und Nerven.	Regulation des Kohlenhydratstoffwechsels und von Nervenfunktionen; empfindlich gegen Hitze, Sauerstoff und Licht.
Vitamin B_2 (Riboflavin)	Hefe, Leber, Milch Getreide, Butter, Käse, Vollkornmehle, Eier.	Schleimhautschäden, Wachstumsstörungen, Nervenstörungen.	Katalysator für den Fett-, Kohlenhydrat- und Eiweißstoffwechsel; Wachstumsförderung; im Sauren hitze-, und oxidationsbeständig.
Vitamin B_6 (Pyridoxin) Vitamin B_{12} (Cobalamin)	Hefe, dunkle Mehle, Getreidekeimlinge Sojabohnen, Muscheln, Leber.	Hautveränderungen, Krämpfe, Durchfall (= Pellagra), Anämie (= Mangel an roten Blutkörperchen), Eiweißstoffwechselstörungen.	Unentbehrlich für den Eiweißstoffwechsel; Reifung der roten Blutkörperchen; sehr licht- und hitzeempfindlich.
Nicotinsäureamid (Niacin)	Fleisch, Leber, Vollkornmehle, Mehle.	Pellagra der Haut, Veränderungen der Schleimhäute.	Bildet wasserstoffübertragende Enzyme, Auf- und Abbau von Fetten, Kohlenhydraten und Eiweißen, Energiegewinn im Zitronensäurezyklus.
Pantothensäure	Vollkornmehle, Hefe Fleisch, Leber, Milch Eigelb.	Schädigung der Haut Hemmung der Antikörperbildung.	Wirkprinzip des Co-Enzyms A im Zitronensäurezyklus, Energiegewinn.
Folsäure (Pteroylglutaminsäure)	Dunkelgrüne Blattgemüse, Leber, Nieren, Vollkornbackwaren Weizenkeime, Milch Hefe.	Anämie, Blutarmut, Schleimhautveränderungen.	Wichtig für die Zellteilung und Zellneubildung (rote und weiße Blutkörperchen); im Sauren durch Hitze und Licht zerstört. Mit diesem Vitamin sind Frauen häufig unterversorgt. Eine regelmäßige Aufnahme ist daher besonders wichtig für Schwangere und Frauen mit Kinderwunsch.

Bezeichnung	Vorkommen	Bei Fehlen auftretende Mangelerscheinungen	Eigenschaften (biochemische Funktion)
Vitamin C (Ascorbinsäure)	Zitrusfrüchte, Gemüse, Obst, Kartoffeln.	Skorbut (Blutungen der Haut, der Schleimhäute und des Zahnfleischs). Anfälligkeit gegen Infektionskrankheiten.	Wichtig für den Zellstoffwechsel; fördert die Eisenaufnahme; empfindlich gegen Sauerstoff, Licht und Hitze.
Vitamin H (Biotin)	Schokolade, Erdnüsse, Eigelb, Pilze, Kartoffeln, Leber, Nieren, Milch.	Hautveränderungen, Haarausfall.	Wichtig für die Fettsäuresyntese; Übertragung des CO_2-Bausteins.

Fettlösliche Vitamine

Vitamin A (Retinol)	Lebertran, Leber, Eigelb, Butter, Milch, Zusatz bei Margarine.	Augenerkrankungen, Nachtblindheit, Schleimhautentzündungen, Schuppenbildung der Haut.	Unterstützung des Sehprozesses, Schutz und Aufbau von Schleimhäuten, Beeinfussung des Zellwachstums; empfindlich gegen Licht, Sauerstoff, hitzebeständig.
Provitamin A (B-Carotin)	Karotten, gelbe und rote Früchte, Eigelb.	Verstärkte Ansteckungsgefahr.	Wird in der Darmschleimhaut zu Retinol gespalten.
Vitamin D (Calciforol)	Fischleberöle, Butter, Milch, Eigelb, Fisch, Leber, Lebertran, Margarine.	Rachitis (= Knochenerweichung oder englische Krankheit).	Beeinflussung des Calcium- und Phosphatstoffwechsels; empfindlich gegen Sauerstoff; hitzebeständig.
Vitamin E (Tocopherol)	Getreidekeimöle, Getreide, Margarine, Eier.	Störung in der Fortpflanzung, Unfruchtbarkeit, Muskelschwund.	Antioxidans (Antikörper) für ungesättigte Fettsäuren und Vitamin A; empfindlich gegen Sauerstoff.
Vitamin K (Phyllochinon)	Kabeljauleber, Kohl, Spinat, Kartoffeln, Karotten, Leber.	Blutungen, Störung der Blutgerinnung.	Untestutzung der Blutgerinnung; kann auch von Darmbakterien gebildet werden; nicht beständig gegen Säuren und Laugen; lichtempfindlich.

Woher kommt der Name Vitamin?

Das lateinische Wort heißt „vita", zu deutsch Leben. Die Silbe „amin" deutet auf Stickstoff und damit auf Eiweiß hin.

Wie bezeichnet man die Vitamine?

Als man sie entdeckte, bezeichnete man sie nach ihrer Wirkung mit den zugehörigen Namen, z. B. antirachitisches Vitamin, weil es die Rachitis (Knochenerweichung) verhinderte. Früher wurden Vitamine ausschließlich mit Großbuchstaben gekennzeichnet. Heute werden sie zusätzlich oft mit eigenen Namen versehen.

Nennen Sie wichtige Vitamine, ihr Vorkommen und ihre Aufgaben!

(Siehe Übersichtstabellen auf den Seiten 24 und 25.)

Welche Vitamine sind im Getreidekorn enthalten?

Im Getreidekorn finden sich die Vorstufe des Vitamins A, das Carotin, größere Mengen Vitamin B_1, außerdem in kleineren Mengen Vitamin B_2 (alle hauptsächlich im Keimling und in den Randschichten des Korns).

Was sind Hormone?

Hormone sind im Körper selbst gebildete Reglerstoffe, die Stoffwechsel, Organfunktionen und Wachstum beeinflussen. So kann z. B. die Leber nur dann den Traubenzucker zu Glykogen aufbauen und speichern, wenn in den Langerhansschen Inseln (kleine, „inselförmige" Drüsen in der Bauchspeicheldrüse) genügend Insulin gebildet und auf dem Blutweg der Leber zugeführt wird. Bei Zuckerkranken ist die Insulinproduktion gestört und dadurch die Speicherfähigkeit der Leber beeinträchtigt, so dass zu viel Traubenzucker ins Blut gelangt. Zuckerkranke dürfen deshalb nur wenig Kohlenhydrate essen (Diabetikergebäcke). In schweren Fällen wird den Kranken Insulin gespritzt.

Welches sind die wichtigsten Hormondrüsen und ihre Hormone?

Schilddrüsen
erzeugen Thyroxin (Stoffwechselsteuerung)

Nebennieren
erzeugen Adrenalin (Blutdruck, Stoffwechsel) und Cortison (Zucker-, Mineral- und Eiweißstoffwechsel)

Langerhanssche Inseln
erzeugen Insulin (Zuckerstoffwechsel)

Hoden
erzeugen Testosteron (männliches Geschlechtshormon)

Eierstöcke
erzeugen Östrogen, Progesteron (weibliche Geschlechtshormone)

Hirnanhangdrüse
erzeugt z. B. Somatotropin (Wachstumshormon) und weitere Hormone, die der Steuerung der Hormondrüsen dienen

Was versteht man unter Stoffwechsel im menschlichen Körper?

Man versteht darunter die Umwandlung von Nahrungsstoffen zur körpereigenen Substanz oder zur Freisetzung von Energie, die mit der Verdauung und Ausnutzung der Nahrung im Körper zusammenhängt.

Was bewirkt die Verdauung?

Die Verdauung bewirkt die Umwandlung von Nahrungsstoffen durch entsprechende Enzyme in eine lösliche Form, so dass die Spaltprodukte durch die Darmwände treten und in die Blut- und Lymphbahnen gelangen können.

Wodurch kann eine befriedigende Verdaulichkeit der Nahrungsstoffe geschaffen werden?

Außer von ausreichenden Mengen geeigneter Verdauungssafte ist die Verdauung von der Angreifbarkeit der Nahrungsstoffe abhängig. Durch küchenmäßige Behandlung (Kochen, Braten, Backen) wird eine befriedigende Verdaulichkeit geschaffen.

Woraus besteht das gesamte Verdauungssystem?

Es besteht aus dem Verdauungskanal und den Verdauungsorganen.

Nennen Sie die Teile des Verdauungskanals!

Mundhöhle, Speiseröhre, Zwölffingerdarm, Dünndarm, Dick- und Mastdarm.

Nennen Sie die Verdauungsorgane!

Mundspeicheldrüsen, Magen, Leber mit Gallenblase und Bauchspeicheldrüse.

Schildern Sie die Verdauung der Nahrung!

Die Nahrung wird durch den Mund aufgenommen und durch das Kauen von den Zähnen in der Mundhöhle zerkleinert. Gleichzeitig geben die Mundspeicheldrüsen den Speichel ab und machen dadurch die Nahrung breiig. Der Speichel enthält das Enzym Amylase, das sofort mit dem Abbau der Stärke beginnt. (Beim Kauen von Brot kann man einen leicht süßlichen Geschmack feststellen.) Dieser Speisebrei gelangt dann durch das Schlucken aus der Mundhöhle durch die Speiseröhre in den Magen. Im Magen wird der Speisebrei weiter zerkleinert. Die innere Schleimhaut des Magens sondert den Magensaft ab. Er besteht aus verdünnter Salzsäure und eiweißabbauenden Enzymen (Proteasen). Die Magensäure tötet die mit der Nahrung aufgenommenen Bakterien und bringt die Eiweißstoffe zur Quellung. Die Proteasen zerlegen die Eiweißstoffe in Bruchstücke und wasserlösliche Verbindungen. Die Verdauungszeit im Magen beträgt zwischen $2^1/_2$ und 5 Stunden je nach leicht oder schwer verdaulichen Speisen. Wenn der Mageninhalt genügend verflüssigt ist, wird er durch den Pförtner schubweise in den Zwölffingerdarm abgegeben. In den Zwölffingerdarm ergießen sich die wichtigen Verdauungssäfte Galle und Bauchspeichel. Die Galle, die in der Leber gebildet wird, verteilt die Fettstoffe im Speisebrei in kleinste Teilchen. Bauchspeicheldrüse und Darmschleimhaut sondern das Enzym Lipase ab, welches die Fette in Glyzerin und Fettsäuren zerlegt. Zucker- und eiweißabbauende Enzyme des Bauchspeichels bauen die Nährstoffe zu Einfachzuckern und Aminosäuren ab, die wasserlöslich geworden sind, wie auch das in

Glyzerin und Fettsäuren gespaltene Fett wasserlöslich geworden ist. Diese Spaltung wird im Dünndarm fortgesetzt.
Die wasserlöslichen Bausteine werden von den Darmzotten des Dünndarms aus dem Nahrungsbrei aufgenommen und über die Blut- und Lymphbahn weitergeführt. Damit ist die Verdauung der Nahrung abgeschlossen. Die übrig bleibenden und unverdaulichen Teile der Nahrung (Ballaststoffe) werden im Dickdarm weiter zersetzt (Darmbakterien), eingedickt und durch den Mastdarm ausgeschieden.

Der Verdauungstrakt

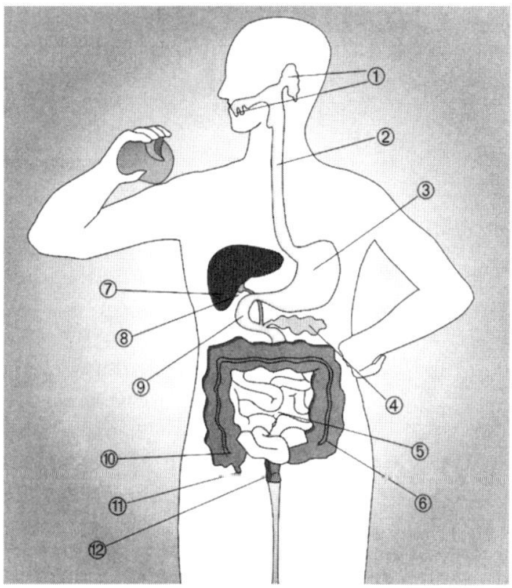

① Speicheldrüsen
② Speiseröhre
③ Magen
④ Bauchspeicheldrüse
⑤ Dünndarm
⑥ Dickdarm
⑦ Leber
⑧ Gallenblase
⑨ Zwölffingerdarm
⑩ Blinddarm
⑪ Wurmfortsatz
⑫ After

Der Magen und seine Aufgaben

Im Magen werden die Speisebissen mit dem Magensaft gründlich vermischt und als Speisebrei (Chymus) an den oberen Teil des Dünndarms, den Zwölffingerdarm, abgegeben.
Der Magen ist zunächst ein Auffangbehälter für die Nahrung. Seine Bewegungen vermischen den Speisebrei mit dem Magensaft und zerkleinern die Speisen. Durch den Pförtner erfolgt die portionsweise Entleerung in den Zwölffingerdarm.

Der Magen produziert täglich etwa 2 Liter Magensaft, der überwiegend aus Schleim, Salzsäure und Pepsinogen besteht. Zur Herstellung dieses Magensaftes dienen drei verschiedene Zelltypen in der Magenschleimhaut.
Die Hauptzellen bilden Pepsinogen, eine inaktive Vorstufe des eiweißspaltenden Enzyms Pepsin. Es spaltet die Peptidketten von Nahrungseiweiß, so dass kleinere Polypeptide entstehen.
Die Belegzellen sondern die für den Magensaft charakteristische Salzsäure ab. Die Säure bewirkt eine Gerinnung (Denaturierung) der Eiweiße. Diese werden dann leichter von den eiweißabbauenden Enzymen angegriffen und aufgespalten. Bereits denaturiertes Eiweiß (z. B. aus gegarten oder gesäuerten Speisen) wird im Magen schneller zerlegt als Eiweiß aus unverarbeiteten. Lebensmitteln. Die Magensäure aktiviert auch das Pepsinogen zum funktionsfähigen Pepsin. Die Salzsäure tötet zudem die meisten mit der Nahrung aufgenommenen Bakterien ab und dient so dem Schutz vor Infektionen.
In den Belegzellen entsteht auch der so genannte Intrinsic-Faktor für die Vitamin-B_{12}-Resorption. Das Vitamin verbindet sich im Zwölffingerdarm mit diesem Intrinsic-Faktor zu einem stabilen Komplex. Nur in Form dieses Komplexes wird das Vitamin vom Dünndarm aufgenommen. Der Magen besitzt als fettspaltendes Enzym die Magenlipase. Sie hat mengenmäßig aber nur eine geringe Bedeutung für die Fettverdauung des Erwachsenen. Beim Säugling unterstützt sie den Abbau von Milchfett, indem sie dessen kurzkettige Fettsäuren abspaltet. Im Magen erfolgt noch keine Nährstoffresorption, nur vom Akohol wird schon hier bis zu 20 % in die Blutbahn aufgenommen.

Der Magen

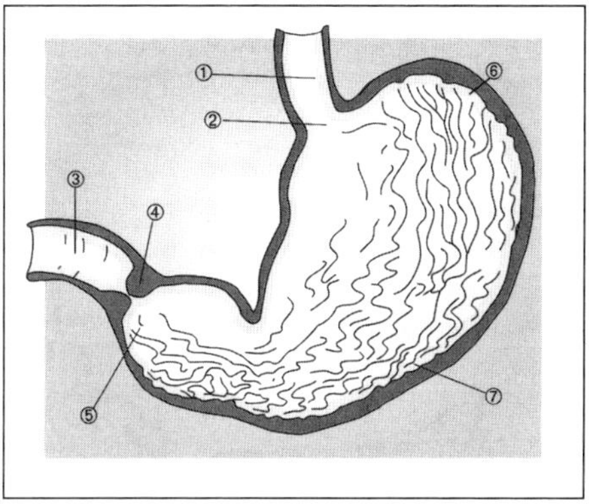

① **Speiseröhre**
② **Magenmund (Kardia)**
③ **Zwölffingerdarm**
④ **Magenpförtner**
⑤ **Vorraum des Magenpförtners (Antrum)**
⑥ **Magengrund (Fundus)**
⑦ **Magenkörper**

Die Wichtigkeit von Ernährungsrisiken – in absteigender Reihenfolge (aus der Sicht der Wissenschaftler)

1. Ernährungsverhalten
2. Pathogene Mikroorganismen
3. Natürliche Gerbstoffe
4. Umweltkontamination
5. Zusatzstoffe

Welche Aufgaben hat die Leber?

Die Leber ist nicht nur ein Zentralorgan bei der Verdauung, sondern sie trägt auch die Hauptlast bei der Entgiftung des Organismus von körpereigenen Stoffen oder mit der Nahrung zugeführten Fremdstoffen. Als größte menschliche Drüse produziert sie die Gallenflüssigkeit, die für die Fettverdauung unentbehrlich ist.
Bei der Fülle von Aufgaben ist die Leber besonderen Belastungen ausgesetzt. Dazu zählen neben der Überernährung vor allem auch Alkoholgenuss und nicht zuletzt die Auswirkungen von Umwelteinflüssen. Müdigkeit, Verdauungsstörungen und Appetitlosigkeit können u. a. durch eine verstärkte Belastung der Leber auftreten. Umso wichtiger ist es, zur Verbesserung der Leber- und Gallenfunktion und zur Unterstützung der Verdauungstätigkeit den Organismus frühzeitig mit einem gut verträglichen Naturarzneimittel zu unterstützen.

Welches sind die biologischen Grundlagen
a) des Geruchssinns

a) Die Nase. 5 cm^2 Riechschleimhaut sind verantwortlich für den Geruchssinn.

b) des Geschmackssinns?

b) Die Zunge. Es gibt vier verschiedene Geschmacksrichtungen: bitter, sauer, salzig, süß laut folgendem Schaubild:

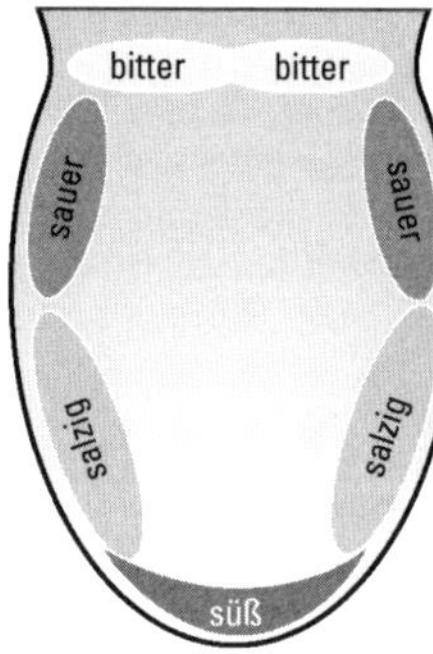

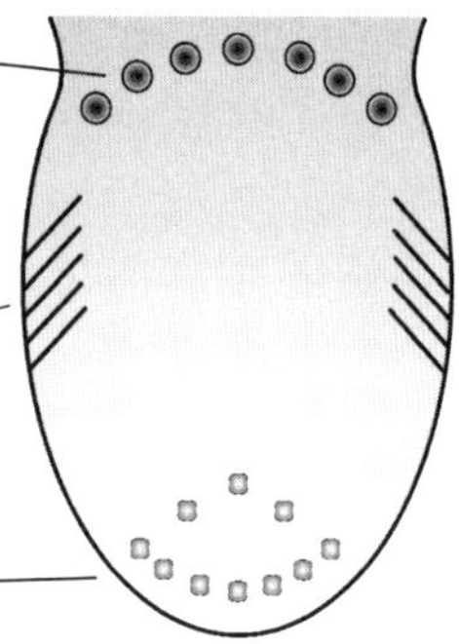

Die Papillen sind die Träger der Geschmacksknospen, nur auf der Zunge schmeckt man etwas.
Sensorikprüfungen werden bei vielen Nahrungsmitteln durchgeführt. Es bedarf einer Schulung der Geschmacksnerven, um extakte Ergebnisse zu erzielen. Außerdem hängt der Geschmack von den Geschmacksschwellen eines jeden Einzelnen ab.

ROHSTOFFKUNDE

(Berufstheorie)

Getreide und Mehl

Einleitung und Grundsätzliches

Die Entwicklung des Getreideanbaus ist mit der Kulturgeschichte des Menschen eng verbunden. Die ältesten – seit fast 8000 Jahren bekannten – Zubereitungsarten von Getreide sind der Brei und der Fladen. Getreidebrei – dabei handelt es sich um ganze oder zerstoßene Körner, die mit Wasser angerührt werden – wird noch heute von einem großen Teil der Erdbevölkerung täglich gegessen. Die Fladenbrote entstanden, als die Getreidebreie auf erhitzten Steinen ausgebacken wurden. Der bei uns übliche Brotlaib wurde wahrscheinlich schon etwa 2000 vor Christus im Orient durch Zusatz von Triebmitteln wie Hefe oder Sauerteig geformt. Bis zum 16. Jahrhundert wurde als Brotgetreide überwiegend Gerste verwendet, heute dagegen, insbesondere in Industrieländern, vorwiegend Weizen und regional auch Roggen.

Getreidearten

Zu den Getreidearten zählen Roggen, Weizen (auch Durum- und Dinkelweizen), Triticale (Kreuzung aus Weizen und Roggen), Gerste, Hafer, Reis, Buchweizen, Hirse und Mais, wobei jedoch nur Roggen und Weizen als Brotgetreide verstanden werden. In einigen Fällen werden auch die übrigen Getreidearten, z. B. in Spezialbroten wie Mehrkornbroten oder auch in Broten für besondere Ernährungsformen (Diätbrot), verarbeitet. Botanisch gehören die Getreidearten zu verschiedenen Gattungen der Gräser. Buchweizen ist keine Getreideart, sondern ein Knöterichgewächs; es wird aber rechtlich zu den Getreidearten gezählt. Wegen seiner Eigenschaften wird er auch als Pseudocerealie bezeichnet.

Getreideerzeugnisse

Getreideerzeugnisse sind Produkte, die durch Zerkleinern mit dem Walzenstuhl, der Hammermühle oder der Steinmühle und in der Regel anschließendem Sieben aus den verschiedenen Getreidearten hergestellt werden. Zu den Getreideerzeugnissen zählen neben den Getreidemahlerzeugnissen unter anderem Speisegetreide, Sprießkorn, Keime, Speisekleie sowie Stärken aus den Getreidearten. Getreideerzeugnisse sind aber auch Backwaren, Teigwaren und sämtliche Getreidenährmittel.

Getreidemahlerzeugnisse, Herstellung

Die Herstellung von Getreidemahlerzeugnissen aus Roggen und Weizen beginnt in der Mühle mit einer intensiven Reinigung der Körner. Mit Hilfe von Luft (unterschiedliches spezifisches Gewicht; Abtrennung von sehr leichten oder schweren Bestandteilen [Steinen]), von Magneten (Abtrennung von Eisenbestandteilen), Sieben (Sortierung nach Korndicke) und Trieuere (Abtrennung von runden Unkrautsamen) werden die meisten Bestandteile entfernt, die nicht einwandfreies Grundgetreide sind. Heute wird in der Regel das Getreide nicht mehr gewaschen, sondern es erfolgt eine intensive Oberflächenreinigung der Körner durch Bürsten, Scheuern oder Schälen. Dabei wird nicht nur ein guter Reinigungseffekt erreicht, sondern auch die hygienische Qualität verbessert.

Ausmahlungsgrad bei Mehl

niedrig	60 bis 70 % helle Mehlfarbe hoher Mehlkörperanteil = hoher Stärkeanteil
hoch	75 bis 85 % dunkle Mehlfarbe hoher Schalenanteil = hoher Eiweiß-, Mineralstoff-, Ballaststoff- und Vitaminanteil

Verwendet werden bei uns überwiegend Weizen und Roggen, vereinzelt, aber mit zunehmender Tendenz, auch Gerste, Hafer, Mais, Hirse und selten Buchweizen.

Nach dem derzeit gültigen deutschen Getreidegesetz gibt es 5 Brotgetreide- und 6 andere Getreidearten.

Nennen Sie
a) die 2 wichtigsten Brotgetreidearten,
b) 5 andere Getreidearten![1]

a) Roggen, Weizen (ferner gibt es noch Spelz [Dinkel], Emmer und Einkorn).

b) Gerste, Hafer, Mais, Hirse, Reis. Auch Buchweizen gilt als Getreideart, obwohl er ein Knöterichgewächs ist.

Welches sind
a) die wichtigsten Weizen- und
b) Roggenanbauländer?

a) Weizen: Kanada, USA, Bereiche der früheren GUS-Staaten (insbesondere Russland, Weißrussland, Ukraine und andere). Außerdem Argentinien, Australien, Frankreich, Deutschland.

[1] „Übersicht über die Weltgetreideerzeugung" siehe Anhang Seite 416 (mit ausführlichen Erklärungen).

b) Roggen: Bereiche der früheren GUS-Staaten (insbesondere Russland, Weißrussland, Ukraine und andere) sowie Polen, Deutschland.

Wie verhalten sich Roggen und Weizen hinsichtlich Boden und Klima?

Der Roggen stellt weniger Ansprüche an den Boden als der Weizen und ist unempfindlicher gegen das Klima.
Nach der Aussaatzeit unterscheidet man Sommer- und Wintergetreide.

Zählen Sie die Schichten und Teile eines Getreidekorns auf![2]

Oberhaut
Längszellen
Querzellen
Schlauchzellen
} = Fruchtschale

Farbstoffschicht
durchsichtige Schicht
} = Samenschale

Aleuronschicht,
Mehlkörper, Keimling
und Bärtchen

[2] *„Längsschnitt durch ein Weizenkorn" siehe Anhang Seite 415.*

Überblick über die Hauptweizenherkünfte

Art	Eigenschaften Klebergehalt	Kornfarbe	Härtegrad
Deutscher Weizen (E-A-B-C-K-Weizen[3])	sehr gut, gut bis genügend, schwankend	Weißgelb, Rotgelb, Braun	weich bis mittelhart
Can. Western Red Spring-Weizen	kleberreich, sehr gut	Rot	hart
La-Plata-Weizen (Argentinien)	kleberreich	Rot	spröde
Australweizen	kleberarm bis kleberreich, schwankend	Weißgelb	weich bis mittelhart
Russischer Weizen (Ulka)	ziemlich kleberreich	Rot	mittelhart, teils hart
Französischer Weizen	gut bis mittel	Weißgelb	weich bis mittelhart

[3] Es gibt folgende Weizenklassifizierungen:
E = Eliteweizen, A = Qualitätsweizen, B = Brotweizen, C = Futterweizen, K = Keksweizen.

• Als „Eliteweizen“ wird die E-Gruppe mit sehr hohen „inneren Werten“ bezeichnet, die für die meisten unserer typischen Brot- und Gebäckzutaten fast „zu hoch“ sind. Sie können aber zum gezielten Ausgleich von Backschwächen anderer Sorten genutzt werden. Zudem wird ein Großteil dieser Sorten in Länder exportiert, die für ihre spezifischen Produkte gerade solche hohen Werte benötigen.

• Als A-Gruppe wird „Qualitätsweizen“ bezeichnet, der über hohe Protein- und Sedimentationswerte verfügt. Die Bezeichnung „A“ stammt historisch von dem Begriff „Aufmischweizen“, der mit hohen Eiweißqualitäten Defizite anderer Sorten ausgleichen kann.

• Die B-Gruppe umfasst diejenigen Sorten, die als „Brotweizen“ für die Gebäckherstellung im Allgemeinen gut geeignet sind: Hier liegen die Werte im mittleren Bereich, der den Anforderungen der Backpraxis entspricht.

• In die C-Gruppe werden die „Sonstigen Weizen“ eingeordnet, die – von Ausnahmen abgesehen – hauptsächlich als Futterweizen verwendet werden. Sie haben zumeist relativ niedrige Protein- und „Sedi“-Werte, die kein gutes Backverhalten erwarten lassen – aber ein hohes Ertragspotenzial.

Schale

Sie schützt das Getreidekorn vor äußeren Einflüssen und gibt ihm Stabilität. Sie besteht aus der Fruchtschale, die mit ihren Längs-, Quer- und Schlauchzellen die holzige unverdauliche Oberschicht des Korns bildet, und der Samenschale, die als dunkelbraune Farbstoffschicht erscheint und mit der durchsichtigen Membran verbunden ist. Das Bärtchen wird durch faserförmige Fortsetzung der holzigen Fruchtschale gebildet. Vor der Vermahlung werden Teile der holzigen Fruchtschale und das Bärtchen gemeinsam mit dem Keimling entfernt. In Vollkornmahlerzeugnissen bleiben sie jedoch erhalten. Die unverdaulichen Schalenteilchen wirken in der Ernährung des Menschen als Ballaststoffe.

Aleuronschicht

Das ist die nährstoffreiche äußere Schicht des Mehlkörpers. Die wabenförmigen Zellen enthalten das sehr quellfähige Reserveeiweiß Aleuron (ca. 30 % der Wabenschicht), Lipide (Fettstoffe, 7 %), Mineralstoffe (6 %) und reichlich Vitamine. Aleuron hat eine etwas höhere biologische Wertigkeit als die kleberbildenden Eiweiße.
Die Aleuronschicht wird jedoch bei der Mehlgewinnung zusammen mit den Schalenteilchen in die Kleie abgesondert. Der Farbton dunkler Mehle beruht auf Anteilen aus der Aleuronschicht.

Mehlkörper (Mehlkern, Endosperm)

Er ist die Nährstoffreserve des Keims. Er hat am Weizenkorn einen Anteil von 82 % und am Roggenkorn von 78,5 %. Er hat regelmäßige, dünnwandige Zellen, die vor allem mit Stärkekörnchen und kleberbildenden Eiweißen angefüllt sind. Daneben enthalten sie in geringeren Mengen lösliche Eiweiße und Zucker sowie Mineralstoffe und Lipide (Fettstoffe). Die dünnen Zellwände bestehen aus Zellulose und Pentosanen. Im Zentrum des Mehlkörpers befinden sich größere Zellen mit größeren Stärkekörnchen als in den Randschichten. Aus ihm werden Grieße und helle Mehle gewonnen. Zu den Randschichten hin nimmt der Gehalt an kleberbildenden Eiweißen, Mineralstoffen und Vitaminen zu.

Keimling

Der Keimling ist die nach dem Durchbrechen der Samenschale entstehende, noch vom Nährgewebe des Samens zehrende Jungpflanze bis zum Zeitpunkt ihrer selbständigen Ernährung. Der Keimling wird bei Roggen z. T. vor der Vermahlung abgetrennt. Bei Weizen wird der Keimling während der Vermahlung durch Sichten entfernt. Begründung: Er wird erst durch seinen hohen Fettgehalt das Ranzigwerden des Mehls fördert. Dem Gewichtsanteil nach verteilen sich die Schichten der Getreidekörner folgendermaßen:

	Roggen	**Weizen**
äußere Schale	9,0 %	7,5 %
Aleuronschicht	9,0 %	7,5 %
Keimling	3,5 %	3,0 %
Mehlkörper	78,5 %	82,0 %
ganzes Korn	100,0 %	100,0 %

Erklären Sie den Unterschied zwischen Hoch- und Flachmüllerei!

Hochmüllerei
erreicht mit weiter (hochgestellter) Walzenstellung und grober Riffelung, dass möglichst hohe Grießanteile anfallen (Weizenmüllerei).

Flachmüllerei
erreicht mit enger Walzenstellung und feiner Riffelung einen hohen Mehlanteil (Roggenmüllerei).

Nennen Sie die wichtigsten a) Weizen- und b) Roggenmehltypen![4]

a) Weizenmehl, Type 405
550
812
1050
Weizenbackschrot 1700
Weizenvollkornmehl und Vollkornschrot

b) Roggenmehl, Type 815
997
1150
1370
Roggenbackschrot 1800
Roggenvollkornmehl und Vollkornschrot

Was besagt die Typenzahl?

Die Typenzahl sagt uns, wie viel Gramm Mineralstoffe (Aschegehalt) in 100 kg wasserfreiem Mehl enthalten sind.

Was bedeutet die Bezeichnung Weizenmehl, Type 550?

Weizenmehl, Type 550, enthält durchschnittlich 550 g Mineralstoffe auf 100 kg wasserfreie Mehlbestandteile.

Worin unterscheiden sich Backschrote von Vollkornmahlerzeugnissen?

Vollkornmahlerzeugnisse müssen die gesamten Bestandteile der gereinigten Körner einschließlich des Keimlings enthalten. Backschrote enthalten den Getreidekeimling nicht.

Zeigen Sie anhand einer Übersicht mindestens 4 Unterschiede auf zwischen Vollkornmehl und Weizenmehl, z. B. Type 550!

Vollkornmehl
1. Ausmahlung fast 100 % (mit Keimling und Schale)
2. höherer Nährwert; mehr Mineralstoffe; mehr Ballaststoffe
3. dunkel
4. nicht so lange lagerfähig
5. höhere Wasseraufnahme, schwieriger zu verarbeiten
6. keine Typenbezeichnung

Weizenmehl, Type 550
1. Ausmahlung ca. 70 % (ohne Keimling, weniger Schalenteile)

[4] *Die Mehltypen-Regelung, aufgegliedert nach Mahlerzeugnissen und Mineralstoffgehalt in Bezug auf Mindest- und Höchstwerte, siehe Anhang Seite 412.*

2. Nährwert geringer; weniger Mineral- und Ballaststoffe
3. hell
4. kann lange gelagert werden
5. geringere Wasseraufnahme, leicht zu verarbeiten
6. hat immer eine Typenbezeichnung

Wie werden die Mehlpackungen im Laden gelagert?

Auf alle Fälle luftig und trocken. Die Mehlbeutel sind zweckmäßigerweise aufrecht in das Regal zu stellen; nicht zu viele aufeinander.

Was sind Fertigmehle?

Fertigmehle sind Grundmehle, bei denen von den Mühlen besondere Herstellungsmethoden unter Anwendung von qualitativ hochwertigen Zutaten angewandt werden. Sie enthalten alle haltbaren Bestandteile zur Herstellung einer bestimmten Gebäckart.

Zu welchen Backwaren lassen sich Fertigmehle verarbeiten?

Fertigmehle werden heute mit Erfolg für Hefeteig verarbeitet; ebenfalls zu Sandkuchen, Brandmasse, Amerikanern sowie zu vielen Brot- und Kleingebäcksorten.

Wovon ist die Teigausbeute (TA) eines Mehls abhängig?

1. Bei Weizenmehl von der Menge und Güte des Klebers.
2. Bei Roggenmehl von der Menge und Güte der Schleimstoffe.
3. Bei beiden Mehlarten vom Grad der Stärkeschädigung.
4. Vom Wassergehalt des Mehls.

Wie setzen sich die Mehlarten Weizen und Roggen prozentual durchschnittlich zusammen?

Mehlart	Eiweiß	Fett	Stärke	lösl. Zucker	Rohfaser	Mineral-stoffe	Trocken-stoffe insges.	Wasser
				in Prozent				
Weizenmehl	11,3	1,7	68,0	3,2	0,5	0,8	85,5	14,5
Roggenmehl	8,2	1,3	69,0	5,5	1,0	1,2	86,2	13,8

Einzelne Bestandteile varrieren in der Menge je nach Type, Erntebedingungen, Klima und Bodenverhältnissen.

Was ist Kleber?[5]

Ein spezielles Gemisch von Eiweißstoffen des Weizens, die mit Wasser einen Teig bilden können.

Welche Eigenschaften muss ein guter Kleber besitzen?

Er soll elastisch, glatt und gut dehnbar sein. Kurze, zähe Kleber können die Ursache für geringes Gebäckvolumen sein (schlechte Ausdehnungsmöglichkeit für die Gärgase). Unelastische, weiche Kleber ergeben meist Teige mit wenig Stand (Breitlaufen der Teigstücke).

Warum kann man Kleber als Gerüst des Teigs bezeichnen?

Weil er den Teig wie ein feines Gerüst durchzieht (dadurch wird das Entweichen der Kohlensäure verhindert).

Nennen Sie den Unterschied zwischen den Eiweißstoffen Glutenin und Gliadin!

Glutenin ist fest und unelastisch, während Gliadin leimartig-weich ist. Die neuzeitliche Forschung hat ergeben, dass Roggenmehl ebenfalls Glutenin enthält. Das Glutenin des Roggens zeigt jedoch ein anderes Verhalten als das vom Weizen, so dass sich ein Roggenkleber nicht durch Auswaschen gewinnen lässt.

Wie können Sie auf einfache Art das Mehl prüfen und beurteilen?

1. Nach Geruch und Geschmack. Gutes Mehl riecht angenehm frisch und ist fast geschmacklos – erst bei längerem Kauen ist bei Weizenmehl ein süßlicher Geschmack wahrnehmbar (Zersetzung der Stärke durch Speichel).
2. Nach der Farbe.
   a) Äußerlich: Weizenmehl = gelblichweiß, Roggenmehl = bläulichweiß;
   b) Pekarisieren, von dem Ungarn Pekar angegebene Methode zur Mehlprüfung auf Farbe und Stippengehalt. Dabei werden die zu vergleichenden Mehlproben aneinander gelegt und glatt gedrückt, so dass zwischen den einzelnen Mehlproben deutlich sichtbare Grenzlinien entstehen. Zur noch

[5] *Untersuchungsmöglichkeiten für die Backstube im Hinblick auf die Klebermenge und die Kleberqualität siehe Seite 209 ff.*

besseren Unterscheidung kann die Pekarprobe auch nass durchgeführt werden, indem die angedrückten Mehlproben mitsamt der Unterlage (Pekarisierbrett) vorsichtig schräg in Wasser getaucht werden, bis keine Luftblasen mehr aus dem Mehl entweichen. Dann lässt man das Wasser abtropfen und vergleicht die Farbtöne der Mehlproben.

3. Durch einen Backversuch: Man prüft verschiedene Mehle bei gleicher Mehl- und Zutatenzugabe unter gleichen Bedingungen, Knetschläge, Teigruhe, Stückgare, Backzeit und Ofentemperatur[6] (beachte: Die Teige als Kastenbrote aufarbeiten).
4. Durch eine Kleberprüfung (Untersuchung eines Weizenteigs auf Klebermenge und -qualität).[7]

Was versteht man unter „griffigem Mehl"?

Die Partikelgröße des Mehls hat entscheidende Auswirkungen auf das Teig- und Backverhalten. Griffige Mehle haben eine größere Kornstruktur als glattere oder im Extremfall schliffige Mehle. Griffige Mehle ergeben meist nachsteifende Teige, da hier die Wasseraufnahme verzögert ist. Eine unzureichende Schüttwassermenge führt bei der Teigruhe und auf der Gare zu fester werdenden Teigen und in der Folge zu kleineren Gebäckvolumen.

Wann tritt enzymaktives (auswuchsgeschädigtes) Mehl auf?

Wenn Getreide infolge ungünstiger Witterungsverhältnisse (feucht und warm) nicht geerntet werden konnte, beginnt im Getreidekorn die Aktivierung des Keimlings. Zunächst steigt der Enzymgehalt im Getreidekorn an. Dann wächst der Keimling aus. Wird ein solches Getreide vermahlen, kann es Schwierigkeiten beim Verarbeiten dieser Mehle geben.

---

[6] *Siehe Kapitel „Backversuche", Seite 206 ff.*

[7] *Untersuchungsmöglichkeiten für die Backstube im Hinblick auf die Klebermenge und die Kleberqualität siehe Seite 209 ff.*

Nennen Sie die Auswirkungen eines solchen Mehls auf den Teig bzw. auf das Brot!

Teige aus Mehlen mit erhöhter Enzymaktivität haben geringere Wasseraufnahmefähigkeit. Im Verlauf der Knetung werden sie feucht-schmierig (sie lassen nach). Die aufgemachten Teigstücke haben einen schlechten Stand und rasch einsetzende, intensive Gare. Die Gärtoleranz ist gering. Es entstehen meist flache Gebäckstücke mit stark gebräunter Kruste und dicker, feuchter, unelastischer Krume. Im Extremfall kann es zum Abbacken der Krume von der Kruste kommen.

Durch welchen einfachen Versuch kann man beim Roggenmehl Enzymaktivität feststellen?

Durch einen Hefebackversuch (siehe Backversuch Nr. 9, Seite 204 f.).

Was muss man bei der Verarbeitung von Mehlen mit erhöhter Enzymaktivität beachten?

1. Teigsäuerung verstärken.
2. Salzzugabe erhöhen (bei Bluthochdruck nicht zu empfehlen).
3. Mit Mehl, das eine geringere Enzymaktivität besitzt, verschneiden.
4. Direkte Teigführung.
5. Teige fester führen.
6. Teige kürzer kneten.
7. Kurze Teigführung, kurze Teigknetzeiten, keine volle Stückgare.
8. Schnell anbacken und gut ausbacken.

Nennen Sie die wichtigsten Mehlschädlinge, und zählen Sie die Möglichkeiten zu ihrer Bekämpfung auf!

Mehlmotten, Mehlkäfer, Mehlwürmer, Milben, Mäuse und Ratten.
Bekämpfung:

1. Größte Sauberkeit.
2. Viel Licht und Luft (möglichst Zugluft).
3. Häufiges Bewegen des Mehls.
4. Sieben des Mehls.
5. Das Anbringen von Insektenklebefallen (Pheromon).
6. Aufhängen von Strips im Mehllager.
7. Bei Siloanlagen Begasung der Mehlsilozellen.

Weitere Auswirkungen auf Teig und Gebäck siehe Backversuch Nr. 8, Seite 203 f.: „Die Bedeutung der Säure im Roggenmehl (ohne Salz)."

Wie muss Mehl gelagert sein?

Kühl, luftig und trocken. Beste Lagertemperatur 15° C, wobei nach Möglichkeit 20° C nicht überschriftten werden sollen (da Atmung des Mehls sonst erschwert und ein geringer Lagerverlust zu verzeichnen ist).

Was sind die Folgen einer falschen Aufbewahrung?

Das Mehl wird ranzig-sauer, muffig und hart, verliert an Backfähigkeit und verdirbt.

Wasser

Wasser ist das wichtigste Lebenselement. Bei der Geburt besteht der menschliche Körper zu 70 bis 80 % aus Wasser. Dieser Wert sinkt mit steigendem Alter auf 50 bis 60 %. Funktionieren kann der Stoffwechsel aber nur, wenn Wasser vorhanden ist. Dabei dient es nicht nur als Transport- und Lösungsmittel für die übrigen Nährstoffe, sondern auch als Baustoff-Partner für chemische Reaktionen und als Regulator für die Körpertemperatur. Ohne besondere körperliche Anstrengung verliert der Körper pro Tag etwa 2,5 Liter Wasser über Harn, Atemluft und Schweiß. Diese täglichen Verluste müssen nun je etwa zur Hälfte durch feste Nahrung – die ja auch Wasser enthält – und Getränke ausgeglichen werden.

Auf Grund seiner besonderen physikalischen und chemischen Eigenschaften ist Wasser geradezu prädestiniert, Lebensprozesse zu ermöglichen und zu erhalten:

- als Baustoff ist es Bestandteil aller Körperzellen und -flüssigkeiten,
- als universelles Lösungsmittel ist es erforderlich für Stoffwechselabläufe und Transportvorgänge,
- es ist Reaktionspartner biochemischer Reaktionen,
- als Regler der Köpertemperatur kühlt es den Körper beim Schwitzen ab.

Schon nach 2 bis 4 Tagen führt Wassermangel zu schwer wiegenden, manchmal irreparablen Schäden.

Wasserbilanz (Milliliter/Tag) eines Erwachsenen

Wasseraufnahme		Wasserabgabe	
Getränke	1440	Harn	1440
Wasser in Lebensmitteln	875	Stuhl	160
Oxidationswasser	335	Haut	550
		Lunge	500
Gesamtaufnahme	**2650**	**Gesamtabgabe**	**2650**

Welche Anforderungen stellt der Bäcker an das Wasser?

Für seine Funktion bei der Ernährung oder zur Verwendung als Zugussflüssigkeit beim Teigmachen muss Wasser in der Bäckerei die guten Eigenschaften eines Trinkwassers haben. Trinkwasser muss farb- und geruchlos, klar und frei von fremdartigen Geruchs- und Geschmacksstoffen sein. In Trinkwasser dürfen keine gesundheitsschädlichen Stoffe enthalten sein. Außerdem soll Trinkwasser frei von Krankheitserregern aller Art sein.

Was ist der Härtegrad?

Der Härtegrad des Wassers ist die Bezeichnung für den Anteil des gelösten Kalks in der Flüssigkeit. 10 mg CaO (= gelöster Kalk) in 1 Liter Wasser ist 1 deutscher Härtegrad. Mineralwasser ist Wasser mit Härten über 100° dH (deutscher Härtegrad).

Welche Bedeutung haben die Härtegrade?

0° bis 4° dH = sehr weich
5° bis 8° dH = weich
9° bis 12° dH = mittelhart
13° bis 18° dH = ziemlich hart
19° bis 30° dH = hart
über 30° dH = sehr hart

Welche verschiedenen Härten gibt es?

Man unterscheidet die vorübergehende oder temporäre Härte (Carbonathärte) und die bleibende oder permanente Härte (Sulfathärte). Beim Erhitzen des Wassers auf über 60° C setzen sich die Carbonate als „Kesselstein" ab. Die Carbonathärte verschwindet, es bleibt die Sulfathärte.

Beschreiben Sie das technologische Verhalten des Wassers auf den Teig!

Die Wasserarten unterscheiden sich je nach dem Ursprung in der Zusammensetzung sehr wesentlich voneinander. So ist z. B. das Quellwasser meistens besonders reich an Mineralbestandteilen, weil es tieferen Bodenschichten entstammt. Da diese Mineralsalze in löslicher Form vorliegen, wird der Gehalt umso höher sein, je kohlensäurereicher das Quellwasser ist. Je nach Gesteinsart wird die Zusammensetzung des Quellwassers verschiedenartig sein.

Siehe auch Kapitel Ernährungslehre, Seite 17.

Das Brunnenwasser ist dagegen öfters mineralstoffarm, da es sich als Oberflächenwasser im Boden ansammelt. Von der Bodenstruktur der Umgebung des Brunnens, die als natürlicher Filter angesehen werden kann, wird der Reinheitsgrad dieses Wassers abhängen. Fluss- und Seewasser ist oft stark verunreinigt und gelangt erst durch Filtration und Desinfektion zum Gebrauch.

Von der Wasserzusammenstellung hängt vielfach die Qualität flüssiger Nahrungsmittel und Genussmittel ab. Bei der Brotherstellung wirkt sich diese allgemein weniger aus. Harte Wasser können, wenn sie kohlensaure und schwefelsaure Erdalkalien enthalten, die Löslichkeit des Gliadins verhindern. In Fällen, wo eine hohe Löslichkeit des Gliadins eine weiche Eiweißbeschaffenheit hervorruft, kann die Wasserbeschaffenheit backverbessernd sein. Harte Wasser setzen die Quellfähigkeit herab. Ein fester Kleber wird daher durch salzreiches Wasser ungünstig beeinflusst. Durch die Einwirkung von Mineralstoffen nimmt die Standfestigkeit der Teige zu, die Porenbildung wird feiner und die Elastizität besser. Umgekehrt kann die Einwirkung von mineralstoffarmem Wasser bei weicher Kleberbeschaffenheit ein Nachlassen auf Gare und eine mangelhafte Krumenausbildung verursachen.

Somit ist das harte Wasser gegenüber dem mineralstoffarmen im gewissen Vorteil in backtechnischer Hinsicht. Durch die Kochsalzzugabe werden aber die Auswirkungen verwischt. Hartes Wasser bildet aber als Nachteil in Heizrohren und Schwadenapparaten Kesselstein, der sich als störend erweist.

Milch und Milchprodukte

Milch ist das regelmäßig gewonnene Erzeugnis von Kühen bei vollständigem Ausmelken, dem nichts zugesetzt und entzogen werden darf.

Der Fettgehalt schwankt je nach der Jahreszeit, nach der Rasse und der Verfassung der Tiere sowie ihrer Pflege und Fütterung.

Molkereimäßig bearbeitete Vollmilch (Trinkmilch) hat im Durchschnitt folgende Zusammensetzung:

Fett (mindest.) 3,5 %	Milchzucker 4,7 %	Gesamteiweiß (Kasein Albumin, Globulin) 3,4 %
Wasser 87,6 %	Mineralstoffe (Milchsalze) 0,7 %	Vitamine und Spurenelemente 0,1 %

Spezifisches Gewicht: 1,028 bis 1,032

In der Molkerei werden Vollmilch, entrahmte oder teilentrahmte Milch oder Sahne erhitzt. Die Säure in Sauermilcherzeugnissen rührt von speziellen Milchsäurebakterien her, die bei Temperaturen von 20 bis 30° C gedeihen. Fachleute sprechen von mesophilen Bakterien, weil sie in mittleren Temperaturbereichen wachsen. Dazu gehören Arten wie Streptococcus lactis oder Streptococcus cremoris. Sie bauen den Milchzucker zu Milchsäure ab.

Die Wege der Milch

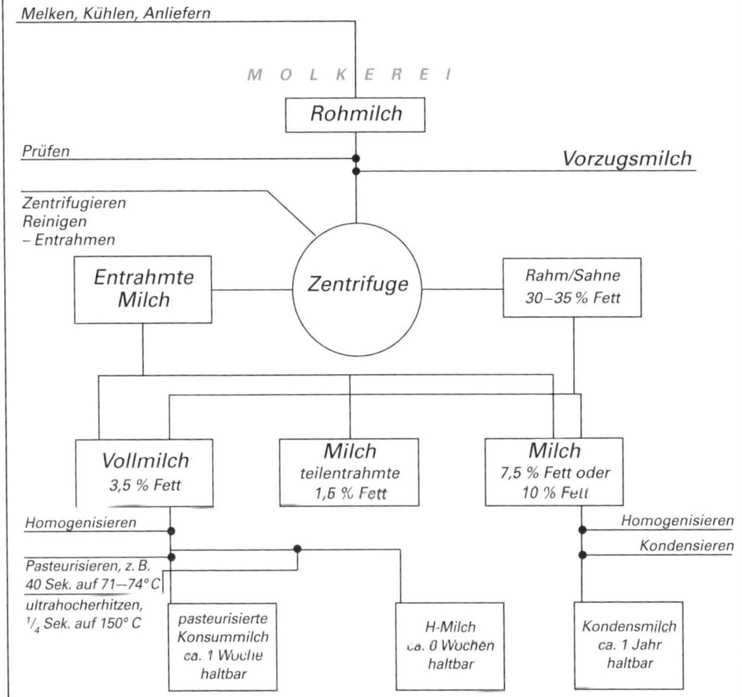

Von der Rohmilch bis zur konsumierbaren Milch geht der Weg über die Zentrifuge. Der entrahmten Milch wird je nach Fettgehalt prozentual Rahm wieder zugefügt.

Welche 2 Milchsäurearten gibt es, und erklären Sie diese!

Milchsäuren werden wissenschaftlich unterschieden in linksdrehend D(–) und rechtsdrehend L(+). Polarisiertes Licht strahlt nicht durch diese Flüssigkeiten, sondern wird abgeknickt nach links oder nach rechts. Da im menschlichen (tierischen) Gewebe nur L(+)-Milchsäure vorhanden ist, nennt man diese „physiologisch". Nimmt der Mensch D(–)-Milchsäure auf, verwandelt der menschliche Organismus diese in L(+)-Milchsäure. Die rechtsdrehende L(+)-Form entsteht nicht nur bei der Herstellung von Sauermilcherzeugnissen, Joghurt und anderen gesäuerten Milcherzeugnissen, sondern ist auch ein natürliches Zwischenprodukt des menschlichen Stoffwechsels. Die linksdrehende D(–)-Milchsäure wird von manchen Verbrauchern als weniger wertvoll beurteilt. Beide Säurearten sind jedoch in gesundheitlicher Hinsicht gleich wertvoll. Entgegen früherer Ansichten wird auch die linksdrehende Säure vom Körper abgebaut und verwertet. Der Abbau verläuft zwar etwas langsamer, aber dennoch schnell genug, um keine Übersäuerung des Bluts entstehen zu lassen. Säuglinge sollten in den ersten Lebensmonaten allerdings keine D(–)-Milchsäure erhalten, da ihr Stoffwechsel noch nicht voll funktionstüchtig ist.

Wie viel Prozent Fett enthalten die Standardsorten der Konsummilch?

a) Vollmilch mind. 3,5 % oder mehr
b) Fettarme oder teilentrahmte Milch 1,5 bis 1,8 %
c) Magermilch oder entrahmte Milch höchstens 0,3 %

Der Fettentzug geschieht mittels Spezialzentrifugen, so genannten Entrahmungsseparatoren.

Was versteht man unter wärmebehandelter Milch?

Unter dem Begriff Wärmebehandlung sind EU-einheitlich alle Erhitzungsverfahren (neben der gesetzlich vorgeschriebenen Pasteurisierung) erfasst, bei denen Milch und Milcherzeugnisse über 50° C erwärmt werden.

Nennen Sie die bekanntesten und gebräuchlichsten Wärmebehandlungsverfahren für Milch sowie Milchprodukte, und erläutern Sie diese!

a) Pasteurisieren (Frischprodukte)
b) Ultrahocherhitzen (H-Produkte)
c) Sterilisieren
d) Abkochen

Zu a): Pasteurisieren ist für molkereimäßig erfasste und vermarktete Milch gesetzlich vorgeschrieben und ist eine Hygienemaßnahme. Die Erwärmung der Milch erfolgt auf 72 bis 75° C bei einer Heißhaltezeit von mindestens 15 Sekunden (i. d. Praxis bis 20 Sekunden). Es muss eine sofortige anschließende Kühlung auf mindestens +6° C erfolgen.
Hierbei werden eventuelle in Rohmilch vorhandene Krankheitserreger abgetötet. Die nicht pathogene Rohmilchflora wird nur zu ca. 99 % eliminiert, was bedeutet, dass derart wärmebehandelte (pasteurisierte) Milch, auch Frischmilch genannt, trotz Kühlung nur begrenzt haltbar ist.
Drei verschiedene Pasteurisierungsmethoden sind gesetzlich zugelassen:
- Die Dauererhitzung auf 62 bis 65° C für 30 bis 32 Minuten.
- Die Kurzzeiterhitzung auf 72 bis 75° C für 15 bis 30 Sekunden.
- Die Hocherhitzung auf mindestens 85° C.

Zu b): Beim Ultrahocherhitzungs-Verfahren wird die Milch eine $^1/_4$ Sekunde auf 150° C erhitzt. Die ultrahocherhitzte Konsummilch, H-Milch (haltbare Milch) genannt, enthält normalerweise keine vermehrungsfähigen Keime. Sie muss unter sterilen Bedingungen abgefüllt und verpackt werden.
Keimfrei abgefüllt, ist diese Milch originalverschlossen viele Monate lagerfähig. Hohe Temperaturen beim Ultrahocherhitzen verändern die Eiweißbausteine, zerstören sie aber nicht. Hitzeempfindliche B-Vitamine sind in H-Produkten weniger enthalten als in pasteurisierten. Sie werden jedoch nicht so stark geschä-

digt wie beim Sterilisieren. Der „Kochgeschmack" kommt wegen des geringeren Fettgehalts bei entrahmter oder teilentrahmter H-Milch stärker zum Ausdruck als bei H-Vollmich. Er verliert sich mit zunehmender Lagerdauer.

Zu c): Die Sterilisation wird bei fest verschlossenen, verkaufsfertigen Packungen angewendet (Flaschen, Dosen).
Die Entkeimung ist (wie bei b) 100%ig.
Die Haltbarkeit kann u. U. Jahre betragen.
Es werden Temperaturen zwischen 112 und 118° C angewendet bei einer Heißhaltung von 15 bis 20 Minuten.
Nachteil: Bei der Sterilisation treten Eiweißveränderungen und Vitaminverluste auf. Aus diesem Grund ist diese Milch für die Säuglingsernährung nicht geeignet.

Zu d): Das Abkochen ist ein Wärmebehandlungsverfahren, wie es früher im Haushalt üblich war.
Allen molkereimäßigen Wärmebehandlungsverfahren ist eine Zentrifugalreinigung der Milch vorangestellt.

Erläutern Sie das Homogenisieren der Milch!

Beim Homogenisieren werden die Fettkügelchen so fein verteilt, dass das Aufrahmvermögen (Trennung von Rahm und Magermilch, d. h. Entstehung einer Rahmschicht an der Oberfläche) praktisch verloren geht. Das Homogenisieren muss auf der Milchpackung angegeben werden.

Nennen Sie Methoden zur Milchprüfung!

1. Geruch, Geschmack und Aussehen (Sinnenprüfung)
2. Kochprobe
3. Prüfung auf Wasserzusatz (spezifisches Gewicht)
4. Prüfung auf Schmutzgehalt (mittels Wattefilter)

Welche Auswirkungen hat die Verwendung von Milch bei der Teigherstellung auf das Gebäck?

a) Vergrößerung des Volumens
b) Verbesserung der Kruste (zartsplittriger)
c) Verfeinerung der Krumenbeschaffenheit und der Porung
d) Verbesserung der Frischhaltung und des Geschmacks (Milchgeschmack)

Wie entsteht Buttermilch?

Buttermilch fällt bei der Butterherstellung an. Sie enthält noch viele Nährstoffe der Milch, hat einen erhöhten Lecithingehalt, und der Fettgehalt liegt zwischen 0,4 und 0,7 %. Buttermilch darf einen Fremdwassergehalt (Wasser, das bei der Butterung zugesetzt wird) von höchstens 10 % oder einen Magermilchzusatz von höchstens 15 % aufweisen. Reine Buttermilch enthält weder Zusätze von Fremdwasser noch von Magermilch oder Trockenmilch. Die Erhöhung der Milchtrockenmasse darf nur durch Entzug von Wasser erfolgen.

Nennen Sie die Bestandteile der Buttermilch in Prozenten!

Wasser 92 %, Eiweiß 3 %, Fett 0,4 bis 0,7 %, Milchzucker 3,5 % und Mineralstoffe 0,8 %.

Was ist saure Sahne?

Saure Sahne (Sauerrahm) wird aus Rahm durch den Zusatz spezifischer Milchsäure- und Aromabakterien gewonnen. Die Säuerung dauert 16 bis 20 Stunden bei 20° C. Wie jede Sahne besitzt saure Sahne einen Fettgehalt von mindestens 10 %. Sie ist nährwertärmer als Schlagsahne, die einen Mindestfettgehalt von 30 % hat. Nach der Rechtsprechung ist „saure Sahne" im Sinne des Milchgesetzes nur Sahne, die durch einen gezielten Vorgang, in der Regel durch den kontrollierten Zusatz spezifischer Milchsäurebakterien, zum Säuern gebracht worden ist. Spontan, z. B. während der Aufbewahrung, sauer gewordene Sahne ist nicht saure, sondern verdorbene Sahne.

Auswirkungen auf Teig und Gebäck siehe Backversuch Nr. 5, Seite 199 f.: „Die Bedeutung der Milch als Zuguss."

Was versteht man unter Kefir?

Kefir wird mit Kefirknöllchen (Symbiose) aus Hefen und speziellen Bakterien oder einer aus diesen gewonnenen Kultur zubereitet. Mikrobiologisch unterscheidet sich Kefir von den anderen Sauermilchprodukten, dass an der Gärung erwünschte Hefen beteiligt sind.
Neben der Milchsäuregärung läuft durch die Hefen zusätzlich eine leichte alkoholische Gärung ab.
Daher enthält der verzehrfertige Kefir geringe Mengen Alkohol (mindestens 0,05 % Ethanol) sowie Kohlensäure (CO_2) und schmeckt sehr erfrischend.

Wie entsteht Sahne?

Sahne (Rahm) entsteht durch Entrahmung von Milch. Durch Zentrifugieren wird der Milch so viel Fett entzogen, dass die zurückbleibende Magermilch nur noch bis zu 0,03 % Fett enthält.

Wie viel Prozent Fett muss Rahm- bzw. Trinksahne (Kaffeesahne) enthalten?

Mindestens 10 %.

Wie viel Prozent Fett enthält Schlagsahne?

Mindestens 30 %.

Wie werden Kondensmilcherzeugnisse hergestellt?

Rohmilch für Kondensmilcherzeugnisse wird entweder pasteurisiert oder ultrahocherhitzt und, nach Einstellen des Fettgehalts durch Hinzufügen von Rahm oder Magermilch, im Vakuum bei 60 bis 70° C schonend eingedampft.
Diesen Vorgang nennt man evaporieren. Durch Verdampfen des Wassers dickt die Milch auf rund die Hälfte ihres ursprünglichen Volumens ein.
Das Sterilisieren erfolgt nach dem Verpackungsprozess in der keimdichten Verpackung. Es muss nicht deklariert werden.

In welchen 4 Fettstufen wird ungezuckerte Kondensmilch angeboten?

1. Kondensmilch mit hohem Fettgehalt (kondensierte Kaffeesahne) mit mindestens 15 % Fett.
2. Kondensmilch (kondensierte Vollmilch) mit mindestens 7,5 % Fett.
3. Teilentrahmte Kondensmilch mit mehr als 1 % und weniger als 7,5 % Fett.
4. Kondensmagermilch (kondensierte Magermilch) mit höchstens 1 % Fett.

Gezuckerte Kondensmilch wird in 3 Fettstufen hergestellt. Die Sterilisation entfällt, da das Produkt durch den Zucker bereits haltbar ist. Gezuckerte Kondensmilch findet fast ausschließlich in der Süßwarenindustrie Vewendung.

Was ist Joghurt?

Joghurt ist eine Standardsorte der Milcherzeugnisse. Er wird aus Milch unter Verwendung spezifischer Milchsäurebakterienkulturen (Lactobacillus bulgaricus) durch Bebrüten bei 42° C hergestellt.
Die Milch als Ausgangsprodukt wird um rund 20 % eingedickt, damit der Joghurt eine stichfeste Konsistenz erhält. Die Säuerungszeit beträgt 2 bis 3 Stunden, und der Joghurt soll typisch, rein milchsauer schmecken. Man unterscheidet Joghurt mit mindestens 3,5 % Fett, fettarmen Joghurt mit mindestens 1,5 % und höchstens 1,8 % Fett, Joghurt aus entrahmter Milch (Magermilchjoghurt) mit höchstens 0,3 % Fett und Sahnejoghurt (Rahmjoghurt) mit mindestens 10 % Fett. (Fruchtjoghurterzeugnisse gehören wegen der Verwendung beigegebener Lebensmittel, z. B. Früchte, zu den Milchmischerzeugnissen.)

Erläutern Sie Joghurt mild!

Joghurt mild ist ebenfalls eine Standardsorte, hergestellt mit spezifischen, besonders mild säuernden Bakterienkulturen, die weniger stark nachsäuern, so dass der Joghurt milder schmeckt.

Was ist Molke?

Molke fällt bei der Käseherstellung an. Sie enthält noch eine hohe Menge Milchzucker sowie Eiweiß, Vitamine und Mineralstoffe der Milch. Wegen dieses hohen Nährwertgehalts und einiger technologischer Vorteile eignet sie sich als Zusatz zu Brot- und Gebäckteigen. Man unterscheidet Süß- oder Sauermolke mit einem Fettgehalt von ca. 0,2 % sowie Molkensahne (Molkenrahm) mit einem Fettgehalt von mindestens 10 %.

Erklären Sie die beiden Begriffe Schmant und Crème fraîche!

Schmant
Das ist ein löffelfester Seuarrahm mit mindestens 20 % Fett.

Crème fraîche
Dies ist ein Sauerrahm, der nach einem speziellen Rezept hergestellt wird: Frische Sahne wird schwach mit Milchsäurebakterien gesäuert, dann durch schonendes Wasserdampfen auf einen Fettgehalt von 30 bis 40 % eingestellt. Durch dieses Verfahren erhält das Produkt einen sehr zarten Säuregeschmack und die Fähigkeit, auch in heißen Speisen standfest zu bleiben und nicht auszuflocken.

Was versteht man unter Speisequark und Schichtkäse?

Beide gehören zur großen Gruppe der Frischkäse. Ernährungsphysiologisch sind sie als gleichwertig anzusehen. Die Herstellung unterscheidet sich wie folgt:

Speisequark
wird in der Regel aus Magermilch hergestellt. Die Milch wird durch Zugabe von Milchsäurebakterien und Lab (Gerinnmittel) dickgelegt. Die auslaufende Molke wird abgetrennt, und die angegebene Fettstufe wird durch Zugabe von Sahne erzielt.

Schichtkäse
wird unter Verwendung quadratischer Formen mit Schlitzen hergestellt. Die dickgelegte Milch wird Schicht für Schicht in die Formen gegeben, und überflüssige Molke (Milchserum) läuft ab. Die übereinander

liegenden Schichten verfestigen sich und ergeben das typische, schnittfeste Gefüge. Die Weiterverarbeitung führt zu deutlich besseren Qualitäten als mit Speisequark, d. h. mehr Volumen und sahniger Geschmack.
Sowohl Speisequark als auch Schichtkäse werden in verschiedenen Fettstufen angeboten. Man versteht unter ..... % Fett i. Tr. den Fettgehalt in der Trockenmasse, d. h. im wasserfreien Käse.
Beispiel: Ein Frischkäse mit 20 % Fett i. Tr. hat einen auf den wasserfreien Käse bezogenen Fettgehalt von 4 bis 4,5 %. Schichtkäse und Speisequark werden auf Grund ihres hohen und hochwertigen Eiweißgehalts in der Zukunft immer mehr an Bedeutung für die menschliche Ernährung gewinnen.

Was versteht man unter Trockenmilch?

Als Trockenmilch bezeichnet man allgemein Milchpulver, das aus Vollmilch, teilentrahmter Milch, Magermilch bzw. aus Milcherzeugnissen unter weitgehendem Entzug von Wasser hergestellt wird. Bei diesem Verfahren werden die Milchinhaltsstoffe wenig verändert. Die Lagerfähigkeit ist wegen des hohen Gehalts an Fett, das leicht ranzig wird, gering. Das Milchpulver wird entweder unter das Mehl gemischt oder vor seiner Verarbeitung in einer entsprechenden Menge Wasser aufgelöst.

Nach welchen 2 Verfahren wird Trockenmilch hergestellt?

1. Walzentrocknung. (Die Milch wird in einem dünnen Film kontinuierlich auf beheizten Walzen getrocknet; schlechte Löslichkeit, aber gute Backeigenschaften.)
2. Sprühtrocknung. (Die Milch wird in hohen Türmen versprüht. Dabei fällt sie einem warmen Luftstrom entgegen, und unten angekommen, sind die Milchpartikel zu Pulver getrocknet; leichtere, vollständige Löslichkeit des Pulvers.)

Nennen Sie verschiedene Milchpulverarten, und erklären Sie diese!

1. Vollmilchpulver wird aus Vollmilch hergestellt. Nach dem Eindicken der Milch wird der Fettgehalt durch Zugabe von Magermilch oder Rahm standardisiert. Vollmilchpulver hat einen Fettgehalt von mindestens 26 %.
2. Sahnepulver (Rahm-, Milchpulver mit hohem Fettgehalt) enthält mindestens 42 % Fett.
3. Teilentrahmtes Milchpulver hat einen Fettgehalt von mehr als 1,5 % und weniger als 26 % Fett.
4. Magermilchpulver entsteht durch Verdampfen und Trocknen von Magermilch. Für die Gewinnung von 1 kg Magermilchpulver werden rund 11 kg Magermilch benötigt. Daher liegt der herstellungstechnisch bedingte Fettgehalt im Magermilchpulver bei 0,5 %, darf jedoch 1 % Fett nicht übersteigen.
5. Buttermilchpulver hat einen Fettgehalt von höchstens 15 %.

Nennen Sie die gesetzlichen Bestimmungen für die Bezeichnung einer Backware als
a) Milchbrot und Milchbrötchen
b) Feine Backwaren mit Hefe
c) Feine Backwaren ohne Hefe![8]

a) Werden Milchbrot und Milchbrötchen hergestellt, dann muss die gesamte Teigflüssigkeit Vollmilch sein, mindestens aber 50 Liter auf 100 kg Getreidemahlerzeugnisse.
b) Für die Herstellung Feiner Backwaren mit Hefe sind auf 100 kg Getreidemahlerzeugnisse 40 Liter,
c) bei Feinen Backwaren ohne Hefe mindestens 20 Liter Vollmilch vorgeschrieben. Man geht dabei von Trinkmilch mit 3,5 % Fett aus.

Welche Dosierung ist unter Verwendung von Vollmilchpulver bei Milchgebäck einzuhalten?

Vollmilchpulver, mindestens 26 % Fett
a) 138,65 g Vollmilchpulver mit Wasser zu 1 Liter Gesamtflüssigkeit ergänzt oder
b) 155,5 g Vollmilchpulver in 1 Liter Wasser gelöst (1155,5 g Gesamtflüssigkeit).

---

[8] *Leitsätze für Brot und Kleingebäck siehe Anhang Seite 391 ff.*

An Stelle von Vollmilchpulver ist die Verwendung von Magermilchpulver und Kondensmilch möglich, aber in der Praxis nicht üblich

1. Magermilchpulver, ca. 1 % Fett
a) 100 g Magermilchpulver + 35,5 g Butterreinfett (mind. 99,5 % Fett) oder 100 g Magermilchpulver + 42 g Butter (ca. 83 % Fett) ergänzt mit Wasser zu 1 kg Gesamtflüssigkeit.
b) Zu 1 Liter Wasser 121,58 g Magermilchpulver + 43,16 g Butterreinfett = 1164,7 g Gesamtflüssigkeit oder 121,58 g Magermilchpulver + 51,06 g Butter = 1172,6 g Gesamtflüssigkeit.
2. Kondensmilch
a) 7,5 % Fettgehalt, davon 470 g mit Wasser zu 1 Liter Gesamtflüssigkeit ergänzt,
b) mit 10 % Fettgehalt, davon 350 g mit Wasser zu 1 Liter Gesamtflüssigkeit ergänzt.

Was versteht man unter „Light"- bzw. „Leicht"-Produkten?

Diese Produkte bietet der Markt als Variante zu altbekannten Lebensmitteln an, wobei die Begriffe „light" oder „leicht" lebensmittelrechtlich nicht geschützt bzw. definiert sind. Mit einer solchen Kennzeichnung müssen nicht unbedingt bestimmte Eigenschaften des Produkts verknüpft sein. „Light" kann beispielsweise „leichter bekömmlich", „leicht verdaulich", „kalorienarm" oder „alkoholfrei" heißen, wobei diese Eigenschaften bei dem so bezeichneten Lebensmittel natürlich auch in wesentlichem Maße vorhanden sein müssen.
Diese Produkte entstehen z. B. durch Aufschäumen mit Luft oder wenn in fetthaltigen Lebensmitteln Wasser das Fett ersetzt. Der Begriff „light" wird von Herstellern nahezu beliebig verwendet, sogar für herkömmliche Milchprodukte der Magerstufe. So darf Käse mit einem Fettgehalt bis 32,5 % in der Trockenmasse (das entspricht der Dreiviertelstufe) als „Leicht"-

oder „Light-Käse“ verkauft werden. Verglichen mit Magerquark (2 % Fett in der Trockenmasse) ist also mancher so genannte „Leicht-Käse“ buchstäblich eine Kalorienbombe.

Zucker

Das Zuckerrohr ist schon seit 6000 vor Christus in Ostasien bekannt und gelangte von dort nach Indien und Persien. Die Perser entwickelten eine Methode zur Zuckergewinnung: Heißer Zuckerrohrsaft kam in kegelförmige Ton- und Holzgefäße. Durch eine Öffnung in der Kegelspitze konnte der Sirup abtropfen. Die kristallisierende Zuckermasse blieb im Behälter hängen und bildete schließlich einen Zuckerhut.
Mit den Kreuzrittern gelangte etwa 1100 nach Christus der Zucker nach Mitteleuropa, wo er wegen des hohen Preises nur Königen und Fürsten vorbehalten blieb. Andreas Sigismund Marggraf entdeckte 1747, dass die Runkelrübe den gleichen Zucker enthält wie das Zuckerrohr. Franz Carl Achard gewann 1801 erstmals aus Rüben Zucker. Der Konkurrenzkampf zwischen Rohr- und Rübenzucker sorgte ab zirka 1850 für einen drastischen Preisverfall, der Zucker entwickelte sich schließlich zum täglichen Bedarfsgut und einer Energiequelle für jedermann.

Zuckergewinnung
Das Zuckerrohr ist eine etwa 6 Meter hohe Pflanze, und durch Auspressen wird ein gelblicher Saft aus den Stängeln gewonnen. Dieser Saft enthält 8 bis 17 % Saccharose, je nach Sorte bzw. Anbaugebiet. Die Zuckerrübe, eine Verwandte der Runkelrübe, enthält 16 bis 20 % Saccharose und liefert neben dem Zucker einen Brotaufstrich, den Zuckersirup, und Zuckerrübenschnitzel, die ohne weitere Behandlung als Viehfutter verwendet werden. Werden die Rübenschnitzel entbittert und gereinigt, können sie auch als Speiseballaststoff in Backwaren verwendet werden. Mit der Rübenernte im September beginnt die Zuckergewinnung. Bei den angelieferten Fuhren werden sofort Proben entnommen, um den Zuckergehalt und weitere wichtige Inhaltsstoffe zu analysieren. Erst dann kommen sie nach einer gründlichen Wäsche in die Fabrik.

Hier werden die Rüben zerkleinert und in einem Brühtrog vorgewärmt. In 70° C heißem Wasser löst sich der Zucker aus den Rübenzellen, und der Rohsaft entsteht. Zurückbleiben entzuckerte Zuckerrübenschnitzel. Dem Rohsaft werden die natürlichen Stoffe Kalk und Kohlensäure zugesetzt, die die Nichtzuckerstoffe binden. Der zurückbleibende Dünnsaft hat schließlich einen 16%igen Zuckergehalt. In mehreren Stufen wird der Dünnsaft eingedickt und hat dann einen Zuckergehalt von ca. 67 %. Nach der Reinigung des Dicksaftes fällt ein weiteres Endprodukt neben den Rübenschnitzeln an, die Melasse, eine Lösung unkristallisierbaren Zuckers. Sie kann entweder als Viehfutter oder als Nährlösung verwendet werden. Melasse ist sehr eisenhaltig. Der gereinigte Dicksaft kommt anschließend zur Kristallisation. Hier wird er gekocht, bis sich goldgelbe Kristalle bilden, die mit Sirup überzogen sind. Der Sirup wird durch Zentrifugieren sowie Spülen mit Wasser und Dampf von den Kristallen getrennt, es entsteht der Rohzucker. Durch mehrfache Wiederholungen des Zentrifugierens entsteht die Raffinade, der weiße Kristallzucker.

Nennen Sie Pflanzen, aus deren Saft Zucker gewonnen wird!
Zuckerrohr und Zuckerrüben.

Nennen Sie Anbaugebiete des Zuckerrohrs!
Hauptanbaugebiete sind Brasilien, Indien und Kuba.

Wie entsteht der Zucker in der Pflanze?
Der Aufbau (Synthese) des Naturstoffs Zucker geht im Blatt der Zuckerrübe und des Zuckerrohrs vor sich. Dann wandert der Zucker in den Wurzelkörper der Rübe bzw. den Stängel des Zuckerrohrs, wo er gespeichert wird. In Europa wird Zucker fast ausschließlich aus Zuckerrüben gewonnen.
Die Zuckerrübe ist eine durch besondere Züchtung erhaltene Rübenart, welche im Durchschnitt 16 Gewichtsprozent Zucker enthält. Der Zuckergehalt ist sehr schwankend, je nach den Wachstumsbedingungen. In trockenen, heißen Jahren liegt er bei 18 bis 19 %, in nassen Jahren bei nur 14 bis 15 %.

Wie gewinnt die Rübenzuckerfabrik den Zucker?
Der in den Blättern der Pflanze vorgebildete und im Zuckerrübenwurzelkörper gespeicherte Zucker wird, ohne dass er chemisch verändert wird, lediglich aus der Pflanze isoliert.
Dazu werden die Rüben zerkleinert und die Rübenschnitzel mit heißem Wasser im Gegenstrom extrahiert. Anschließend werden die aus der Pflanze stammenden Nichtzuckerstoffe durch Behandeln mit Kalkmilch und Kohlensäure entfernt. Im weiteren Verlauf wird dann der so gereinigte Extrakt, der Dünnsaft genannt wird und etwa 15 bis 18 % Zucker enthält, weiter zum Dicksaft eingedampft, mit einem Zuckergehalt von 65 bis 70 %. Aus dem Dicksaft wird dann durch mehrstufige Kristallisation der Zucker gewonnen. Als Sirup der letzten Kristallisationsstufe fällt Melasse an.

Zucker entsteht in der Zuckerrübe

Mit Hilfe der Sonnenenergie wird in den Blättern der Pflanzen aus dem Wasser des Bodens und dem Kohlendioxid der Luft *Zucker* und Sauerstoff gebildet.

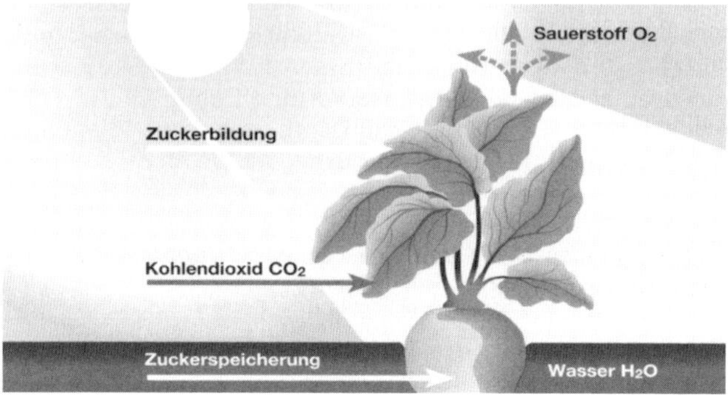

Diesen Vorgang nennt man Photosyntese.

Was versteht man unter Rohzucker?

Es ist der erste rohe Zucker, welcher aus dem eingedickten Saft, dem Dicksaft, auskristallisiert wird. Wird dieser beim Abschleudern nicht mit Wasser bedüst, so entsteht der bekannte braune Rohzucker. Er enthält noch braune Farbstoffe und andere Nebenprodukte aus der Zuckerrübe bzw. dem Zuckerrohr, die ihm seinen typischen Geschmack verleihen. Er stellt ein Rohprodukt dar, das noch gereinigt werden muss. Vielfach wird er für gesünder angesehen, da man glaubt, dass er noch Vitamine und Mineralstoffe enthalte. Tatsächlich sind Vitamine nicht mehr nachzuweisen, und die enthaltenen Mineralstoffe haben keinen besonderen ernährungsphysiologischen Wert.

Welche Handelsformen gibt es für Weißzucker?

Nach der Zuckerarten-Verordnung werden kristalline Zucker in 2 Handelsklassen eingeteilt:

a) Kristallzucker der EU-Kategorie 1 (Raffinadezucker) und
b) Kristallzucker der EU-Kategorie 2 (Weißzucker)

Melasse ist ein Nebenprodukt (Verwendung in Hefe- und Zitronensäurefabrikation).

Während man heute Weißzucker in Weißzuckerfabriken direkt aus der ersten Verkochung des Dicksaftes gewinnt, werden Raffinaden durch Auflösen eines schon weißen Zuckers in Wasser und erneutes Kristallisieren aus diesem auch „Kläre" genannten Sirup hergestellt. Raffinaden sind deshalb Zucker mit besonders hoher Reinheit. Weißzucker und Raffinade werden gemäß der Zuckerarten-Verordnung anhand von verschiedenen Qualitätskriterien unterschieden. Dieses sind die Farbe des Zuckerkristalls, die Farbe einer Zuckerlösung bestimmter Konzentration und der Gehalt an Mineralstoffen. Für diese werden dem Zucker Punkte gegeben. Raffinade ist ein Zucker mit 0 bis 8 Gesamtpunkten, Weißzucker hat höchstens 22 Punkte.

Kristalline Zucker und Sondersorten

Bezeichnung	Beschreibung	Einsatzgebiet
Kristallzucker	Zucker EU-Kategorie 2, in den Körnungen mittel und fein	KF (fein) Standardsorte für die Bäckerei, günstig, ideal zum Backen
Raffinade	Zucker EU-Kategorie 1, höchste Reinheit, Körnung, grob, mittel, fein	besondere Reinheit für Fondant, Zuckerwaren und Konfitüren
Puderzucker	pulverfeine Raffinade	Marzipan, Mürbeteig, Sandmassen, Krems, als Streudekor und für Glasuren
Hagelzucker	grobes Zucker-Agglomerat 2–4 mm aus kleinen Zuckerkristallen	als Dekor auf Gebäcken, Zutat für Belgische Waffeln
Brauner Zucker	braun, karamellartiger Kristallzucker	für Gewürzkuchen, Spekulatius, Printen, Lebkuchen
Rohrrohzucker	hellbrauner, aromatischer Kristallzucker aus Zuckerrohr	für rustikale Gebäcke, als Zutat für Cerealienkost
Fruchtzucker	weiße Kristalle, fein oder mittel	für Diätgebäcke, zur besseren Bräunung und Frischhaltung von Backwaren

Korngrößenverteilung

Über die Korngrößenverteilung (Korngrößenklassen) von Zuckern liegen keine gesetzlichen Vorschriften vor.

Handelsüblich wird Zucker jedoch in bestimmten Korngrößenklassen geliefert; diese gelten sowohl für Raffinaden als auch für Weißzucker.

Die Korngrößenklassen werden wie folgt bezeichnet:

Korngrößenklassen	Korngrößenbereich
grob	1,00 bis 1,60 mm
mittel	0,50 bis 1,25 mm
fein	0,20 bis 0,75 mm
sehr fein	0,10 bis 0,35 mm
Puder	80 % der Körner kleiner als 0,1 mm

Im angegebenen Körnungsbereich liegen dann 90 Gewichtsprozent des Zuckers.

Kandiszucker
Durch langsame Kristallisation in schwacher Bewegung wird aus sehr reinen Zuckerlösungen ein großer Kristall gebildet, der weiße Kandiszucker mit schönen, bis zu mehreren Zentimetern großen Kristallen. Der braune Kandis enthält noch karamellisierten Zucker.

Was ist Saccharose?
Saccharose ist der chemische Name für Zucker (Rohr- und Rübenzucker).

Gibt es außer Saccharose noch andere Zuckerarten, die in Back- und Süßwaren eingesetzt werden?
Außer Saccharose werden noch Trauben-, Frucht-, Milch- und Malzzucker eingesetzt.

Was ist Invertzucker?
Invertzucker ist das Gemisch aus gleichen Anteilen Traubenzucker (Glukose oder Dextrose) und Fruchtzucker (Fruktose), das durch eine Spaltung von Saccharose mit Säuren oder Enzymen hergestellt wird.

Was sind flüssige Zucker?
Um Verarbeitungsbetrieben, also auch Bäckereien, das Auflösen, Filtrieren und Sterilisieren von Kristallzucker zu ersparen und somit einen „Zucker mit Arbeitsersparnis" zu liefern, werden verstärkt auch flüssige Zucker angeboten. Flüssige Zucker müssen laut Zuckerarten-Verordnung einen Mindesttrockensubstanzgehalt von 62 % haben. Man unterscheidet folgende Sorten:
„Flüssigzucker" sind laut Verordnung wässrige Saccharoselösungen ohne Zusätze anderer Lebensmittel. Die Bezeichnung „Flüssigzucker" darf nicht für andere flüssige Zucker verwendet werden.
„Invertflüssigzucker" sind wässrige Saccharoselösungen mit unterschiedlichen Anteilen von aus Saccharose durch Spaltung hergestelltem Invertzucker (maximal 50 % in der Trockensubstanz).

„Invertzuckersirup und Kristallinvertzucker"
Invertzuckersirup und Kristallinvertzucker sind wässrige, auch teilkristallisierte Lösungen mit hohen Anteilen (über 50 %) von aus Saccharose durch Spaltung hergestelltem Invertzucker. Außer den für die Saccharosespaltung notwendigen Hilfsstoffen (Säure, Enzyme) werden keine Zusätze anderer Lebensmittel verwendet.

„Spezialzuckersirup und Zuckerablaufsirup"
Außer den vorne genannten Sirupen werden für bestimmte Backwarenerzeugnisse (besonders Lebkuchenerzeugnisse) eine Reihe von Spezialsirupen angeboten, die neben einer bestimmten Zuckerzusammensetzung (Einfluss auf die Konsistenz der Backware) auch einen gewissen Geschmackseffekt und eine besondere Farbgebung durch den Gehalt an Nichtzuckerstoffen aus der Rübe oder Karamellzucker bewirken.

Was ist Glukosesirup (Stärkesirup)?
Glukosesirup ist ein süßer Sirup, der zumeist aus Maisstärke hergestellt wird. Die Süße rührt dabei hauptsächlich von dem in ihm enthaltenen Traubenzucker her. Glukosesirup ist weniger süß als Zucker.

Worin besteht der Unterschied zwischen künstlichen Süßstoffen und Zuckeraustauschstoffen?
Künstliche Süßstoffe sind chemische Verbindungen praktisch ohne Nährwert, aber mit sehr hoher Süßkraft (Saccharin 500-mal und Cyclamate 20- bis 30-mal süßer als Zucker).[9]

Zuckeraustauschstoffe sind mit Ausnahme von Fruktose süß schmeckende Zuckeralkohole, die teils direkt aus Pflanzen, teils auf chemischem Wege aus Kohlenhydraten gewonnen werden. Sie werden z. B. für Diabetikernahrungsmittel eingesetzt, d. h. da, wo Unverträglichkeit von glukosehaltigen Kohlenhydraten (Glukose, Saccharose, Glukosesirup, Stärke) vorliegt. Als Zuckeraustauschstoffe zugelassen sind Fruktose (Fruchtzucker), Sorbit, Mannit, Xylit, Isomalt (Palatinit), maltithaltige Sirupe, kristallines Maltit und Lactit.[10] Der Zuckeraustauschstoff Xylit entspricht in der Süßkraft der Saccharose; Fruktose ist etwas süßer, und die anderen Zuckeraustauschstoffe sind weniger süß als Saccharose.

Vom Nährwert her sind diese Austauschstoffe alle gleich. In neuester Zeit wurden jedoch Zuckeraustauschstoffe entwickelt, die einen geringeren Nährwert haben, d. h., die kalorienreduziert sind.

---

[9] Erklärung einzelner Süßstoffe siehe Seite 68 f.

[10] Beschreibung verschiedener Zuckeraustauschstoffe siehe Seite 69 f.

Einfluss von Saccharose und Invertzucker auf das Gebäckvolumen von Heferundgebäcken

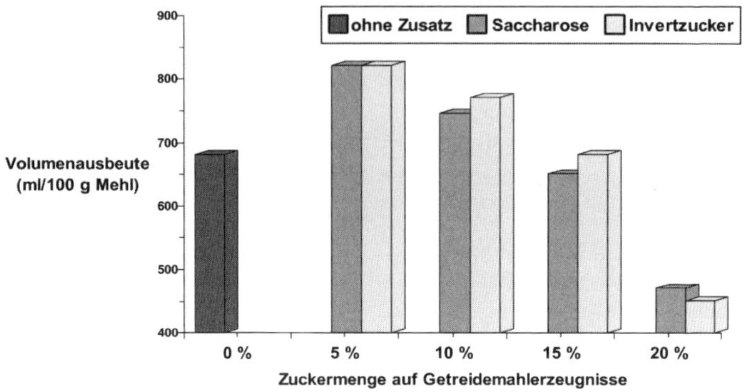

Wie heißen die verschiedenen Zuckersorten des Handels, und wie unterscheiden sie sich?

Die Zuckersorten des Handels unterscheiden sich durch den Reinheitsgrad, die Größe der Kristalle und die verschiedenen äußeren Formen.

a) Nach dem Reinheitsgrad:
   Raffinadezucker
   Weißzucker
b) Nach der äußeren Form:
   Weißzucker mit den Korngrößen grob/mittel/fein/sehr fein gemahlener Zucker – Puderzucker, Puderraffinade
   geformter Zucker – Würfel-, Hagel-, Hutzucker besondere Formen: Kandis-, Instantzucker
c) Flüssige Zucker:
   Flüssige Raffinade = Flüssigzucker
   Invertflüssigzucker (bis 50 % des Zuckergehaltes ist Invertzucker, der Rest ist Saccharose)
   Invertzuckersirup (über 50 % des Zuckergehalts ist Invertzucker) Mischsirupe, Karamellzuckersirupe

Brauner Zucker: Als brauner Zucker werden verschiedene Arten bezeichnet. Meist ist der braune Zucker aus Rübenzucker, der noch mit Melasse überzogen oder eingefärbt ist. Beim Rohrrohzucker ist die Melasse im Zuckerkristall selbst enthalten. Charakteristisch sind die goldgelbe Farbe und sein karamellartiger Geschmack.

Weißer Zucker: Beim weißen Zucker muss zwischen Feinzucker, feinster Zucker und Haushaltszucker unterschieden werden. Feinzucker hat gleichmäßig feine Kristalle, die sich gut lösen. Feinster Zucker zeichnet sich durch äußerst feine und gleichmäßige Körnung aus. Er ist besonders rasch löslich und lässt sich schnell verrühren, dadurch eignet er sich vor allem für zartes Gebäck, feinste Kuchen und Süßspeisen. Haushaltszucker ist die Raffinade mit einer mittelgroben Körnung.

Puder- oder Staubzucker: Für Puderzucker wird die Raffinade so fein gemahlen, dass die Kristalle mit bloßem Auuge nicht mehr zu erkennen sind. Er löst sich schnell auf und eignet sich deshalb besonders für Biskuits.

Hagelzucker: Angefeuchtete Raffinade wird gepresst und nach dem Trocknen zu hagelkornähnlichen Stückchen zerstoßen.

Würfelzucker: Für Würfelzucker wird ebenfalls angefeuchteter Zucker gepresst, hierfür allerdings in Formen. Er ist durch seine Maße leicht zu dosieren, z. B. für Kaffee, Tee oder Schokolade.

Zuckerhut: Hierfür wird die Raffinade in speziellen Formen gepresst. Er ist sehr beliebt für Feuerzangenbowle und Punsch.

Kandis: Es gibt weißen und braunen Kandis. Beide entstehen durch langsames Auskristallisieren von hochwertigen, reinen Zuckerlösungen. Der braune Kandis erhält seine Farbe durch Karamellisationsprodukte, die sich beim Erhitzen des Zuckers bilden. Kandis kommt entweder als regelmäßig gewachsene Einzelkristalle (Würfelkanids, Kluntje), in Form von Kandiskonglomeraten (Krustenkandis, Stangenkandis) oder auch gemahlen (Grümmel) in den Handel.

Einmachzucker: Zucker konserviert, da er in hoher Konzentration das Wachstum von Schimmelpilzen und den Abbau von Vitamin C hemmt. Gleichmäßig große Kristalle lösen sich sehr langsam auf und vermindern dadurch die Schaumbildung beim Aufkochen.

Gelierzucker: Der Raffinade werden Obstpektin und Zitronen- oder Weinsäure zugesetzt. Gelierzucker süßt und geliert zugleich in kürzester Zeit. Dadurch bleiben Vitamine, Farbe und Aroma der Fürchte für Konfitüren, Marmeladen und Gelees erhalten.

Vanillezucker: Ein Mischung aus Raffinade mit gemahlener, echter Vanille oder natürlichem Vanillearoma.

Vanillinzucker: Gemisch aus Zucker und dem künstlich hergestellten Aromastoff Vanillin.

Handelsformen	**Eigenschaften**	**Verwendung in der Backstube**
Puder- oder Staubzucker	sehr feine Kristalle, bildet leicht Klumpen	zur Dekoration von Gebäcken und Süßspeisen, zur Herstellung von Glasuren und zum Ausrollen von Marzipan
Kristallzucker	allgemeines Süßungsmittel, feine Kristalle	als Teigzutat und als Dekoration von Kuchen
Hagelzucker	hagelförmiger Zucker aus granulierter Raffinade	zur Dekoration von Gebäcken und Desserts
Kandiszucker	5–8 mm große Zuckerkristalle mit glatter Oberfläche	als Zutat für Honigkuchen
Fondant	verflüssigter und anschließend „tablierter" (1) Zucker, sehr zähflüssig	als Dekoration von Gebäcken
Invertzucker	Gemisch aus Fruktose und Glukose	zum Einarbeiten in Marzipan und für Füllungen, zur Frischhaltung, zum Bräunen in Teigen

(1) Aufgekochter Zucker wird auf eine Platte aufgetragen, dabei kühlt er ab. Das streichende Auftragen und gleichzeitige Abkühlen nennt man tablieren, dadurch erhält der Fondant seine weiße Farbe.

Was versteht man unter Fondant?

Fondant ist eine zäh-weiche, auf der Zunge leicht zergehende Masse aus ganz feinen Saccharosekristallen mit Glukosesirup und/oder Invertzucker und evtl. Zusatz von geruchs- und geschmacksgebenden Stoffen. Durch ein besonderes Herstellungsverfahren erhält der Fondant die feinkristalline Beschaffenheit. Der Wassergehalt beträgt maximal 12 %.

Was versteht man unter Krokant?

Krokant besteht aus mindestens 20 % grob bis fein zerkleinerten Mandeln, Hasel- oder Walnusskernen und karamellisiertem Zucker. Es werden unterschieden Hart-, Weich- und Blätterkrokant.

Was ist Honig?

Honig ist ein flüssiges bzw. dickflüssiges oder kristallines Lebensmittel, das von Bienen erzeugt wird, indem sie Blütennektar, andere Sekrete von lebenden Pflanzenteilen oder auf lebenden Pflanzen befindliche Drüsenabsonderungen von Insekten aufnehmen, durch körpereigene Sekrete bereichern und verändern, in Waben speichern und dort reifen lassen.
Dem Honig dürfen weder Stoffe zugesetzt noch honigeigene Bestandteile entzogen werden. Er wird als Brotaufstrich, als Süßungsmittel in Getränken (Tee, Milch), auch als Kuchenzutat und für Bonbons gebraucht.
Dem Honig werden in der Naturheilkunde viele gesundheitsfördernde Wirkungen, z. B. bei Halsentzündungen und bei der Wundheilung, zugeschrieben. Bei der Herstellung von Honiglebkuchen ist die Verwendung von Bienenhonig gesetzlich vorgeschrieben.

Die neue Honig-Verordnung eröffnet grundsätzlich die Möglichkeit der Filtration, d. h., dem Produkt anorganische und organische Fremdstoffe so zu entziehen, dass Pollen in erheblichem Maße entfernt werden. Gefilterter Honig trägt die verbindliche Verkehrsbezeichnung „gefilterter Honig".

Nennen Sie Honigarten
a) nach honigspendenden Pflanzen
b) nach Art der Gewinnung!

a) Blütenhonige, wie z. B. Akazien-, Heide-, Klee-, Raps- oder Wildblütenhonig, Honigtauhonige, wie z. B. Tannen- oder Waldhonig
b) Waben-, Scheiben-, Tropf-, Schleuder-, Filter- oder Presshonig

Beschreiben Sie die Herstellungsweise von Invertzuckerkrem (früher Kunsthonig)!

Invertzuckerkrem wird überwiegend aus Saccharoselösung (Rohr- oder Rübenzucker) ggf. unter Mitverwendung von Stärkeverzuckerungserzeugnissen hergestellt, indem man diese mit Hilfe von Säuren oder zuckerspaltenden Enzymen in ein Gemisch von Trauben- und Fruchtzucker (= Invertzucker) überführt und dem Produkt durch Färbung und Aromen einen honigartigen Geruch und Geschmack gibt.

Süßstoffe

Saccharin

Saccharin hat als ältester Süßstoff eine mehr als 100-jährige Geschichte. In Notzeiten war es für viele Menschen Zuckerersatz. Es ist ein kristallines, weißes, geruchloses, süß schmeckendes Pulver, leicht in heißem, jedoch schwer in kaltem Wasser löslich. Bei Überdosierung kann ein bitterer Nachgeschmack auftreten.
Vom menschlichen Organismus wird Saccharin langsam aufgenommen – aber nicht verwertet – und unverändert wieder ausgeschieden. Die Süßkraft von 1 g Saccharin entspricht 300 bis 500 g Haushaltszucker.

Cyclamat

Als Süßstoffe aus dieser Gruppe finden Natrium- und Calciumcyclamate Anwendung. Es sind weiße, geruchlose, rein süß schmeckende Kristalle, die mit einer etwa 30fach höheren Süßkraft als Zucker die geringste Süßkraft unter den Süßstoffen aufweisen. Cyclamat findet auf Grund seiner guten Stabilität, Koch- und Backfähigkeit eine breite Anwendung in Lebensmitteln und Getränken, vor allem in Verbindung mit Saccharin.

Auswirkungen auf Teig und Gebäck siehe Backversuch Nr. 3, Seite 193 ff.: „Die backtechnischen Auswirkungen geringer und hoher Zuckerzusätze."

Saccharin-Cyclamat-Mischungen
Saccharin-Cyclamat-Mischungen bieten eine deutlich höhere Süßkraft und verringern die geschmacklichen Nachteile der Einzelkomponenten. Die Mischung von Cyclamat und Saccharin im Verhältnis 10:1 ist 100-mal süßer als Haushaltszucker.

Aspartam
Die Süßkraft von Aspartam ist etwa 200-mal höher als diejenige von Haushaltszucker. Der Geschmack ist zuckerähnlich; zudem verstärkt und intensiviert Aspartam Aromen, besonders das Zitrus- und Fruchtaroma. Es ist allerdings nicht koch- und backfest. Personen, die an der seltenen Stoffwechselkrankheit Phenylketonurie leiden, dürfen Aspartam nicht verwenden, da es das für sie schädliche Phenylalanin (ein Eiweißbaustein) enthält. Aspartam hat wegen seiner Eiweißbestandteile auch einen geringen Energiewert. Auf Grund seiner intensiven Süßkraft sind die benötigten Mengen aber so gering, dass Aspartam als praktisch kalorienfreies Süßungsmittel betrachtet werden kann.

Acesulfam-K
Es ist 130- bis 200-mal süßer als Zucker. Es wird häufig in Kombination mit Aspartam in Lebensmitteln eingesetzt. Acesulfam-K ist hitzebeständig und kann daher zum Kochen und Backen verwendet werden.

Thaumatin und Neohesperidin
Thaumatin ist ein kalorienarmer Protein-Süßstoff und Geschmacksverstärker, der aus der westafrikanischen Katemefrucht gewonnen wird. Er ist 2000- bis 3000-mal süßer als Zucker. Die Wahrnehmung der Süße tritt verzögert auf, bleibt aber länger erhalten als bei anderen Süßstoffen und hinterlässt einen lakritzähnlichen Nachgeschmack. Thaumatin ist hitzeinstabil und deshalb zum Kochen und Backen nicht geeignet. Neohesperidin DC ist ein kalorienfreier Süßstoff, der 400- bis 600-mal süßer als Zucker ist. Neohesperidin DC wird aus Neohesperidin, einem Flavonoid in Zitrusfrüchten, hergestellt. Auch Neohesperidin hat in höheren Konzentrationen einen lakritzähnlichen Nachgeschmack. Neohesperidin DC ist hitzebeständig.

Zuckeraustauschstoffe

Fruchtzucker (Fruktose)
Fruchtzucker ist ein Baustein des Rohr- und Rübenzuckers und in vielen Nahrungsmitteln wie Obst, Gemüse und Fruchtsäften enthalten. Mit der Nahrung werden durchschnittlich 40 bis 50 g Fruchtzucker täglich aufgenommen. Diese Menge kann vom Körper zunächst ohne Insulin verwertet werden, muss aber vom Zuckerkranken berechnet werden.

Fruchtzucker ist ein geruchloses, weißes, leicht wasserlösliches Pulver. Er hat eine etwas höhere Süßkraft als Haushaltszucker.
Fruchtzucker ist koch- und backfest, verstärkt jedoch bei Backwaren die Bräunung deutlich.

Sorbit
Sorbit ist der heute am meisten verwendete Zuckeraustauschstoff. Sorbit ist in vielen Früchten enthalten. Industriell wird er aus Maisstärke gewonnen. Seine Süßkraft ist nur halb so groß wie die von Haushaltszucker. Sorbit ist leicht wasserlöslich, hat einen angenehmen, süßen Geschmack und ist koch- sowie backfest.
Die Tagesdosis von 40 bis 50 g sollte wegen der abführenden Wirkung von Sorbit nicht überschritten werden.

Xylit
Xylit wird aus der Xylose (Holzzucker) gewonnen. Er kommt unter anderem in Früchten, Beeren, Gemüse und Pilzen vor. Xylit ist ein geruchloses, weißes, kristallines, wie Zucker schmeckendes Pulver, leicht wasserlöslich und koch- sowie backfest. Seine Süßkraft entspricht der von Haushaltszucker.

Mannit
Mannit ist der älteste bekannte Zuckeraustauschstoff. Er ist auch in der Natur am weitesten verbreitet; man findet ihn z. B. in Braunalgen, Früchten, Gemüsen, Kräutern und Schimmelpilzen. Besonders reich an Mannit ist der Saft der Manna-Esche, woraus früher durch Extraktion Mannit gewonnen wurde. Heute wird Mannit aus Invertzucker oder Glukose gewonnen. Die Süßkraft von Mannit beträgt 0,3 bis 0,4:1 im Vergleich zu Haushaltszucker. Der Energiegehalt ist allerdings gleich hoch.

Isomalt
Isomalt ist ein Zuckeraustauschstoff, der aus Haushaltszucker (Saccharose) hergestellt wird. Der Geschmack von Isomalt ist rein süß, ohne Neben- und Nachgeschmack, wobei die Süßkraft zwischen 0,45 und 0,6 gegenüber Haushaltszucker = 1 liegt.

Maltit
Maltit bzw. Maltitsirup ist ein Zuckeraustauschstoff, der aus Mais- oder Kartoffelstärke hergestellt wird.
Maltit ist fast so süß wie Haushaltszucker (0,9:1), wobei der Süßgeschmack rein und ohne Nachgeschmack ist. Der Energiegehalt ist etwa halb so groß wie der von Zucker.

Speisesalz (Natriumchlorid NaCl)

Das Speisesalz (Kochsalz) ist mengenmäßig das bedeutendste würzende Mittel in der menschlichen Ernährung und hat eine konservierende Wirkung. Es ist die chemische Verbindung aus den Atomen Natrium und Chlorid. Die Gewichtsanteile von Natrium und Chlorid sind im Natriumchlorid ungleich verteilt, denn 1 g Kochsalz besteht aus 0,4 g Natrium und 0,6 g Chlorid.

Da der Körper Salz nicht selbst herstellen kann, muss er es durch die Nahrung aufnehmen. Deshalb war Salz in der Geschichte der Menschheit (vom 1. Jahrtausend vor Christus bis ins Mittelalter) ein begehrtes und teures Handelsgut. Salzstraßen durchzogen Europa, Handelszentren entstanden und Kriege wurden geführt. Von dem mit Salz verbundenen Reichtum zeugen bis heute Städtenamen wie Salzburg und Bad Salzuflen oder Namen mit „hall" (keltisch: Salz) wie Halle oder Bad Reichenhall.

Salz in Lebensmitteln

Salz ist nicht nur für den Geschmack von Lebensmitteln entscheidend, es hat auch technologische Funktionen. Durch seine Fähigkeit, Wasser zu binden, senkt die Salzzugabe den a_w-Wert auch in Backwaren.

Salz und Backwaren

Brot und Gebäck sind mit 40 % eine wesentliche Kochsalzquelle in der Ernährung. Durch Salzzugabe wird der Kleber fester und bekommt mehr Stand. Fehlt das Salz in einem Teig, neigt er zum Fließen und hat eine feucht glänzende Oberfläche. Allerdings sind heute viele Mehle so gemischt und angereichert, dass dieser Effekt aufgefangen wird. Salz beeinflusst zusammen mit Eiweiß-Stoffen die Lockerung des Teigs und ermöglicht damit die gewünschte Krumenstruktur. Auch auf den Gärprozess im Sauerteig wirkt sich Salz aus. Höhere Salzkonzentrationen verlangsamen bzw. hemmen die Gärung. Diese Eigenschaft wird beim Monheimer Salzsauerverfahren genutzt: Mit einer Salzzugabe von 2 % wird länger haltbarer Sauerteig hergestellt.

Je nach Größe der Kristalle unterscheidet man

Tafelsalz	sehr feinkörnig
Kochsalz	gröber bis sehr körnig
Brezelsalz/Hagelsalz	gepresste Salzkristalle

Begriff und Arten

Speisesalz ist das handelsübliche, für den menschlichen Genuss bestimmte Siedesalz. Es wird teilweise auch als Kochsalz oder schlechthin als Salz bezeichnet. Speisesalz oder Kochsalz wird nach seiner Gewinnung benannt. Hierbei unterscheidet man folgende Arten:

Steinsalz
Die Steinsalzvorkommen haben sich vor Millionen Jahren durch das Verdunsten früherer Meere gebildet. Das dort in fester Form vorliegende Salz wird nach bergmännischen Verfahren abgebaut, anschließend zerkleinert und gereinigt. Steinsalz ist fast reines Natriumchlorid; es wird hauptsächlich in der Industrie genutzt, jedoch auch fein gemahlen als Speisesalz angeboten.

Siedesalz
Wird das in Steinsalzlagern fest gebundene Salz durch unterirdisches Wasser gelöst, bilden sich Salzquellen, die an die Oberfläche treten können oder unterirdisch als Solen vorkommen. Neben diesen natürlichen Solen gibt es auch künstliche, durch Wassereinleitung in Salzvorkommen erzeugte Solen. Siedesalz wird heute in industriell betriebenen Salinen aus künstlich er-zeugten Solen mit Hilfe geschlossener Verdampfergefäße gewonnen, in denen das Wasser unter Verwendung von Unterdruck energiesparend verdampft. Das Siedesalz kommt in verschiedener Körnung als Speisesalz in den Handel.

Meer- oder Seesalz
Aus Meerwasser oder salzhaltigen Binnenseen wird das Salz durch Verdampfung gewonnen. In so genannten Salzgärten verdunstet das Wasser durch Sonnenwärme und Wind. Nur etwa 80 % der Salze im Meerwasser sind Natriumchlorid, der Rest besteht aus anderen Salzverbindungen. Diese Verunreinigungen werden abgetrennt, indem man die Sole stufenweise verdampfen lässt. In den einzelnen Stufen können dann z. B. Gips (Calciumsulfat) oder Magnesium- und Kaliumsalze abgeschieden werden. Das im Handel erhältliche Meersalz besteht zu über 98 % aus Natriumchlorid.
Es ist zwar mit Kochsalz nicht völlig identisch, wird jedoch, wie Kochsalz, nicht als Zusatzstoff angesehen. Der Jodgehalt im Meersalz liegt aber nur unwesentlich über dem des Steinsalzes und ist daher keine Alternative zu jodiertem Speisesalz.

Wie soll Salz aufbewahrt werden?

Trocken, denn Salz ist hygroskopisch, d. h., beim Lagern kann es Feuchtigkeit aus der Luft aufnehmen.

Welche Auswirkungen hat Salz auf Teig und Gebäck?

1. Stärkung des Klebers (besserer Stand)
2. Regulierung der Gare
3. Geschmacksgebung
4. Förderung der Krustenbräunung
5. Verbesserung der Porung

Wie viel Gramm Salz müssen wir dem Brot-, a) dem Brötchen- und b) dem Hefeteig zusetzen?

a) Für Brot- und Brötchenteige 25 bis 30 g pro Liter Schüttflüssigkeit oder 15 bis 20 g je kg Mehl.

b) Bei Hefeteigen 15 bis 20 g pro Liter Milch.

Was versteht man unter jodiertem Speisesalz?

Unter jodiertem Speisesalz ist Speisesalz zu verstehen, dem Natrium- oder Kaliumjodat zugesetzt worden ist. Es ist nur mit einem Mindestjodgehalt von 15 mg/kg verkehrsfähig, und das verwendete Jodat darf max. 25 mg Jod auf 1 kg enthalten. Jodiertes Speisesalz ist nicht kenntlichmachungspflichtig (bei Lebensmitteln in Fertigpackungen muss nur noch im Zutatenverzeichnis auf Jodsalz hingewiesen werden), und es handelt sich um kein diätetisches Lebensmittel, sondern um ein Lebensmittel des allgemeinen Verzehrs. Jod kommt als natürliches Element im Boden sowie im Wasser vor und damit auch in Lebensmitteln. Vor allem Seefisch ist besonders jodreich. Jod ist für die Funktion der Schilddrüse sowie für die Bildung von Schilddrüsenhormonen notwendig, und es wird eine tägliche Zufuhr von 0,15 bis 0,2 mg empfohlen.
Jod ist genau wie Eiweiß, Vitamine, Calcium und Eisen ein lebensnotwendiger Nährstoff. Genauer gesagt ist es ein Spurenelement, denn wir brauchen davon nur winzig kleine Mengen. Mit Jod werden in der Schilddrüse die Schilddrüsenhomrone aufgebaut. Diese wiederum greifen vielfältig in unsere Körperabläufe ein. Sie steuern ganz entscheidend das Wachstum und die geistige Entwicklung bei Kindern.

Da Deutschland geologisch gesehen zu den jodärmsten Gebieten Europas gehört, ist die Jodversorgung über Lebensmittel in der Regel nicht ausreichend. Die Verwendung von jodiertem Speisesalz und der Verzehr von mit Jodsalz hergestellten Lebensmitteln tragen dazu bei, die Versorgung mit diesem wichtigen Spurenelement zu verbessern und Jod-Mangelerkrankungen (Kropf) vorzubeugen.

Was versteht man unter fluoridiertem Speisesalz?

Mit einer Ausnahmegenehmigung darf seit September 1992 in Deutschland fluoridiertes Speisesalz hergestellt werden. Dieses Salz enthält ebenso wie Jodsalz 15 bis 25 mg Jod/kg und bis zu 250 mg Fluorid.
Ziel der Speisesalz-Fluoridierung ist die Kariesverhütung. Karies ist zwar keine Fluor-Mangelerkrankung, aber eine regelmäßige Fluoridzufuhr soll (eine ausreichende Zahnhygiene vorausgesetzt) zur Kariesvermeidung beitragen, denn Fluorid fördert die Mineraleinlagerung in den Zähnen und härtet damit den Zahnschmelz. Außerdem vermindert es den mikrobiellen Abbau von Zucker zu zahnschädigenden Säuren.

Siehe auch Backversuche Nr. 8, 9,10 und 12, Seite 203 ff.

Was ist Kochsalzersatz?
Für diätetische Lebensmittel, die für eine natriumarme Ernährung gedacht sind, sind bestimmte Stoffe als Kochsalzersatz zugelassen (DiätVO). Hinweise wie „natriumarm" („kochsalzarm") und „streng natriumarm" („streng kochsalzarm") sowie andere Angaben über den Kochsalzgehalt sind in der DiätVO geregelt.

Was versteht man unter Würzmitteln?
Würzmittel sind Zubereitungen, die anderen Lebensmitteln, insbesondere verzehrfertigen Speisen, einen charakteristischen Geruch und/oder Geschmack verleihen bzw. deren Eigengeschmack verstärken. Als Basis dienen Geschmacksverstärker, außerdem noch Kochsalz und/oder andere geschmacksgebende Bestandteile.

Welches sind die Hauptträger der Würzmittel?
a) Gewürze
b) Bestimmte Extrakte, z. B. Pilz- oder Malzextrakte
c) Eiweißhydrolysate aus tierischem oder pflanzlichem Rohstoff, z. B. Fleischextrakt, Brüh-Erzeugnisse aus Hefe oder aus Getreideeiweiß, Suppenwürzen

Bäckereifette

Einteilung der Fette nach ihrer Herkunft
Die Rohstoffe für die in der Bäckerei zur Anwendung kommenden Spezialmargarinen und -fette unterscheiden sich je nach Herkunft in tierische und pflanzliche Fette, wobei der überwiegende Teil aus pflanzlichen Fetten besteht.

Pflanzliche Fette
Von Bedeutung bei den pflanzlichen Fetten sind vor allem Erdnussfett (auf Grund der hohen Stabilität), Palmkernfett, Kokosfett, Rüböl, Palmöl, Rapsöl und Sonnenblumenöl.

Tierische Fette
Von den Fetten tierischer Herkunft sind neben Butterfett und Schmalz noch Fisch- und Walfette bedeutend.

Gewinnung der Pflanzen- und Tierfette
Pflanzliche Fette werden durch Auspressen oder Extrahieren (Herauslösen) von Samen oder Saaten gewonnen, z. B. erhält man durch Auspressen von Erdnusskernen hochwertiges Erdnussöl. Tierische Fette gewinnt man durch Ausschmelzverfahren (z. B. Schmalz).

Chemischer Aufbau aller Fette

Sämtliche Fette bestehen aus 2 verschiedenen Bausteinen: Glycerin und Fettsäuren. Es ist gleichgültig, ob es sich dabei um Fette tierischer oder pflanzlicher Herkunft handelt. Nahrungsfette unterscheiden sich nur durch ihre Fettsäuren, die verschiedene Kettenlängen und Sättigungsgrade haben. Nach dem Grad der Absättigung werden 3 Typen von Fettsäuren unterschieden:
gesättigte Fettsäuren, z. B. Palmitin- und Stearinsäure,
einfach ungesättigte Fettsäuren, z. B. Ölsäure,
mehrfach ungesättigte Fettsäuren, z. B. Linolsäure und Linolensäure.
Bestehen Fette aus langen gesättigten Fettsäuren, sind sie fest. Sind kürzere, ungesättigte Fettsäuren am Aufbau beteiligt, entstehen flüssige Fette.

Bedeutung der Fette

Neben der großen Aufgabe als Energielieferant für den menschlichen Körper kommt dem Fett eine wichtige Bedeutung als Quelle der fettlöslichen Vitamine A, D, E und K zu. Besonders hohe Anforderungen werden an Spezialfette und -margarinen gestellt, die zur Herstellung von Feinen Backwaren heute unentbehrlich geworden sind.

Margarine

Margarine ist eine „Wasser-in-Fett-Emulsion", d. h., dass entrahmte Milch und/oder Wasser in kleinsten Tröpfchen sehr fein im Fett verteilt sind. Nach den gesetzlichen Bestimmungen sind in Margarine mindestens 80 % Fett enthalten. Der Milch- oder Wasseranteil beträgt zirka 18 %. Außer diesen Bestandteilen sind in der Margarine noch Lecithin (als Stabilisator der Emulsion), Salz und Vitamine enthalten. Zur Herstellung von Margarine dienen vorwiegend pflanzliche Rohstoffe.

Welche Bestimmungen gelten für den Handel mit Margarine?

Nach dem Margarinegesetz sind folgende Bestimmungen einzuhalten:

a) Das Wort Margarine muss in deutscher Sprache in deutlich sichtbarer, leicht lesbarer Schrift angegeben sein.
b) Auf der Verpackung muss angegeben sein: Name und Anschrift des Herstellers, Gewicht in g, Mindesthaltbarkeitsdatum und die Zutatenliste der Inhaltsstoffe.

Spezialmargarine und -fette zur Herstellung Feiner Backwaren

Die unterschiedliche Zusammensetzung und die spezifischen Herstellungsweisen einzelner Gebäckgruppen erfordern die Verwendung von Spezialmargarine, die für jeden Anwendungsbereich maßgeschneidert ist.

Heute teilt man diese Spezialprodukte in folgende 5 Gruppen ein:
1. Ziehmargarine zur Herstellung von Blätter- und Plunderteigen.
2. Feste Backmargarine zur Herstellung von Mürbe- und Hefeteigen.
3. Weiche Backmargarine zur Herstellung von Rühr-, Cake- und Sandmassen.
4. Kremmargarine zur Herstellung von Füll- und Garnierkrems.
5. Siedefette.

Ziehmargarine – Schmelzpunkt 36 bis 40° C
Ziehmargarine wird verwendet bei der Herstellung von Blätter- und Plunderteigen. Auf Grund ihrer guten Plastizität und der Widerstandsfähigkeit gegenüber mechanischer Bearbeitung lässt sich Ziehmargarine im Teig in hauchdünnen Lagen ausrollen. Auf Maschinen ist Ziehmargarine gut zu verarbeiten und klebt nicht an den Bändern und Walzen (d. h., sie ist trocken).
Gute Ziehmargarine bewirkt im Gebäck eine gleichmäßige, feine Blätterung, eine zarte Struktur, ein hohes Gebäckvolumen, eine goldbraune Farbe und einen vollen Geschmack.

Feste Backmargarine – Schmelzpunkt zirka 35° C
Feste Backmargarine findet Verwendung bei der Herstellung von Hefe- und Mürbeteigen.
Bei der Herstellung von Hefeteigen fördert feste Backmargarine eine schnelle und gute Verarbeitung aller Zutaten, gewährleistet eine gute Wasseraufnahme und plastische Teige. Der Ofentrieb wird ebenfalls gefördert. Im fertigen Gebäck verbessert Backmargarine die Krumenstruktur, das Porenbild und die Frischhaltung. Der Geschmack wird ebenfalls verfeinert. In Mürbeteigen wird durch feste Backmargarine ein Ausölen und Brandigwerden verhindert. Die Teigkonsistenz wird, vor allem für die maschinelle Verarbeitung, erheblich verbessert. Die Backmargarine bewirkt im Gebäck die typische Mürbung, fördert die Bräunung und verbessert den Geschmack.

Weiche Backmargarine – Schmelzpunkt zirka 32° C
Weiche Backmargarine wird eingesetzt für die Herstellung von Rühr-, Cake- und Sandmassen. Sie ist auch für die Herstellung von Streuseln besonders gut geeignet. Diese Spezialmargarine zeichnet sich aus durch gutes Luftaufnahmevermögen, hohe Emulgierfähigkeit und Stabilität gegen Überschlagen. Bei der Weiterverarbeitung erhält man weiche, fließfähige Massen mit einem guten Lufthaltevermögen. Weiche Backmargarine bewirkt im Gebäck eine zarte Krumenstruktur und einen reinen, sauberen Geschmack.

Kremmargarine – Schmelzpunkt zirka 28° C
Kremmargarine ist eine Spezialmargarine, die sich nach dem Aufschlagen für Kremgebäcke, zum Füllen von Kuchen und zum Aufdressieren

eignet. Kremmargarine zeichnet sich beim Aufschlagen durch hohe Luftaufnahme und gute Wasserbindefähigkeit aus. Sie ist stabil gegen Überschlagen.
Im fertigen Gebäck ist Kremmargarine schnitt- und standfest, voll im Geschmack und hat einen besonders leichten Schmelz.

Siedefette

Schmelzpunkt 30 bis 32° C
Siedefette werden zum Backen von Siedegebäcken verwendet. An ein Siedefett müssen auf Grund der thermischen Belastung folgende Anforderungen gestellt werden:
1. Hohe Erhitzbarkeit; der Rauch- bzw. Qualmpunkt sollte bei über 220° C liegen.
2. Hohe Oxidationsstabilität und damit lange Lebensdauer.
3. Neutral im Geruch und Geschmack.
4. Schmelzpunkt unterhalb der Körpertemperatur.
5. Sparsam im Verbrauch.

Als Siedefette werden heute überwiegend gehärtete und ungehärtete pflanzliche Fette verwendet.
In der Praxis bewährt sich ein teilweise gehärtetes Erdnussfett. Die Qualität eines Siedefetts wird bestimmt durch Rohstoffsorte, Anbaugebiet und Durchführung der Raffination. Um die Brauchbarkeit eines Siedefetts möglichst lange zu erhalten, sind folgende Regeln zu beachten:
1. Die Fetttemperatur während der Betriebszeit laufend überwachen.
2. Nach dem Gebrauch den Bodensatz im Fettbackgerät entfernen, gegebenenfalls das Fett filtern.
3. Das Fettbackgerät ständig sauber halten.
4. Bei Nichtbenutzung das Fettbackgerät mit einem Deckel abdecken, um eine Verunreinigung durch Mehlstaub oder dergleichen sowie Licht- und eventuelle Sonneneinstrahlung zu vermeiden.
5. Das Verhältnis von Siedefett zum Backgut ist von großer Bedeutung. Bei einer geringen Siedefettmenge oder bei zu viel Backgut kann der Fettverbrauch stark ansteigen und einen Zerfall des Fetts verursachen.

Bei der Überbeanspruchung von Siedefetten, entweder durch zu hohe Temperaturen oder durch eine zu lange Benutzung, kommt es zu Schädigungen des Siedefetts.
Der Grad des Verderbs von Siedefetten wird mittels chemisch/physikalischer Analyse ermittelt.

Ausführliche Tabelle über Siedegebäcke bezüglich Fehler, deren Ursache und Abhilfe, Seite 180 ff.

Butter

Welche Begriffsbestimmungen und gesetzlichen Vorschriften gelten für Butter?

Butter wird aus Milch, Sahne (Rahm) oder aus Molkensahne (Molkenrahm) hergestellt. Ferner muss Butter, auf 100 Gewichtsteile bezogen, mindestens 82 Gewichtsteile Fett haben oder darf höchstens 16 Gewichtsteile Wasser enthalten. Butter ist als gesalzen anzusehen, wenn sie in 100 Gewichtsteilen mehr als 0,1 Gewichtsteile Kochsalz enthält.
Außerdem muss das Mindesthaltbarkeitsdatum gut lesbar abgedruckt sein.

Nennen Sie die Bestandteile (Durchschnittswerte) von Butter!

Fett	83,0 % (82,0 % mind.)
Wasser	15,0 % (höchstens 16,0 %)
Eiweiß	0,8 %
Milchzucker	0,7 %
Mineralsalze	0,5 %

Welche 2 amtlich festgesetzten Handelsklassen gibt es?

1. Deutsche Markenbutter
2. Deutsche Molkereibutter

Erklären Sie diese Handelsklasseneinteilung!

Die beiden Handelsklassen gelten für die molkereimäßig bearbeitete Butter.
Die Bewertung der Butterqualität erfolgt nach einem 5-Punkte-Schema. Es geht dabei um die Beurteilung der Butter auf ihren Geruch (Reinheit, Aroma), Geschmack, ihr Gefüge (Ausarbeitung und Wasserverteilung), Aussehen (Reinheit, Farbe, Schimmer) sowie ihre Konsistenz (Härtegrad, Streichfähigkeit). Jede dieser Eigenschaften kann mit bis zu 5 Punkten bewertet werden.
Deutsche Markenbutter muss in der Bewertung mindestens jeweils 4 Punkte erreichen, wogegen die Deutsche Molkereibutter nur mit mindestens 3 Punkten bewertet sein muss. Die Vorschrift, dass z. B. Markenbutter in jeder der 5 Bewertungskriterien mindestens 4 Punkte erreichen muss, bedeutet eine Verschärfung der Qualitätskontrolle für Butter.

In welcher Form wird Butter gehandelt?

Nur in Stücken von 5 kg, 2,5 kg, 2 kg, 1,5 kg, 1 kg, 500 g, 250 g, 125 g, 62,5 g, 50 g und darunter.

Welche 3 Buttersorten unterscheidet die Butterverordnung? Erklären Sie die Begriffe!

a) Süßrahmbutter (auch gesalzen) darf den Serum-pH-Wert von 6,4 nicht unterschreiten.
b) Sauerrahmbutter (auch gesalzen) aus bakteriell gesäuertem Rahm darf den Serum-pH-Wert von 5,1 nicht überschreiten.
c) Mild gesäuerte Butter; der Serum-pH-Wert liegt zwischen a) und b), maximal aber 6,3.

Bei gesalzener Butter ist eine entsprechende Kennzeichnung erforderlich.

Wie kann man die Haltbarkeit der Butter feststellen?

a) Das Mindesthaltbarkeitsdatum muss bei verpackter Butter gut lesbar aufgedruckt sein.
b) Durch sensorische Prüfung.

Butterreinfett (Butterschmalz)

Butterreinfett ist ein durch Auslassen (Wasserentzug) von Butter gewonnenes körnig-festes Butterfett von guter Haltbarkeit, das in der Bäckerei zuweilen an Stelle von Butter verwendet wird. 100 g Butterreinfett entsprechen zirka 120 g Butter. Der Fettgehalt von Butterreinfett beträgt 99,5 %.

Auswirkungen auf Teig und Gebäck siehe Backversuch Nr. 4, Seite 195 ff.: „Die backtechnischen Auswirkungen geringer und hoher Fettzusätze bei Hefefeinteigen mit Schnellknetung (Spiralknetmaschine) und Langsamknetung (Hubknetmaschine)."

Eier/EU-Eiervermarktungsnormen-Verordnung

Das handelsübliche Hühnerei verfügt neben seiner von Natur aus hervorragenden Verpackung über alle lebensnotwendigen Nährstoffe, wie hochwertiges Eiweiß, Vitamine, Mineralstoffe, Fett und Lecithin, den Nährstoff für Nerven und Hirn.
In keinem anderen Nahrungsmittel findet man ein Eiweiß mit einer so hohen Wertigkeit wie im Ei. Zudem sind Eier vielseitig und unentbehrlich zur Produktion von Backwaren.
Egal ob die Eier nun im Zehner-, Sechserpack oder lose angeboten werden, sie müssen auf jeden Fall genau gekennzeichnet sein. Für die Produktion werden Eier lose im Karton oder als Flüssigkeit angeboten. Auf der Packung müssen müssen folgende Angaben enthalten sein:
- Gewichtsklasse
- Güteklasse
- Packzeit
- Zahl der Eier
- Name, Anschrift und Kenn-Nummer des Packbetriebs

Eier der Gewichtsklasse S werden meist zum Backen verwendet, und die schweren Eier werden hauptsächlich als Frühstückseier angeboten.

Jedes Ei muss mit einem so genannten Erzeugercode gestempelt sein, z. B.: 1-DE-0234572. Die erste Ziffer zeigt die Haltungsform an. Dabei steht 0 für ökologische Erzeugung, 1 für Freihaltung, 2 für Bodenhaltung und 3 für Käfighaltung. Die Buchstaben DE bezeichnen das Land: DE für Deutschland, NL für die Niederlande, AT für Österreich und BE für Belgien. Die restlichen Ziffern stehen für den Betrieb und den Stall, in dem die Henne lebt.

In den 3 Güteklassen – A mit Sonderklasse Extra, B und C – werden bestimmte Qualitätsmerkmale bestimmt.

Klasse A: Hier handelt es sich speziell um hochwertige frische Eier. Sie müssen folgende Kriterien erfüllen.
- Saubere unverletzte Schale.
- Luftkammerhöhe bis maximal 6 mm.
- Klares, duchsichtiges und dickflüssiges Eiklar.
- Ein nur schattenhaft sichtbares Dotter beim Durchleuchten der Eier.
- Eiklar und -dotter ohne fremde Einlagerungen.
- Nicht sichtbar entwickelter Keim.
- Kein fremder Geruch.

Die Sonderklasse Extra zeichnet sich durch besondere Frische aus und weist eine Luftkammer von unter 4 mm auf. Durch eine Banderole sind sie kenntlich gemacht, die nach Ablauf von 7 Tagen entfernt werden muss, und das Ei gehört somit der Güteklasse A an.

Klasse B: Die Eier der zweiten Wahl haben entweder eine Luftkammer bis 9 mm, oder sie sind durch Kühlung auf unter 8° C haltbar gemacht. Die Schale kann verunreinigt sein. Das Ei muss einen roten Gütestempel tragen.

Klasse C: Diese Eier kommen nicht in den Handel; sie sind für die Nahrungsmittelindustrie bestimmt.

Der schwache Punkt vom Ei ist die Luftkammer am stumpf-runden Ende, Keime und Gerüche können besonders leicht eindringen. Trotzdem sollte das Ei immer mit der Luftkammer nach oben gelagert werden. Liegt sie unten, drängt die Luft nach oben und löst innen die Haut von der Schale ab. Das Ei wäre somit noch empfänglicher für Keime und Gerüche. Da die Eierschale porös ist, sollten Eier nicht direkt neben stark riechenden Speisen und leicht verderblichen Lebensmitteln aufbewahrt bzw. gelagert werden.

Je niedriger die Lagertemperatur und je kleiner der Wasserverlust ist, umso besser wird die Qualität der Eier erhalten. Bei 0 bis 1,5° C und einer relativen Luftfeuchte von 85 bis 90 % sind Eier in einem speziellen Kühlhaus 6 bis 9 Monate lagerfähig. Im Kühlhaus der Backstube sind Eier 3 bis 4 Wochen haltbar.

An Vitaminen sind vor allem im Eigelb Thiamin, Riboflavin, Niacin, Pyridoxin, Pantothensäure, Folsäure, Biotin (Vitamin H), Vitamin A und E. Die Trockensubstanz des Eidotters enthält Eiweiß und Fett im Verhältnis 1:2. Das Dotter enthält eine große Menge an Cholesterin.

Die Bedeutung beim Backen

In der Backstube finden überwiegend Hühnereier Verwendung, Enteneier dürfen in Bäckereien und Konditoreien nicht verarbeitet werden. Eier verfeinern das Aroma und erhöhen durch ihre Inhaltsstoffe den Nährwert der Backwaren.

- Durch ihre Gerinnungsfähigkeit dienen sie als Bindemittel, z. B. bei Makronen, Brandmassen.
- Eiklar macht Gebäcke trockener.
- Vollei ersetzt Zuguss etwa im Verhältnis 2:1, 2 Teile Eier zu 1 Teil Wasser.
- Der Emulgator Lecithin im Eidotter sorgt für eine Feinstverteilung des Fettes im Teig und verstärkt so die Auswirkungen einer Fettzugabe. Dadurch wird der Dehnwiderstand herabgesetzt, und die Teige zeigen eine verbesserte und schnellere Volumenzunahme.
- Das Fett im Eidotter verhindert ein schnelles Austrocknen der Teige und macht die Krume zart und saftig.
- Gebäcke mit Eizusatz bräunen schneller.
- Die Gebäcke zeigen ein sehr feines Porenbild.

Wie ist das Hühnerei aufgebaut?

Kalkschale, Oberhäutchen, Eiklar, Dotter, Luftkammer.

Nennen Sie die Bestandteile und die Zusammensetzung des Hühnereies!

Schale 11%, Eiklar (Klarei) 58%, Eigelb (Dotter) 31%. Unter Vollei versteht man den Eiinhalt.

Zusammensetzung eines Volleies:

Wasser	74 %
Eiweiß	13 %
Fett	12 %
Mineralstoffe (Salze)	1 %

Außerdem Spuren von Jod und Vitaminen; spezifisches Gewicht: etwa 1,080.

Zusammensetzung des Eiklars:

Wasser	88 %
Eiweißstoffe	11 %
Kohlenhydrate und Asche	1 %

Zusammensetzung des Eigelbs (Dotter):

Wasser	49 %
Fett (außer Lecithin)	25 %
Eiweißstoffe	17 %
Lecithin	8 %
Kohlenhydrate, Farbstoffe, Asche	1 %

Nennen Sie die backtechnischen Auswirkungen von Eiern auf das Gebäck!

1. Erhöhung des Nährwerts
2. Vergrößerung des Volumens
3. Förderung der Bräunung (gelbliche Farbe)
4. Verbesserung der Porung
5. Verfeinerung des Geschmacks

Welche Güteklassen sieht die EU-Eiervermarktungsnormen-Verordnung vor?

Güteklasse A	oder „frisch"
Güteklasse B	oder „2. Qualität" oder „haltbar gemacht"
Güteklasse C	oder „aussortiert, für zugelassene Betriebe der Nahrungsmittelindustrie bestimmt"

Auswirkungen auf Teig und Gebäck siehe Backversuch Nr. 7, Seite 202 f.: „Die backtechnischen Auswirkungen von Eiern bei Hefegebäckstücken."

Wie trennt die Luftkammerhöhe als Frischemaß die Güteklassen, und ist Stempeln der Eier erlaubt?

Gütekl.	Luftkammerhöhe	Stempeln
A	nicht über 6 mm	erlaubt
B	nicht über 9 mm	Vorschrift
C	über 9 mm	Vorschrift

Für Eier der Klasse A, deren Luftkammerhöhe zum Zeitpunkt der Verpackung weniger als 4 mm beträgt, dürfen Kleinpackungen verwendet werden, deren Verschlussbanderole das Wort „Extra" und das Verpackungsdatum aufweist. Die Banderole muss spätestens am 7. Tag nach dem Verpackungstag entfernt werden.

Nennen Sie die 4 Gewichtsklassen, nach denen die Eier der Güteklasse A sortiert werden!

XL	Sehr groß: 73 g und darüber
L	Groß: 63 g bis unter 73 g
M	Mittel: 53 g bis unter 63 g
S	Klein: unter 53 g

Wann brauchen Eier nicht nach Güte- und Gewichtsklassen sortiert zu sein?

a) Beim Transport vom Erzeugerort direkt oder indirekt zur Packstelle.
b) In der EU erzeugte Eier, die zur Verarbeitung an zugelassene Betriebe der Nahrungsmittelindustrie geliefert werden.
c) Beim Verkauf auf der Hofstelle, einem Wochenmarkt oder an der Tür unmittelbar an den Letztverbraucher, sofern die Eier aus eigener Erzeugung stammen und nicht verpackt sind.

An wen dürfen Eier der Güteklasse C nur abgegeben werden?

a) An denjenigen Industriebereich, der Eier für andere Zwecke als für die Herstellung von Nahrungsmitteln einsetzt.
b) An zugelassene Betriebe der Nahrungsmittelindustrie.

Wie können Sie Eier auf ihren Frischezustand prüfen?

a) Mit der Durchleuchtungsprobe (Eierprüflampe): Luftkammer möglichst klein, Dotter nur schattenhaft, frei beweglich in der Mitte des Eies sichtbar. Das Ei besitzt nicht Güte der Klasse A, wenn die Luftkammer sehr groß (größer als 6 mm) und der Dotter gewöhnlich nicht in der Mitte ist.

b) Durch die Salzwasserprobe: Es muss eine 10%ige Kochsalzlösung angesetzt werden. Gewöhnlich sinken Eier guter Qualität auf den Boden, solche minderer Qualität schwimmen an der Oberfläche. Deutlichen Einfluss hat dabei die Schalendicke: Je dünner die Schale, umso eher schwimmt das Ei. Kleine Eier von jungen Hennen haben dicke Schalen, große Eier von alten Hennen dünne Schalen.

c) Durch Aufschlagen des Eies: Bei Eiern minderer Qualität ist wenig dickflüssiges und kaum dünnflüssiges Eiklar vorhanden, beide Eiklarschichten laufen stark auseinander.

Wozu werden Eier in der Backstube verwendet?

Eier sind die Grundlage für feine Kuchenwaren, Tortenmassen, Königskuchen, Biskuits, Eclairs, Windbeutel, Spritzkuchen, Pfannkuchen usw.
Durch aufgeschlagenes Eiweiß erzielt man eine bessere Lockerung; der Dotter färbt schön und erhöht den Nährwert; Oberflächenbehandlung des Gebäcks durch Eistreiche.

Was ist Eipulver?

Eipulver wird wie Milchpulver hergestellt = eingedickte Eimasse, die auf Walzen getrocknet oder im Sprühverfahren hergestellt wird.
12,5 g Trockenvollei entsprechen einem Frischei von 45 g; 8,75 g Trockeneigelb entsprechen einem Eidotter von 16 g.

Backmittel

Begriffsbestimmung

Backmittel sind Backzutaten aus Lebensmitteln und/oder Lebensmittelzusatzstoffen, die dazu bestimmt sind, die Herstellung von Backwaren zu erleichtern und zu vereinfachen, die wechselnden Verarbeitungseigenschaften der Rohstoffe auszugleichen und die Gebäckqualität zu verbessern. Sie werden bei der Teig-/Massenbereitung in einer Menge bis zu 10 %, berechnet auf die Rezepturbestandteile, ohne Flüssigkeit zugesetzt.

Anwendung und Wirkung

Man unterscheidet Backmittel für
- Brot
- Kleingebäck
- Feine Backwaren

Backmittel verbessern folgende Gebäckeigenschaften:
- Oberflächenbeschaffenheit (Krustenbräunung und Rösche)
- Volumen
- Krumenelastizität
- Schneidbarkeit
- Bestreichbarkeit
- Kaubarkeit
- Geschmack
- Frischhaltung

Die Backmittel üben ihre Wirkung in den verschiedenen Phasen der Gebäckherstellung aus: bei der Teig-/Massenbereitung, der Gärung (Fermentation), der Weiterverarbeitung und während des Backprozesses. Sie können auch die Frischhaltung von Backwaren verbessern.
Sie ermöglichen die optimale Entfaltung der backtechnischen Eigenschaften der Rohstoffe und gleichen wechselnde Verarbeitungseigenschaften aus (dies gilt vor allem für Getreidemahlerzeugnisse und Stärke); Backmittel verbessern die Teig-/Masseneigenschaften und passen sie an besondere Verarbeitungsweisen an. Außerdem beeinflussen sie den Gärungsverlauf und erhöhen die Gärstabilität.

Auswirkungen auf Teig und Gebäck siehe Backversuch Nr. 6, Seite 200 f.: „Die Wirkung eines Backmittels bei Weizenbrot."

Bestandteile

I. Lebensmittel

Backmittel können Lebensmittel und Lebensmittelbestandteile enthalten. Diese besitzen backtechnische Wirkung und werden vorwiegend aus technologischen Gründen eingesetzt. Nachfolgend sind die häufigsten genannt.

- Getreidemahlerzeugnisse aus Brotgetreide und Nichtbrotgetreide sowie Quellmehle.
- Malzmehle und Malzextrakte, enzymaktiv sowie enzyminaktiv.
- Stärke und Quellstärke.
- Vitalkleber (Weizeneiweiß).
- Zuckerarten wie Rübenzucker (Saccharose), Traubenzucker (Glukose, Dextrose) und Stärkezucker.
- Milcherzeugnisse wie Vollmilch-, Magermilch-, Joghurttrockenerzeugnisse und Milchzucker (Laktose).
- Leguminosenerzeugnisse wie Mahlerzeugnisse der Sojabohne und der Dicken Bohne (Vicia faba).
- Fette und Öle pflanzlicher und tierischer Herkunft.

Wirkung der Backmittelinhaltsstoffe bei der Teig- und Gebäckherstellung

Optimierung der Teigeigenschaften:	
Teigentwicklungszeit	– Ascorbinsäure, Cystein, Gluthation
Knettoleranz	– Hydrokolloide, Quellmehle, Vitalkleber
Maschinengängigkeit	– Enzyme, Xylanasen
	– Sojamehle und Sojaproteine
Optimierung der Gärprozesse:	
Gasbildung	– Emulgatoren (DAWE, SSL, CSL, Lecithin)
Gärstabilität	– Fette
Ofenbetrieb	– Vitalkleber
	– Acsorbinsäure
	– Enzyme (Xylanasen, Amylasen)
	– Zuckerstoffe, Malzerzeugnisse
Optimierung der Gärzeitsteuerung:	
Gärverzögerung	– Saure Phosphate
Gärunterbrechung	– Hydrokolloide, Vitalkleber
	– Enzyme
	– Ascorbinsäure

Verbesserung der Gebäckeigenschaften:	
Farbe, Geschmack, Krumenbeschaffenheit	– Zucker, Malzerzeugnisse, Emulgatoren, Enzyme, Sojamehl
Frischhaltung	– Hydrokolloide, Quellmehle, Vitalkleber, Enzyme, Mono- und Diglyceride, Fett
Vorgebackene/Halbgebackene Backwaren:	– Hydrokolloide, Emulgatoren (SSL, Mono- und Diglyceride)

Quellmehle
sind Getreidemehle, deren Stärke durch Erhitzen ganz oder teilweise verkleistert wurde. Quellmehle quellen bereits in kaltem Wasser. Dadurch wird der Wasserhaushalt des Teigs reguliert. Es ergibt sich eine höhere Teigausbeute, Gebäckfehler werden vermieden. Quellmehle werden überwiegend Roggenmahlerzeugnissen zugesetzt, da diese teilweise nicht so viel Wasser aufnehmen können, wie zur optimalen Verkleisterung der Roggenstärke notwendig ist (trockenbackende Mehle).

II. Lebensmittelzusatzstoffe
Bedingt sowohl durch die verschiedenen Herstellungsverfahren als auch durch die Vielfalt des Backwarensortiments enthalten Backmittel für die einzelnen Gebäcksorten unterschiedliche und in der Regel nur wenige der insgesamt zugelassenen Zusatzstoffe.

Dazu gehören:
Säuerungsmittel, Säureregulatoren
Genusssäuren wie Essigsäure, Milchsäure, Äpfelsäure und Citronensäure sowie deren Salze. Sie werden vorwiegend für die Verbesserung der Backfähigkeit roggenhaltiger Teige eingesetzt.

Emulgatoren wie Lecithin, Mono- und Diglyceride von Speisefettsäuren, Milchsäure und Diacetylweinsäurereester von Mono- und Diglyceriden der Speisefettsäuren, Polyglyceride von Speisefettsäuren und Stearoyllactylate.
Sie dienen vor allem der Erhöhung der Gärtoleranz und Gärstabilität der Teige und der Verbesserung der physikalischen Lockerung sowie gegebenenfalls der Frischhaltung.

Mehlbehandlungsmittel
L-Ascorbinsäure und Cystein
Sie beeinflussen die Teigkonsistenz.

Verdickungsmittel wie Johannisbrotkernmehl, Guarkernmehl und Xanthan
Sie regulieren die Teigkonsistenz und verlängern die Frischhaltung.

Mineralstoffe wie Carbonate, Sulfate und Phosphate
Sie verbessern die Porung und dienen als Hefenahrung. Als Trennmittel verbessern sie die Rieselfähigkeit pulverförmiger Backmittel.

Enzyme wie Amylasen bauen die Stärke teilweise ab und liefern dadurch vergärbare Zucker für die Hefe. Die Triebleistung der Hefe wird erhöht und die Gebäcklockerung verbessert.
Es werden Cellulasen, Hemicellulasen und Proteinasen verwendet.

III. Bezeichnung
Backmittel werden entsprechend der Backware (Verkehrsbezeichnung), für die sie bestimmt sind, oder nach dem Verwendungszweck bezeichnet, z. B. Backmittel für Toastbrot, Backmittel für Roggenmischbrot (Teigsäuerungsmittel), Aufschlagmittel für Massen.

Süd- und Trockenfrüchte

Zitronen
sind die Früchte des Zitronenbaums, der in Europa, in Italien und Spanien gedeiht; im Jahr kann 3-mal geerntet werden. Das Fruchtmark einer Zitrone enthält 6 bis 7 % Zitronensäure und reichlich Vitamin C. Die Schalen sind ebenfalls reich an ätherischem Öl (Zitronenöl), wobei dessen Anteil in den dünnschaligen Zitronen höher ist als in den dickschaligen.

Trockenfrüchte
sind durch Wasserentzug haltbar gemachte Früchte. Die Trocknung erfolgt unter künstlicher Wärmezufuhr oder in der Sonne bis auf einen Wassergehalt von 16 bis 30 %.

Feigen
sind Früchte des Feigenbaums, in frischem Zustand birnenförmig mit grüner bis violetter Außenhaut und schmecken süß-feinaromatisch. Zum Versand müssen sie als Schutz gegen den Verderb getrocknet werden. Die Smyrnafeigen und die kleinen italienischen Feigen gelten als Spitzenware. Die griechische Kranzfeige am Bastfaden ist zweite Qualität.

Datteln
sind Früchte der Dattelpalme und enthalten einen langen Steinkern. Sie haben eine glänzende Oberfläche, sind hell- bis dunkelbraun und werden z. B. für Früchtebrot verwendet.

Rosinen
sind die getrockneten Beeren verschiedener Arten der Weinrebe, die in Griechenland (auf Kreta), in Kleinasien (Türkei und Iran), Spanien, Australien und Kalifornien kultiviert werden. Die Beeren sind meist größer als Korinthen und Sultaninen, sehr fleischig, aber kernhaltig.

Sultaninen

sind kernlose, große, helle, rundliche, honigsüße Trockenbeeren der Sultanatraube. Wichtigste Erzeugergebiete sind Griechenland, die Türkei und Kalifornien.

Korinthen

sind getrocknete, etwa erbsengroße, dünnhäutige, kernlose, rötlichblaue bis violettschwarze Traubenbeeren. Sie haben ihren Namen nach der griechischen Stadt Korinth und stammen von einer Abart der Weinrebe. Die Trauben werden nach der Ernte auf Tennen oder in Holzkästen luftgetrocknet, von den Kämmen getrennt, entstielt und verpackt. Der hohe Zuckergehalt mit 77 %, der Eiweißgehalt bis zu 2,8 % und der Gehalt an Fruchtsäure mit 1,5 % machen die Korinthen vielseitig verwendbar. (Vorteil: kein großes Austrocknen; Nachteil: großer Madenbefall – Gärung.)

Kandierte Früchte

Zitronat (Sukkade)

wird aus den Früchten des Zedrat- oder Zitronatzitronenbaums hergestellt. Die eingesalzenen, halben, importierten Früchte werden entsalzt, blanchiert, vom Kerngehäuse befreit und die Schalen dann in Zuckerlösungen steigender Konzentration kandiert. Die kandierten Schalen werden teilweise noch mit einem Zuckerguss glasiert. Zitronat ist grün, bei Verarbeitung reifer Früchte gelb. Der Geschmack ist süß und aromatisch-würzig. Die schnittfesten Stücke sind im Schnitt speckig und dürfen nur wenig klebrig sein. Mit Ausnahme der Glasur sollen sie frei von Zuckerkristallen und weitgehend fleckenfrei sein. Der Zuckergehalt beträgt mindestens 65 %, der Kochsalzgehalt höchstens 1 %.

Orangeat

wird wie Zitronat hergestellt. Rohstoffe sind die voll ölhaltigen Schalen der Pomeranzen (Bitterorangen). Orangeat ist leuchtend bis tieffarbig orange, auch mit leicht ins Bräunliche gehendem Ton. Der Geschmack ist süß und aromatisch-bitter.

Unbearbeitete Ölsamen

Mandeln

Als „Mandeln“ gelten nur süße Mandeln; Mandeln können bis 5 Gewichtsprozent bittere Mandeln enthalten. Bittere Mandeln oder entbitterte bittere Mandeln werden stets als solche bezeichnet.

Mohn (Samen)
sind die weißen oder blauen kugeligen Samenkörner der Mohnpflanze. Sie dienen u. a. bei Weißgebäck (Mohnbrötchen) zum Bestreuen der Teigstücke vor dem Einschießen und in der Konditorei nach Quetschen bzw. Mahlen und Aufkochen in Milch zur Bereitung von Füllungen (Mohnstollen).

Pistazien
sind die meist grünen Samen des in den Mittelmeerländern heimischen Pistazienbaums, gelegentlich auch als grüne Mandeln bezeichnet. Sie sind länglich, ähnlich wie Erdnüsse, aber schlanker. Man benutzt sie zum Dekorieren von Torten, Dessertstücken und Konfekt sowie zu Krems und Eis, auch als Einlage in feine Fleischpasteten und Würste.

Bearbeitete Ölsamen

Geschälte Mandeln
auch als blanchierte Mandeln bezeichnet, sind von der Schale und nach dem Brühen von der Samenhaut befreite Mandeln.

Geschälte entbitterte bittere Mandeln
sind von der Schale und nach dem Brühen von der Samenhaut befreite, entbitterte bittere Mandeln.
Folgende bearbeitete Mandeln werden im Handel angeboten:
a) Mandeln, geschnitten, d. h. in fein gehobelten großen Blättchen
b) Mandeln, gehackt, mittel
c) weiße, geschälte, ganze Mandeln zum Belegen
d) halbe Belegmandeln
e) Mandelsplitter
f) Mandelgrieß (feine Körnung)

Geschälte Haselnusskerne
sind von der Schale und, so weit durch Rösten technisch möglich, von der Samenhaut befreite Haselnüsse.
Folgende Haselnussprodukte werden im Handel angeboten:
a) Haselnüsse, geschnitten, d. h. in fein gehobelten großen Blättchen
b) Haselnüsse, gehackt, mittel
c) geschälte, ganze Haselnüsse
d) Haselnussgrieß (feine Körnung)
e) Haselnussmark (eine durch Feinzerkleinerung von geschälten, gegebenenfalls gerösteten Haselnusskernen hergestellte pastenartige oder halbflüssige Masse)

Walnusskerne

sind von der Schale befreite Walnüsse. Im Handel erhältlich sind auch halbe Walnusskerne.

Geschälte Erdnusskerne

sind von der Samenschale und von der Samenhaut befreite Erdnüsse. Im Handel sind Erdnusskerne in verschiedenen Röstgraden erhältlich.

Rohmassen und Süßwaren aus bearbeiteten Ölsamen

Rohmassen

werden aus bearbeiteten Ölsamen mit Zucker und Wasser durch Zerkleinern und intensives Vermischen unter Erhitzung hergestellt. Es werden folgende Rohmassen und Süßwaren unterschieden:

Marzipanrohmasse

enthält höchstens 17 % Feuchtigkeit. Der Anteil des zugesetzten Zuckers beträgt höchstens 35 % und der Mandelölgehalt mindestens 28 %, beides bezogen auf die Marzipanrohmasse mit 17 % Feuchtigkeitsgehalt.
Bei der Marzipanrohmasse M I kann der Gesamtgehalt an geschälten bitteren Mandeln bis zu 12 % des Mandelgewichts betragen. Eine Kenntlichmachung von bitteren Mandeln ist nicht erforderlich. Entbitterte bittere Mandeln sowie Bergmandeln werden nicht verwendet.

Marzipan

ist eine Mischung aus Marzipanrohmasse und höchstens der gleichen Gewichtsmenge Zucker. Der Zucker kann teilweise durch Glukosesirup und/oder Sorbit ersetzt werden. Es dürfen bis zu 3,5 % Glukosesirup sowie 5 % Sorbit (auch in Form eines mindestens 70%igen Sorbitsirups) zugesetzt werden.
Im Handel wird Marzipan u. a. als Modelliermarzipan mit folgenden Anwirkgraden angeboten:

1 : 0,5 Marzipan entsprechend einem Anwirkgrad von 1 kg Rohmasse und 500 g Zucker.

1 : 1 Marzipan, dessen Zuckerzusatz voll ausgeschöpft ist, entsprechend einem Anwirkgrad von 1 kg Rohmasse und 1 kg Zucker.

Edelmarzipan

Da mit dem Begriff „edel" ein hervorhebender Qualitätsnachweis gegeben wird, ist dieses Marzipan eine Ware von überdurchschnittlicher Qualität.

1 kg Edelmarzipan wird aus mindestens 700 g Marzipanrohmasse und maximal 300 g Zucker (70-/30er-Ware) hergestellt.

Marzipan mit Gütezeichen
Der Deutsche Konditorenbund hat für Marzipan mit Gütezeichen den Zuckerzusatz je 1 kg Marzipanrohmasse auf höchstens 250 g begrenzt.

Lübecker Marzipan

ist als geographische Herkunftsbezeichnung anzusehen und daher allein den in Lübeck hergestellten Erzeugnissen vorbehalten.

Königsberger Marzipan

ist ein Gütemarzipan und steht nicht für die geographische Herkunft, sondern ist als Gattungsbezeichnung für eine bestimmte Sorte Marzipan anzusehen. Die Marzipanrohmasse wird mit ca. 30 bis höchstens 50 % Puderzucker und etwas Rosenwasser versetzt. Bei „Königsberger Marzipan" handelt es sich überwiegend um reliefartige, meist pralinengroße Stücke, die rund, oval, herzförmig oder viereckig hohl geformt sind. Die wesentlichen Kriterien des „Königsberger Marzipans" sind, dass alle Stücke immer goldbraun geflämmt sind und die Ränder der hohlgeformten Stücke vor dem Füllen einen gekniffenen Rand aufweisen.

Persipanrohmasse

ist eine aus geschälten, gegebenenfalls entbitterten bitteren Mandeln, Aprikosen- oder Pfirsichkernen hergestellte Masse. Sie enthält höchstens 20 % Feuchtigkeit. Der Anteil an zugesetztem Zucker beträgt höchstens 35 %, an zugesetzter Stärke als Indikator 0,5 %, beides bezogen auf die Persipanrohmasse mit 20 % Feuchtigkeitsgehalt.

Persipan

ist eine Mischung aus Persipanrohmasse und höchstens der anderthalbfachen Gewichtsmenge Zucker. Der Zucker kann teilweise durch Glukosesirup und/oder Sorbit ersetzt werden. In diesen Fällen können ohne Kenntlichmachung bis zu 5 % des Gesamtgewichts des Persipans aus Glukosesirup und/oder bis zu 5 % des Gesamtgewichts des Persipans aus Sorbit (auch in Form eines mindestens 70%igen Sorbitsirups) bestehen.
Persipan ist eine Alternative für Marzipan. Eine Verwendung von Persipan wird kenntlich gemacht, wenn nach der Verkehrsauffassung die Verwendung von Persipan nicht üblich ist.

Nugatmasse

ist ein höchstens 2 % Feuchtigkeit enthaltendes, weiches bis schnittfestes Erzeugnis, das aus geschälten Nusskernen oder aus geschälten Mandeln, gegebenenfalls auch ungeröstet, durch Feinzerkleinerung unter Zusatz von Zucker und Kakaoerzeugnissen hergestellt wird. Ein

Teil – bis zu 5 % ohne Kenntlichmachung – des Zuckers kann durch andere Zuckerarten sowie durch Sahne-, Milch-, Magermilch- und/oder Molkenpulver ersetzt werden.
Es werden nachstehende Nugatmassen nach den verwendeten Rohstoffen unterschieden:

1. Nussnugatmasse enthält höchstens 50 % Zucker und mindestens 30 % Fett.
2. Mandelnugatmasse enthält höchstens 50 % Zucker und mindestens 28 % Fett.
3. Mandel-Nuss-Nugat-Masse enthält Mandeln und Nusskerne etwa zu gleichen Teilen, höchstens 50 % Zucker und mindestens 28 % Fett.
4. Gesüßtes Nussmark, auch als gesüßtes Nussmus oder als Nusspaste bezeichnet, wird aus geschälten Nusskernen und Zucker hergestellt; es enthält höchstens 50 % und mindestens 32 % Fett.
5. Gesüßtes Nussmark, das ohne Kakaoerzeugnisse und ohne Sahne- oder Milchpulver hergestellt wird.

Nugat

Angewirkte Nugatmasse wird als Nugat oder Noisette bezeichnet.
Es werden insbesondere folgende Nugatarten unterschieden:
1. Nugat ist eine Mischung aus Nugatmasse und höchstens der halben Gewichtsmenge Zucker. Ein Teil des Zuckers kann durch Sahne- oder Milchpulver ersetzt werden.
2. Sahnenugat ist ein Nugat, der einen Mindestgehalt von 5,5 % Milchfett aufweist, das aus Sahnepulver oder Sahne stammt.
3. Milchnugat ist ein Nugat, der einen Mindestgehalt von 3,2 % Milchfett und 9,3 % fettfreier Milchtrockenmasse aufweist.

Nugatkrem

enthält mindestens 10 % geschälte Haselnusskerne, geschälte Mandeln oder geschälte, entbitterte bittere Mandeln. Es werden höchstens 67 % Zucker und 2 % Feuchtigkeit, ferner Speisefette und Speiseöle pflanzlicher Herkunft verwendet. Getreidemahlerzeuginsse und stärkereiche Lebensmittel werden nicht verwendet. Ein Zusatz von Sojamehlerzeugnissen ist ohne Kenntlichmachung bis zu 3 % möglich. Die Bezeichnung „Noisettekrem" ist nicht üblich.

Zuckerwaren

Krokant

besteht aus mindestens 20 % grob bis fein zerkleinerten Mandeln, Hasel- und/oder Walnusskernen und karamellisierten Zuckerarten und/oder Zuckeralkoholen. Die Verwendung von geruchs- und geschmacksgebenden Stoffen sowie von Lebensmitteln wie Fetten, Eiweißstoffen und Milcherzeugnissen ist üblich. Es werden Hart-, Weich- und Blätterkrokant unterschieden. Werden an Stelle der oben aufgeführten Samenkerne andere Ölsamen bzw. Schalenfrüchte verwendet, wird dies in der Bezeichnung angegeben (z. B. Erdnusskrokant, Kokoskrokant).

Eiskonfekt

sind massive, kühlschmeckende, nichtfigürliche Konfektstücke ohne grobstückige Zusätze bis zu 20 g Einzelgewicht aus – bezogen auf das Gewicht des Fertigerzeugnisses – mindestens 5 % Kakaopulver, auch stark entölt, gegebenenfalls Kakaomasse, sowie anderen, die Beschaffenheit oder den Geschmack beeinflussenden Zutaten, Zuckerarten und/oder Zuckeralkoholen sowie überwiegend ungehärtetem Kokosfett oder in ihrer Zusammensetzung ähnlichen anderen Fetten hoher Schmelzwärme, deren charakteristischer kühlender Effekt durch den Zusatz von z. B. Dextrose (Traubenzucker) oder Menthol (Pfefferminzaroma) gesteigert werden kann.

Kakaoerzeugnisse, Kakao

Kakaobohnen

sind die fermentierten und getrockneten Samen der gurkenähnlichen Frucht des Kakaobaums. Eine Frucht enthält 50 bis 70 mandelförmige Kakaobohnen (besteht aus Kakaokern und -schale sowie der Keimwurzel). Anbaugebiete: tropische Gebiete in Afrika, Asien und Südamerika. Die Ernte erfolgt 2-mal jährlich.
Die zunächst weiße Bohne erhält durch einen Fermentierungsprozess die rotbraune Farbe und das Kakaoaroma. Je nach Ursprungsland, Qualität und Aufbereitung gibt es helleren, milderen oder dunkleren, herben Kakao.

Kakaokerne

sind Kakaobohnen in geröstetem oder ungeröstetem Zustand, nachdem sie gereinigt, geschält und von Keimwurzeln befreit worden sind.

Kakaomassen

sind durch Zerkleinern zu Kakaomassen verarbeitete Kakaokerne.

Kakaopulver, „Kakao"

Der Kakaomasse wird durch ein mechanisches Verfahren das Fett abgepresst, und der Kakaopresskuchen wird zu Kakaopulver vermahlen. Kakao enthält mindestens 20 Hundertteile Kakaobutter, bezogen auf das Gewicht der Trockenmasse, und höchstens 9 Hundertteile Wasser.

Fettarmes oder mageres Kakaopulver, fettarmer oder magerer Kakao, stark entöltes Kakaopulver, stark entölter Kakao
ist Kakaopulver mit weniger als 20 % Kakaobutter, auf das Gewicht der Trockenmasse bezogen.

Kakaobutter
ist ein aus Kakaobohnen oder Teilen davon durch Abpressen gewonnenes Fett.

Schokolade – Kuvertüre
ist Schokolade mit mindestens 35 % Gesamtkakaotrockenmasse, davon mindestens 31 % Kakaobutter und mindestens 2,5 % fettfreie Kakaotrockenmasse.
Die optimale Überziehtemperatur für Kuvertüre liegt bei 32° C. Aufklärung über die Zusammensetzung können von Firmen vorgegebene Kennziffern geben. Beispielsweise werden vielfach Angaben wie 70/30/41 verwendet, was Folgendes bedeutet:

a) erste Zahl	Kakaobestandteile	70 %
b) zweite Zahl	Zuckeranteil	30 %
c) dritte Zahl	Gesamtfettgehalt	41 %

Schokolade
ist ein aus Kakaomasse, Kakaopulver, fettarmem oder magerem Kakaopulver und Saccharose mit oder ohne Zusatz von Kakaobutter hergestelltes Erzeugnis, das insgesamt mindestens 35 Hundertteile Gesamtkakaotrockenmasse, und zwar mindestens 14 Hundertteile entölte Kakaotrockenmasse mit mindestens 18 Hundertteilen Kakaobutter enthält. Die Verwendung des Wortes „Schokolade", auch in abgekürzter Form, in zusammengesetzten Bezeichnungen setzt eine Mitverarbeitung von Kakaoerzeugnissen und/oder Kakao in Teigen, Massen, im Überzug oder in der Füllung voraus; sie sind im fertigen Erzeugnis geschmacklich deutlich wahrnehmbar. Besteht der Anteil nur im Überzug oder in der Füllung, so werden hierfür nur Schokoladearten verwendet.

Schokolade mit Qualitätsangabe
z. B. dunkle Schokolade, muss mindestens 43 Hundertteile Gesamtkakaotrockenmasse, und zwar mindestens 26 Hundertteile Kakaobutter, enthalten.

Milchschokolade
ist ein aus Kakaomasse, Kakaopulver, fettarmem oder magerem Kakaopulver, Saccharose und Milch, Sahne, Trockenmilcherzeugnissen aus Milch oder Sahne mit oder ohne Zusatz von Kakaobutter, Milchfett oder Butter hergestelltes Erzeugnis, das folgende Merkmale aufweist:

Gesamttrockenmasse	mindestens 25 Hundertteile
Fettfreie Kakaotrockenmasse	mindestens 2,5 Hundertteile
Milchtrockenmasse	mindestens 14 Hundertteile
Milchfett	mindestens 3,5 Hundertteile
Gesamtfett	mindestens 25 Hundertteile

Milchschokolade mit Qualitätsangabe
z. B. Vollmilchschokolade, darf nicht mehr als 50 Hundertteile Saccharose und muss mindestens 30 Hundertteile Gesamttrockenmasse sowie 18 Hundertteile Milchtrockenmasse, und zwar mindestens 4,5 Hundertteile Milchfett, enthalten.

Milchschokoladeüberzugsmasse

ist Milchschokolade mit einem Mindestgehalt an Fetten von 31 Hundertteilen. Aufklärung über die Zusammensetzung können von Firmen vorgenommene Kennziffern geben. Beispielsweise werden vielfach Angaben wie 35/35 verwendet, was Folgendes bedeutet:

a) erste Zahl	Kakaobestandteile 35 %	(Rest: Zucker plus Milchtrockenmasse = 65 %)
b) zweite Zahl	Gesamtfettgehalt 35 %	(= Kakaobutter plus Milchfett).

Je höher der Fettgehalt, desto dünnflüssiger ist die Überzugsmasse.

Milchschokoladeüberzugsmasse mit Qualitätsangabe
z. B. Vollmilchschokoladeüberzugsmasse, darf nicht mehr als 50 Hundertteile Saccharose und muss mindestens 30 Hundertteile Gesamtkakaotrockenmasse sowie 18 Hundertteile Milchtrockenmasse, und zwar mindestens 4,5 Hundertteile Milchfett, enthalten.

Weiße Schokolade

ist ein Erzeugnis, das aus Kakaobutter, Saccharose und Milch, Sahne, Trockenmilcherzeugnissen aus Milch oder Sahne mit oder ohne Zusatz von Milchfett oder Butter hergestellt wird, frei von Farbstoffen ist und nachstehende Merkmale aufweist:

Kakaobutter	mindestens 20 Hundertteile
Milchtrockenmasse	mindestens 14 Hundertteile
Milchfett	mindestens 3,5 Hundertteile

Gefüllte Schokolade

ist ein gefülltes Erzeugnis, dessen Füllung keine Feine Backware ist und dessen Außenschicht aus bestimmten Schokoladearten besteht. Die Außenschicht muss mindestens 25 Hundertteile, bezogen auf das Gesamtgewicht des Erzeugnisses, betragen.

Pralinen

sind Erzeugnisse in Bissengröße, die aus folgendem Inhalt bestehen:
- aus gefüllter Schokolade oder
- aus aufeinander gelegten Schichten aus bestimmten Schokoladearten und Schichten aus anderen Lebensmitteln, so weit die Schichten der Schokoladeerzeugnisse zumindest teilweise klar sichtbar sind und mindestens 25 Hundertteile, bezogen auf das Gesamtgewicht des Erzeugnisses, darstellen oder
- aus einem Gemisch aus bestimmten Schokoladearten und anderen Lebensmitteln mit Ausnahme von
- Mehl und Stärke,
- anderen Fetten als Kakaobutter und Milchfett,

so weit die Schokoladeerzeugnisse mindestens 25 Hundertteile, bezogen auf das Gesamtgewicht des Erzeugnisses, darstellen.

Glasurmassen

Kakaohaltige Fettglasuren

werden hergestellt aus mindestens 5 % Kakaopulver, ungehärtetem oder teilgehärtetem Speisefett und Zucker. Sie unterscheiden sich in der Zusammensetzung von der Kuvertüre dadurch, dass die Kakaobutter gegen ein anderes Speisefett ausgetauscht ist. Außerdem dienen sie als Ersatz für Kuvertüren sowie Schokolade und werden bei 40 bis 50° C geschmolzen und dann knapp oberhalb des Schmelzpunktes mit 38 bis 40° C verarbeitet.
Die Verwendung von mit Kakaoerzeugnissen verwechselbaren Fettglasuren, auch in stückiger Form, muss ausreichend kenntlich gemacht werden, z. B. „mit kakaohaltiger Fettglasur". Fettglasuren dürfen bei Feinen Backwaren von besonderer Qualität, beispielsweise Oblatenkuchen, Printen, Spitzkuchen, Zimtsterne, oder bei Hinweisen darauf, auch bei Kenntlichmachung nicht benutzt werden.

Haselnussglasuren

werden hergestellt aus fein verriebenen, gerösteten Haselnusskernen, ungehärtetem oder teilgehärtetem Speisefett und Zucker. Sie enthalten keinen Kakao und sind etwas weicher als die kakaohaltigen Fettglasuren. Die Verwendung bedarf grundsätzlich keiner besonderen Kenntlichmachung.

Weiße Fettglasuren

werden hergestellt aus ungehärtetem oder teilgehärtetem Speisefett, Zucker und meist Milchpulver, wobei zur Aromatisierung Vanillin benutzt wird. Die Verwendung bedarf in der Regel keiner speziellen Kenntlichmachung an der Ware.

Gewürze

Gewürze üben folgende Wirkungen aus:
1. Verbesserung des Geschmacks
2. Beeinflussung des Dufts
3. Anregung des Appetits
4. Förderung der Verdauung

Nennen Sie einheimische Gewürze! Anis, Fenchel, Kümmel, Koriander, Mohn usw. Salz zählt lediglich zu den Würzmitteln.

Welche ausländischen Gewürze werden in der Bäckerei verwendet? Vanille, Zimt, Muskatnuss und Muskatblüte (Mazis), Kardamom, Ingwer, Gewürznelken, Pfeffer, Piment usw.

Anis

sind die reifen, getrockneten Spaltfrüchte der Anispflanze. Die einzelne Teilfrucht dieses Doldengewächses hat eine umgekehrt birnen- bis eiförmige, leicht angedrückte Form. Die beiden Teilfrüchtchen haften meistens zusammen. Die Länge ist gewöhnlich 3 bis 5 mm, und die Farbe ist Grünlichgelb bis Graugrün. Spanischer Anis ist großkörnig, bulgarischer mittelgroß, italienischer Anis ist besonders groß und heller gefärbt (beste Sorte), russischer Anis ist kleinkörnig und dunkel. Wertbestimmender und wirksamer Bestandteil ist das Anisöl, enthalten in einer Menge von 1 bis 3 %.

Fenchel (Gewürzfenchel)

ist eine grünlichbraune Spaltfrucht. Sie ist im Bau dem Kümmel sehr ähnlich, aber größer als dieser. Die mehr oder weniger in die Teilfrüchte zerfallene Spaltfrucht ist 6 bis 10 mm lang und 4 mm breit, oft noch mit dem kleinen Stiel versehen. Die Frucht ist stark gerippt, zwischen den Rippen befindet sich reichlich ätherisches Öl. Der Geschmack ist würzig, anisartig und süß, der Geruch ist angenehm aromatisch. Im Handel ist u. a. deutscher, italienischer, französischer und indischer Fenchel. Deutscher Fenchel ist dunkel und bitter.

Kümmel

ist die Frucht der Kümmelpflanze, einer in Europa und Asien wild wachsenden und vor allem in Deutschland, den Niederlanden und Polen viel angebauten Garten- und Feldpflanze. Die zwei sichelförmig gebogenen Teilfrüchtchen fallen bei der Ernte meistens auseinander. Die Frucht wird etwa 4 mm lang und 1 mm stark. Im Gegensatz zum Anis hat Kümmel keine Stiele.

Koriander

ist die pfefferkorngroße, gelbliche Frucht einer im Mittelmeergebiet heimischen Doldenpflanze; wird aber auch bei uns angebaut. Die getrockneten Spaltfrüchte sind 2 bis 3 mm groß, kugelig und enthalten viel ätherisches Öl. Koriander findet bei der Herstellung von Pfeffer-, Honig- und Lebkuchen Verwendung.

Vanille

(feinstes Gewürz) gehört zur Familie der Orchideen. Anbaugebiete: Mittel-, Südamerika, Madagaskar, Ostasien und die Südseeinseln.
Die Früchte sind schotenartig, 15 bis 30 cm lang, gefüllt mit öligem, braunem Mus, werden fermentiert (dadurch bildet sich erst das Aroma) und kommen in Blechdosen verpackt in den Handel. Die mexikanische Vanille ist die feinste Sorte. Sie ist fleischig, biegsam und zäh. Beim Durchschneiden findet man im fleischigen Innern die sehr kleinen bis 2 mm großen, rundlichen bis eiförmigen, gelbbraunen bis schwarzen, glänzenden Samen. Diese Sorte und die besten mittelamerikanischen werden alle in die USA verkauft. Für die in Europa gehandelte Vanille sind fast ausschließlich die Insel Réunion (früher Bourbon) und Tahiti (Stiller Ozean) zuständig. Qualitätsmäßig steht die Bourbon-Vanille nur wenig der mexikanischen nach.

Was versteht man unter
a) Vanillezucker?
b) Vanillinzucker?

a) Vanillezucker ist entweder eine Gewürzzubereitung aus weißem Zucker und fein zerkleinerten Vanilleschoten der Bourbon-Vanille oder im Sinne der Essenzen-VO ein natürliches Vanillearoma aus weißem Zucker und dem Extrakt der Bourbon-Vanille.
b) Vanillinzucker besteht aus weißem Zucker und Vanillin. Vanillin ist nach der neuen Aromenverordnung ein naturidentischer Aromastoff.

Zimt

wird von der Rinde des Zimtbaums gewonnen, hat außen eine hellbraune, innen eine dunklere Farbe und einen süßlichen Geschmack. Anbaugebiete: Sri Lanka (feinster Zimt), China und Java. Für Mahlzwecke wird hauptsächlich der kräftige China- und Java-Zimt bevorzugt.

Muskatnuss

ist der getrocknete Samenkern des lorbeerähnlichen Muskatnussbaums, der in den Tropen gedeiht. Es handelt sich im botanischen Sinne nicht um eine Nuss. Die Früchte sind einsamige Beeren und ähneln äußerlich der Aprikose. Bei eintretender Reife spaltet sich das Fruchtfleisch und

lässt den von einem blutroten Samenmantel (Muskatblüte = Mazis) bedeckten Samen hervortreten. Der Samen selbst hat eine dunkelbraune, mattglänzende, derbe Schale. Bei der Gewinnung der Muskatnuss werden Fruchtfleisch und Samenmantel entfernt und der Samen mehrere Wochen getrocknet. Das Ende der Trocknung macht sich durch Klappern der Samenkerne in den Schalen bemerkbar.
Die längliche, glatte Papua-Nuss aus Neuguinea ist weicher und hat nicht so viel ätherisches Öl wie die kugelige, harte Muskatnuss aus Ostindien und die etwas längliche, aber harte Nuss aus Westindien.

Muskatblüte (Mazis)

ist der die Muskatnuss umhüllende Samenmantel, der sehr aromatisch ist und oft der Nuss vorgezogen wird. Mazis kommt auch als Pulver in den Handel. Er ist gelbrötlichbraun und wird gerne für die Herstellung von Dauerbackwaren verwendet.

Kardamom

wird aus der getrockneten Frucht des Kardamombaums gewonnen. Die Samenkörner werden 1 bis 4 cm lang, sind stumpfdreieckig, haben eine braungelbe bis dunkelbraune Farbe und enthalten ein ätherisches Öl.
Anbaugebiet: tropisches Asien (Sri Lanka, Madras).

Ingwer

ist das Gewürz eines getrockneten Wurzelstocks.
Anbaugebiete: Jamaika (bester Ingwer), Indien, China und Nigeria.

Gewürznelke

wird aus den getrockneten, noch nicht aufgebrochenen Blüten des Nelkenbaums, die 15 bis 20 % ätherisches Öl enthalten, gewonnen.

Pfeffer

ist die Frucht des Pfefferstrauchs, der an der feuchtwarmen Küste Vorderindiens heimisch ist und viel in den tropischen Ländern angebaut wird. Der Busch wird 3 bis 5 m hoch und trägt an den Ranken 7 bis 15 cm lange, ährenartige Fruchtstände mit 20 bis 30 Früchten. Die kugeligen, erbsengroßen, zunächst grünen, dann roten und zuletzt gelben Beeren sind von einer dünnen Fruchtschale umgeben.
Schwarzer Pfeffer ist die vollständige, unreife, getrocknete Frucht. Zu seiner Gewinnung werden die noch unreifen, grünen Früchte, sobald sie sich eben zu röten beginnen, geerntet und an der Sonne oder über schwachem Feuer getrocknet. Die Pfefferkörner werden dabei schwarz und runzlig. Der Geruch ist eigentümlich würzig, der Geschmack beißend scharf.
Weißer Pfeffer unterscheidet sich vom schwarzen Pfeffer nur durch die Art der Gewinnung und den Reifegrad. Erst die reifen roten Beeren werden geerntet. Die dünne, äußere, dunkle Fruchthaut wird abgerieben

und nur der Kern getrocknet. Weißer Pfeffer ist im Geschmack feiner, aber weniger kräftig als der schwarze. Die Oberfläche ist glatt.

Piment

sind die vor der völligen Reife gepflückten und dann getrockneten Beerenfrüchte des Nelkenpfefferbaums. Dieser gehört zu den Myrtengewächsen, ist in Südamerika und auf den Antillen heimisch und wird darüber hinaus in Ostindien, auf Jamaika, in Mexiko und in den benachbarten Gebieten angebaut.

Massen

Was versteht man unter Massen?

Bei Massen werden Eier oder Eigelb oder Eiklar mit Butter (oder Margarine) und/oder Zucker und/oder Mehl gerührt oder geschlagen.

Welche Massen unterscheidet man?

a) Massen mit Aufschlag (gerührte oder geschlagene Massen, z. B. Biskuit-, Eiweiß-, Schaum-, Rühr-, Sand-, Baumkuchen- und Wiener Massen)
b) Massen ohne Aufschlag (z. B. Brandmassen, Massen mit Ölsamen wie Makronen, Florentiner, Nussknacker)
c) Waffelmassen

Nennen Sie einige leichte Massen bzw. ihren Verwendungszweck!

Wiener Massen, Massen für Mohrenkopfschalen, Löffelbiskuits, Kapseln, Anisplätzchen usw.
Zusätze von Mandeln, Nüssen, Marzipan und Kakao geben dem Gebäck besondere Eigenschaften und einen speziellen Geschmack.

Was stellt man aus leichten warmen Massen her?

Sandtorten, Sandkuchen, Eierplätzchen, Böden für Torten, Schnitten und Desserts, Rouladen.

Was stellt man aus schweren Massen her?

Teekuchen, schwere Sandkuchen und Baumkuchen.

Wo finden Baisermassen Verwendung?

Als Böden für Butterkrem-, Sahne- und Eistorten, für Desserts und Sahnebaisers, Schaumkonfekt.

Was versteht man unter
a) Hippenmasse?
b) Hippengebäcke?

a) Hippenmasse ist eine dünnflüssige Makronenmasse mit Zusätzen von Zucker, Vollei oder Eiklar, Milch oder Sahne und Mehl, oft auch noch geriebenen Mandeln oder Nüssen und Butter. Zur Würzung dienen Vanille, Zimt oder Zitrone, teilweise auch Arrak oder Süßwein; gelegentlich wird Hippenmasse mit Kakaopulver aromatisiert und gefärbt.

b) Hippengebäcke sind Backwaren aus Hippenmasse, die dünn in Schablonen gestrichen und kurz auf gewachsten Blechen gebacken werden. Hippengebäck wird noch heiß gerollt oder gebogen und ist nach dem Auskühlen splitterig mürb.

Nennen Sie Gebäcke aus Hippenmassen!

Rollen, Blumen, Blätter, Schmetterlinge.

Wozu werden Hippengebäcke verwendet?

Hippengebäcke dienen als Garniermittel für Eisbomben, Torten und Desserts.

Welche Gebäcke werden aus Brühmassen hergestellt?

Aus Brühmasse werden Windbeutel, Spritzkuchen und Eclairs hergestellt. Brühmassengebäcke verwendet man außerdem noch als Böden für Desserts, Kremteilchen, Käsefours und zum Ausgarnieren von Torten, Eis und Desserts.

Weitere Auszüge siehe auch Leitsätze für Feine Backwaren einschließlich Dauerbackwaren im Anhang Seite 397 ff.

LOCKERUNGSMITTEL

(Berufstheorie)

Welche Lockerungsmittel werden in der Bäckerei und Konditorei verwendet?

a) chemische (Backpulver, Hirschhornsalz und Pottasche)
b) physikalische (Unterschlagen von Luft oder durch die Erzeugung von Wasserdampf, z. B. Blätterteig)
c) biologische (Hefe und/oder Sauerteige)

Chemische Lockerungsmittel

Wann werden diese Triebmittel angewendet?

Bei fett- und zuckerreichen Teigen. Also in allen Fällen, in denen die Hefe versagen würde.

Nennen Sie Vorteile dieser Triebmittel!

Einfache Anwendung und kein Gärverlust.

Backpulver

Woraus besteht Backpulver?

Aus Natriumhydrogencarbonat, einem kohlendioxidabspaltenden Salz (Natron), einer Säure (in der Regel saures Natriumpyrophosphat) und einem Trennmittel (Stärke).

Beschreiben Sie die Wirkungsweise des Backpulvers!

Sobald bei der Teigbereitung Flüssigkeit zugesetzt wird, setzt eine schwache Entwicklung von Kohlendioxid ein (Vortrieb).

Siehe Backversuch Nr. 3: „Die backtechnischen Auswirkungen geringer und hoher Zuckerzusätze" und Nr. 4: „Die backtechnischen Auswirkungen geringer und hoher Fettzusätze bei Hefefeinteigen mit Schnellknetung (Spiralknetmaschine) und Langsamknetung (Hubknetmaschine)", Seite 193 ff., sowie Backversuch Nr. 11: „Einfluss der Backofentemperatur und der Backzeit auf die Krumenfarbe", Seite 206 f.

Die Backofenhitze bewirkt dann das vollständige Austreiben (Nachtrieb). Dabei wird das Kohlendioxid in Form kleiner Gasblasen in Freiheit gesetzt. Infolge der Zähflüssigkeit des Teigs können die Gasbläschen nicht nach außen entweichen. Sie treiben den Teig hoch und verleihen dem fertigen Gebäck ein poröses Gefüge.

Wie viel g rechnet man auf 500 g Mehl?

15 bis 18 g Backpulver je nach Fabrikat. Etwa 1 l Kohlendioxid ist aus der für 500 g Mehl bestimmten Backpulvermenge (bei Kleinpackungen also aus einem Päckchen) zu erhalten.

Hirschhornsalz

Was ist Hirschhornsalz?

Wird oft auch Ammonium genannt, ist ein Gemisch aus Ammoniumverbindungen der Kohlensäure und der Carbaminsäure. Es ist für die Herstellung von flachen Feinen Backwaren erlaubt.

Wann setzt die volle Triebwirkung ein?

Im Gegensatz zum Backpulver erst bei Wärme. Begründung: Ammoniumhydrogencarbonat lässt sich unzersetzt in kaltem Wasser auflösen und fängt erst beim Erwärmen an, Gase zu entwickeln. Backpulver sind überwiegend funktionell so ausgelegt, dass sie im Teig verzögert erst unter Wärmeeinwirkung Kohlendioxid freisetzen. Hirschhornsalz ist kleberstärkend.

Was verleiht ihm den arteigenen Geschmack?

Das Ammoniak.

Pottasche

Was ist Pottasche?

Kaliumcarbonat.

Wie wirkt Pottasche?

Infolge ihres Kohlendioxidgehalts kann Pottasche dann den Teig auflockern, wenn dieser etwas Säure enthält, so dass sich

Kohlendioxid entwickeln kann. Diese Reaktion tritt oft nicht sofort ein. Deshalb lässt man den Teig vor dem Abbacken wochen- oder monatelang liegen, wodurch die Qualität des fertigen Gebäcks verbessert wird.

Wozu verwendet man Pottasche?

Zur Lockerung von Honigkuchen. (Die aus dem Zucker abgespaltenen Säuren ermöglichen die Lockerung der Teige durch die Pottasche.)

Physikalische Lockerungsmittel

Erklären Sie die Wirkungsweise beim Schlagen und Schaumigrühren!

Die Luftbläschen werden beim Aufschlagen von eiweißhaltigen Massen auf Grund der Schaumbildung des Eiweißes in der Masse stabilisiert. Unterstützt wird dieser Vorgang durch die Zugabe von Zucker. Wird eine Kremmargarine aufgeschlagen, so werden die Luftbläschen von Fett umschlossen und die Kremmargarine gelockert. Für ein gutes Aufschlagvolumen ist jedoch das Einhalten der optimalen Verarbeitungstemperatur sehr wichtig.

Auf was ist beim Schneeschlagen zu achten?

1. Schneekessel und -besen müssen sauber und fettfrei sein.
2. Das Eiweiß muss exakt vom Eigelb getrennt werden.
3. Es empfiehlt sich, etwas Zucker zuzusetzen, dadurch wird die Standfestigkeit des Schnees sehr erhöht.

Blätter- und Plunderteige

Im Gegensatz zu allen anderen Teigen sind die Blätter- und Plunderteige 2-Phasen-Teige. Sie bestehen aus einem Grundteig und Ziehmargarine. Der Grundteig für Blätterteig enthält keinerlei Triebmittel und besteht in der Regel aus Weizenmehl, Type 550, Wasser, Salz und Zucker. Auf einen Grundteig von 1 kg Mehl wird 1 kg Ziehmargarine eingezogen. Bei Plunder- oder Dänischteigen wird der Grundteig zusätzlich mit Hefe und Eiern hergestellt.

Das Einziehen der Ziehmargarine in den Grundteig wird auch als Tourieren bezeichnet. Beim Tourieren ist besonders wichtig, dass die Teig-

bzw. Fettlagen dünn ausgerollt werden und sich beim Tourieren fest miteinander verbinden, aber nicht vermischen. Die dünnen Fett- und Teiglagen müssen für ein optimales Backergebnis bis zum Backprozess erhalten bleiben.
Verschiedene Unterscheidungsmerkmale zum Plunderteig und zum Dänischteig:

1. Blätterteig, deutsche Art
Die Ziehmargarine wird in den Teig eingeschlagen und touriert. Zahl der Touren: 1 x 3, 1 x 4, 1 x 3, 1 x 4 = 144 Lagen.
Bei weichem Grundteig kann hintereinander touriert werden. Bei festem Grundteig ist nach der 2. Tour eine Pause von 15 Minuten erforderlich, damit sich der Kleber im Teig entspannen kann.

2. Blätterteig, französische Art
Bei dieser Art wird der Teig in die Ziehmargarine eingeschlagen und dann touriert.
Zahl der Touren: 1 x 3, 1 x 4, 1 x 3, 1 x 4 = 144 Lagen.

3. Blätterteig, holländische Art, oder Blitzblätterteig
Bei dieser Art wird die Ziehmargarine in walnussgroße Stücke geschnitten und mit allen anderen Zutaten zu einem Teig verarbeitet. Es ist wichtig, dass die Ziehmargarine gut im Teig verteilt, aber noch als kleine Stücke erkennbar ist.

Zahl der Touren: 1 x 3, 1 x 4, 1 x 3, 1 x 4 = 144 Lagen
für alle *hochtreibenden* Gebäcke

oder 1 x 4, 1 x 4, 1 x 4 = 64 Lagen
für alle *flachtreibenden* Gebäcke wie Kremblätter, Schweinsohren und Sahnerollen.

4. Wiener Blätterteig
Zur Herstellung des Grundteigs werden halb Wasser, halb Milch und zusätzlich auf 1 kg Mehl 1 bis 2 Eigelb verwendet. Die daraus hergestellten Gebäcke sind besonders zart und haben eine goldbraune Backfarbe.

5. Halb-Blätterteig – Halb-Mürbeteig
Die beiden Teige werden in der Knetmaschine im Verhältnis 1:1 verarbeitet. Dieser Teig eignet sich gut als Boden für Obstkuchen (Pflaumenkuchen) oder auch als Decke bei gedecktem Apfelkuchen.

Nennen Sie den Unterschied zwischen einem deutsch und französisch gezogenen Blätterteig!
Bei der deutschen Art ist der Grundteig außen, bei der französischen Art die Ziehmargarine.

Wodurch wird die Blätterung und Lockerung beim Blätterteig erzielt?
Durch das Tourieren entstehen viele dünne Teig- und Fettschichten. Das Wasser im Grundteig verdampft während des Backprozesses und dehnt sich aus. Die Fettschichten wirken jeweils als Trennschicht, halten den Wasserdampf zurück, und der Teig zieht hoch. Es entsteht die für einen Blätterteig typische Lockerung.

6. Deutscher Plunder
Ein guter Hefesüßteig mit 10 % Margarine, 10 % Zucker und 1 bis 2 Eiern auf 1 kg Mehl wird mit Ziehmargarine eingezogen. Die Ziehmargarinemenge schwankt zwischen 200 und 300 g auf 1 kg Hefeteig.
Zahl der Touren: 1 x 3, 1 x 3 = 9 Lagen.

7. Dänischer Plunder, auch Dänischteig genannt
Ein sehr kühl geführter Hefesüßteig mit 8 % Spezialmargarine, 10 % Zucker und mindestens 5 Eiern auf 1 kg Mehl wird nur kurz geknetet. Auf 1 kg Hefeteig werden 400 bis 500 g Spezialmargarine eingezogen.
Zahl der Touren: 1 x 3, 1 x 3, 1 x 3 = 27 Lagen.
Plunderteige werden durch die Hefe gelockert und erhalten durch das Tourieren eine zusätzliche feinporige Blätterung.

Biologische Lockerungsmittel

Hefen

Dies sind mikroskopisch kleine, pflanzliche Lebewesen. Sie gehören zu den Pilzen und besitzen kein Chlorophyll (Blattgrün). Kulturhefen, wie die Gattung Saccharomyces cerevisiae, werden bei der Bier- und Weingärung sowie in der Spiritus- und Hefeindustrie verwendet. Hefen, die zur Gattung der Candida-, Torulopsis- und Rhodotorula-Hefen gehören, werden heute noch bedingt für die biologische Eiweißsynthese eingesetzt. Diese letzteren Hefen besitzen keine Triebkraft. Sie dienten früher zu Nahrungs- und Futterzwecken, wurden aber durch billigeres Sojaprotein verdrängt.
Zur Backhefeherstellung werden die in den Laboratorien unter genauer Kontrolle und mit peinlicher Sorgfalt gezüchteten Heferassen der Art Saccharomyces cerevisiae verwendet. Allgemein bekannt ist die zum Backen verwendete, in Bäckereien und Lebensmittelgeschäften käufliche Pfund- oder Würfelhefe. Diese Hefe besteht aus 29 bis 32 % Trocken-

substanz und 68 bis 71 % Wasser. Der Trockensubstanzgehalt setzt sich u. a. zusammen aus 47 % Eiweiß, 35 % Kohlenhydrate, 8 % Asche-(Mineralstoff-)gehalt, 7 % Lipide (fettähnliche Substanzen), 3 % Phosphorsäure und einigen Spurenelementen.

Durch ihren hohen Vitamingehalt ist die Hefe besonders wertvoll. Sie hat eine große Triebkraft und keine kleberzerstörenden Enzyme.

Wie viel Hefezellen befinden sich ungefähr in 1 Gramm Backhefe?

5 bis 10 Milliarden Hefezellen. Die mittlere Zellgröße als Breiten- und Längenmaß beträgt 5x8 µm (Mikron, entspricht 0,005x0,008 mm). Daher sind Hefezellen nur im Mikroskop sichtbar. Bei 400- bis 600facher Vergrößerung kann man die Zellwand und einige Zellorgane gut beobachten.

Wie vermehrt sich die Hefe?

Eine intensive Vermehrung der Hefe findet nur unter aeroben Bedingungen statt, d. h., die Nährlösung, die aus Zuckerstoffen (Melasse) sowie aus stickstoff- und phosphathaltigen Nährsalzen besteht, muss stark belüftet werden.
Dabei bilden die Mutterzellen der Anstellhefe durch Sprossung Ausbuchtungen (Tochterzellen), die nach 3 bis 4 Stunden die Größe der Mutterzelle erreichen können. In dieser Phase folgt die Abtrennung der Tochterzellen, die ihrerseits dann wieder neue Zellen bilden.
So ist zu erklären, dass nach einer Züchtungsperiode von 12 bis 13 Stunden die Anstellhefemenge verdrei- oder vervierfacht wird.

Was erfolgt nach beendeter Gärung?

Die Hefe wird durch Separatoren von der verbrauchten Nährlösung getrennt. Die so erhaltene Hefemilch wird auf 2° C gekühlt und über einen Vakuumdrehfilter so weit vom Wasser befreit, bis die handelsübliche Trockensubstanz von ca. 30 % erreicht ist.

Welches ist die beste Gär- und Vermehrungstemperatur?

Die optimale Gärtemperatur beträgt 35° C ± 2° C. Die optimale Vermehrungstemperatur beträgt 30° C ± 2° C.

Welche Aufgabe hat die Hefe als biologisches Triebmittel?

Die Hefe als biologisches Triebmittel lockert den Teig durch die bei der Gärung entstehende Kohlensäure (im Gegensatz hierzu erfolgt die Lockerung beim Backpulver durch thermische und chemische Reaktionen). Die Hefe und ihre Stoffwechselprodukte sind auch ein Geschmacksträger für Hefeteige.

Wie wird der Teig gelockert?

Ein Teil der Stärke des Mehls wird im Teig durch das im Mehl vorhandene Enzym Diastase in vergärungsfähigen Zucker verwandelt, und die im Teig verteilte Hefe spaltet durch ihre Enzyme diesen Zucker in Kohlensäure und Alkohol. Die Kohlensäure wird durch den zähen Teig am Entweichen gehindert. Die Folge davon ist, dass der Teig sich hebt und durch die Kohlensäurebläschen ein poröses Gebilde entsteht. Während dieser Gärung im Teig entsteht auch Alkohol neben der Kohlensäure – als Gärprodukt –, der nachher in der Backofenhitze wieder entweicht. Das Gashaltevermögen des Teigs wird durch den Klebergehalt und die Kleberstruktur bestimmt. Die Kleberstruktur selbst wird durch die Teigbereitung, Wassermenge und Knetung beeinflusst.

Was geschieht bei zu alt gewordenen Hefen oder durch falsche Lagerung?

Die Gärung wird verzögert, die Kohlensäurebildung im Teig ist eine geringere, was sich durch ein nicht so voluminöses Gebäck und durch etwas eingedrückte Backwaren bemerkbar macht.

Nennen Sie die günstigste Lagerung der Hefe!

Hefe ist ein empfindliches Lebewesen. Sie muss kühl, trocken und luftig aufbewahrt werden. Die beste Lagerungstemperatur ist 4 bis 6° C. Bei dieser Temperatur ist die Hefe mindestens 6 Wochen haltbar. Hefen, die bei Zimmertemperatur und darüber aufbewahrt werden, verlieren durch die unsachgemäße Lagerung schneller an Triebkraft.

Siehe auch Backversuch Nr. 12, Seite 207 ff.: „Experiment des Salz-Hefe-Verfahrens bei Schnittbrötchen."

Aus was wird Hefe im Allgemeinen hergestellt?

Aus Melasse. Die Zuckerstoffe der Melasse benötigt die Hefe zum Aufbau der Zellsubstanz. Nährsalze, wie Stickstoffverbindungen, Phosphorsäure, Mineralsalze und Wuchsstoffe, braucht die Hefezelle zum Aufbau der Eiweißverbindungen und zur Funktion des Enzymsystems.

Nennen Sie die Eigenschaften frischer und alter Hefe!

Eigenschaften frischer Hefe:
Hohe Triebkraft, muschelartiger Bruch (bei hoher Trockensubstanz bröcklig), hefeartiger Geruch, glatte helle und beschlagsfreie Oberfläche, Einwickler (oberflächenbehandeltes Papier, Folien, Zellglas) ist leicht lösbar.
Eigenschaften alter Hefe:
Schwache Triebleistung, unregelmäßige Farbe der Oberfläche, weich oder rissig durch Austrocknung, beschlagene Oberfläche, esterartiger bzw. abartiger Geruch, die Hefe löst sich schlecht vom Einwickler.

Sauerteig

Was ist Sauerteig?

Sauerteig ist ein von Milchsäurebakterien und Hefen vergorener Getreidemehlteig.

Nennen Sie die Definition für Sauerteig nach den Leitsätzen für Brot und Kleingebäck!

Sauerteig ist nach den Leitsätzen für Brot und Kleingebäck ein Teig, dessen Mikroorganismen (z. B. Milchsäurebakterien und Hefen) aus Sauerteig oder Sauerteigarten sich in aktivem Zustand befinden oder reaktivierbar sind. Sie sind nach Zugabe von Getreideerzeugnissen und Wasser zur fortlaufenden Säurebildung befähigt.
Teile eines Sauerteigs werden als Anstellgut für neue Sauerteige verwendet. Die Lebenstätigkeit der Mikroorganismen wird erst durch Backen oder Heißextrudieren beendet. Die Säurezunahme des Sauerteigs beruht ausschließlich auf dessen Gärungen. Den Säuregehalt (Säuregrad) erhöhende Bestandteile, ausgenommen Sauerteigbrot, werden nicht verwendet.

Was bewirkt die Säure aus der Sauerteiggärung?

1. Säure hemmt stärkeabbauende Enzyme.
2. Säure schützt vor Fremd- und Fehlgärungen durch Unterdrückung der Mehlflora.

Was bewirkt die Sauerteigführung noch?

Das Mehl wird aufgeschlossen und verquollen. Dies führt zu einer elastischeren Brotkrume, einer besseren Frischhaltung und einer stärkeren Krustenbräunung. Es entstehen Aromavorläuferstoffe, die beim Backen zu sauerteigtypischem Aroma umgewandelt werden.

Welche Mikroorganismen bilden die Säure im Sauerteig?

Die Milchsäurebakterien. Man unterscheidet homofermentative und heterofermentative Milchsäurebakterien.

Wodurch unterscheiden sich homo- und heterofermentative Milchsäurebakterien?

Homofermentative Milchsäurebakterien bilden nur Milchsäure.
Heterofermentative Milchsäurebakterien bilden Milchsäure, Gas (Kohlendioxid), Alkohol (Ethanol) und Essigsäure.

Wann entsteht Essigsäure im Sauerteig?

Essigsäure entsteht nur, wenn heterofermentative Milchsäurebakterien im Sauerteig vorhanden sind; vor allem in den ersten Stunden einer Sauerteigfermentation.

Wie kann der Bäcker das Verhältnis von Milchsäure zu Essigsäure beeinflussen?

a) Durch die Art der Mikroorganismen im Anstellgut bzw. Starter.
b) Durch die Teigausbeute und die Temperatur:
Mit einer kalten, festen Führungsweise lässt sich die Gärung des Sauerteigs verzögern. Dadurch wird ein höherer Essigsäureanteil im Sauerteig gefördert.
c) Durch die Wahl der Sauerteigführung:
Ein 3- bis 4-stündiger Vollsauer hat einen höheren Essigsäureanteil (20 bis 25 %) an der Gesamtsäure; ein Grundsauer über Nacht (Detmolder Einstufenführung) hat einen höheren Milchsäureanteil (80 bis 90 %) an der Gesamtsäure.

Was bewirkt Essigsäure im Brot?

Sie ist Bestandteil des sauerteigtypischen Aromas. Sie unterdrückt das Wachstum von Schimmelpilzen und fadenziehenden Bakterien.

Neuansatz des Betriebssauerteigs

a) Arbeiten mit Anstellgut bzw. Sauerteigstarter

Neuansatz mit Anstellgut oder Sauerteigstarter (z. B. Böcker Reinzucht-Sauerteig).

1 kg Böcker Reinzucht-Sauerteig		Teigausbeute:	200
10 kg Mehl		Temperatur:	26–28° C
10 Liter Wasser		Stehzeit:	15–18 Stunden

In den Sommermonaten ist eine zweite Stufe mit gleicher Rezeptur zu empfehlen!
Mit dem Reinzucht-Sauerteig/Anstellgut können in der Folge Einstufen-, Zweistufen-, Dreistufen- und auch Mehrstufenführungen durchgeführt werden.

b) Arbeiten mit einem Spontansauerteig

Es wird kein Anstellgut bzw. Sauerteigstarter verwendet. Das eingeteigte Mehl wird sich selbst überlassen, d. h., die Gärung wird durch die mehleigene Mikroflora bewerkstelligt. Die Spontansauerteige sind erst nach 3 bis 4 Stufen zu gebrauchen. Durch das mehrfache Wiederanfrischen des Spontansauerteigs kann sich eine geeignete Sauerteigflora entwickeln.

Tabelle: Verfahren zur Heranführung eines Spontansauers (nach Spicher und Stephan)

	Vorherige Stufe (g)	Rg. oder Wz.-Mehl (g)	Wasser (ml)	Gesamtgewicht (g)	Temperatur (° C)	Zeit (h)
1. Stufe	–	100	200	300	26–28	24
2. Stufe	100	100	100	300	26–28	24
3. Stufe	100	100	100	300	32–35	8
4. Stufe	100	100	100	300	26–28	16

Welche Roggenmehle sollen verwendet werden?

Möglichst dunkle Roggenmehle und feiner Roggenschrot.

Wodurch kann ein Anstellgut haltbar gemacht werden?

Ein Anstellgut sollte von einem gäraktiven Sauerteig abgenommen werden.
Bei 5 bis 10° C (Kühlraumtemperatur) ist er 1 Woche lagerbar. Wird das Anstellgut mit Mehl verrieben (Krümelsauer) ist es 1 Woche bei Kühlraumtemperatur haltbar.

Welche Führungsarten für Sauerteige unterscheidet man?

Direkte Führung:
Säuerung durch Einsatz von Teigsäuerungsmitteln oder von getrockneten Sauerteigen.

Indirekte Führung:
Säuerung durch einen Betriebssauerteig.

Kombinierte Führung:
Die Hälfte der Säuremenge wird durch einen Betriebssauerteig gestellt, die flexible Säureeinstellung und Aromaspitze erfolgt durch getrocknete Sauerteige oder Teigsäuerungsmittel.

Nennen Sie die wichtigsten indirekten Sauerteigführungsarten!

Berliner Kurzsauerteigführung, Detmolder Einstufen-Sauerteigführung, Weinheimer Qualitätssauerteigführung, Salzsauerteigführung, Dreistufen-Sauerteigführung, Wochensauerteigführung, Detmolder Zweistufen-Sauerteigführung.

Was versteht man unter Sauerteigbrot?

Sauerteigbrot wird entsprechend den Leitsätzen für Brot und Kleingebäck[1] so hergestellt, dass die gesamte zugesetzte Säuremenge aus Sauerteig stammt. Hinweise auf die Mitverwendung von Sauerteig sind nur üblich, wenn die zugesetzte Säuremenge zu mehr als zwei Dritteln aus Sauerteig stammt. Bei Bauern-/Landbrot mit einem Roggenanteil über 20 % stammt die zugesetzte Säuremenge zu mindestens zwei Dritteln aus Sauerteig.

---

[1]*Leitsätze für Brot und Kleingebäck siehe Anhang Seite 391 ff.*

SAUERTEIGFÜHRUNGSARTEN

(Berufstheorie)

Merkmale der Dreistufen-Sauerteigführung

Zweck und Ziel:	Mehlaufschluss, Säure-, Geschmacksbildung, Triebentwicklung.
Anstellgut:	Mehlanteil 0,2 %, bezogen auf die Gesamtmehlmenge, Gesamtgewicht des Anstellguts 0,4 % von der Gesamtmehlmenge, TA 200.
1. Stufe (Anfrischsauer)	Vermehrungsverhältnis 1 : 6, TA 200 – Temperatur 26° C, Stehzeit 8 Stunden.
2. Stufe (Grundsauer)	Vermehrungsverhältnis 1 : 10, TA 175 – Temperatur 26° C, Stehzeit 8 bis 15 Stunden.
3. Stufe (Vollsauer)	Vermehrungsverhältnis 1 : 3, TA 190 – Temperatur 30° C, Stehzeit 3 bis 4 Stunden.

Zweck der einzelnen Stufen

Anfrischsauer:	Dient der Aktivierung der Lebenstätigkeit der Mikroorganismen des Anstellguts bzw. des Sauerteigstarters.
Grundsauer:	Hauptvermehrungsstufe der Mikroorganismen des Sauerteigs.
Vollsauer:	Ernte eines Sauerteigs bei größter Triebentwicklung.

Berliner Kurzsauerteigführung

Die von Pelshenke und Schulz (1942) entwickelte Berliner Kurzsauerführung stellt das kürzeste biologische Säuerungsverfahren dar. Der Sauerteig wird einstufig, sehr warm und weich geführt. Der Kurzsauer ist auf eine rasche Säurebildung ausgerichtet, seine Triebleistung wird bewusst vernachlässigt. Die einstufige Führungsweise gewährleistet einen geringen Arbeitsaufwand, der etwa dem einer Vorteigführung bei Weizenteigen entspricht. Die Vermehrung der Hefen ist bei dieser Temperatur gehemmt, so dass der Kurzsauer auch im reifen Zustand nur wenig Leben zeigt. Der Reifezustand des Sauers darf somit nicht nach seinen Gärerscheinungen gemessen werden.

Benötigt man bei der mehrstufigen Sauerteigführung noch eine Abstehzeit von 24 Stunden, so ist der gleiche Säuerungseffekt bei dieser Führung, bedingt durch Teigtemperatur und TA, schon nach 3 bis 3½ Stunden erreicht.

Die charakteristischen Merkmale der Berliner Kurzsauerteigführung

Zweck und Ziel: Schneller Mehlaufschluss, schnelle Säure- und Geschmacksbildung.

1. Ein großes Anstellgut, 20 % auf das Gesamtsauerteigmehl oder 10 % vom Gesamtsauerteig.
2. Eine Sauerteigtemperatur von 35° C. Das Einhalten dieser Temperatur wird in einigen Betrieben Schwierigkeiten bereiten. Es ist jedoch unbedingt darauf zu achten, dass die Temperatur überwacht und eingehalten wird (eventuell Mehl anwärmen). Die Zugusstemperatur kann bis zu 50° C betragen.
3. TA 180 bis 200. Durch die relativ hohe TA sind die Voraussetzungen für eine schnelle Quellung der Mehlsubstanz und eine schnelle Säuerung bei Einhaltung der angegebenen Temperatur und einem aktiven Anstellgut bzw. Starter gegeben.
4. Die kurze Stehzeit von nur 3 bis 3½ Stunden.
5. Der Brotgeschmack ist mild im Aroma. Eine Verlängerung der Abstehzeit um 15 bis 30 Minuten führt zu einem ausdrucksvollerem Geschmack.
6. Die Zugabe von Hefe zum Teig beträgt 1,5 bis 2 % der Gesamtmehlmenge.

Berliner Kurzsauerteigführung
(berechnet auf 100 kg Gesamtmehl)

Mischungsverhältnis RM	Mischungsverhältnis WM	zu versäuerndes Roggenmehl 1150 (% vom ges. RM)		Anstellgut[1] als Sauerteig (% v. Sauerteigmehl)		Kurzsauerteigstufe Mehlzugabe	Kurzsauerteigstufe Wasserzugabe	TA	Teigtemp.	Abstehzeit	Gesamtgewicht
kg/%	kg/%	kg	%	kg	%	kg	l		°C	Std.	kg
100	–	40,0	40	8,0	20	40,0	36,0	190	35	3	76,0
90	10	38,7	43	7,7	20	38,7	34,5	190	35	3	73,2
80	20	36,8	46	7,3	20	36,8	33,0	190	35	3	69,8
70	30	35,0	50	7,0	20	35,0	31,5	190	35	3	66,5
60	40	32,4	54	6,5	20	32,4	29,0	190	35	3	61,4
50	50	29,0	58	5,8	20	29,0	26,0	190	35	3	55,0
40	60	24,8	62	5,0	20	24,8	22,0	190	35	3	46,8
30	70	20,0	66	4,0	20	20,0	18,0	190	35	3	38,0

[1] Das Anstellgut wurde im Schema nicht verrechnet, da es vom reifen Sauerteig wieder abgenommen wird. Es kann im unveränderten Zustand an einem kühlen Ort bis zu 3 Tagen aufbewahrt werden.

Brotteigbereitung
(berechnet auf 100 kg Gesamtmehl)

Mischungsverhältnis RM	Mischungsverhältnis WM	Sauerteigzugabe	Mehlzugabe RM	Mehlzugabe WM	Wasserzugabe	TA	Hefezugabe		Salzzugabe		Gesamtgewicht
kg/%	kg/%	kg	kg	kg	l		%	g/l	%	g/l	kg
100	–	76,0	60	–	32,0	168	1,2	20	1,8	30	171,0
90	10	73,2	51	10	32,5	167	1,3	21	1,8	30	169,8
80	20	69,8	43	20	34,0	167	1,4	23	1,8	30	170,0
70	30	66,5	35	30	34,5	166	1,5	25	1,8	30	169,3
60	40	61,4	27	40	30,0	165	1,7	29	1,8	31	167,9
50	50	55,0	21	50	38,0	164	1,8	30	1,8	31	167,6
40	60	46,8	15	60	41,0	163	2,0	35	1,8	32	166,6
30	70	38,0	10	70	44,0	162	2,2	38	1,8	32	166,0

Detmolder Einstufen-Sauerteigführung

Seit 1958 verbreitet sich eine sehr einfache Sauerteigführung, die von der Bundesforschungsanstalt für Getreideverarbeitung in Detmold von Backmeister Stephan entwickelt wurde. Demnach ist es möglich, den Sauer (nur eine Stufe) etwa gegen 13 Uhr herzustellen, um diesen dann am folgenden Tag zwischen 4 und 10 Uhr zu verarbeiten. Trotz der langen Stehzeit ist der Geschmack des Brots keinesfalls zu kräftig.

Möglich wurde dies vor allem durch eine Reduktion des zu versäuernden Roggenmehlanteils auf 35 %. Die Anstellgutmenge richtet sich nach der Sauerteigtemperatur, die wiederum von der Backstubentemperatur des betreffenden Betriebs abhängig ist. So ist beispielsweise bei einer kühleren Backstubentemperatur in der Nacht eine höhere Anstellgutmenge notwendig als bei einer wärmeren Backstube.

Die Anstellgutmenge wird also mit der Temperatur des Sauerteigs abgestimmt. Nach Angaben von Backmeister Stephan ergibt sich innerhalb der Zeitspanne von 15 bis 20 Stunden Abstehzeit des Sauerteigs bei der Mehltype 1150 nur eine Säuregrad-Differenz von 1 bis 2 Einheiten und im Roggenmischbrot bis zu 0,5 Einheiten.

Die charakteristischen Merkmale der Detmolder Einstufen-Sauerteigführung

Zweck und Ziel: Mehlaufschluss, Säure- und Geschmacksbildung

1. Stehzeit 15 bis 20 Stunden.
2. Die prozentuale Höhe des Anstellguts richtet sich bei gleicher Reifezeit nach der Temperatur, die der Sauerteig über Nacht hat, d. h. bei
   22 bis 25° C Sauerteigtemperatur 20 % Anstellgut
   25 bis 30° C Sauerteigtemperatur 10 % Anstellgut
   30 bis 32° C Sauerteigtemperatur 5 % Anstellgut
3. Eine TA von 180 wird empfohlen. Für die Schrotbrotherstellung empfiehlt es sich, die TA auf 200 zu erhöhen.
4. Hefezusatz zur Teigbereitung: 1 bis 2 % der Gesamtmehlmenge.

Detmolder Einstufen-Sauerteigführung

Mehlmischung RM	Mehlmischung WM	zu versäuerndes Roggenmehl 1150		Anstellgutmenge bei der Sauerteigtemperatur 22–25° C (20 %)	25–30° C (10 %)	30–32° C (5 %)	Wasserzugabe	TA	Gesamtgewicht
kg/%	kg/%	kg	%	kg	kg	kg	Liter		kg
100	–	35	35,0	7,00	3,50	1,76	28,0	180	63,0
90	10	35	38,8	7,00	3,50	1,75	28,0	180	63,0
80	20	32	40,0	6,40	3,20	1,60	25,6	180	57,6
70	30	28	40,0	5,60	2,80	1,40	22,4	180	50,4
60	40	24	40,0	4,80	2,40	1,20	19,2	180	43,2
50	50	20	40,0	4,00	2,00	1,00	16,0	180	36,0
40	60	16	40,0	3,20	1,60	0,80	12,8	180	28,8
30	70	16	53,3	3,20	1,60	0,80	12,8	180	28,8
20	80	12	60,0	2,40	1,20	0,60	8,6	180	20,6

Das Anstellgut wird vom reifen Sauerteig wieder abgenommen und nicht weiter verrechnet.

Brotteigbereitung

Mehlmischung RM	Mehlmischung WM	Sauerteig-	Mehlzugabe RM	Mehlzugabe WM	Wasserzugabe	Hefezugabe	Salzzugabe	TA	Teigtemp.	Teigruhezeit
kg/%	kg/%	kg	kg	kg	l (ca.)	kg/%	kg/%	(ca.)	°C	Min.
100	–	63,0	65	–	40,0	1,0	1,7	168	28	10
90	10	63,0	55	10	40,0	1,1	1,7	168	28	10
80	20	57,6	48	20	41,4	1,2	1,7	167	27	15
70	30	50,4	42	30	43,6	1,3	1,7	166	27	15
60	40	43,2	36	40	45,8	1,4	1,7	165	26	20
50	50	36,0	30	50	48,0	1,5	1,7	164	26	20
40	60	28,8	24	60	50,2	1,6	1,7	163	25	30
30	70	28,8	14	70	51,2	1,7	1,7	162	25	30
20	80	20,6	8	80	52,4	1,8	1,7	161	25	30

Die Teigausbeute ist variabel und muss der Mehlqualität angepasst sein.

TABELLE I

Teigführungsschema für Detmolder Einstufen-Sauerteigführung

Mehlmischungsverhältnis 90 % Roggenmehl, 10 % Weizenmehl

Teig	Anstellgutmenge b. d. Sauerteigtemperatur 22–25° C (20 %)	25–30° C (10 %)	30–32° C (5 %)	Roggenmehl	Wasser	TA	Gesamtgewicht
kg	kg	kg	kg	kg	Liter		kg
100	4,00	2,12	1,06	21,2	17,0	180	38,2
80	3,40	1,70	0,85	17,0	13,6	180	30,6
60	2,50	1,27	0,64	12,7	10,2	180	22,9
40	1,70	0,85	0,43	8,5	6,8	180	15,3
20	0,86	0,43	0,22	4,3	3,4	180	7,7

Das Anstellgut wird vom reifen Sauerteig abgenommen und nicht weiter verrechnet.

Brotteigbereitung

Teig	Sauerteig-	Mehl RM	Mehl WM	Wasser	Hefe	Salz	Teigtemp.	TA	Teigruhezeit
kg	kg	kg	kg	Liter	kg (1,2 %)	kg (1,7 %)	° C		Min.
100	38,2	33,4	6,4	26,0	0,73	1,00	28	168	10
80	30,6	26,7	4,9	20,9	0,58	0,92	28	168	10
60	22,9	20,1	3,6	17,8	0,44	0,62	28	168	10
40	15,3	13,3	2,4	11,9	0,29	0,41	28	168	10
20	7,7	6,7	1,2	9,5	0,15	0,21	28	168	10

Zugussmenge und Hefemenge sind variabel und müssen der Mehlqualität angepasst werden. Getrocknetes Brot 2 % vom Gesamtmehl zugeben.

TABELLE II

Teigführungsschema für Detmolder Einstufen-Sauerteigführung

Mehlmischungsverhältnis 70 % Roggenmehl, 30 % Weizenmehl

Teig	Anstellgutmenge b.d. Sauerteigtemperatur 22–25° C (20 %)	25–30° C (10 %)	30–32° C (5 %)	Roggen-mehl	Wasser	TA	Gesamt-gewicht
kg	kg	kg	kg	kg	Liter		kg
100	3,46	1,73	0,87	17,3	13,8	180	31,1
80	2,76	1,38	0,69	13,8	11,0	180	24,8
60	2,08	1,04	0,50	10,4	8,3	180	18,7
40	1,38	0,69	0,35	6,9	5,5	180	12,4
20	0,68	0,34	0,17	3,4	2,8	180	6,2

Das Anstellgut wird vom reifen Sauerteig abgenommen und nicht weiter verrechnet.

Brotteigbereitung

Teig	Sauer-teig-	Mehl RM	Mehl WM	Wasser	Hefe	Salz	Teig-temp.	TA	Teig-ruhe-zeit
kg	kg	kg	kg	Liter	kg (1,4 %)	kg (1,7 %)	°C		Min.
100	31,1	25,9	18,5	28,5	0,86	1,05	27	166	15
80	24,8	20,8	14,8	23,6	0,69	0,84	27	166	15
60	18,7	15,5	11,1	18,6	0,52	0,63	27	166	15
40	12,4	10,4	7,4	13,8	0,33	0,42	27	166	15
20	6,0	5,2	3,7	8,9	0,17	0,21	27	166	15

Zugussmenge und Hefemenge sind variabel und müssen der Mehlqualität angepasst werden. Getrocknetes Brot 2 % vom Gesamtmehl zugeben.

TABELLE III

Teigführungsschema für Detmolder Einstufen-Sauerteigführung

Mehlmischungsverhältnis 50 % Roggenmehl, 50 % Weizenmehl

Teig	Anstellgutmenge b. d. Sauerteigtemperatur 22–25° C (20 %)	25–30° C (10 %)	30–32° C (5 %)	Roggenmehl	Wasser	TA	Gesamtgewicht
kg	kg	kg	kg	kg	Liter		kg
100	2,50	1,25	0,63	12,5	10,0	180	22,5
80	2,00	1,00	0,50	10,0	8,0	180	18,0
60	1,50	0,75	0,38	7,5	6,0	180	13,5
40	1,00	0,50	0,25	5,0	4,0	180	9,0
20	0,50	0,25	0,13	2,5	2,0	180	4,5

Das Anstellgut wird vom reifen Sauerteig abgenommen und nicht weiter verrechnet.

Brotteigbereitung

Teig	Sauerteig	Mehl RM	WM	Wasser	Hefe	Salz	Teigtemp.	TA	Teigruhezeit
kg	kg	kg	kg	Liter	kg (1,5 %)	kg (1,7 %)	°C		Min.
100	22,5	18,8	31,3	31,5	0,94	1,06	26	164	15
80	18,0	15,0	25,0	26,0	0,75	0,85	26	164	15
60	13,5	11,3	18,8	20,5	0,56	0,64	26	164	15
40	9,0	7,5	12,5	15,0	0,38	0,43	26	164	15
20	4,5	3,8	6,3	9,7	0,19	0,21	26	164	15

Zugussmenge und Hefemenge sind variabel und müssen der Mehlqualität angepasst werden. Getrocknetes Brot 2 % vom Gesamtmehl zugeben.

TABELLE IV

Teigführungsschema für Detmolder Einstufen-Sauerteigführung

Mehlmischungsverhältnis 30 % Roggenmehl, 70 % Weizenmehl

Teig	Anstellgutmenge b. d. Sauerteigtemperatur 22–25° C (20 %)	25–30° C (10 %)	30–32° C (5 %)	Roggenmehl	Wasser	TA	Gesamtgewicht
kg	kg	kg	kg	kg	Liter		kg
100	2,0	1,0	0,5	10,0	8,0	180	18,0
80	1,6	0,8	0,4	8,0	6,4	180	14,4
60	1,2	0,6	0,3	6,0	4,8	180	10,8
40	0,8	0,4	0,2	4,0	3,2	180	7,2
20	0,4	0,2	0,1	2,0	1,6	180	3,6

Das Anstellgut wird vom reifen Sauerteig abgenommen und nicht weiter verrechnet.

Brotteigbereitung

Teig	Sauerteig	Mehl RM	Mehl WM	Wasser	Hefe	Salz	Teigtemp.	TA	Teigruhezeit
kg	kg	kg	kg	Liter	kg (1,7 %)	kg (1,7 %)	° C		Min.
100	18,0	0,8	43,8	30,5	1,06	1,06	25	162	15
80	14,4	7,0	35,0	25,6	0,85	0,85	25	162	15
60	10,8	5,3	26,3	19,7	0,64	0,64	25	162	15
40	7,2	3,5	17,5	13,8	0,43	0,43	25	162	15
20	3,6	1,8	8,8	7,0	0,21	0,21	25	162	15

Zugussmenge und Hefemenge sind variabel und müssen der Mehlqualität angepasst werden. Getrocknetes Brot 2 % vom Gesamtmehl zugeben.

Weinheimer Qualitätssauerteigführung

Ebenso wie die Detmolder Einstufenführung ist auch die Weinheimer Qualitätssauerteigführung aus dem weiten Spektrum der Grundsauerteigführungen entstanden. Die Weinheimer Qualitätssauerteigführung ist eine weitere Form einer Grundsauerführung, die sich in der Temperaturführung, in der größeren Stehtoleranz sowie im Geschmackscharakter der daraus hergestellten Brote von der Detmolder Einstufenführung unterscheidet.

Im Gegensatz zur Detmolder Einstufenführung, die mit verschiedenen Temperaturen geführt werden kann, wird bei der Weinheimer Qualitätssauerteigführung mit nur einer Sauerteigtemperatur von 28 °C gearbeitet, die während der Stehzeit des Sauerteigs von mindestens 15 Stunden auf 23° C abfallen kann. Der reife Sauerteig steht für einen Zeitraum bis zu 40 Stunden für die Weiterverarbeitung zum Brotteig zur Verfügung.

Diese Temperaturführung hat sich in der Praxis bewährt, da sie die Temperaturabsenkung des Sauerteigs auf die umgebende Raumtemperatur berücksichtigt. Dabei ergibt sich zudem eine ausgewogene, weniger säuerliche Geschmacksausbildung des daraus hergestellten Brots.

Ursprünglich wurden 2 % Anstellgut, bezogen auf die zu versäuernde Roggenmehlmenge, empfohlen. Auf Grund der enzymschwachen Roggenmahlerzeugnisse der letzten Jahre konnte man die Anstellgutmenge auf 5 % erhöhen.

Die zu versäuernde Roggenmehlmenge wird in Abhängigkeit vom Mehlmischungsverhältnis im Brotteig bestimmt.

Beispiele:

Roggenmischbrot 70/30
38 % von 7 kg Roggenmehl sind zu versäuern. Entsprechend sind bei 10 kg Gesamtmehl 2,660 kg Roggenmehl für den Sauerteig zu verwenden. Dem Sauerteig sind 133 g (5 %) Anstellgut zuzusetzen.

Weizenmischbrot 60/40
50 % von 4 kg Roggenmehl sind zu versäuern. Entsprechend sind bei 10 kg Gesamtmehl 2 kg Roggenmehl für den Sauerteig zu verwenden. Dem Sauerteig sind 100 g (5 %) Anstellgut zuzusetzen.

Verbesserungen der Roggenmehlqualitäten in den vergangenen Jahren, bedingt durch trockenes Klima und veränderte Mühlentechnik, führten im Allgemeinen zu einer Erhöhung der Wasseraufnahme der Roggenmehle bis zu 10 Teilen. Gleichfalls erfordert die Herstellung von Sauerteigen mit Sauerteiganlagen höhere Teigausbeuten.

Um den neuen Anforderungen an eine moderne Sauerteigführung gerecht zu werden, kann bei der Weinheimer Qualitätssauerteigführung problemlos auch mit höheren als der ursprünglich empfohlenen Teigausbeute von TA 180 gearbeitet werden.

Weinheimer Qualitätssauerteigführung

Sauerteigherstellung bei TA 180 (berechnet auf 100 kg Gesamtmehl)

Mischungsverhältnis RM	Mischungsverhältnis WM	zu versäuerndes Roggenmehl 1150 (% vom ges. RM)		Anstellgutmenge (% v. Sauerteigmehl)[2]		Mehlzugabe	Wasserzugabe	Teigtemp.	Stehzeit	Gesamtgewicht
kg/%	kg/%	kg	%	kg	%	kg	l	°C	Std.	kg
100	–	30,0	30	1,50	5	30,0	24,00	28	15	55,50
90	10	29,7	33	1,49	5	29,7	23,76	28	15	54,95
80	20	28,0	35	1,40	5	28,0	22,40	28	15	51,80
70	30	26,6	38	1,33	5	26,6	21,28	28	15	49,21
60	40	25,2	42	1,26	5	25,2	20,16	28	15	46,62
50	50	22,5	45	1,13	5	22,5	18,00	28	15	41,63
40	60	20,0	50	1,00	5	20,0	16,00	28	15	37,00
30	70	15,6	52	0,78	5	15,6	12,48	28	15	28,86
20	80	12,8	64	0,64	5	12,8	10,24	28	15	23,68
10	90	10,0	100	0,50	5	10,0	8,00	28	15	18,50

[2] *Das Anstellgut wird vom reifen Sauerteig wieder abgenommen und nicht weiter verrechnet.*

Brotteigherstellung

(berechnet auf 100 kg Gesamtmehl)

Mischungsverhältnis RM	Mischungsverhältnis WM	Sauerteigzugabe	Mehlzugabe RM	Mehlzugabe WM	Wasserzugabe	TA	Hefezugabe	Salzzugabe	Gesamtgewicht
kg/%	kg/%	kg	kg	kg	l		kg /%	kg /%	kg
100	–	54,00	70,0	–	48,00	172	1,0	2,0	175,0
90	10	53,46	60,3	20,0	48,24	172	1,0	2,0	175,0
80	20	50,40	52,0	20,0	47,60	170	1,2	2,0	173,2
70	30	47,88	43,4	30,0	48,72	170	1,5	2,0	173,5
60	40	45,36	34,8	40,0	47,84	168	2,0	2,0	172,0
50	50	40,50	27,5	50,0	50,00	168	2,0	2,0	172,0
40	60	36,00	20,0	60,0	50,00	166	2,0	2,0	170,0
30	70	28,08	14,4	70,0	51,52	164	2,0	2,0	168,0
20	80	23,04	7,2	80,0	51,76	162	2,0	2,0	166,0
10	90	18,00	–	90,0	52,00	160	2,0	2,0	164,0

Weinheimer Qualitätssauerteigführung

Sauerteigherstellung bei TA 200 (berechnet auf 100 kg Gesamtmehl)

Mischungsverhältnis		zu versäuerndes Roggenmehl 1150 (% vom ges. WM)		Anstellgutmenge (% v. Sauerteigmehl)[3]		Mehlzugabe	Wasserzugabe	Teigtemp.	Stehzeit	Gesamtgewicht
RM	RM									
kg/%	kg/%	kg	%	kg	%	kg	l	°C	Std.	kg
100	–	30,0	30	1,50	5	30,0	30,00	28	15	61,50
90	10	29,7	33	1,49	5	29,7	29,70	28	15	60,89
80	20	28,0	35	1,40	5	28,0	28,00	28	15	57,40
70	30	26,6	38	1,33	5	26,6	26,60	28	15	54,53
60	40	25,2	42	1,26	5	25,2	25,20	28	15	51,66
50	50	22,5	45	1,13	5	22,5	22,50	28	15	46,13
40	60	20,0	50	1,00	5	20,0	20,00	28	15	41,00
30	70	15,6	52	0,78	5	15,6	15,60	28	15	31,98
20	80	12,8	64	0,64	5	12,9	12,80	28	15	26,24
10	90	10,0	100	0,50	5	10,0	10,00	28	15	20,50

[3] *Das Anstellgut wird vom reifen Sauerteig wieder abgenommen und nicht weiter verrechnet.*

Brotteigherstellung

(berechnet auf 100 kg Gesamtmehl)

Mischungsverhältnis		Sauerteigzugabe	Mehlzugabe		Wasserzugabe	TA	Hefezugabe	Salzzugabe	Gesamtgewicht
RM	WM		RM	WM					
kg/%	kg/%	kg	kg	kg	l		kg/%	kg/%	kg
100	–	60,00	70,0	–	42,00	172	1,0	2,0	175,0
90	10	59,40	60,3	10,0	42,30	172	1,0	2,0	175,0
80	20	56,00	52,0	20,0	42,00	170	1,2	2,0	173,2
70	30	53,20	43,4	30,0	43,40	170	1,5	2,0	173,5
60	40	50,40	34,8	40,0	42,80	168	2,0	2,0	172,0
50	50	45,00	27,5	50,0	45,50	168	2,0	2,0	172,0
40	60	40,00	20,0	60,0	46,00	166	2,0	2,0	170,0
30	70	31,20	14,4	70,0	48,40	164	2,0	2,0	168,0
20	80	25,60	7,2	80,0	49,20	162	2,0	2,0	166,0
10	90	20,00	–	90,0	50,00	160	2,0	2,0	164,0

Salzsauerteigführung

Die Monheimer Salzsauerteigführung entwickelte Ernst vom Stein (1958) in Anlehnung an die Berliner Kurzsauerführung unter Berücksichtigung einer langen Stehzeit. Das ursprüngliche Rezept sah eine Salzmenge von über 5 %, bezogen auf das Sauerteigmehl, vor. Der backtechnische Effekt war gut, der Geschmack nicht befriedigend.

Das neuere Salzsauerverfahren sieht bei guter Stehtoleranz des Sauerteigs nur noch 2 % Salz vor. Die einstufige Führungsweise erfordert einen relativ geringen Arbeitsaufwand. Während die Sauerteiganteile auf Grund des hohen Säuregrads von 20 niedriger sind, ist die Anstellgutmenge von 20 % hoch, aber erforderlich wegen der hemmenden Wirkung des Salzes.

Wird durch Einhaltung einer niedrigen Lagertemperatur (unter 20° C) die Stehzeit des reifen Sauerteigs voll ausgeschöpft, so braucht man nur 1- bis 2-mal pro Woche Sauerteig herstellen. Die Salzsauerteigführung eignet sich somit als Wochensauer. Der Saueranteil muss jedoch bei Stehzeiten über 48 Stunden um 5 %, bezogen auf das Gesamtmehl, reduziert werden.

Merkmale der Salzsauerführung

1. Sauerteiganteil:	30–40	% je nach Brotart
2. Anstellsaueranteil:	20	% des Sauerteigmehls
3. Salzmenge:	2	% des Sauerteigmehls
4. Teigausbeute:	200	
5. Ansatztemperatur:	30–35°	C
6. Reifezeit:	18–24	Stunden

Der Salzsauer kann bereits samstags für montags oder dienstags angesetzt werden. Überschüssiger Sauer kann am nächsten oder übernächsten Tag mitverarbeitet werden. Bei genügend großem Vollsauer steht damit jederzeit, auch für Sonderaufträge, einsatzfähiger Sauer zur Verfügung. Der Salzsauer ist und wirkt im Teig gleichzeitig als Quellstück mit allen wertvollen Eigenschaften einer längeren Frischhaltung des Brots und einer besseren Schnittfestigkeit, die Gärtoleranz wird beachtlich gefördert.

Da, wie bereits ausgeführt, die Hefevermehrung fast völlig unterdrückt ist, wird dem Teig die Hefemenge einer direkten Führung zugesetzt. Damit kann die End- oder Stückgare genau nach Wunsch und Notwendigkeit gesteuert werden. Richtige Endgarzeiten sind für die Brotqualität entscheidend.

Betriebshinweise für die Herstellung des Salzsauers

1. Zuerst wird die benötigte Vollsauermenge ermittelt, die für alle Sauerbrotteige, die an 1 oder 2 Tagen herzustellen sind, notwendig ist. Hierzu dienen auch die Berechnungstabellen.
2. Der Salzsauer wird in einer Teigausbeute von 200 geführt, d. h., es gelangen ebenso viel Ansäuerungs-Roggenmehlmengen, möglichst der Type 1150, als auch Zugusswasser zur Verarbeitung (auf 100 kg Vollsauer entfallen 50 kg Roggenmehl und 50 l Schüttwasser).
3. Zur Herstellung des so ermittelten Gesamtvollsauers ist ein Anstellgut in Höhe von 10 % vom Gesamtvollsauer (bei 100 kg Vollsauer also = 10 kg Anstellgut) notwendig bzw. 20 % von der Aussäuerungsroggenmehlmenge. Dieses Anstellgut kann einem ausgereiften Vollsauer entnommen werden. Wo dieser nicht vorhanden ist, kann es auf bekannte Weise mittels Reinzuchtsauer hergestellt werden.
4. Von der Ansäuerungsmehlmenge werden nun 2% Salz dem Vollsauer zugesetzt (bei 50 kg Roggenmehl also = 1 kg Salz).

Arbeitsweise

Zuerst kommt das zu versäuernde Roggenmehl in den Betriebskneter, hierauf das Anstellgut und dann Salz und Wasser. Das Salz sollte im Wasser aufgelöst werden. Der Sauer ist gründlich durchzukneten und Folgendes zu beachten:

a) Die Anfangstemperatur des Vollsauers soll 35° C betragen (wichtig).

b) Nach dem Kneten wird der Vollsauer in ein passendes Betriebsgerät oder einen Behälter, auch aus Kunststoff, umgesetzt und bleibt nun an geeigneter Stelle im Backraum (nicht Gärraum) 18 bis 24 Stunden bis zur Vollreife stehen. Nach Ablauf dieser Zeit sollte der Sauerteig eine Temperatur von 20 bis 25 °C haben. Die Herstellung des Salzsauers ist so bemessen, dass man so früh wie möglich damit beginnen sollte, um die Stehzeit einzuhalten. Sollte dies aus irgendeinem Grunde einmal nicht möglich sein, so empfiehlt es sich, den Vollsauer die ersten 2 bis 3 Stunden im Gärraum, nicht über 35 °C, abzustellen. Von Vorteil ist der Einsatz eines Rührautomaten mit Kühlaggregat. Damit kann der Temperaturverlauf im Sauerteig gesteuert werden.

c) Das Anstellgut für den nächsten Vollsauer wird etwa 6 Stunden nach der Sauerteigbereitung entnommen und sollte bei Kühlraumtemperaturen bis zur nächsten Sauerteigherstellung lagern.

d) Da der Salzsauer tagelang seine volle Wirksamkeit behält, seine Konsistenz nicht verliert, so kann hiermit mehrere Tage hintereinander Brot hergestellt werden. Von Vorteil ist dabei die Sauerteiglagerung bei Temperaturen unter 20° C.

e) Es ist selbstverständlich, dass alle Teige nach eigenen Betriebsrezepturen geführt werden können, was besonders bzgl. der unterschiedlichen Wasseraufnahme der Roggen- und Weizenmehle geboten erscheint.

Ein Berechnungsbeispiel
soll Ihnen zeigen, wie einfach die Ermittlung der Vollsauermengen vor sich geht. Nach folgender Tabelle soll z. B. gesäuert werden:

			kg einschl. Salz
10 kg Gesamtmehl für R-Brot	100 % R-Vollsauerbedarf	=	6,67
50 kg Gesamtmehl für RM-Brot	70 : 30-Vollsauerbedarf	=	25,25
40 kg Gesamtmehl für ein Brot aus	50 : 50-Vollsauerbedarf	=	15,36
50 kg Gesamtmehl für WM-Brot	30 : 70-Vollsauerbedarf	=	14,15
	Vollsauerbedarf für alle Teige	=	61,43

Zu empfehlen ist, wegen den anhaftenden Teigresten die Netto-Vollsauermenge um 5 bis 6 % zu erhöhen. Im Beispiel würde die obige Nettomenge auf rund 65 kg zu erhöhen sein. Zur Herstellung dieser Vollsauermenge benötigt man 10 % Anstellgut, also 6,5 kg, aus einem reifen, biologischen Vollsauer. Nach der Reife des Vollsauers wird das Anstellgut wieder für den nächsten Vollsauer abgenommen. Bei einer Salzsauerteigführung sollte jede Woche mit frischem Reinzucht-Sauerteig neu angefrischt werden, da durch die Salzsauerführung ein Mikroflorenwechsel zu aromaflachen Milchsäurebakterien stattfindet.

Die Salzsauerteigführung

Auf 100 kg Gesamtmehl berechnet

Mehl-mischung RM WM	zu versäuerndes Roggenmehl Type 1150 vom RM	vom Gesamt-Mehl		Wasser-zugabe in	TA	Gewicht: Roggen-mehl + Wasser	Salzzugabe 2 % vom An-säuerungs-mehl	Gesamt-gewicht des Vollsauers zum Teig, ohne Anstellgut[4]	Anstellgut* = 10 % vom Gewicht Roggen-mehl + Wasser	Temperatur des Sauers am Anfang
kg/% kg/%	in %	in %	in kg	l		kg	kg	kg	kg	° C
100 : 0	33,00	33	33	33	200	66	0,660	66,660	6,6	bei warmer
90 : 10	33,33	30	30	30	200	60	0,600	60,600	6,0	Witterung
80 : 20	33,75	27	27	27	200	54	0,540	54,540	5,4	30° C
70 : 30	35,70	25	25	25	200	50	0,500	50,500	5,0	
60 : 40	36,70	22	22	22	200	44	0,440	44,440	4,4	bei kühler
50 : 50	38,00	19	19	19	200	38	0,380	38,380	3,8	Witterung
40 : 60	40,00	16	16	16	200	32	0,320	32,320	3,2	33° C
30 : 70	46,70	14	14	14	200	28	0,280	28,280	2,8	bei kälterer
20 : 80	60,00	12	12	12	200	24	0,240	24,240	2,4	Witterung
10 : 90	100,00	10	10	10	200	20	0,200	20,200	2,0	35° C

[4] *Das Anstellgut wird etwa 6 Stunden nach der Sauerteigbereitung wieder abgenommen und bei Kühlraumtemperaturen gelagert.*

Brotteigbereitung

Mehl-mischung RM WM	Vollsauer-menge in	Mehlzugaben RM	WM	Wasser-zugabe in	Rest-Salz 1,8 % in	Hefe[6] in	Teigtemp. in	Teigruhe in	TA[5]	Gesamt-teig-gewicht
kg/% kg/%	kg	kg	kg	l	kg	kg	° C	ca. Minuten		kg
100 : 0	66,660	67	–	35	1,200	1,900	30	10	169	171,8
90 : 10	60,600	60	10	38	1,260	1,900	29	10	169	171,8
80 : 20	54,540	53	20	40	1,315	2,000	28	10	168	170,9
70 : 30	50,500	45	30	41	1,350	2,000	28	10	167	169,9
60 : 40	44,440	38	40	43	1,400	2,200	27	15	165	169,0
50 : 50	38,380	31	50	45	1,460	2,500	27	15	164	168,3
40 : 60	32,320	24	60	47	1,510	2,600	27	15	163	167,4
30 : 70	28,280	16	70	48	1,550	2,700	26	15	162	166,5
20 : 80	24,240	8	80	49	1,585	2,800	26	15	161	165,6
10 : 90	20,200	0	90	50	1,620	3,000	25	15	160	164,8

[5] *Die Teigausbeuten sind Richtwerte. Die Wasserzugaben zum Teig richten sich nach den Mehlqualitäten und eigenen Rezepturen.*
[6] *Auch die Hefemengen sind Richtwerte. Die Endgarzeiten lassen sich hiermit genau steuern, was für die Brotqualität wichtig ist.*

Die Salzsauerteigführung

Auf 100 l Wasser berechnet

Mehlmischung RM WM	zu versäuerndes Roggenmehl Type 1150 vom RM	vom Gesamt-Mehl		Wasserzugabe in	TA	Gewicht: Roggenmehl + Wasser	Salzzugabe 2 % vom Ansäuerungsmehl	Gesamtgewicht des Vollsauers zum Teig, ohne Anstellgut[7]	Anstellgut[7] = 20 % vom Ansäuerungsmehl	Temperatur des Sauers am Anfang
kg/% kg/%	in %	in %	in kg	l		kg	kg	kg	kg	° C
100 : 0	33,00	33	51,55	51,55	200	103,10	1,031	104,131	20,6	bei warmer
90 : 10	33,33	30	46,86	46,86	200	93,72	0,937	94,657	18,8	Witterung
80 : 20	33,75	27	42,18	42,18	200	84,36	0,844	85,204	16,9	30° C
70 : 30	35,70	25	39,00	39,00	200	78,00	0,780	78,780	15,6	
60 : 40	36,70	22	35,50	35,50	200	71,00	0,710	71,710	14,2	bei kühler
50 : 50	38,00	19	31,70	31,70	200	63,40	0,634	64,034	12,7	Witterung
40 : 60	40,00	16	27,20	27,20	200	54,40	0,544	54,944	10,9	33° C
30 : 70	46,70	14	24,20	24,20	200	48,40	0,484	48,884	9,7	bei kälterer
20 : 80	60,00	12	21,40	21,40	200	42,80	0,428	43,228	8,6	Witterung
10 : 90	100,00	10	18,20	18,20	200	36,40	0,364	36,764	7,4	35° C

[7] *Das Anstellgut wird etwa 6 Stunden nach der Sauerteigbereitung wieder abgenommen und bei Kühlraumtemperaturen gelagert.*

Brotteigbereitung

Mehlmischung RM WM	Vollsauer menge in	Mehlzugaben RM	WM	Wasserzugabe in	Rest-Salz 1,8 % in	Hefe[9] in	Teigtemp. in	Teigruhe in	TA[8]	Gesamtmehlmenge	Gesamtteiggewicht
kg/% kg/%	kg	kg	in kg	l	kg	kg	° C	ca. Minuten		kg	kg
100 : 0	104,131	104,65	0	48,45	1,385	2,970	30	5	164	156,2	262,1
90 : 10	94,657	93,72	15,62	53,14	1,370	2,970	29	10	164	156,2	262,1
80 : 20	85,204	82,78	31,24	57,82	2,050	3,120	28	10	164	156,2	262,2
70 : 30	78,780	70,34	46,86	61,00	2,110	3,120	28	15	164	156,2	262,2
60 : 40	71,710	61,28	64,52	64,50	2,260	3,550	27	15	162	161,3	267,8
50 : 50	64,034	51,65	83,35	68,30	2,435	4,175	27	20	160	166,7	273,9
40 : 60	54,944	40,60	101,70	72,80	2,570	4,400	27	20	159	169,5	277,0
30 : 70	48,884	27,52	120,68	75,80	2,670	4,650	26	25–30	158	172,4	280,2
20 : 80	43,228	14,32	142,88	78,60	2,830	5,000	26	25–30	156	178,6	286,8
10 : 90	36,764	0	163,80	81,80	2,950	5,460	25	35–40	155	182,0	290,8

[8] *Die Teigausbeuten sind Richtwerte. Die Festmehlzugaben richten sich nach der Wasseraufnahmefähigkeit und den eigenen Rezepturen.*
[9] *Die Hefemengen sind nach den gewünschten Endgarzeiten festzulegen, um beste Brotqualität zu erreichen!*

Wochensauerteigführung

Zu den einstufigen Sauerteigführungen sind auch die Sauerteige zu rechnen, die als ausgesäuert bezeichnet werden und ohne weitere Zusätze bzw. Temperaturveränderungen nur unwesentlich innerhalb einer Woche den Säuregrad erhöhen.

Unter Verwendung von speziellen Sauerteigkulturen werden Sauerteige auf der Basis von Mehl, aber auch mit Zusatz von Brot, in einem Behälter ohne Temperatureinrichtung herangezogen. Während der Reifezeit werden diese Sauerteige ständig gerührt. Der pH-Wert des Teigs liegt unter 3,8, und der Säuregrad des verarbeitungsfertigen Sauerteigs bewegt sich zwischen 25 und 30.

Dieser hohe Säuregrad bedeutet, dass nur 20 bis 25 % des Roggenmehls versäuert werden können. Der Vorteil liegt in der ständigen Verfügbarkeit über eine ganze Woche. 50 % des zu versäuernden Roggenmehls kann durch Brot ersetzt werden. Während der Fermentation wird das Brot durch das Rührwerk des Behälters zerkleinert.

Merkmale der Wochensauerteigführung

Zweck und Ziel:
Sauerteig auf Vorrat, Brotverwertung
1. zu versäuernde Roggenmehlmenge 20–25 %
2. Anstellgutmenge 7–30 %
3. Teigausbeute 200–220
4. Temperatur 30–35° C
5. Reifezeit mindestens 42 Stunden

Detmolder Zweistufen-Sauerteigführung

Hervorragende Krumeneigenschaften und ein voll ausgebildeter Brotgeschmack sind die wesentlichsten Eigenschaften dieser zweistufigen Sauerteigführung. Darüber hinaus sollten bei dieser von Backmeister Stephan (Detmold) entwickelten Führung noch 3 weitere wichtige Vorteile herausgehoben werden:

1. Rationelle Führungsweise
Auf die Führung eines Anfrischsauers wurde verzichtet, zumal die Triebeigenschaften auch bei der Mehrstufenführung nicht ausreichen. Ein Zusatz von Hefe ist in jedem Fall erforderlich. Die Sauerteigbereitung am Abend entfällt, da der Grundsauer schon am Mittag gemacht wird und so bis zum anderen Morgen steht. Der Vollsauer wird mit einer

$2^1/_2$- bis $3^1/_2$-stündigen Stehzeit am nächsten Morgen hergestellt. Somit fällt die gesamte Sauerteigbereitung in den Bereich der täglichen Arbeitszeit.

2. Einfache Berechnungsart
Das Verhältnis von Sauer, Mehl und Wasser innerhalb der zwei Stufen ist genau festgelegt. Den Ausgangspunkt zur weiteren Berechnung bildet das Anstellgut. Durch die vorgeschriebene Multiplikation mit dem Faktor 16 für die Mehlmenge und 8 für die Wassermenge werden Mehl- und Wasserzugabe für den Grundsauer berechnet. Für die Vollsauerbereitung wird vom Gewicht des Grundsauers die gleiche Menge an Mehl und Wasser als Zugabe genommen. Ist z. B. das Grundsauergewicht 10 kg, so beträgt die Zugabe vom Vollsauer 10 kg Mehl und 10 l Wasser. Seit 1956 hat sich diese Führung geändert. Das Anstellgut wurde von 2 auf 2,5 % erhöht. Erhöht wurde auch der Faktor zur Berechnung des Grundsauers, für Mehl von 12 auf 16 und für Wasser von 6 auf 8. Bei der Vollsauerberechnung wird nicht mehr der Grundsauer mit 2 multipliziert, sondern nach vorheriger Weise verfahren.

3. Grundsauer für sämtliche Teige
Durch die lange Abstehtoleranz des Grundsauers ist es möglich, diesen für sämtliche Teige herzustellen. Am anderen Morgen wird für jeden Teig ein Vollsauer geführt. Die Vollsauer- auf Grundsauerführung ist hier der Vollsauer- auf Vollsauerführung vorzuziehen.

Die folgenden Tabellen stellen eine weitere Vereinfachung dar. Bei diesen Führungsschemen wird von einer unterschiedlichen Teiggröße bei unterschiedlichen Mehlmischungsverhältnissen ausgegangen. Die einzelnen Daten können nun für verschiedene Teige und Teiggrößen aus der jeweiligen Tabelle entnommen werden.

Brotherstellung mit Hilfe der Zweistufen-Sauerteigführung

a) Sauerteigbereitung 1. Stufe: Grundsauer **2. Stufe: Vollsauer**

Mehlmischung RM kg	Mehlmischung WM kg	zu versäuerndes RM kg	zu versäuerndes % v. RM	Anstellgut (2,5 % v. Sm.) kg	Zugabe RM (x 16) kg	Wasser (x 8) Liter	Gesamtgewicht kg	Grundsauer kg	Zugabe RM kg	Wasser Liter	Gesamtgewicht kg
100 90	– 10	45	48	1,10	18	9	28,10	28,10	28,10	28,10	84,30
80 70	20 30	40	53	1,00	16	8	25,00	25,00	25,00	25,00	75,00
60 50	40 50	30	55	0,75	12	6	18,75	18,75	18,75	18,75	56,25
40 30	60 70	20	60	0,50	8	4	12,50	12,50	12,50	12,50	37,50
20 10	80 90	10	75	0,25	4	2	6,25	6,25	6,25	6,25	18,75

	1. Stufe	2. Stufe	
Sauerteigtemperatur:	22–26° C	27–29° C	30–32° C
Reifezeit des Sauers:	15–24 Std.	3,0–3,5 Std.	2,5–3,0 Std.
Teigausbeute des Sauers:	162–170	180	

b) Brotteigbereitung **Zugabe**

Mehlmischung RM kg	Mehlmischung WM kg	Sauerteig ohne Anstellgut kg	RM kg	WM kg	Salz kg/%	Hefe kg/%	Wasser (etwa) Liter	Teigtemp. ° C	Teigausbeute ca.	Teigruhezeit Min.
100 90	– 10	83,2	55 bzw. 45	– bzw. 10	1,7	1,2	31	28	169	10
80 70	20 30	74,0	40 bzw. 30	20 bzw. 30	1,7	1,3	34	27	168	10
60 50	40 50	55,5	30 bzw. 20	30 bzw. 20	1,7	1,5	40	26	166	15
40 30	60 70	35,0	20 bzw. 10	60 bzw. 70	1,7	1,7	48	26	163	15
20 10	80 90	18,5	10 bzw. –	80 bzw. 90	1,7	2,0	52	25	161	15

Teigführungsschema mit der Detmolder Zweistufen-Sauerteigführung

Mehlmischungsverhältnis 90 % Roggenmehl, 10 % Weizenmehl

Grundsauer					Vollsauer			
Teig kg	Mehl kg	Wasser Liter	Anstellgut kg	Gesamtgewicht kg	Mehl kg	Wasser Liter	Grundsauer kg	Gesamtgewicht kg
100	10,5	5,3	0,66	16,5	16,5	16,5	16,5	49,5
80	8,4	4,2	0,53	13,1	13,1	13,1	13,1	39,3
60	6,3	3,2	0,40	9,9	9,9	9,9	9,9	29,7
40	4,2	2,1	0,26	6,6	6,6	6,6	6,6	19,8
20	2,1	1,1	0,13	3,3	3,3	3,3	3,3	9,9
Sauerteigtemperatur:				22–26° C	27–29° C		30–32° C	
Reifezeit:				15–24 Std.	3,0–3,5 Std.		2,5–3,0 Std.	
Teigausbeute:				162–170	180			

Brotteigbereitung

Teig	Sauerteig	Mehl RM	Mehl WM	Wasser	Hefe	Salz	Teigtemp.	TA	Teigruhezeit
kg	kg	kg	kg	Liter	kg	kg	°C		Min.
100	48,9	27,9	6,1	21,3	0,74	1,00	28	168	10
80	38,7	22,3	4,9	18,0	0,59	0,83	28	100	10
60	29,3	16,7	3,7	14,5	0,44	0,62	28	168	10
40	19,5	11,2	2,4	11,0	0,30	0,42	28	168	10
20	9,8	5,6	1,2	7,5	0,15	0,21	28	168	10

Zugussmenge und Hefemenge zum Teig sind variabel und müssen der Mehlqualität angepasst werden. Das Anstellgut wird vom reifen Vollsauer abgenommen. Getrocknetes Brot kann bis zu 2 % der Gesamtmehlmenge zugegeben werden.

Teigführungsschema mit der Detmolder Zweistufen-Sauerteigführung
Mehlmischungsverhältnis 70 % Roggenmehl, 30 % Weizenmehl

Grundsauer					Vollsauer			
Teig kg	Mehl kg	Wasser Liter	Anstellgut kg	Gesamtgewicht kg	Mehl kg	Wasser Liter	Grundsauer kg	Gesamtgewicht kg
100	9,2	4,6	0,57	14,4	14,4	14,4	14,4	43,2
80	7,3	3,7	0,46	11,5	11,5	11,5	11,5	34,5
60	5,5	2,7	0,34	8,5	8,5	8,5	8,5	25,5
40	3,7	1,8	0,23	5,7	5,7	5,7	5,7	17,1
20	1,8	0,9	0,12	2,8	2,8	2,8	2,8	8,4
Sauerteigtemperatur:				22–26° C	27–29° C		30–32° C	
Reifezeit:				15–24 Std.	3,0–3,5 Std.		2,5–3,0 Std.	
Teigausbeute:				162–170	180			

Brotteigbereitung

Teig	Sauerteig	Mehl RM	Mehl WM	Wasser	Hefe	Salz	Teigtemp.	TA	Teigruhezeit
kg	kg	kg	kg	Liter	kg	kg	° C		Min.
100	42,6	19,7	18,5	24,4	0,80	1,10	27	167	10
80	34,0	15,8	14,8	20,5	0,64	0,84	27	167	10
60	25,1	11,8	11,1	16,6	0,48	0,63	27	167	10
40	17,0	7,9	7,4	12,8	0,34	0,42	27	167	10
20	8,3	3,9	3,7	8,9	0,18	0,21	27	167	10

Zugussmenge und Hefemenge zum Teig sind variabel und müssen der Mehlqualität angepasst werden. Das Anstellgut wird vom reifen Vollsauer abgenommen. Getrocknetes Brot kann bis zu 2% der Gesamtmehlmenge zugegeben werden.

Teigführungsschema mit der Detmolder Zweistufen-Sauerteigführung
Mehlmischungsverhältnis 50 % Roggenmehl, 50 % Weizenmehl

	Grundsauer				Vollsauer			
Teig kg	Mehl kg	Wasser Liter	Anstell-gut kg	Gesamt-gewicht kg	Mehl kg	Wasser Liter	Grund-sauer kg	Gesamt-gewicht kg
100	6,9	3,4	0,43	10,7	10,7	10,7	10,7	32,1
80	5,5	2,8	0,34	8,6	8,6	8,6	8,6	25,8
60	4,1	2,1	0,26	6,5	6,5	6,5	6,5	19,5
40	2,8	1,4	0,17	4,4	4,4	4,4	4,4	13,2
20	1,4	0,7	0,09	2,2	2,2	2,2	2,2	6,6
Sauerteigtemperatur:				22–26° C	27–29° C		30–32° C	
Reifezeit:				15–24 Std.	3,0–3,5 Std.		2,5–3,0 Std.	
Teigausbeute:				162–170	180			

Brotteigbereitung

Teig	Sauerteig	Mehl RM	Mehl WM	Wasser	Hefe	Salz	Teig-temp.	TA	Teig-ruhe-zeit
kg	kg	kg	kg	Liter	kg	kg	°C		Min.
100	31,7	13,6	31,3	28,3	1,0	1,10	26	165	15
80	25,5	10,9	24,0	23,6	0,8	0,85	26	165	15
60	19,2	8,1	18,6	19,0	0,6	0,64	26	165	15
40	13,0	5,4	12,5	14,3	0,4	0,43	26	165	15
20	6,5	2,7	6,3	9,7	0,2	0.22	26	165	15

Zugussmenge und Hefemenge zum Teig sind variabel und müssen der Mehlqualität angepasst werden. Das Anstellgut wird vom reifen Vollsauer abgenommen. Getrocknetes Brot kann bis zu 2% der Gesamtmehlmenge zugegeben werden.

Teigführungsschema mit der Detmolder Zweistufen-Sauerteigführung
Mehlmischungsverhältnis 30 % Roggenmehl, 70 % Weizenmehl

	Grundsauer				Vollsauer			
Teig kg	Mehl kg	Wasser Liter	Anstellgut kg	Gesamtgewicht kg	Mehl kg	Wasser Liter	Grundsauer kg	Gesamtgewicht kg
100	4,5	2,3	0,28	7,0	7,0	7,0	7,0	21,0
80	3,6	1,8	0,22	5,6	5,6	5,6	5,6	16,8
60	2,7	1,4	0,17	4,3	4,3	4,3	4,3	12,9
40	1,8	0,9	0,11	2,8	2,8	2,8	2,8	8,4
20	0,9	0,5	0,06	1,5	1,5	1,5	1,5	4,5
Sauerteigtemperatur:				22–26° C	27–29° C		30–32° C	
Reifezeit:				15–24 Std.	3,0–3,5 Std.		2,5–3,0 Std.	
Teigausbeute:				162–170	180			

Brotteigbereitung

Teig	Sauerteig	Mehl RM	Mehl WM	Wasser	Hefe	Salz	Teigtemp.	TA	Teigruhezeit
kg	kg	kg	kg	Liter	kg	kg	°C		Min.
100	20,8	7,5	43,8	31,2	1,0	1,10	25	163	15
80	16,6	6,0	35,0	25,6	0,8	0,85	25	163	15
60	12,7	4,5	26,3	19,9	0,6	0,64	25	163	15
40	8,3	3,0	17,5	14,3	0,4	0,43	25	163	15
20	4,4	1,5	8,8	8,6	0,2	0,22	25	163	15

Zugussmenge und Hefemenge zum Teig sind variabel und müssen der Mehlqualität angepasst werden. Das Anstellgut wird vom reifen Vollsauer abgenommen. Getrocknetes Brot kann bis zu 2% der Gesamtmehlmenge zugegeben werden.

Allgemeines über Weizenvorteige und Weizensauerteige

Indirekte Führungsweisen

Mit zunehmender Bedeutung des Weizens für die Brotherstellung werden auch Weizenvorteige und Weizensauerteige zur Sicherstellung einer guten Brotqualität immer wichtiger. Die Vorteile liegen nicht nur in einem besseren und intensiveren Aroma, sondern auch in besseren Teig- und Gebäckeigenschaften. Für viele Bäcker ist deshalb eine bessere Weizengebäckqualität das entscheidende Argument, trotz des erhöhten Arbeits- und Zeitaufwands, Weizenvorteige und/oder Weizensauerteige als Grundlage für Weizenteige zu benutzen.

Die mikrobiologische Aktivität in *Weizenvorteigen* wird durch den Zusatz von Hefen erreicht. Für die Herstellung von *Weizensauerteigen* sollte aus Sicherheitsgründen speziell dafür hergestelltes Anstellgut bzw. Starterkulturen verwendet werden. Damit ist auszuschließen, dass Fehlgärungen durch die mehleigene Mikroflora die Brotqualität negativ beeinflussen.

Betrachtet man die derzeitige Situation bei der Anwendung von Weizensauerteigen und Weizenvorteigen in der Praxis, so erkennt man klar, dass die *direkte Führungsweise* die *indirekte Führungsweise* weitgehend abgelöst hat.

Worin unterscheiden sich Sauerteige, Vorteige und Quellstücke?

Sauerteige, Vorteige und Quellstücke können gewissermaßen als eine Art „Vorstufe" des Brotteigs bzw. des Endprodukts Brot betrachtet werden. Man unterscheidet jedoch Vorstufen, die *ohne* und *mit gezieltem Einsatz von Mikroorganismen* hergestellt werden.

Vorstufen	
ohne gezielten Einsatz von Mikroorganismen	mit gezieltem Einsatz von Mikroorganismen
Quellstück (Temp. < 30° C)	Vorteig
Brühstück[10] (Temp. > 50° C)	Sauerteig

[10] *Brühstücke sind bei der Herstellung von Weizengebäcken nicht üblich.*

Weizenvorteige und Weizensauerteige

In Frankreich, Italien und Spanien haben Weizenvorteige und Weizensauerteige eine lange Tradition. Auch in Deutschland gewinnen sie mit zunehmender Bedeutung des Weizens für die Brotherstellung an Bedeutung. Die Vorteile sind ein ausdrucksvoller Geschmack, ein intensiveres Aroma, gute Teigeigenschaften und eine verbesserte Textur und Frischhaltung der Weizengebäcke. Im Gegensatz zu den Roggensauerteigen werden Weizensauerteige ausschließlich für diese Zwecke eingesetzt. Für viele Bäcker ist dies das entscheidende Argument, trotz des erhöhten Arbeits- und Zeitaufwands, Weizenvorteige oder Weizensauerteige zu führen.

Bei manchen Anwendungen ist eine Säuerung sogar unerwünscht. Solche Teige werden mit Hefen fermentiert und Weizenvorteige genannt.

Worin unterscheiden sich Weizenvorteige und Weizensauerteige? Weizenvorteige sind Teige, die nicht oder nur schwach gesäuert sind, d. h. einen pH-Wert von 5,2 nicht unterschreiten bzw. einen Säuregrad von maximal 3,0 bis 3,3 besitzen. Weizenvorteige werden als Hefeteige geführt.

Vorteige auf Weizenmehlbasis mit höheren Säuregraden sind als Sauerteige zu bezeichnen. Für die Herstellung von Weizensauerteigen sollte wie bei Roggensauerteigen aus Sicherheitsgründen regelmäßig ein kontrolliert hergestelltes Anstellgut/Starterkultur verwendet werden. Damit ist auszuschließen, dass Fehlgärungen, bedingt durch die mehleigene Mikroflora, die Brotqualität negativ beeinflussen.

Typische Gebäcke mit Weizensauerteigen sind Brote und Kuchen mit so klangvollen Namen wie Ciabatta und Panettone in Italien, aber auch das Baguette in Frankreich oder St. Galler Bürli in der Schweiz.

Weizenvorteigführungen

Weizenvorteige lassen sich über unterschiedliche Zeiträume hinweg führen (kurz, mittel, lang). Will man „nur" eine bessere Quellung der Mehlinhaltsstoffe erzielen, dann reicht meistens eine Stehzeit von etwa 1 Stunde aus. Sind aber auch positive Auswirkungen auf den Geschmack erwünscht, müssen die Vorteige über längere Zeiten geführt werden, wobei hier Stehzeiten von 2 bis 20 Stunden üblich sind. Darüber hinaus haben die Temperatur und die Teigausbeute sowie die Menge an eingesetzter Hefe einen Einfluss auf die Vorteige. Die Temperatur für Weizenvorteige sollte im Bereich von 20 bis 26° C liegen, wobei bei kurzen Führungen wärmere Temperaturen und bei langen Führungen kühlere Temperaturen anzuwenden sind. Die üblichen Teigausbeuten liegen bei 160 bis 190. Die eingesetzte Hefemenge bewegt sich im Bereich von 0,01 bis 5 %. Bezüglich der Hefemengen kann allgemein gesagt werden, dass kleine Hefemengen bei langen Fermentationszeiten und größere Hefemengen bei kurzen Vorteigführungen einzusetzen sind.

Weizensauerteigführungen

Bei Sauerteigen sind zusätzlich zu den Stoffwechselprodukten der Hefe die Stoffwechselprodukte von *Milchsäurebakterien* zwingend erforderlich. Bei den Milchsäurebakterien unterscheidet man homofermentative und heterofermentative Arten. Beide bilden Milchsäure. Die heterofermentativen bilden jedoch zusätzlich zur Milchsäure auch Essigsäure, Ethanol (Alkohol) und CO_2, das Gas der Kohlensäure. Das von heterofermentativen Milchsäurebakterien gebildete Gas trägt, ebenso wie das von den Hefen gebildete Gas, zum Trieb des Teigs bei.

Der pH-Wert eines reifen Weizensauerteigs sollte bei 4,0 liegen. Die Säuregrade sollten jedoch möglichst niedrig bleiben, um einen möglichst großen Sauerteiganteil verarbeiten zu können. Zu viel Säure würde erstens einen zu säuerlichen Geschmack bewirken, der bei Weizengebäcken in der Regel nicht erwünscht ist, und zweitens wirkt sich zu viel Säure negativ auf das Gebäckvolumen aus. Starterkulturen bzw. Anstellgut für Weizensauerteige sollten deshalb so konzipiert sein, dass sie den Sauerteig nur mild säuern, aber möglichst viele Aromavorläuferstoffe bilden, die später im Backprozess zu Aromastoffen werden.

Ein einstufiger Sauerteig ist in der Regel nach 12 bis 16 Stunden ausgereift. Diese Sauerteige haben, je nach Ausmahlungsgrad des verwendeten Weizenmehls, einen Endsäuregrad von 10 bis 15 S° und sollten mit einem Anteil von 5 bis 10 % im Brotteig verarbeitet werden, je nachdem wie hoch der Säuregrad des Brotteigs sein soll. Die Vorteile eines Weizensauerteigs gegenüber einer Herstellungsweise nur mit Hefe sind nachstehend aufgeführt.

Vorteile eines Weizensauerteigs

- besseres Geschmacksaroma durch verstärkte Bildung von Aromavorläuferstoffen
- bessere Verquellung des Mehls
- bessere Teigeigenschaften (Kleberentwicklung, bessere Dehnfähigkeit)
- leichteres Aufarbeiten der Teiglinge
- bessere Krumeneigenschaften (bindigere Krume, höhere Krumenelastizität)
- bessere Schneid- und Bestreichbarkeit
- ausdrucksvoller Geschmack der Krume
- länger anhaltende Rösche
- längere Frischhaltung
- besserer Schimmelschutz
- Schutz vor Fadenziehern

Prüfschema für Brot

Produktbezeichnung: ______________________________

____

Brot-Nr.: ______________________________

Beurteilungsdatum: ______________________________, den ______________________________

1. Form, Aussehen

5720 ungleichmäßige Form	4		–	–	–	4613 schlecht getrennte Kopfenden	4		–	–	–	4886 Stärkeklumpen
6290 flache Form	4		–	–	–	5745 unsaubere Seitenflächen	4		–	–	–	6235 zu viel Streumehl
6230 runde Form	4		–	–	–	3856 nicht artgemäßer Ausbund	4		–	–	–	5740 unansehnliches Gesamtbild
2367 nicht ausgefüllte Form	4		–	–	–	5723 ungleichmäßig bestreut	4		–	–	–	1125 aufgeplatzter Schluss
5370 Taillenbildung	4		–	–	–	6234 zu viel bestreut	4		–	–	–	2386 faltiger Boden
1961 eingefallene Oberfläche	4		–	–	–	5722 ungleichmäßig bemehlt	4		–	–	–	2975 hohler Boden
4890 schlecht getrennte Seitenflächen	4		–	–	–	6236 zu viel bemehlt	4		–	–	–	6245 breiter Boden

2. Oberflächen-, Krusteneigenschaften

5730 ungleichmäßige Bräunung	4		–	–	–	1640 Blasen	4		–	–	–	1060 abgerissene Kruste
6305 helle Bräunung	4		–	–	–	4901 Sprenkel/Flecken/Stippen	4		–	–	–	1065 abgesplitterte Kruste
6310 dunkle Bräunung	4	–	–	–	–	5532 verbrannte Quetschfalte	4		–	–	–	5775 ungleichmäßige Kruste
4922 stumpfe Oberfläche	4		–	–	–	4410 rissige Kruste	4		–	–	–	6295 dünne Kruste
4887 Schrumpffalten	4		–	–	–		4		–	–	–	

3. Lockerung, Krumenbild

5860 zu ungleichmäßige Lockerung	4		–	–	–	5940 Wasserring	4	3		–	–	6460 zu viele ungequollene Körne
6340 geringe Lockerung	4	3		–	–	5945 Wasserstreifen	4	3		–	–	4380 raue Schnittfläche
6370 übermäßige Lockerung	4		–	–	–	2995 Hohlräume	4		–	–	–	4986 Schneideölrückstände
3900 nicht artgemäße Lockerung	4		–	–	–	3345 Krumenrisse	4		–	–	–	4985 Schneiderückstände (Kruste
6362 dichte Porung in der Randzone	4		–	–	–	1146 abgebackene Kruste/Krume	4		–	–	–	2400 Flecken
5941 Wasserring unter der Kruste	4	3		–	–	1845 Druckstellen unter der Kruste	4		–	–	–	

4. Struktur, Elastizität

3320 krümelt beim Schneiden	4		–	–	–	5805 ungleichmäßige Toastbräunung	4		–	–	–	2830 getoastet etwas hart
4945 beeintr. Trennbarkeit der Scheiben	4		–	–	–	6520 helle Toastbräunung	4		–	–	–	2767 geschwächte Krumenelastiz
1495 beeinträchtigter Zusammenhalt	4		–	–	–	6525 dunkle Toastbräunung	4		–	–	–	6375 trockene Krume
1493 beeinträchtigte Bestreichbarkeit	4		–	–	–	2825 getoastet etwas zäh	4		–	–	–	6385 feste Krume

5. Geruch, Geschmack

5935 wenig aromatisch	4		–	–	–	3006 herbsauer	–	3	2*	–	–	4470 herb/streng
1210 aromaarm	–	3	–	–	–	2440 fremdartig sauer	–	–	2*	1*	–	2920 hefig
2170 fade	–	–	2	–	–	4440 salzig	4	3*		–	–	1005 alt
3355 kleistrig/teigig	–	3	2	–	–	5090 süß	4		–	–	–	3955 Nebengeruch
3910 nicht abgerundet (unharmonisch)	4	–	–	–	–	1365 bitter	4	3		–	–	2190 Fremdgeruch**
4525 sauer	4	3	2*	–	–	5865 überwürzt	4	3		–	–	3960 Nebengeschmack

ACHTUNG!

- Bei Nennung unterschiedlicher Punktzahlen innerhalb eines Prüfmerkmals wird die niedrigste als Berechnungsgrundlage herangezogen.
- Bei Mehrfachnennung derselben Punktzahl innerhalb eines Prüfmerkmals wird die nächst-niedrigere als Berechnungsgrundlage genommen.
- Als Voraussetzung für eine Prämierung müssen in jedem Prüfmerkmal mindestens 3 Punkte (ungewichtet) erreicht werden.

* Laboruntersuchung
– Säuregrad: Bei 2 oder weniger Punkten muss der Säuregehalt bestimmt werden.

** Beschreibbar: ☐ ja – siehe Bemerkung ☐ nein

Bemerkung (sonstige Mängel):

Unterschriften:
(Prüfer)

…nkte	Qualitätsbeschreibung	allgemeine Eigenschaften
…0	sehr gut	volle Erfüllung der Qualitätserwartung
…9–4,50	gut	geringfügige Abweichung
…9–4,00	befriedigend	merkliche Abweichung
…er 4,00	verbesserungsbedürftig	deutlicher Fehler

BÄCKER-HANDWERK
unentbehrlich für alle

					Bewertung: 5	4	3	2	1	0	Gewichtungsfaktoren =	Gewichtete Bewertung
					Bewertung: 5	**4**	**3**	**2**	**1**	**0**	**x 1 =**	
4		–	–	–	5765 unsauberer Boden	4	3	–	–	–		
4		–	–	–	2672 gewölbte Scheiben	4		–	–	–		
4	3		–	–	5755 ungleichmäßige Scheibengröße	4	3	2	–	–		
4		–	–	–	5760 ungleichmäßige Scheibendicke	4		–	–	–		
4		–	–	–	4710 sonstige Mängel **	4	3	2		–		
4		–	–	–	9998 nicht bewertbar **	–	–	–	–	0		
4		–	–	–								
					Bewertung: 5	**4**	**3**	**2**	**1**	**0**	**x 2 =**	
4		–	–	–	6300 dicke Kruste	4		–	–	–		
4		–	–	–	5530 verbrannte Kruste	–	3		–	–		
4		–	–	–	4710 sonstige Mängel **	4	3	2		–		
4		–	–	–	9998 nicht bewertbar **	–	–	–	–	0		
4		–	–	–								
					Bewertung: 5	**4**	**3**	**2**	**1**	**0**	**x 4 =**	
4		–	–	–	5635 Unkrautsamen	4		–	–	–		
4		–	–	–	5806 ungleichm. Krumenhelligkeit	4		–	–	–		
4		–	–	–	3901 nicht artgemäße Krumenfarbe	4		–	–	–		
4		–	–	–	4710 sonstige Mängel **	4	3	2		–		
4		–	–	–	9998 nicht bewertbar **	–	–	–	–	0		
					Bewertung: 5	**4**	**3**	**2**	**1**	**0**	**x 4 =**	
4		–	–	–	3335 klebende Krume	4		–	–	–		
4	3	2		–	3315 Krume ballt beim Kauen	4		–	–	–		
4		–	–	–	4710 sonstige Mängel **	4	3	2		–		
4		–	–	–	9998 nicht bewertbar **	–	–	–	–	0		
					Bewertung: 5	**4**	**3**	**2**	**1**	**0**	**x 9 =**	
4				–	2195 Fremdgeschmack **	–	–	2	1	–		
4	3		–	–	2585 gärig	–	3	2	1	–		
4	3		–	–	4235 ranzig	–	–	2	1	–		
4	3	–	–	–	1824 dumpf/muffig	–	–	2	1	–		
	–	2	1	–	4710 sonstige Mängel **	4	3	2		–		
4	3	–	–	–	9998 nicht bewertbar **	–	–	–	–	0		

Gewichtete Gesamtbewertung / Summe der Gew.-Faktoren = —— / 20 =

Erzielte Qualitätszahl

…meister)

Säuregrad:	
pH-Wert:	

Prüfschema für Brötchen

Produktbezeichnung: ______________________________

____

Brötchen-Nr.: ______________________________

Beurteilungsdatum: ______________________________ , den ______________________________

1. Form, Aussehen

5720 ungleichmäßige Form	4	3	–	–	–	6264 großes Volumen	4		–	–	–	5521 verschwommener Ausbund
6290 flache Form	4		–	–	–	1125 aufgeplatzter Schluss	4		–	–	–	3856 nicht artgemäßer Ausbund
6230 runde Form	4		–	–	–	5721 ungleichmäßiger Ausbund	4		–	–	–	6234 zu viel bestreut
2673 gekrümmte Form	4		–	–	–	6266 schmaler Ausbund	4		–	–	–	5723 ungleichmäßig bestreut
1067 aneinander gebacken	4		–	–	–	6267 breiter Ausbund	4		–	–	–	6236 zu viel bemehlt
1974 eingefallene Seitenflächen	4		–	–	–	6268 tiefer Ausbund	4		–	–	–	5722 ungleichmäßig bemehlt
6265 kleines Volumen	4		–	–	–	2999 hochgezogener Ausbund	4		–	–	–	5740 unansehnliches Gesamtbild

2. Oberflächen-, Krusteneigenschaften

5730 ungleichmäßige Bräunung	4		–	–	–	6295 dünne Kruste	4		–	–	–	4901 Sprenkel/Flecken
6305 helle Bräunung	4		–	–	–	6300 dicke Kruste	4		–	–	–	1640 Blasen
6310 dunkle Bräunung	4	–	–	–	–	5530 verbrannte Kruste	–	3	–	–	–	4887 Schrumpffalten
4922 stumpfe Oberfläche	4		–	–	–	1064 abgelöste Kruste	4		–	–	–	6280 weiche Kruste
5775 ungleichmäßige Kruste	4		–	–	–	1065 abgesplitterte Kruste	4		–	–	–	6285 harte Kruste

3. Lockerung, Krumenbild

5860 zu ungleichmäßige Lockerung	4		–	–	–	3900 nicht artgemäße Lockerung	4		–	–	–	2400 Flecken
6340 geringe Lockerung	4	3		–	–	2995 Hohlräume	4		–	–	–	5806 ungleichmäßige Krumenhelli
6370 übermäßige Lockerung	4		–	–	–	6460 zu viele ungequollene Körner	4		–	–	–	3901 nicht artgemäße Krumenfarb

4. Struktur, Elastizität

3320 krümelt beim Schneiden	4		–	–	–	6375 trockene Krume	4		–	–	–	3335 klebende Krume
1493 beeinträchtigte Bestreichbarkeit	4		–	–	–	6380 straffe Krume	4		–	–	–	3315 Krume ballt beim Kauen
2767 geschwächte Krumenelastizität	4	3	2	–	–							

5. Geruch, Geschmack

5935 wenig aromatisch	4	–	–	–	–	3006 herbsauer	–	3	2*	–	–	2920 hefig
1210 aromaarm	–	3	–	–	–	4440 salzig	4	3*	–	–	–	1005 alt
2170 fade	–	–	2	–	–	5090 süß	4	–	–	–	–	3955 Nebengeruch
3355 kleistrig/teigig	–	3	2		–	1365 bitter	4	3		–	–	2190 Fremdgeruch**
3910 nicht abgerundet (unharmonisch)	4	–	–	–	–	5865 überwürzt	4	3		–	–	3960 Nebengeschmack
4525 sauer	4	3	2*	–	–	4470 herb/streng	4		–	–	–	2195 Fremdgeschmack**

Achtung!

- Bei Nennung unterschiedlicher Punktzahlen innerhalb eines Prüfmerkmals wird die niedrigste als Berechnungsgrundlage herangezogen.
- Bei Mehrfachnennung derselben Punktzahl innerhalb eines Prüfmerkmals wird die nächstniedrigere als Berechnungsgrundlage genommen.
- Als Voraussetzung für eine Prämierung müssen in jedem Prüfmerkmal mindestens 3 Punkte (ungewichtet) erreicht werden.

* Laboruntersuchung
– Säuregrad: Bei 2 oder weniger Punkten muss der Säuregehalt bestimmt werden.

** Beschreibbar: ☐ ja – siehe Bemerkung ☐ nein

Bemerkung (sonstige Mängel):

Unterschriften:

(Prüfer)

kte	Qualitätsbeschreibung	allgemeine Eigenschaften
	sehr gut	volle Erfüllung der Qualitätserwartung
-4,50	gut	geringfügige Abweichung
-4,00	befriedigend	merkliche Abweichung
er 4,00	verbesserungsbedürftig	deutlicher Fehler

unentbehrlich für alle

Gewichtungsfaktoren =	Gewichtete Bewertung

					Bewertung:	5	4	3	2	1	0	x 2 =	
4		-	-	-	2386 faltiger Boden		4		-	-	-		
4		-	-	-	2975 hohler Boden		4		-	-	-		
4		-	-	-	6245 breiter Boden		4		-	-	-		
4		-	-	-	5765 unsauberer Boden		4		-	-	-		
4		-	-	-	4710 sonstige Mängel**		4	3	2		-		
4		-	-	-	9998 nicht bewertbar**		-	-	-	-	0		
4	3		-	-									

					Bewertung:	5	4	3	2	1	0	x 2 =	
4		-	-	-	1494 beeinträchtigte Rösche		4	3		-	-		
4		-	-	-	6411 zähe Kruste		4		-	-	-		
4		-	-	-	4710 sonstige Mängel**		4	3	2		-		
4		-	-	-	9998 nicht bewertbar**		-	-	-	-	0		
4		-	-	-									

					Bewertung:	5	4	3	2	1	0	x 3 =	
4		-	-	-	4710 sonstige Mängel**		4	3	2		-		
4		-	-	-	9998 nicht bewertbar**		-	-	-	-	0		
4		-	-	-									

					Bewertung:	5	4	3	2	1	0	x 4 =	
4		-	-	-	4710 sonstige Mängel**		4	3	2		-		
4	-	-	-	-	9998 nicht bewertbar**		-	-	-	-	0		

					Bewertung:	5	4	3	2	1	0	x 9 =	
4	3		-	-	2585 gärig		-	3	2		-		
4	3		-	-	5105 talgig		-	3	2		-		
4	3		-	-	4235 ranzig		-	-	2	1	-		
-	-	2	1	-	1824 dumpf/muffig		-	-	2	1	-		
4	3	-	-	-	4710 sonstige Mängel**		4	3	2		-		
-	-	2	1	-	9998 nicht bewertbar**		-	-	-	-	0		

Gewichtete Gesamtbewertung / Summe der Gew.-Faktoren = —/20 =

Erzielte Qualitätszahl

eister)

Säuregrad:	
pH-Wert:	

Prüfschema für Stollen

Produktbezeichnung: ______________________________

Stollen-Nr.: ______________

Beurteilungsdatum: ______________________, den ______________

1. Form, Aussehen												
5720 ungleichmäßige Form	4	3		–	–	4170 Pilzform	4	3		–	–	6236 zu viel bemehlt
4895 ungleichm. gr. St. (innerh. d. Pack.)	4	3		–	–	1961 eingefallene Oberfläche	4	3		–	–	5765 unsauberer Boden
6290 flache Form	4	3		–	–	5745 unsaubere Seitenflächen	4	3	2		–	5535 verschmierter Boden
1625 breite Form	4	3		–	–	3856 nicht artgemäßer Ausbund	4	3		–	–	2386 faltiger Boden
2367 nicht ausgefüllte Form	4	3		–	–	6234 zu viel bestreut	4	3		–	–	2975 hohler Boden
5370 Taillenbildung	4	3		–	–	5723 ungleichmäßig bestreut	4	3		–	–	1641 blasiger Boden
2. Oberflächen-, Krusteneigenschaften												
5730 ungleichmäßige Bräunung	4	3		–	–	4410 rissige Kruste	4	3		–	–	5785 unansehnlicher Überzug/Au
6305 helle Bräunung	4	3		–	–	1060 abgerissene Kruste	4	3		–	–	5790 ungleichmäßig dicker Überzu
6310 dunkle Bräunung	4	3		–	–	1055 abgeblätterte Kruste	4	3		–	–	6320 „dicker" Überzug/Aufl.
4922 stumpfe Oberfläche	4	3		–	–	5775 ungleichmäßige Kruste	4	3		–	–	1851 durchweichter Überzug/Aufl
4887 Schrumpffalten	4		–	–	–	6295 dünne Kruste	4	3		–	–	2230 feuchter Überzug/Aufl.
1640 Blasen	4	3		–	–	6300 dicke Kruste	4	3		–	–	2790 grauer Überzug/Aufl.
4901 Sprenkel/Flecken/Stippen	4	3		–	–	5530 verbrannte Kruste	–	3	2		–	2990 harter Überzug/Aufl.
6316 dunkle Kanten	4		–	–	–	2980 Haarrisse	4	3		–	–	1170 abblätternder Überzug/Aufl.
3. Lockerung, Krumenbild												
5860 zu ungleichmäßige Lockerung	4	3		–	–	6362 dichte Porung in der Randzone	4	3	–	–	–	3345 Krumenrisse
6340 geringe Lockerung	4	3		–	–	5795 ungleichm. Blätterung/Schichtung	4	3		–	–	1146 abgebackene Kruste/Krume
6370 übermäßige Lockerung	4	3		–	–	4957 speckige Schicht unter der Füllung	4	3		–	–	4935 Schlauchporen
3900 nicht artgemäße Lockerung	4	3		–	–	4960 speckige Streifen	4	3		–	–	3801 Krume/Füllung unausgewog.
4380 raue Schnittfläche	4	3		–	–	4955 speckige Krume	4	3		–	–	2360 Früchte ungleichmäßig verte
4985 Schneideölrückstände	4	3		–	–	2995 Hohlräume	4	3		–	–	1205 abgesunkene Früchte
4. Struktur, Elastizität												
1645 bruchanfällige Krume	4	3		–	–	2767 geschwächte Krumenelastizität	4	3		–	–	3315 Krume ballt beim Kauen
4940 splittriger Bruch	4	3		–	–	6375 trockene Krume	4	3		–	–	4975 schmierende Krume
5355 weicher Bruch	4	3		–	–	6415 raue Krume	4	3		–	–	3335 klebende Krume
6395 harter Bruch	4	3		–	–	6385 feste Krume	4	3		–	–	5735 ungleichmäßige Konsistenz
3320 krümelt beim Schneiden	4	3		–	–	4980 strohige Krume	4	3		–	–	5896 wässrige Füllung
4945 beeintr. Trennbarkeit der Scheiben	4	3		–	–	6410 zähe Krume	4	3		–	–	6420 feste Füllung
1495 beeinträchtigter Zusammenhalt	4	3		–	–							
5. Geruch, Geschmack												
5935 wenig aromatisch	4		–	–	–	4440 salzig	4	3*		–	–	2920 hefig
1210 aromaarm	–	3	–	–	–	5090 süß	4	3*		–	–	1215 alt/kratzend
2170 fade	4	3	2	–	–	1365 bitter	4	3		–	–	3955 Nebengeruch
3355 kleistrig/teigig	4	3	2	–	–	1966 einseitig gewürzt	4	3		–	–	2190 Fremdgeruch**
3910 nicht abgerundet (unharmonisch)	4		–	–	–	5865 überwürzt	4	3		–	–	3960 Nebengeschmack
4525 sauer	4	3	2*	–	–	3635 mehlig	4	3		–	–	2195 Fremdgeschmack**

Achtung!

- Bei Nennung unterschiedlicher Punktzahlen innerhalb eines Prüfmerkmals wird die niedrigste als Berechnungsgrundlage herangezogen.
- Bei Mehrfachnennung derselben Punktzahl innerhalb eines Prüfmerkmals wird die nächstniedrigere als Berechnungsgrundlage genommen.
- Als Voraussetzung für eine Prämierung müssen in jedem Prüfmerkmal mindestens 3 Punkte (ungewichtet) erreicht werden.

* Laboruntersuchung
– Säuregrad: Bei 2 oder weniger Punkten muss der Säuregehalt bestimmt werden.

** Beschreibbar: ☐ ja – siehe Bemerkung ☐ nein

Bemerkung (sonstige Mängel):

Unterschriften:

(Prüfer)

‹nkte	Qualitätsbeschreibung	allgemeine Eigenschaften
)0	sehr gut	volle Erfüllung der Qualitätserwartung
›9–4,50	gut	geringfügige Abweichung
.9–4,00	befriedigend	merkliche Abweichung
›ter 4,00	verbesserungsbedürftig	deutlicher Fehler

unentbehrlich für alle

					Bewertung: 5	4	3	2	1	0	Gewichtungs-faktoren =	Gewichtete Bewertung
											x 3 =	
4	3		–	–	5740 unansehnliches Gesamtbild	4	3		–	–		
4	3		–	–	5755 ungleichmäßige Scheibengröße	4		–	–	–		
4	3		–	–	5760 ungleichmäßige Scheibendicke	4	3		–	–		
4	3		–	–	4710 sonstige Mängel**	4	3	2		–		
4	3		–	–	9998 nicht bewertbar**	–	–	–	–	0		

					Bewertung: 5	4	3	2	1	0	x 3 =	
4	3		–	–	4920 stumpfer Überzug	4	3		–	–		
4	3		–	–	4420 Reif auf Überzug	4	3		–	–		
4	3		–	–	2390 Fehlstellen Überzug/Aufl.	4	3		–	–		
4	3		–	–	2375 Fußbildung Überzug	4	3		–	–		
4	3		–	–	3658 Käseauflage unzureich. geflossen	4	3		–	–		
4	3		–	–	2775 Garnierung nicht sorgfältig	4	3		–	–		
4	3		–	–	4710 sonstige Mängel**	4	3	2		–		
4	3		–	–	9998 nicht bewertbar**	–	–	–	–	0		

					Bewertung: 5	4	3	2	1	0	x 2 =	
4	3		–	–	5500 verunreinigte Krume	4	3		–	–		
4		–	–	–	5875 ungleichmäßiges Schnittbild	4	3		–	–		
4		–	–	–	5806 ungleichmäßige Krumenfarbe	4	3		–	–		
4		–	–	–	3901 nicht artgemäße Krumenfarbe	4	3		–	–		
4		–	–	–	4710 sonstige Mängel**	4	3	2		–		
4		–	–	–	9998 nicht bewertbar**	–	–	–	–	0		

					Bewertung: 5	4	3	2	1	0	x 3 =	
4	3		–	–	6425 weiche Füllung	4	3		–	–		
4	3		–	–	3401 leimige Füllung	4	3		–	–		
4	3		–	–	5010 Schmelz verzögert Überzug/Aufl.	4	3		–	–		
4	3		–	–	4065 ölig/fettig/anhaftend	4	3		–	–		
4	3		–	–	4710 sonstige Mängel**	4	3	2		–		
4	3		–	–	9998 nicht bewertbar**	–	–	–	–	0		

					Bewertung: 5	4	3	2	1	0	x 9 =	
4	3		–	–	2585 gärig	–	–	2	1	–		
4	3		–	–	4235 ranzig	–	–	2	1	–		
4	3	–	–	–	1824 dumpf/muffig	–	–	2	1	–		
–	–	2	1	–	4450 seifig	–	–		1			
4	3	–	–	–	4710 sonstige Mängel**	4	3	2		–		
–	–	2	1	–	9998 nicht bewertbar**	–	–	–	–	0		

Gewichtete Gesamtbewertung / Summe der Gew.-Faktoren = —— / 20 =

Erzielte Qualitätszahl

·meister)

Aufgaben, Leistungen und Ziele von Öffentlichen Qualitätsprüfungen

Das Bäckerhandwerk ist ein anspruchsvolles Handwerk für anspruchsvolle Kunden. Das gilt heute mehr denn je. Um die hohe Qualität der handwerklich hergestellten Backwaren zu sichern und auszubauen, wurde vom Zentralverband des Deutschen Bäckerhandwerks bereits in den fünfziger Jahren ein „Brotprüfungsdienst" eingeführt.

Zur Förderung der Produktqualität findet bei großen Qualitätsprüfungen für alle teilnehmenden Betriebe am letzten Nachmittag ein kostenfreies Seminar der Akademie Deutsches Bäckerhandwerk (ADB) statt.

Gebühren

Bei der Brot-, Brötchen- oder Stollenprüfung wird der veranstaltenden Innung für jede Probe eine Gebühr von 11,50 € zzgl. MwSt. in Rechnung gestellt. Für die von den Qualitätsprüfern durchgeführten Hygieneschulungen und der Belehrungen zum Infektionsschutzgesetz werden 300 € zzgl. MwSt. und ggf. Reisekosten in Rechnung gestellt.

Teilnahme

Jeder selbständige Bäckereibetrieb, der Mitglied einer Innung ist, kann an den freiwilligen Qualitätsprüfungen teilnehmen. Zur Prüfung kann jedes Brot (außer Trockenflachbrote), jedes Brötchen und jeder Stollen eingereicht werden. Voraussetzung ist, dass die Produkte im eigenen Betrieb hergestellt wurden.

Vorbereitung und Durchführung der Qualitätsprüfung

1. Werbemittelpaket

Jede Innung erhält nach der Anmeldung einer Qualitätsprüfung ein kostenloses Werbemittelpaket mit folgendem Inhalt: Anschreiben an den Obermeister, Mustereinladungsschreiben für die Mitglieder, 2 Ankündigungsplakate, 1 Infobroschüre Brot oder Stollen und 100 Prüfkarten.

2. Anlieferung der Proben

Um Backwaren optimal bewerten zu können, sollten diese Zimmertemperatur haben, damit sich die Geschmackstoffe voll entfalten können. Proben, die im Winter zur Prüfung eingereicht werden, sollten nicht über Nacht im PKW gelagert werden, da diese auch noch nach Stunden nicht die optimale Temperatur für eine Qualitätsprüfung aufweisen.

3. Prüfungsort / Arbeitsplatz
Um eine optimale Prüfung zu gewährleisten, sollte die Bäckerinnung für eine geeignete Räumlichkeit mit entsprechender Einrichtung sorgen.

4. Neutralisierung der Proben
Jede Probe, die zur Prüfung eingereicht wird, muss mit einer Prüfkarte versehen sein. Auf dieser Karte befinden sich alle notwendigen Angaben über das Produkt, die vorab von dem teilnehmenden Betrieb bzw. von der Innung auszufüllen ist. Hierzu zählt auch die genaue Firmenbezeichnung, da diese für den Zertifikatdruck übernommen wird. Die fortlaufende Nummerierung der Karten wird durch den Qualitätsprüfer vorgenommen. Die Prüfkarten werden mit dem Werbemittelpaket verschickt.

a) Brotprüfung
Die eingereichten Brotproben müssen mindestens 24 Stunden alt sein. Ausnahme ist das französische Weißbrot (Baguette), das mindestens 6 Stunden alt sein sollte. Die Prüfgruppe kann an einem Prüftag aus sensorischen Gründen nicht mehr als 50 Brotproben kontrollieren. Um das Brot optimal bewerten zu können, sollte die Prüfkarte sorgfältig ausgefüllt werden.

b) Brötchenprüfung
Brötchen können frühestens 1 Stunde und spätestens 6 Stunden nach dem Ausbacken geprüft werden. Von jeder zu prüfenden Sorte müssen mindestens 10 Brötchen für eine optimale Begutachtung vorliegen. Die Prüfgruppe kann nicht mehr als 35 Brötchensorten pro Tag prüfen. Um das Brötchen optimal bewerten zu können, sollte die Prüfkarte sorgfältig ausgefüllt werden.

c) Stollenprüfung
Aus sensorischen Gründen kann eine Prüfgruppe an einem Prüfungstag nicht mehr als 25 Stollen bewerten. Um den Stollen optimal bewerten zu können, sollte die Prüfkarte sorgfältig ausgefüllt werden.

d) Kombinationsprüfung
Werden bei einer Qualitätsprüfung Brote, Brötchen und/oder Stollen gemeinsam geprüft, so kann die Prüfgruppe aus sensorischen Gründen nicht mehr als 40 Proben kontrollieren, da ansonsten die Qualität der Prüfung eingeschränkt ist.

5. Anforderungen bei der Prüfung
Dem Prüfer können zwei erfahrene Bäckermeister zur Seite gestellt werden, die mit ihm zusammen als Prüfgruppe über die jeweilige Probe befinden.

Bewertung der Proben

Die Feststellung von Fehlern sowie die Bewertung des zu prüfenden Produktes erfolgt nach den Richtlinien der Deutschen Landwirtschafts-Gesellschaft (DLG). Dabei verfahren die Prüfer nach dem 5-Punkte-Schema, auf dem auch die verwendete Software basiert. Bei diesem Schema werden von der maximal zu erreichenden Punktzahl (100) die einzelnen Fehler gewichtet abgezogen.

1. Prüfkriterien von Brot
a) Form & Aussehen Gewichtungsfaktor 1
b) Oberflächen- & Krusteneigenschaft Gewichtungsfaktor 2
c) Lockerung & Krumenbild Gewichtungsfaktor 4
d) Struktur & Elastizität Gewichtungsfaktor 4
e) Geruch & Geschmack Gewichtungsfaktor 9

2. Prüfkriterien von Brötchen
a) Form & Aussehen Gewichtungsfaktor 2
b) Oberflächen- & Krusteneigenschaft Gewichtungsfaktor 2
c) Lockerung & Krumenbild Gewichtungsfaktor 3
d) Struktur & Elastizität Gewichtungsfaktor 4
e) Geruch & Geschmack Gewichtungsfaktor 9

3. Prüfkriterien von Stollen
a) Form & Aussehen Gewichtungsfaktor 3
b) Oberflächen- & Krusteneigenschaft Gewichtungsfaktor 3
c) Lockerung & Krumenbild Gewichtungsfaktor 2
d) Struktur & Elastizität Gewichtungsfaktor 3
e) Geruch & Geschmack Gewichtungsfaktor 9

Benotung

Sehr gut (Gold) 100 Punkte
Gut (Silber) 90–99 Punkte

Verleihung von Zertifikaten

Der Betrieb erhält ein großes, hochwertiges Zertifikat, sofern das Unternehmen für mindestens 3 Brote oder Brötchen oder 2 Stollen die Benotung „Gut" oder „Sehr Gut" erreicht hat. Auf Wunsch werden auch wie bisher kleine DIN A4 Zertifikate statt des großen, sehr hochwertigen Zertifikats ausgegeben.

Werbewirksamkeit der Qualitätsprüfung

Für das Bäckerfachgeschäft:
Die Qualitätsprüfung dienen nicht nur der freiwilligen Selbstkontrolle, sondern ist auch in Verbindung mit dem Zertifikat eine sehr gute Möglichkeit, die Kunden auf die geprüfte handwerkliche Qualität hinzuweisen.

BACKÖFEN UND BACKPROZESS

(Berufstheorie)

Backöfen

Nach welchen Gesichtspunkten werden Backöfen für die handwerkliche Bäckerei eingeteilt?

1. Nach der Wärmeerzeugung

2. Nach der Wärmeübertragung bzw. dem Wärmeträger

3. Nach dem Zustand der Backatmosphäre

1.1 Die Wärmeerzeugung erfolgt über elektrische Widerstandsheizung
über Gasbrenner
über Ölbrenner

2.1 Die Wärmeübertragung kann erfolgen durch Wärmeleitung
Wärmestrahlung
konvektive Wärmeübertragung

2.1.2 Als Wärmeträger stehen zur Verfügung
Heizgase
Heißluft
Thermoöl

3.1 Es gibt Backöfen mit ruhender und Backöfen mit bewegter Backatmosphäre; ebenso gibt es Backöfen in einer Kombination der vorgenannten Möglichkeiten.

Nennen Sie je ein Beispiel!
Ruhend: Backöfen mit Heizgasumwälzung
Bewegt: Backöfen mit Heißluftumwälzung
Kombination: Backöfen mit Heizgasumwälzung und zuschaltbarer Heißluftumwälzung (Turbulenz)

Welche Backofentypen kommen heute bevorzugt zur Anwendung?

1. Etagenöfen
2. Stikkenöfen
3. Wagenöfen

Erklären Sie den grundsätzlichen Aufbau der einzelnen Ofentypen und ihre Backeigenschaften!

1.1 Etagenöfen:
Moderne Etagenöfen werden in Vollstahlbauweise gefertigt. Der Aufbau gliedert sich in zwei Baugruppen:
Energieteil und Herdkästen.
Im Energieteil läuft der Verbrennungsprozess des Energieträgers ab. Die erzeugte Wärme wird über den Wärmeträger in den Herdkasten geleitet. Der Herdkasten besteht aus mehreren übereinander angeordneten Herden. Boden und Decke dieser Herde sind als Heizkanäle, Radiatoren, ausgebildet, durch die der Wärmeträger strömt.

Die Backwaren werden mit Beschickungshilfen, Abziehapparaten oder Blechen in den Herd eingeschoben bzw. auf der Backplatte abgelegt. Durch den unmittelbaren Kontakt der Backware mit der Backplatte erfolgt die Wärmeübertragung am Boden durch Wärmeleitung, von oben durch Strahlung und Konvektion. Die Backeigenschaften sind ein Ergebnis der Wärmeübertragung. Das Backgut hat daher eine starke Bodenkruste und eine etwas leichtere Oberkruste, lebhafte Färbung der Oberkruste und einen markanten Ausbund.

2.1 Stikkenöfen:
Ebenfalls in Vollstahlbauweise gefertigt, besteht der Stikkenofen aus Energieteil und Backraum. Der Energieteil kann seitlich des Backraums, hinter dem Backraum oder über dem Backraum angeordnet sein. Die Backwaren werden auf Backblechen aufgelegt und in den Wagen (Stikken) eingeschoben. Die Beschickung des Ofens erfolgt durch Einfahren des gesamten Wagens. Als Wärmeträger dient erhitzte Luft, die durch den Backraum strömt. Die Wärmeübertragung erfolgt durch Konvektion. Durch diese wird eine besonders feinsplittrige und zarte Kruste ausgebildet.

3.1 Wagenöfen:
Dieser Typ ist eine Kombination der unter 1.1 und 2.1 genannten Ofensysteme. So wie auf der Backwarenseite die Vorteile des Etagenofens und des Stikkenofens miteinander verbunden werden, besteht auch die Technik aus einer Kombination beider Ofensysteme. Der Backraum besteht aus mehreren übereinander angeordneten Heizkanälen, ähnlich dem Etagenofen, während die Beschickung mit einem oder mehreren Stikkenwagen erfolgt. Als Wärmeträger zwischen dem Energieteil und den Heizkanälen des Backraums dienen Heizgase oder Thermoöl. Die Wärmeübertragung auf das Backgut erfolgt durch Strahlung und natürliche Konvektion. Dadurch erhält das Backgut die typischen Merkmale des Etagenbackofens.

Wodurch unterscheiden sich diese Backöfen?

Bei Backöfen mit ruhender Backatmosphäre kommen der Wärmeträger (Heizgase oder Thermoöl) und die Backwaren nicht in direkten Wärmeaustausch. Der Wärmeträger wird in oberhalb und unterhalb der Backräume angeordneten Kanälen (Radiatoren) mittels eines Umwälzventilators oder einer Umwälzpumpe transportiert. Der Wärmeaustausch erfolgt überwiegend durch Wärmestrahlung.

Bei Backöfen mit bewegter Backatmosphäre kommt der Wärmeträger (beispielsweise Heißluft) mit dem Backgut in direkte Berührung und somit in direkten Wärmeaustausch. Die Wärmeübertragung erfolgt größtenteils durch Konvektion.

Bei Backöfen mit eingebauter Turbulenzeinrichtung kommen die Backwaren und der Wärmeträger nicht in direkten Wärmeaustausch. Durch die an dem Backgut bzw. Formen und Blechen vorbeiströmende Luft wird – ähnlich wie bei Backöfen mit bewegter Backatmosphäre – ein besserer Wärmeübergang auf konvektiver Basis erreicht. Die Backraumatmosphäre wird an der Rückseite des Backraums im Bodenbereich abgesaugt und im Bereich der Herdtüren von oben, ohne Aufheizen, wieder eingeblasen, d. h. im Kreislauf geführt.

Erklären Sie die Vor- und Nachteile von Etagenbacköfen, Stikken- und Wagenöfen gegenüber Öfen älterer Bauart!

Vorteile:

1. Wesentlich geringerer Brennstoffverbrauch durch geringe Masse, gute Wärmeübertragung und gute Isolierung.
2. Kleine Aufstellungsfläche im Verhältnis zur Backfläche.
3. Schnelle und bequeme Beschickung durch Abziehapparate.
4. Bei Stikken- und Wagenöfen zusätzlich gute Handhabung von Backwaren auf Blechen vom Aufmachen bis zum Verpacken.
5. Möglichkeiten zur Automatisierung des Belade- und Ausbackvorgangs.
6. Kurze Aufheizzeiten, temperaturbeweglich.
7. Durch Einsatz von rechnergeführten Steuerungen wird die Bedienung einfacher und sicherer. Backprogramme sind reproduzierbar.
8. Hohe Einschießtemperaturen, unterschiedliche Backraumtemperaturen, thermostatisch gesteuert, sind möglich. Anpassung der beheizten Backflächen an den Bedarf ist möglich.
9. Kaum Beeinträchtigung des Backstubenklimas durch den Backofen.

10. Abgase können durch den Einsatz verschiedener Wärmerückgewinnungsanlagen weiter ausgenützt werden.
    Backstubenheizung
    Erzeugung von Warmwasser
    Vorwärmung der Brennerluft
11. Kurze Aufbauzeit und „leicht“ transportierbar.

Nachteil:

Kürzere Lebensdauer als Backöfen älterer Bauart, dadurch aber dem technischen Fortschritt zugänglich.

Stikkenofen

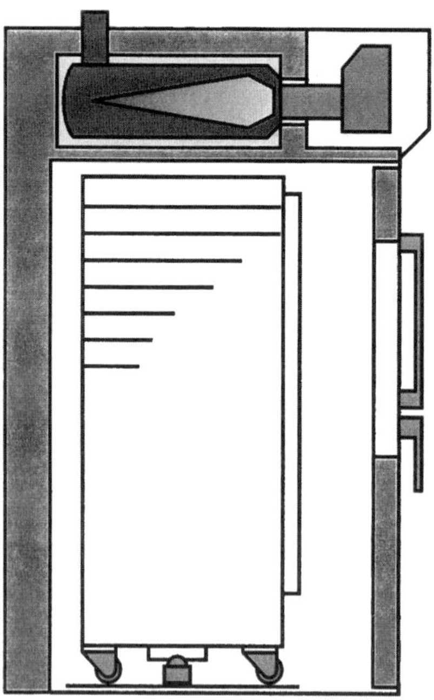

Stikkenofen mit oben liegendem Energieteil

Längsschnitt durch den Backraum

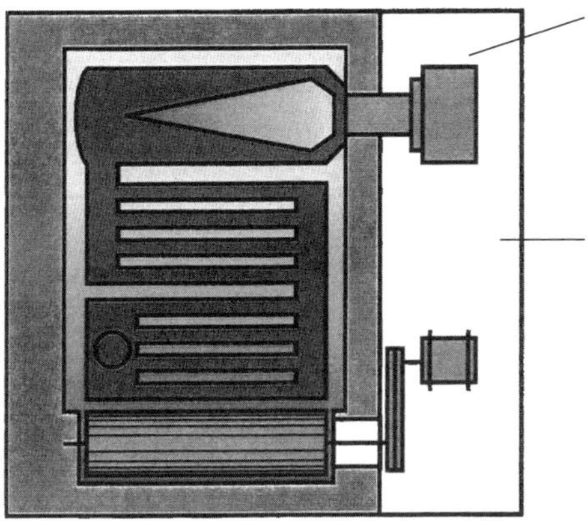

Querschnitt durch das Energieteil

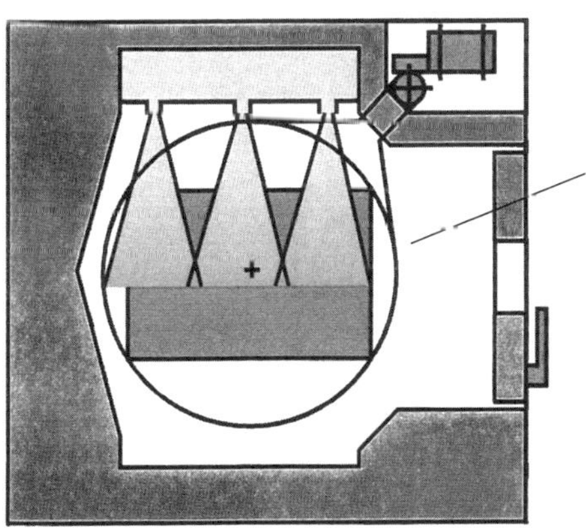

Querschnitt durch den Backraum

Wagenofen

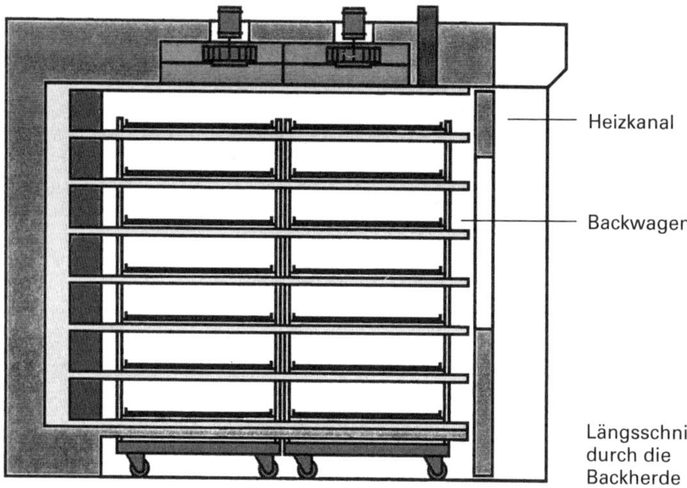

Längsschnitt durch die Backherde

Schnitt durch die Brennkammer

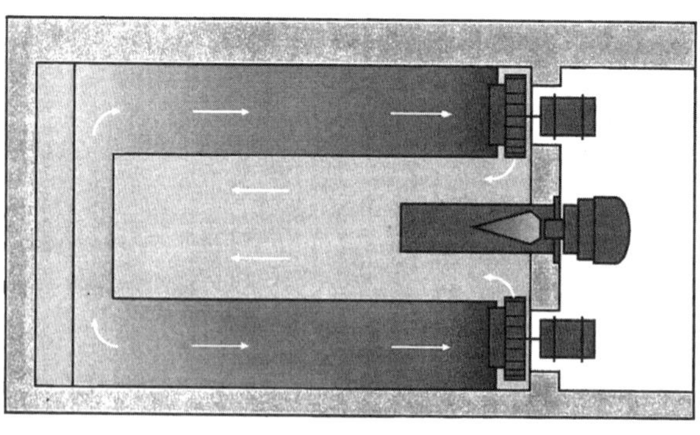

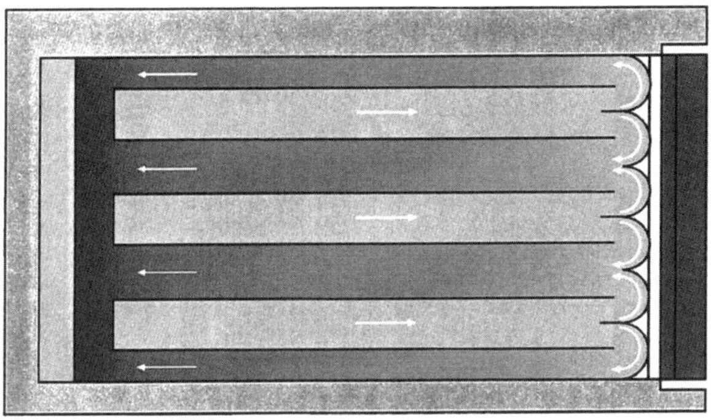

Der patentierte Parallelradiator sorgt für eine gleichmäßige Wärmeverteilung

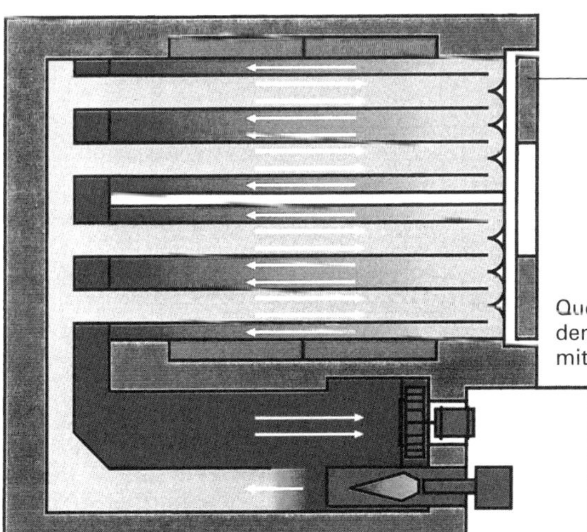

Querschnitt durch den Parallelradiator mit Energieteil

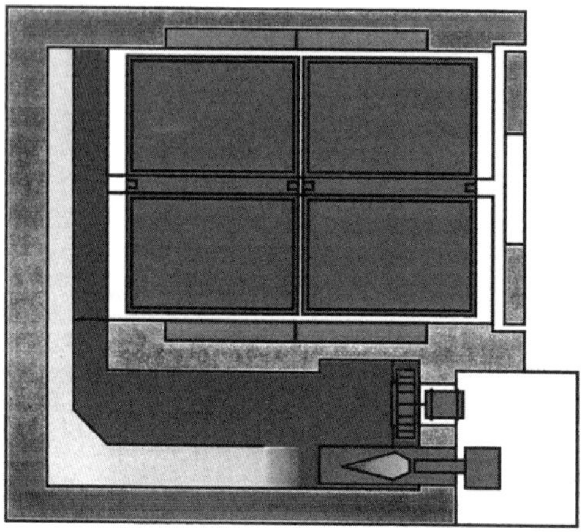

Querschnitt durch den Backraum mit Schragenwagen

Etagenofen

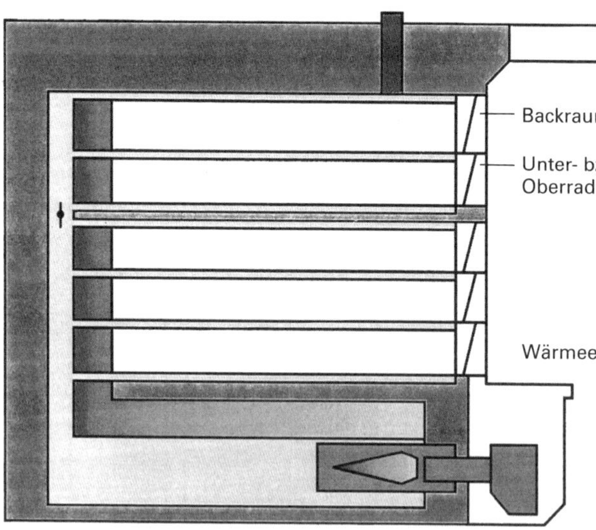

Längsschnitt durch die Bak-

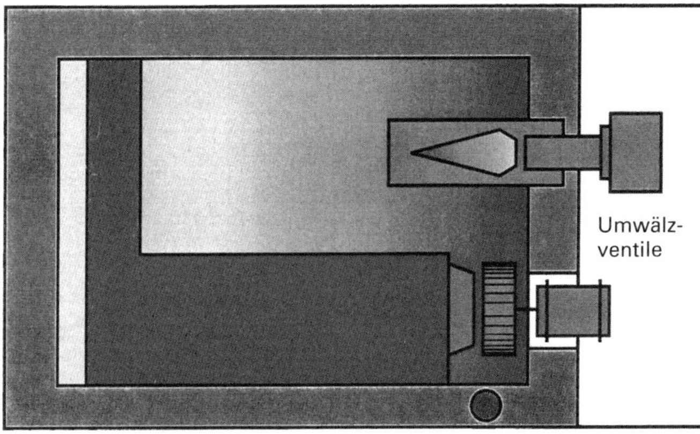

Querschnitt durch das Energieteil

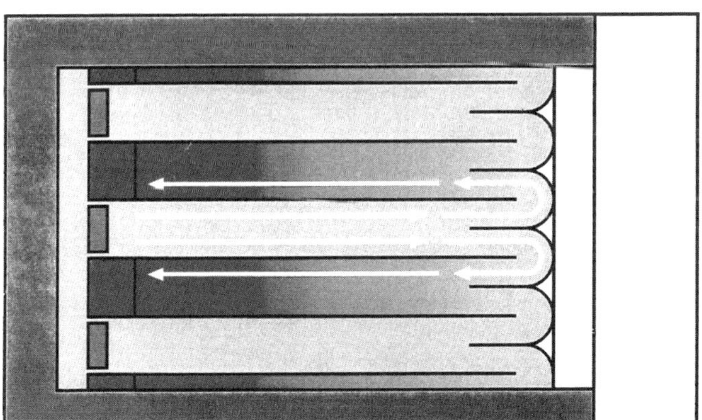

Querschnitt durch den Parallelradiator

Längsschnitt durch den

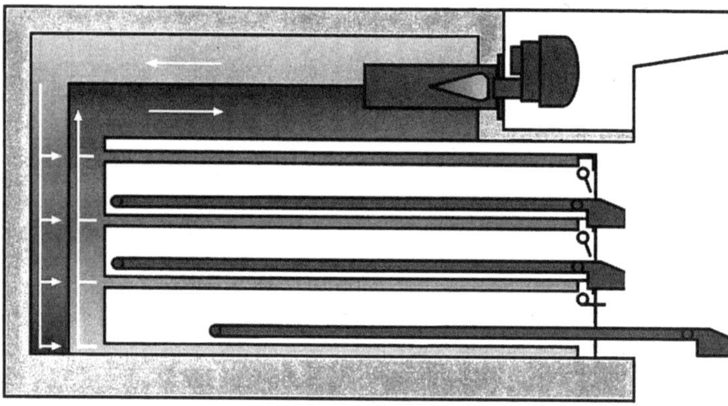

Backprozess

Beschreiben Sie die wichtigsten Vorgänge während des Backprozesses und den Zweck desselben!

Der Backprozess hat die Aufgabe, den weichen, leicht verderblichen, geschmacklich leereren und schwer verdaulichen Teig in die feste, haltbare, aromatische und leicht verdauliche Form des Gebäcks zu überführen.
Während der Herstellung des Brotteigs bildet sich eine mit Gaszellen durchsetzte Teigmasse, deren Hauptbestandteile Stärke, Eiweiß, Wasser und Schleimstoffe bilden. Während des Backprozesses ruft die Steigerung der Temperatur im Teig zunächst eine starke Hefegärung hervor, die bei gleichzeitiger Ausdehnung der Gärgase und einer starken Dampfentwicklung den Ofentrieb, eine Volumenzunahme des Teigs während des Backprozesses, auslöst. Während die Hefen zwischen 50 und 60° C absterben, wird der Ofentrieb nunmehr durch verdampfendes Wasser fortgesetzt, und zwar spielt hierbei das auf der inneren Oberfläche haftende Teigwasser eine wesentliche Rolle. Durch Dampfentwicklungen vergrößern sich die Poren. Während die Kruste des Weizenbrotteigs nach 10 bis 15 Minuten erstarrt und hierdurch der Ofentrieb „gebremst" wird, nimmt das Volumen des Roggen- und Roggenmischbrotteigs nach neuen Erkenntnissen etwas länger zu.
Beim Ansteigen der Temperatur beginnt aber auch die Bildung der Krume. Die für die Beschaffenheit der Krume wichtigsten Veränderungen erleiden die beiden Hauptbestandteile des Teigs, Stärke und Eiweiß. Die Stärkekörnchen quellen zunächst. Die ansteigenden Temperaturen

beschleunigen diesen Vorgang. Dabei nimmt die Stärke mehr und mehr das freie Teigwasser auf. Von etwa 60° C an platzen Stärkekörnchen; die *Verkleisterung der Stärke* beginnt. Sie verlangsamt sich bei 80° C. Zur vollständigen Verkleisterung benötigt die Stärke sehr viel Wasser. Sie erhält es z. T. von den Klebereiweißstoffen. Diese haben bei der Teigbereitung den größten Teil der Teigflüssigkeit aufgenommen und gebunden.

Erläutern Sie die Bedeutung der einzelnen Temperaturgrenzen innerhalb des Backprozesses!

° C	Vorgänge
35	verstärkter Abbau durch Enzyme, stärkere Quellung und Gasbildung
40	Beginn der Stärkeverkleisterung
50	Absterben der Säurebakterien, Stärkeverkleisterung, Hemmung der Hefegärung
50–60	lebhafter Abbau durch Enzyme, stärkerer Druck durch Kohlensäure und Wasserdampf
60	Beginn der Gerinnung des Eiweißes, Ende der Hefegärung
80	Ende der Enzymwirkung, Maltose karamellisiert
90	Beendigung der Verkleisterung der Stärke
60–100	Haupttrieb bei Backpulver
100	starke Wasserdampfbildung, Wasserdampf in der ganzen Krume, Krusten- und Krumenbildung, Erstarrung der Kruste
100–120	helle, gelbe Dextrine
120–140	braune Dextrine
130	gewöhnlicher Zucker karamellisiert
140–150	Karamell, Bräunung des Zuckers
150–200	dunkelbraune Röstprodukte
über 200	Kohlebildung

Wenn zwischen 60 und 80° C die Gerinnung der *Eiweißstoffe* erfolgt, geben sie das seit der Teigbereitung „gespeicherte" Wasser wieder ab, das nun von der Stärke begierig aufgenommen wird. Zugleich werden die Eiweißstoffe fest; sie bilden mit der verkleisterten Stärke die porig aufgelockerte, schwammartige Krume. Insgesamt verkleistern zirka 30 % der Stärkekörner.
Bemerkenswert ist, dass Schimmelsporen zwischen 70 und 80° C vernichtet werden, so dass die Ware den Backofen steril verlässt.
Die Innentemperatur des Teigs steigt in der Regel nicht über 98° C. Bei sehr hohen Backtemperaturen (z. B. konstant 250° C) kann die Innentemperatur nach neuesten Erkenntnissen auch auf über 100° C steigen (ca. 106° C); in der Kruste nimmt die Temperatur bis zu 200° C zu, so dass hier die Veränderung von Substanzen tiefgreifender ist. Es entstehen insbesondere Dextrine, Karamellstoffe sowie Röstprodukte.

Die Verkleisterung der Stärke verläuft nicht plötzlich; sie beginnt bei den einzelnen Stärkearten und Mehlen bei verschiedener Temperatur. Die folgende Tabelle zeigt die Unterschiede bei den einzelnen Mehlen.

Beginn und Ende der Verkleisterung der Stärke

Arten	Beginn der Verkleisterung Schwankungen °C	Beginn der Verkleisterung Mittelwert °C	Ende der Verkleisterung Schwankungen °C	Ende der Verkleisterung Mittelwert °C
Roggenstärke	40–62	56	60–88	62–68
			(je nach Erntequalität)	
Weizenstärke	59–61	60	80–98	88
Gerstenstärke	56–65	63	87–95	90

BROTFEHLER UND BROTVERDERB

(Berufstheorie)

Brotfehler

Wesen und Systematik der Brotfehler

Brotfehler sind Abweichungen von den Grundeigenschaften normaler, einwandfreier Brote und können auch deren Genusswert mindern. Brotfehler entstehen teilweise schon vor oder während des Backprozesses und sind dann beim Ausbacken, spätestens nach dem Auskühlen der Brote, vorhanden. Sie beruhen zuweilen auf biologischen Ursachen wie Auswuchsschäden des Mehls oder Mängeln der Hefe bzw. der Mikroflora des Sauerteigs. Mitunter sind technische Unzulänglichkeiten der Backstubeneinrichtungen die Ursache, beispielsweise ein Backofen mit schlechter Schwadenhaltung. Meist sind jedoch Fehler bei der Teigbereitung, bei der Teigbehandlung und beim Backprozess verantwortlich zu machen.

Worauf ist der Brotfehler „unelastische, klebrige Krume" zurückzuführen?

1. Enzymaktives, auswuchsgeschädigtes Mehl.
2. Ungenügende Säuerung des Teigs.
3. Zu hohe Ofentemperatur bei zu kurzer Backzeit.

Brotverderb

Nennen Sie die zwei wichtigsten Möglichkeiten des Brotverderbs!

a) Schimmel
b) Fadenziehen

a) Schimmel
kommt dadurch zustande, dass die fertig gebackenen und ausgekühlten Brote mit Sporen von Schimmelpilzen infiziert werden. Die Sporen keimen seltener auf der wasserarmen Brotkruste aus, häufiger in der was-

serreichen Brotkrume, wo sie ideale Wachstumsbedingungen vorfinden. Besonders gefährdet ist deshalb geplatztes, angeschnittenes und geschnittenes Brot, dem der Schutz der geschlossenen Rinde fehlt. Die Pilze überziehen mehr oder weniger große Teile des Brots mit ihren Hyphen (= Pilzgeflecht) und überwuchern es. Verschimmeltes Brot ist nicht zum Verzehr geeignet.

Beschreiben Sie vorbeugende Maßnahmen!

1. Kräftiges Ausbacken.
2. Vermeidung von Kondenswasserbildung auf der Brotkruste während der Lagerung.
3. Konsequente Realisierung aller Hygienemaßnahmen bei der Schnittbrotherstellung.
4. Verschimmeltes Brot und Verpackung außerhalb des Betriebs vernichten.
5. Zusatz eines Schimmelbekämpfungsmittels bei Schnittbrot.

Welche Schimmelarten kommen am häufigsten vor?

1. Gießkannenschimmel (Sporen hellgrün oder schwarz)
2. Pinselschimmel (Sporen grün)
3. Kreideschimmel (Sporen weiß)

b) Fadenziehen
wird dadurch verursacht, dass die im Mehl enthaltenen Sporen von Heu- oder Kartoffelbazillen den Backprozess überdauern. Die Bazillen entwickeln sich bei geeigneten Bedingungen in der Brotkrume und verderben diese durch ihren Stoffwechsel. Anfangs tritt ein obstartiger Geruch auf, später wird er widerlich. Die Krume verfärbt sich gelb bis braun, wird schmierig, klebrig und fadenziehend.

Vorbeugende Maßnahmen:
1. Trockene und kühle Lagerung des Brots.
2. Vorteigführung bzw. Erhöhung des Saueranteils im Rahmen der geschmacklichen Grenzen.
3. Zusatz eines Backmittels gegen das Fadenziehen.

Aktuelle Brotfehler – Ursachen und Abhilfe

Folgende Abbildungen bieten eine Übersicht über aktuelle Brotfehler und ihre Ursachen und zeigen sichere Abhilfemaßnahmen auf.

Unelastische Krume

Ursachen: Zu starker enzymatischer Mehlabbau, zu geringe Teigsäuerung.

Abhilfe: Teigsäuerungsmittelzugabe auf Mehlqualität abstimmen.

Abbacken der Oberkruste

Ursachen: Auswuchsmehl, zu schwache Teigsäuerung.

Abhilfe: Teigsäuerungsmittelzugabe erhöhen.

Verdichtung der Krume in den Randzonen und Krümeln

Ursachen: Zu fester Teig, zu kühle Stückgare, zu knappe Stückgare.

Abhilfe: Teig weicher halten, Teigstücke stippen und reifer schieben.

Speckstreifen über dem Boden

Ursachen: Zu geringe Teigsäuerung, zu geringe Bodenhitze, Erschütterungen während des Backprozesses.

Abhilfe: Teigsäuerung und Backprozess neu regulieren.

Senkrechter Krumenriss

Ursachen: Zu fester Teig, zu knappe Stückgare, zu heißer Ofen.

Abhilfe: Teig, Gare und Ofentemperatur entsprechend regulieren.

Krümelnde Krume

Ursachen: Zu fester Teig, zu geringe Teigsäuerung.

Abhilfe: Teigkonsistenz weicher halten, Teigsäuerungsmittelzugabe regulieren.

Ungleichmäßige Krumenfarbe

Ursachen: Teig ungleichmäßig geknetet, ungleichmäßiger Wirkungsprozess. Bei Weizenmischbroten: zu lange Teigruhe bzw. zu lange Ballengare. Verhauteter Teig.

Abhilfe: Gleichmäßige Bearbeitung der Teige. Verkürzung von Teigruhe und Ballengare.

Hohlraumbildung im oberen Drittel der Krume

Ursachen: Zu viel Hefe, zu starker Ofentrieb, zu lange Teigruhe, zu reife Stückgare, zu weicher Teig, zu heißer Ofen.

Abhilfe: Teigkonsistenz, Triebkraft und Backtemperatur richtig aufeinande instellen.

Blasenbildung unter der Kruste

Ursachen: Zu weicher Teig, zu kühler Teig, zu feuchte Stückgare.

Abhilfe: Teigfestigkeit, Teigtemperatur und Ofentemperatur entsprechend verändern.

Seitlicher Krumenriss über dem Boden

Ursachen: Zu lange abgelagertes Getreide bzw. Mehl, helle Mehltypen.

Abhilfe: Mehl frisch verarbeiten, Teig weicher halten, zusätzlich 1 % eines enzymhaltigen Brötchenbackmittels zugeben.

Waagerechte Verdichtung der Krume

Ursachen: Zu geringe Säuerung, zu geringe Lockerung, zu heißer Ofen.

Abhilfe: Teig stärker säuern und triebflotter führen. Teigruhe bachten.

Taillenbildung an den Innenflächen

Ursachen: Zu weicher Teig, zu triebstark, zu helle Weizenmehltype.

Abhilfe: Teigkonsistenz und Trieb optimal erstellen.

Aktuelle Brötchenfehler – Ursachen und Abhilfe

Folgende Abbildungen bieten eine Übersicht über aktuelle Brötchenfehler und ihre Ursachen und zeigen sichere Abhilfemaßnahmen auf.

Enger, verklebter Ausbund

Ursachen: Zu weicher Teig, junger Teig, kühler Teig, sehr glattes proteinarmes Weizenmehl.

Abhilfe: Teig etwas fester halten, Teigruhe und Pressengare verlängern, Backmittelzugabe erhöhen.

Zu breiter Ausbund

Ursachen: Zu fester Teig, warmer Teig, alter und trockener Teig.

Abhilfe: Teig weicher halten, Teig kühler und etwas jünger führen, Enzym-Backmittel einsetzen.

Bläschenbildung – fleckige Kruste

Ursachen: Kondenswasserbildung auf der Teig oberfläche, zu kurze Auftau- und Gärphase, zu hohe relative Luftfeuchte im Gärunterbrecher.

Abhilfe: Hohe Temperatur und hohe Luftfeuchtigkeit im Gärraum vermeiden, relative Luftfeuchte richtig einstellen, Auftauphase verlängern. Für ausreichenden Gärgutträgerabstand sorgen.

Absplittern der Kruste

Ursachen: Proteinreiches, kleberstarkes Weizenmehl, reife Teigführung, volle Stückgare.

Abhilfe: Teige kühler führen, dem Teig etwas Fett zusetzen, Enzym-Backmittel verwenden, Gärraumfeuchte reduzieren, knappere Stückgare, Backzeit verlängern

Blasen unter der Seitenkruste

Ursachen: Kleberstarkes Mehl, zu feuchte Teigoberfläche der Wirklinge, zu starkes Angaren der Wirklinge vor der Aufarbeitung mit dem Einschlaglangroller.

Abhilfe: Teige ausreichend kneten, Wirklinge mit Mehl bestäuben, Wirklinge nur kurz entspannen lassen.

Faltiger Boden (Setzfalten)

Ursachen: Erschütterungen und Bewegungen während der Anfangsphase der Backzeit, größere Fehleranfälligkeit bei Verarbeitung kleberschwacher Weizenmehle.

Abhilfe: Teigstabilisierendes Emulgator-Backmittel verwenden,Teig etwas fester halten, kein Berühren und Bewegen im Ofen.

Unelastische Krume

Ursachen: Enzymstarkes Weizenmehl, zu hoher Enzym-Zusatz im Mehl oder durch Enzym-Backmittel.

Abhilfe: Krumenstabilisierendes Emulgator-Backmittel einsetzen, kleberstärkeres Weizenmehl (mit)verwenden, Backzeit verlängern.

Hohler Boden

Ursachen: Konkave Wölbung des Brötchenbodens durch zu schwache Unterhitze (oder Weißbleche bzw. Spezialbleche mit geringer Wärmeleitfähigkeit), Verwendung zäher kleberstarker Weizenmehle mit Schrumpfeffekt.

Abhilfe: Stärkere Unterhitze, Verwendung gut wärmeleitfähiger Schwarzbleche, Weizenmehle mit mittlerer Proteinmenge und mittlerer Kleberqualität verarbeiten.

Hohlräume

Ursachen: Proteinreiches und kleberstarkes Weizenmehl, lange Teigführung, zu hohe Hefezugabe.

Abhilfe: Teig ausreichend kneten,geringe Zugabe von Roggenmehl, Teig jünger führen, Reduzierung der Hefezugabe.

Aufrollende, zusammenballende Krume

Ursachen: Zu geringe Krumenbildung, zu kurze Backzeit, weicher, junger Teig.

Abhilfe: Teig bzw. Teigstücke etwas reifer werden lassen,Teig etwas wärmer führen, Backzeit auf 20 bis 22 Minuten verlängern.

Abtrennen der Kruste von der Krume

Ursachen: Gefriertrocknung der Krume, Spannungen und Risse unter der Kruste beim Frosten.

Abhilfe: Verpacken der Brötchen in wasserdampfdichter Folie, Einfrostzeit max. 24 Stunden.

Stellenweise starke Bräunung

Ursachen: Stark verzögerte Abkühlung auf der nach unten liegenden Teigoberfläche (nur aufliegende Zonen um den Ausbund herum) bei schlecht kälteleitfähigen Gärunterlagen (z. B. Holz), verstärkter enzymatischer Abbau in dieser Teigstück-Randzone durch Oberflächenfeuchtigkeit.

Abhilfe: Gut kälte- bzw. wärmeleitfähige Gärgutträger verwenden, Spezial-Lochbleche.

Fehlertabellen/Feine Backwaren – Ursachen und Abhilfe

a) Bereich Blätterteiggebäcke

Fehler	Ursache	Abhilfe
Die Gebäcke bleiben klein.	Zu fester Teig.	Teig weicher halten, damit beim Backen genügend Wasser für den Ofentrieb zur Verfügung steht.
	Beim Tourieren zu dünn ausgerollt.	Beim Tourieren nicht dünner als 8 mm ausrollen.
	Zu viele Touren gegeben.	Nacheinander 1 einfache, 1 doppelte, 1 einfache, 1 doppelte Tour geben.
	Ungeeignete Mehlqualität.	Ein Mehl der Type 550 mit guten Klebereigenschaften und guter Wasseraufnahme verwenden
Die Gebäcke ziehen zu wild hoch.	Zu wenig Touren gegeben.	Nacheinander 1 einfache, 1 doppelte, 1 einfache, 1 doppelte Tour geben; für flach treibende Blätterteiggebäcke (Knusperblätter, Schweinsohren, Böden, Prasselocken usw.) 1 einfache Tour zusätzlich geben oder Abfallblätterteig verwenden.
	Die Entspannungspausen waren zu kurz.	Den fertigen tourierten Blätterteig und die aufgearbeiteten Teigstücke länger ruhen lassen (jeweils ca. 90 Min.).
Die Gebäcke sind beim Backen geschnurrt.	Der Teig wurde beim Tourieren nur in einer Richtung ausgerollt.	Den Teig beim Tourieren häufig wenden, so dass er gleichmäßig nach allen Seiten ausgerollt wird.
	Der Blätterteig hatte nicht genügend Ruhezeit.	Den fertig tourierten Blätterteig länger ruhen lassen (ca. 90 Min.).
	Die Teigstücke hatten nicht genügend Ruhezeit.	Die aufgearbeiteten Teigstücke länger ruhen lassen (ca. 90 Min.).

a) Bereich Blätterteiggebäcke

Fehler	Ursache	Abhilfe
Die Gebäcke haben keine schöne Farbe, sondern sind grau.	Zu fester Teig. Zu viel Mehl beim Ausrollen verwendet.	Teig weicher halten. Den auszurollenden Teig nur leicht mit Mehl bestäuben, nach dem Ausrollen abfegen!
	Teigstücke waren vor dem Backen zu stark verkrustet.	Die aufgearbeiteten Teigstücke abgedeckt ruhen lassen.
	Gebäck wurde in zu trockener Backatmosphäre gebacken.	Vor dem Einschieben etwas Dampf geben.
Die Gebäcke haben einen Speckstreifen.	Dieser Fehler tritt auf, wenn die Füllung mitgebacken wird und der Blätterteig sich unter der Füllung nicht entwickeln kann.	Den Blätterteig an der Stelle, an der Füllung aufgespritzt wird, vorher mit einem Teigdrücker oder einem kleinen Rollholz dünner drücken oder rollen und erst dann die Füllung aufspritzen.
	Zu kurz gebacken.	Etwas länger backen, eventuell bei etwas niedrigerer Ofentemperatur.
Die Gebäcke sind hartsplitterig und nicht zart genug.	Zu niedriger Fettanteil im Rezept.	Auf 1000 g Mehl 1000 g Spezialmargarine verwenden.
	Zu fester Teig. Ungenügende Fettverteilung.	Teig weicher halten. Sorgfältig tourieren und auf gleichmäßige Verteilung der Ziehmargarine achten.

b) Bereich Plundergebäcke

Fehler	Ursache	Abhilfe
Das Fett läuft aus beim Garen.	Zu hohe Gärraumtemperatur.	Gärraumtemperatur ca. 30° C, nicht über 35° C.
Das Gebäck ist breit gelaufen.	Die Teigstücke hatten zu viel Gare.	Plundergebäck bei 1/2 bis 3/4 Gare abbacken. Übergare vermeiden. Stückgebäck mit weniger Gare abbacken als Kleingebäck.
	Die Backtemperatur war zu niedrig.	Die beste Ofentemperatur für Plundergebäck liegt bei 200° C (ca. 40° C unter der Temperatur für Brötchen).
Das Fett läuft aus beim Backen.	Der Teig hat 1 Tour zu wenig.	Plunderteig erhält in der Regel 3 einfache Touren.
	Beim Tourieren wurde nicht dünn genug ausgerollt.	Beim Tourieren jeweils auf ca. 8 mm Teigstärke ausrollen.
	Zu kalt gebacken.	Die beste Ofentemperatur für Plundergebäck liegt bei 200° C (ca. 40° C unter der Temperatur für Brötchen).
Das Gebäck ist schlecht entwickelt und ungenügend geblättert.	Zu wenig Fett eingezogen.	Genügend Ziehmargarine einziehen, mindestens 200 g auf 1 kg Teig.
	Zu dünn touriert.	Beim Tourieren auf ca. 8 mm Teigstärke ausrollen.
	Zu knappe Stückgare.	Bei 1/2 bis 3/4 Gare abbacken.
	Zu fester Teig.	Den Teig auf mittlere Festigkeit einstellen.

b) Bereich Plundergebäcke

Fehler	Ursache	Abhilfe
Das Gebäck ist nicht saftig und zart genug.	Backtemperatur war zu niedrig und dadurch die Backzeit zu lang.	Die beste Ofentemperatur für Plundergebäck liegt bei 200° C (ca. 40° C unter der Temperatur für Brötchen).
	Zu alter Teig.	Teigruhe nicht zu lange ausdehnen.
	Zu wenig Fett eingezogen.	Genügend Ziehmargarine einziehen, mindestens 200 g auf 1 kg Teig.
Das Gebäck blättert ab.	Der Teig hat eine Tour zu wenig.	Plunderteig erhält in der Regel 3 einfache Touren.
	Der Teig war zu warm.	Die beste Teigtemperatur für den Plundergrundteig ist ca. 25 °C.
	Die Stückgare war zu trocken.	Im Gärraum eine relative Luftfeuchtigkeit von ca. 75 % einhalten.
Die Backfarbe ist nicht goldbraun, sondern graustichig.	Teigstücke waren verkrustet (häufiger Fehler, wenn Teiglinge im Froster gelagert werden).	Aufgearbeitete Teiglinge abdecken. Im Gärraum eine relative Luftfeuchtigkeit von ca. 75 % einhalten. Teiglinge im Froster abgedeckt lagern oder im Karton einfrosten.

c) Bereich Stollen

Fehler	Ursache	Abhilfe
Das Volumen der Stollen ist zu klein.	Teig war zu fest. Ungenügende Teigentwicklung.	Teigfestigkeit richtig einstellen.
	Teig war zu kalt. Teig war zu jung.	Teigtemperatur von ca. 27° C einhalten.
	Zu kurze Stückgare.	Je nach Teigentwicklung die Stückgare variieren.
Die Stollen sind eingefallen oder haben sich gesetzt.	Teig war zu weich.	Teig fester halten, vor allem bei frei aufgearbeiteten Stollen.
	Stollen waren ungenügend ausgebacken.	Backzeit und Kerntemperatur überprüfen.
Die Stollen haben eine ungleichmäßige Form und sind nicht optimal entwickelt.	Aufarbeitungsfehler bei frei gebackenen Stollen.	Sorgfältig mit dem Stollenholz aufarbeiten.
	Ungenügend in die Form eingedrückt.	Den Teig wie Weißbrot lang wirken, etwas entspannen lassen und gut in die Stollenhaube eindrücken.
Die Stollen haben eine ungleichmäßige Form und sind nicht optimal entwickelt.	Aufarbeitungsfehler bei frei gebackenen Stollen.	Sorgfältig mit dem Stollenholz aufarbeiten.
	Ungenügend in die Form eingedrückt.	Den Teig wie Weißbrot lang wirken, etwas entspannen lassen und gut in die Stollenhaube eindrücken.
Die Kruste der Stollen ist gerissen.	Teig war zu warm.	Teigtemperatur von ca. 27° C einhalten.
	Teig war zu alt.	Teigruhe nicht über 60 Min. ausdehnen.
	Teig war zu fest.	Teigfestigkeit richtig einstellen.
	Teig war vor dem Eindrücken in die Form nicht entspannt.	Teig etwas entspannen lassen.
Die Kruste der Stollen ist zu dick.	Backzeit war zu lang.	Backzeit und Kerntemperatur überprüfen.

c) Bereich Stollen

Fehler	Ursache	Abhilfe
Die Kruste der Stollen ist zu dunkel.	Backtemperatur war zu hoch.	Backzeit und Kerntemperatur überprüfen.
Der Boden der Stollen ist zu dunkel (zu dick).	Zu starke Unterhitze.	Auf Unterblechen backen oder die Bleche mit Pappe und Papier belegen.
Die Kruste der Stollen ist zu dünn (zu hell).	Die Stollen wurden in Stollenhauben mit blanker Oberseite gebacken.	Neue Stollenhaube von außen mit einem hitzebeständigen schwarzen Mattlack besprühen.
	Backtemperatur war zu niedrig.	Backzeit und Kerntemperatur überprüfen.
Die Porung der Stollen ist zu grob (ungleichmäßig).	Teig war zu warm.	Teigtemperatur von ca. 27 °C einhalten.
	Teig war zu weich.	Teigfestigkeit richtig einstellen.
	Teig war zu jung.	Teigruhe nicht über 60 Min. ausdehnen.
	Zu viel Hefe verwendet.	Hefemenge von 6 bis 8 % einsetzen.
Die Porung der Stollen ist zu dicht.	Teig war zu fest. Ungenügende Teigentwicklung.	Teigfestigkeit richtig einstellen.
	Teig war zu kalt.	Teigtemperatur von ca. 27° C einhalten.
	Teig war zu jung.	Teigruhe von mindestens 30 Min. einhalten.
	Zu kurze Stückgare.	Je nach Teigentwicklung die Stückgare variieren.
Stollen haben einen Setzstreifen.	Teig war zu weich.	Teig fester halten, vor allem bei frei aufgearbeiteten Stollen.
	Stollen ungenügend ausgebacken.	Backzeit und Kerntemperatur überprüfen

c) Bereich Stollen

Fehler	Ursache	Abhilfe
Die Krume der Stollen ist verfärbt.	Es wurden unsaubere Früchte verarbeitet.	Früchte guter Qualität verarbeiten. Früchte in kaltem Wasser waschen und gut abtropfen lassen.
	Der Teig wurde mit Früchten zu lange geknetet.	Früchte nach der Teigruhe nur kurz und vorsichtig unter den Teig kneten.
	Die Stollen wurden zu lange gebacken.	Backzeit und Kerntemperatur überprüfen.
Die Früchte sind in der Krume ungleichmäßig verteilt.	Die Früchte wurden nicht sorgfältig untergeknetet.	Die Früchte nach der Teigruhe nur kurz und vorsichtig, aber sorgfältig unterarbeiten.
Die Füllung ist hohl gebacken.	Die Stollen wurden nicht oder nur ungenügend gestippt.	Gefüllte Stollen gut stippen.
	Ungeeignete Füllung verwendet.	Füllung wie im Rezept beschrieben verwenden.
	Füllung enthält zu viel Flüssigkeit. Füllung ist zu weich.	Füllung und Teig sollen die gleiche Festigkeit haben.
Die Krume der Stollen ist zu trocken.	Die Trockenfrüchte oder Mandeln sind zu trocken verarbeitet worden.	Trockenfrüchte und Mandeln wie in den Rezepten beschrieben behandeln.
	Der Stollen hat bei der Lagerung Feuchtigkeit verloren.	Stollen nach dem Backen fachgerecht fetten und zuckern.
Der Geschmack der Stollen ist zu wenig abgerundet.	Es wurden keine erstklassigen Zutaten verwendet.	Für die Herstellung von Stollen nur erstklassige Zutaten verwenden.
	Die Teigführung war nicht optimal.	Die optimale Teigführung (mit Ansatz) und Teigruhe einhalten.

d) Bereich Siedegebäcke

Fehler	Ursache	Abhilfe
Schlechter Geruch und Geschmack des fertigen Siedegebäcks.	Zu hohe Temperatur des Siedefetts.	Backtemperatur von 170 bis 180°C einhalten.
	Siedefett zu lange im Gebrauch.	Häufiger das Siedefett wechseln.
	Verunreinigung des Siedefetts durch das Backgut.	Schwimmende Backgutreste abschöpfen und den Bodensatz entfernen.
	Fett zum Sieden ungeeignet.	Verwendung eines speziellen Siedefetts.
Schlechte Bräunung des Siedegebäcks.	Zu kurze Backzeit.	Backzeit verlängern.
	Falsche Backtemperatur.	Backtemperatur erhöhen, mit einem Fett-Thermometer prüfen. Thermostat überprüfen.
Verfärbung des Siedefetts.	Zu hohe Temperatur des Siedefetts.	Backtemperatur von 170 bis 180° C einhalten.
	Siedefett zu lange im Gebrauch.	Häufiger das Siedefett wechseln.
	Verunreinigung des Siedefetts durch das Backgut.	Schwimmende Backgutreste abschöpfen und den Bodensatz entfernen.
Rauchentwicklung des Siedefetts.	Zu hohe Temperatur des Siedefetts.	Backtemperatur von 170 bis 180°C einhalten.
	Rauchpunkt des Siedefetts niedriger als bisher.	Siedefett erneuern, da verdorben.
	Verwendung eines ungeeigneten Siedefetts mit zu niedrigem Rauchpunkt.	Verwendung eines speziellen Siedefetts.
	Fettbackgerät nicht ausreichend gereinigt.	Alte Fettrückstände beseitigen.

d) Bereich Siedegebäcke

Fehler	Ursache	Abhilfe
Starkes Schäumen des Siedefetts.	Zu feuchte Oberfläche des Teiglings.	Teiglinge in trockener Luft etwas absteifen lassen.
	Verhältnis Siedefett/Backgut falsch.	Weniger Backgut in die Backwanne geben.
	Siedefett ist verbraucht (zäher, feiner Schaum).	Siedefett erneuern, da verdorben.
	Ungeeignetes Siedefett (z. B. Kokosfett).	Verwendung eines geeigneten Siedefetts.
	Vermischung mit anderen Fetten.	Nur reines Erndnussfett verwenden.
	Rückstände von Reinigungsmitteln im Fettbackgerät.	Nach der Reinigung mit klarem Wasser nachspülen und trockenwischen.
Zu schneller Fettverderb.	Zu hohe Temperatur des Siedefetts.	Backtemperatur von 170 bis 180° C einhalten.
	Zu langes Erhitzen des Siedefetts.	In Pausen z. B. Thermostat herunterschalten.
	Backrückstände nicht beseitigt.	Regelmäßig die Backwanne reinigen.
	Zu starker Zutritt von Licht und Sauerstoff.	Nach dem Gebrauch den Deckel schließen.
	Berührung mit Buntmetallen.	Vermeidung von z. B. Kupferkontakten.
	Rückstände von Reinigungsmitteln im Fettbackgerät.	Nach der Reinigung mit klarem Wasser nachspülen und trockenwischen.
	Ungeeignetes Siedefett.	Verwendung eines geeigneten Siedefetts.
Siedefettverbrauch zu hoch.	Zu hohe oder zu niedrige Temperatur des Siedefetts.	Backtemperatur von 170 bis 180° C einhalten.
	Backdauer zu lange.	Backtemperatur etwas erhöhen.
	Ungenügendes Abtropfenlassen des Backguts.	Gebäcke länger abtropfen lassen.
	Zu geringer Eianteil in der Rezeptur.	Veränderung der Rezeptur durch Erhöhung des Eianteils.
	Zu hoher Fettanteil in der Rezeptur.	Fettanteil in der Rezeptur herabsetzen.

d) Bereich Siedegebäcke

Fehler	Ursache	Abhilfe
Zu kleines Gebäck.	Stückgare zu kurz. Übergare. Backen ohne Deckel.	Stückgare verlängern. Stückgare verkürzen. Abdecken der Berliner bis zum ersten Wenden.
Mangelhafte Kragenbildung.	Teigling sinkt beim Backen zu tief im Siedefett ein.	Richtige Rezeptur einsetzen, optimale Gärzeit einhalten, empfohlene Knetzeit einhalten, empfohlene Teigruhezeit einhalten.
Faltiger Kragen.	Übergare.	Optimale Gärzeit einhalten.
	Zu geringe Stabilität des Kragens.	Berliner kurz vor Beendigung des Backprozesses mit dem Backgitter im Siedefett untertauchen.
Bläschenbildung auf der Gebäckoberfläche.	Zu feuchte Oberfläche des Teiglings.	Teiglinge in trockener Luft etwas absteifen lassen.

ALLGEMEINE FRAGEN

wie z. B. Quellstoffe, Konfitüre, Rationalisierung, Restbrot

(Berufstheorie)

Was versteht man unter
a) direkter Teigführung
b) indirekter Teigführung
c) kombinierter Teigführung?

a) Bei der direkten Teigführung werden alle verwendeten Rohstoffe und Zutaten in einem Arbeitsgang ohne Vorstufen in der Knetmaschine zum Teig verarbeitet. Bei roggenhaltigen Brotteigen wird die notwendige Säuerung durch Zugabe eines Teigsäuerungsmittels erreicht.

b) Bei der indirekten Führung werden Vorstufen in Form von Sauerteig und/oder Vorteig eingesetzt. Dabei hat ein Teil des Gesamtmehls schon vor der eigentlichen Teigbereitung die Möglichkeit, intensiv zu verquellen bzw. zu säuern.

c) Bei der so genannten kombinierten Führung werden Teigsäuerungsmittel und ein kleiner Anteil Sauerteig zur Teigherstellung verwendet. Der Sauerteig hat dabei in erster Linie die Aufgabe, Geschmack und Aroma zu verbessern. Die backtechnisch notwendige Säure liefert das Teigsäuerungsmittel.

Wovon ist die Knetzeit[1] abhängig?

Von der Mehlzusammensetzung, Mehlqualität, Teigart, Teigfestigkeit, Maschinenkonstruktion, Teigtemperatur und der Teiggröße.

Was ist unter einem Mürbeteig 1-2-3 zu verstehen?

1 Teil Zucker (1 kg), 2 Teile Fett (2 kg) und 3 Teile Mehl (3 kg) sowie 6 bis 8 Eier, etwas Salz und Gewürze.

---

[1]Siehe Backversuch Nr. 2, Seite192 f.: „Die Bedeutung der Knetzeit bei Weizenteigen."

Was bezeichnet man als Fettgebäck?

Gebäcke, die im Siedefett schwimmend ausgebacken werden, wie z. B.
a) Berliner Pfannkuchen, Krapfen
b) Spritzkuchen
c) Kameruner
d) Storchennester
e) Mutzen(-mandeln)
f) Donuts (Doughnuts)

In welche Gruppen teilt man Quellstoffe nach ihrer Wirkung ein?

a) Gelierstoffe
b) Dickungsmittel
Ihrer Herkunft nach kann man sie einteilen in
1. pflanzliche Quellstoffe
2. tierische Quellstoffe

Nennen Sie pflanzliche Quellstoffe!

Agar-Agar
wird durch Auskochen von Rotalgen gewonnen (Herkunft: Ostasien, Spanien und Westafrika).
Alginate
werden hergestellt aus Meerespflanzen (Braunalgen) aus Norwegen und den USA (Ost- und Westküste).
Pektin
Gelierstoff aus Äpfeln (Europa) oder aus Zitrusfrüchten (USA).
Stärkepuder
Weizen-, Mais-, Reis-, Kartoffel- und Tapiokastärke.
Tragant
wird aus dem Saft einer in den Tropen wachsenden Baumart gewonnen.

Nennen Sie Quellstoffe tierischer Herkunft!

Gelatine
ein farbloser und – bei guter Qualität – geschmacksneutraler Leim, der aus Häuten und Knochen von Schlachttieren hergestellt wird.

Was bezeichnet man als Konfitüre?

Unter Konfitüre versteht man eine dickbreiige, streichfähige Zubereitung aus Zuckerarten und Pulpe einer oder mehrerer Obst- oder Wildfruchtarten. (Pulpe ist der essbare Teil der ganzen, geschälten Frucht, ungeteilt oder grob zerkleinert.)

Es gibt *Konfitüre extra* mit höherem Fruchtgehalt und *Konfitüre einfach* mit niedrigerem Fruchtgehalt.

Wird der Begriff Marmelade noch verwendet?

Die Bezeichnung Marmelade war früher durchaus üblich, auf Grund der EU-Richtlinie ist sie jedoch überholt und wird nur noch für Zitrusfrüchte verwendet.

Was ist Gelee?

Gelee wird aus dem kalten oder nach Erhitzen ausgepressten Saft frischer Früchte erzeugt. Saft und Zucker werden etwa zu gleichen Teilen angesetzt. Obstpektin darf zugefügt werden.

Wie stellt man Fruchtmark her?

Fruchtmark ist das fein zerkleinerte, meist von Samen befreite Fruchtfleisch aus frischen Früchten. Kann im Haushalt durch Passieren des Fruchtfleischs durch ein Haarsieb zubereitet werden. Für industrielle Herstellung gibt es Spezialmaschinen. Fruchtmark ist normalerweise nicht gezuckert. Zuckerzusatz muss kenntlich gemacht werden.

Welche chemischen Mittel sind zum Konservieren von gekochtem Obst sowie Rhabarber erlaubt?

Sorbinsäure und Benzoesäure, für Säfte außerdem noch Ameisensäure.

Was wissen Sie von tiefgekühltem Obst?

Tiefgekühltes Obst ist eingefrostet, behält seine natürliche Farbe und Nährstoffe. Es muss nach dem Auftauen sofort verzehrt oder verarbeitet werden (begrenzt haltbar). Die Ware wird gezuckert oder ungezuckert eingelegt.

Was versteht man unter kandierten Früchten?

Früchte, die in Zuckerlösungen steigender Konzentration so lange eingelegt wurden, bis der Zucker die Früchte völlig durchdrungen hat. Sie sind dann kandiert. Durch Tauchen in eine besondere Zuckerlösung erhalten sie eine dünne, kristallisierte Zuckerkruste. Verwendung zur Geschmacksgebung, zum Garnieren und Dekorieren.

Was heißt Aprikotieren?

Ein Gebäck mit Aprikosenkonfitüre bestreichen, damit die Glasur, die nachher aufgetragen wird, nicht „abstirbt".

Nennen Sie den Unterschied zwischen Blanchieren und Pikieren!

Blanchieren bedeutet, Gemüse oder Früchte mit siedend heißem Wasser oder mit Dampf zu behandeln, um darin vorhandene Enzyme, die zu einer Zersetzung des Materials führen können, zu inaktivieren. Bei der Herstellung von kandierten Früchten dient das Blanchieren zum Erweichen des Fruchtfleischs, wodurch die Aufnahme des Zuckers erleichtert wird.

Pikieren ist das Anstechen der Früchte mit Gabeln oder Nadeln, von Hand oder maschinell, damit die Zuckerlösung schneller einziehen kann.

Wie wird ein Blech sachgemäß gesäubert?

Zuerst anwärmen, abspachteln (Ecken und die Unterseite säubern), zuletzt schmieren.

Bei Laugengebäck darf die verwendete Natronlauge nach der vorgeschriebenen Gebäckverdünnung einen gewissen Prozentsatz an Natriumhydrogen-Gehalt nicht überschreiten. Wie hoch ist dieser Prozentsatz?

4 %.

Was verstehen Sie unter Rationalisierung?

Vernünftig arbeiten. Verbesserungsmaßnahmen in der Organisation bei Arbeitsvorgängen mit dem Ziel einer Leistungssteigerung, z. B. durch bessere Ausnutzung vorhandener oder Einführung neuer Betriebsmittel.
Zweck der Rationalisierung ist die Erhöhung der Wirtschaftlichkeit der Betriebe.

Welche Ansatzpunkte für die Rationalisierung kennen Sie?

1. Verbesserung der Arbeitsmethode
2. Verbesserung des Arbeitsablaufs und des Materialflusses

3. Bessere Nutzung der Betriebsmittel
4. Mechanisierung und Automatisierung
5. Humanisierung der Arbeit

Was wissen SIe über die Mitverwendung von Brot bei der Brotherstellung?

Laut den Leitsätzen für Brot und Kleingebäck ist die Verwendung von verkehrsfähigem, hygienisch einwandfreiem Brot bei der Brotherstellung üblich. Bei Brot mit überwiegendem Weizenanteil darf der Zusatz bis zu 6 %, bei überwiegendem Roggenanteil bis zu 20 %, jeweils berechnet als Frischbrot, betragen. Das mitverwendete Brot ist im Enderzeugnis mit bloßem Auge nicht mehr erkennbar. Anmerkung: Wurde nichtverkauftes Brot zur Roggenbrotherstellung verwendet, sprach man früher erst von „Altbrot", dann von „Restbrot". Beide Begriffe sind heute überholt, und es wird nur noch der Begriff „Brot" verwendet, denn die Brote, die zu Teigen zugegeben werden, müssen – zumindest in ihrem mikrobiologischen Zustand – verkaufsfähigen Broten entsprechen.

Was ist eine Broteinheit (BE)?

Die Broteinheit gilt als eine Menge von insgesamt 12 g Monosacchariden, verdaulichen Oligo- und Polysacchariden sowie Sorbit und Xylit.

Was versteht man unter Brennwert?

Der Brennwert ist der berechnete Energiegehalt eines Lebensmittels, wobei der Berechnung für

1 g Fett	37 kJ (oder 9 kcal)
1 g Eiweiß	17 kJ (oder 4 kcal)
1 g Kohlenhydrate	17 kJ (oder 4 kcal)
1 g Ethylalkohol	29 kJ (oder 7 kcal)
1 g organ. Säuren	13 kJ (oder 3 kcal)

zugrunde gelegt werden.

Was bezeichnet man als pH-Wert?

Der pH-Wert ist das Maß für die Wasserstoffionenaktivität in einer Lösung. Der pH-Wert gibt die saure, neutrale oder alkalische Reaktion einer Lösung an.

BACKVERSUCHE

(Berufstheorie)

Backversuch Nr. 1

Die Beweisführung der Gär- und Einwiegeverluste

Gärverluste sind Gewichtsverluste, welche durch die Tätigkeit und Entwicklung der Kleinstlebewesen hervorgerufen werden. Diese Hefepilze, Säurebildner usw. ernähren sich von den Bestandteilen des Mehls während der Teigruhe und Stückgare. Je länger und wärmer die Teigführung und je größer die Zugabe z. B. der Hefemenge ist, umso höher sind die Gärverluste.

Einwiegeverluste entstehen beim Abwiegen der Rohstoffe und Teige bzw. beim Pressen der Ballen oder Brüche.

Merke:

Der Gärverlust beträgt, auf die **Mehltrockensubstanz** bezogen, durchschnittlich bei

direkter Teigführung	etwa 1,0 %
indirekter Teigführung	etwa 2,0 %
Kurzsauerführung	etwa 1,2 %
Mehrstufenführung	etwa 2,2 %

Der **Gär- und Einwiegeverlust** beträgt dagegen insgesamt 1 bis 3 % vom **Rohteiggewicht.**

Probe aufs Exempel: Durchführung in der Lehr- und Versuchsbäckerei. Wir wollten feststellen, wie hoch ist

1. der Gärverlust in kg und %,
2. a) der Gär- und Einwiegeverlust insgesamt in % und
   b) je Brot?

Nach folgendem Führungsschema bereiteten wir einen Teig für Schwarzwälder Brot (Badisches Landbrot) zu:

Führung: **Direkte Führung**

Mehlmischung: 80 % Weizenmehl
20 % Roggenmehl

Teigzusammensetzung: für 10,000 kg Gesamtmehlmenge

Weizenmehl, Type 812	8,000 kg
Roggenmehl, Type 997	1,650 kg
Backmittel	0,350 kg
Salz	0,200 kg
Hefe	0,150 kg
Wasser	ca. 6,000 kg
Teig	ca. 16,350 kg

Teigtemperatur: 26° C

Teigruhe: 45 Minuten

Beweis 1:

Nach der vorgeschriebenen Ruhezeit hatte der Teig nur noch ein Gewicht von 16,240 kg.

Lösung der Gärverlust-Berechnungen in kg:

Gewicht des Teigs vor der Teigruhe	16,350 kg
Gewicht des Teigs nach der Teigruhe	16,240 kg
Gärverlust	**0,110 kg**

in %:

Bei einer Mehlmenge (inkl. Backmittel) von 10,000 kg ist ein Gärverlust von 0,110 kg zu verzeichnen.

Bei einer Mehlmenge von 100,000 kg ist ein Gärverlust von wie viel % zu verzeichnen?

$$\frac{0{,}110 \times 100}{10} = \mathbf{1{,}1\ \%}$$

Antwort:

Damit ist der Beweis erbracht, denn unser Beispiel hatte – ausgehend von der Mehlmenge – einen völlig normalen Gärverlust, nämlich **110 g = 1,1 %.**

Beweis 2:

Wir erzielten eine Ausbeute von 14 Broten bei einer Teigeinlage von 1,150 kg und einen Teigrest von 40 g.

Lösung der Gär- und Einwiegeverlust-Berechnungen insgesamt:

1. Gewicht des Teigs nach der Bereitung:		16,350 kg
Ausbeute:		
a) Gewicht der Brote	= 14 x 1,150 kg = 16,100 kg	
b) Gewicht des Teigrests	= 0,040 kg	16,140 kg
Gär- und Einwiegeverlust insgesamt		**0,210 kg**

je Brot: 210 g : 14 = **15 g**

Gär- und Einwiegeverlust je Brot **0,015 kg**

in %:

Bei einem Teiggewicht von 16,350 kg beträgt der Gär- und Einwiegeverlust 0,210 kg.

Bei einem Teiggewicht von 100,000 kg beträgt der Gär- und Einwiegeverlust wie viel % bzw. kg?

$$\frac{0{,}210 \times 100}{16{,}350} = \mathbf{1{,}28\ kg = 1{,}28\ \%}$$

Antwort:

Auch bei den Gär- und Einwiegeverlust-Berechnungen ist die erwartete Tendenz **= 15 g je Brot = 1,28 % vom Teiggewicht** ermittelt worden.

Backversuch Nr. 2

Die Bedeutung der Knetzeit bei Weizenteigen

Es wird häufig der Fehler gemacht, Weizenteige zu kurz zu kneten (unterkneten). Vielfach herrscht noch die Vorstellung, dass durch kräftiges Kneten der Teig totgeknetet würde. Um dies zu widerlegen, wurde folgender Backversuch unternommen:

5 kleine Weizenteige aus je 500 g Mehl, 290 g Wasser, 8 g Salz, 15 g Hefe und 10 g Backmittel wurden bei einer Teigtemperatur von 25° C zubereitet.

Teig I	100 Knetschläge	Hubkneter	oder	2 Min.	Spiralkneter
Teig II	200 Knetschläge			4 Min.	
Teig III	300 Knetschläge			6 Min.	
Teig IV	400 Knetschläge			8 Min.	
Teig V	700 Knetschläge			10 Min.	

Teigruhe: 30 Minuten für alle Teige. Aufarbeiten als Weizenkastenbrote.
Stückgare: Mit optimaler Gare einschießen.
Backzeit: 35 Minuten.

Ergebnis:

Brot I zeigte das kleinste Volumen, grobe Krumenbeschaffenheit, unregelmäßige Porung. Bei den

Broten II bis V wurde das Volumen stetig größer, die Krumenbeschaffenheit zarter, die Porung feiner und gleichmäßiger und die Krumenfarbe heller.

Folgerung:

Obwohl bei Verwendung einer Labor-Schnellknetmaschine für diese Teige 200 Knetschläge ausreichend gewesen wären, zeigten die Brote mit längerer Knetzeit bessere Ergebnisse. Es ist deshalb ratsam, bei den heutigen Mehlen (hoher Klebergehalt) die Knetzeit zwecks Erzielung einer guten Gebäckqualität nicht zu kurz vorzunehmen.

Für die auf dem Markt befindlichen Knetmaschinen gelten für Weizenteige dabei folgende Richtlinien:

	Hubzahl/Drehzahl je Minute	Ø Knetzeit
Langsamkneter (Hubkneter)	60–120	20 Min.
Schnellkneter (Spiralkneter)	120–240	5–10 Min.
Mixer	1400	1–2 Min.

Anmerkung:

Je intensiver geknetet wird, umso stärker ist die Teigerwärmung, d. h., um eine niedrige Teigtemperatur zu erhalten, müssen bei intensiver Knetung entsprechend kühlere Schüttwassertemperaturen gewählt werden.

Backversuch Nr. 3

Die backtechnischen Auswirkungen geringer und hoher Zuckerzusätze

Die Frage, wie sich verschieden hohe Zuckerzusätze beim Teig auf Trieb und beim fertigen Gebäck auf Volumen, Bräunung, Krume und Porung auswirken, wird immer wieder gestellt.
Für die Durchführung dieses Vergleichsversuchs wurden zur gleichen Zeit 4 kleine Hefefeinteige zubereitet:

Teig I (ohne Zuckerzusatz)

350 g	Weizenmehl, Type 550
224 g	Milch
21 g	Hefe
21 g	Fett
4 g	Salz
620 g	Gesamtteig

Teig II (mit 10 % Zuckerzusatz)

340 g	Weizenmehl, Type 550
200 g	Milch
34 g	Zucker
21 g	Hefe
21 g	Fett
4 g	Salz
620 g	Gesamtteig

Teig III (mit 15 % Zuckerzusatz)

330 g	Weizenmehl, Type 550
193 g	Milch
51 g	Zucker
21 g	Hefe
21 g	Fett
4 g	Salz
620 g	Gesamtteig

Teig IV (mit 20 % Zuckerzusatz)

326 g	Weizenmehl, Type 550
183 g	Milch
65 g	Zucker
21 g	Hefe
21 g	Fett
4 g	Salz
620 g	Gesamtteig

Teigtemperatur: 25° C.

Teigruhe: 30 Minuten für alle Teige. Aufarbeiten als Weizenkastenbrote.

Stückgare: Mit optimaler Gare einschießen.
Diese wurde erreicht bei

Teig I	nach 25 Minuten
Teig II	nach 22 Minuten
Teig III	nach 28 Minuten
Teig IV	nach 35 Minuten

Backzeit: 40 Minuten

Ergebnis:

Brot I hatte ein normal großes Volumen, die Bräunung der Kruste war schwach, die Porung fein und die Krume zart und hell.
Volumen: 1488 cm^3.

Brot II hatte ein größeres Volumen, die Bräunung der Kruste war kräftig, die Porung sehr fein und die Krume zarter als bei Brot I.
Volumen: 1548 cm^3.

Brot III hatte ein geringfügig kleineres Volumen als Brot II, die Kruste war kräftig, die Porung und Krume entsprach dem Brot II.
Volumen: 1536 cm^3.

Brot IV hatte ein kleineres Volumen als die Brote II und III, die Kruste war kräftig gebräunt, aber weich, die Porung war feiner und die Krume zarter als bei Brot I und entsprach in etwa den Broten II und III.
Volumen: 1515 cm^3.

Folgerung:

Zuckermengen – bis etwa 10 % der Mehlmenge – verbessern die Gebäck- und vor allem die Teigqualität, weil der indirekt vergärbare Zucker die Gare fördert. Höhere Zuckerzusätze – mehr als 20 % der Mehlmenge – machen den Teig schwerer und hemmen vor allem die Gare, weil Zucker durch seine wasseranziehende Kraft die Hefe schädigt.

Noch höhere Zuckerzusätze machen eine einwandfreie Lockerung schwieriger. Es empfiehlt sich der Zusatz größerer Hefemengen bzw. der Ansatz eines Hefestücks oder in bestimmten Fällen die Anwendung chemischer Triebmittel (Backpulver usw.).

Backversuch Nr. 4

Die backtechnischen Auswirkungen geringer und hoher Fettzusätze bei Hefefeinteigen mit Schnellknetung (Spiralknetmaschine) und Langsamknetung (Hubknetmaschine)

Bis Ende der 1980er-Jahre ist die Fachwelt davon ausgegangen, dass Fett als Backzutat bei der Teigbereitung die Hefezellen umhüllt und so bei höheren Fettzugaben die Gärtätigkeit der Hefe hemmt.

Neuere Untersuchungen haben nun ergeben, dass dies bei der Verwendung von modernen Schnellknetern, wie z. B. einer Spiralknetmaschine, nicht mehr zutrifft. Eine gärhemmende Wirkung des Fettzusatzes war nicht mehr feststellbar. Bei Langsamknetern besteht diese aber nach wie vor.

Für die Durchführung eines entsprechenden Vergleichversuchs wurden folgende 3 kleine Weizenteige jeweils in einem Spiral- und einem Hubkneter zubereitet:

Teig I (ohne Fettzusatz)

350 g	Weizenmehl, Type 550
205 g	Wasser
15 g	Hefe
7 g	Backmittel
6 g	Salz
583 g	Gesamtteig

Teig II (mit 10 % Fettzusatz)

342 g	Weizenmehl, Type 550
179 g	Wasser
34 g	Fett
15 g	Hefe
7 g	Backmittel
6 g	Salz
583 g	Gesamtteig

Teig III (mit 20 % Fettzusatz)

336 g	Weizenmehl, Type 550
152 g	Wasser
67 g	Fett
15 g	Hefe
7 g	Backmittel
6 g	Salz
583 g	Gesamtteig

Versuch A mit Spiralknetmaschine

Teigtemperatur:	25° C
Knetzeit:	2 Minuten aufmischen, 6 Minuten schnell
Teigruhe:	30 Minuten
Stückgare:	28 Minuten
	bei allen 3 Teigen
Backzeit:	40 Minuten

Versuch B mit Hubknetmaschine

Teigtemperatur:	25° C
Knetzeit:	14 Minuten
Teigruhe:	30 Minuten

Stückgare:

bei Teig I	22 Minuten
bei Teig II	27 Minuten
bei Teig III	32 Minuten
Backzeit:	40 Minuten

Im Gegensatz zum Versuch A erreichten die Teiglinge ihre optimale Gare bei Versuch B zu unterschiedlichen Zeiten.

Ergebnis Versuch A

Teige: Teig I war von normaler Beschaffenheit mit guter Elastizität.

Teig II zeigte eine deutliche Geschmeidigkeit mit noch besserer Elastizität.

Teig III war zwar ebenso geschmeidig wie Teig II, wies jedoch in der Elastizität und Dehnbarkeit deutliche Mängel auf, was gleichzeitig auf ein geschwächtes Gashaltevermögen hinweist.

Alle 3 Teige wiesen nach der Stückgare das gleiche Volumen auf.

Brote: Brot I hatte ein normales, großes Volumen, die Kruste war normal ausgebildet, die Porung fein und die Krume zart und hell.

Brot II wies ein noch größeres Volumen auf, die Kruste jedoch war etwas weicher, die Porung geringfügig feiner und die Krume zarter und heller als bei Brot I, Brot III hatte ein etwas kleineres Volumen und eine etwa gleich feste Kruste wie Brot II. Die Porung und die Krume waren jedoch noch feiner und zarter als bei Brot I und Brot II.

Ergebnis Versuch B

Teige: Die Teige fühlten sich insgesamt etwas weniger geschmeidig an als bei Versuch A; die Unterschiede zwischen den einzelnen Teigen bewegten sich jedoch im gleichen Rahmen wie beim vorhergehenden Versuch. Die optimale Stückgare wurde zu unterschiedlichen Zeiten erreicht.

Brote: Die Brote wiesen ähnliche Unterschiede im Volumen und in der Struktur auf, waren jedoch insgesamt gesehen vom Volumen her kleiner und in der Porung generell etwas gröber als bei Versuch A.

Folgerung:

Beide Versuche führten bei den Teigen mit Fettzusatz zu einer geschmeidigeren Beschaffenheit und beim Gebäck zu größerem Volumen, weicherer Kruste, feinerer Porung, zarterer Krume, besserer Mürbung, längerer Frischhaltung und höherem Genuss- und Nährwert.

Es ist deutlich zu erkennen, dass eine Fettzugabe bis etwa 14% die Verarbeitungseigenschaften der Teige durch eine erhöhte Plastizität verbessert. Bei höheren Fettzugaben – ab ca. 18% – setzte jedoch eine rasche Verschlechterung dieser Eigenschaften ein.

Bei der Verwendung eines Schnellkneters mit intensiver Knetung sind auch bei hohen Fettzugaben keine gärhemmenden Auswirkungen feststellbar.

Werden die Teige jedoch mit einem herkömmlichen Langsamkneter zubereitet, sind die schon Ende der 1980er-Jahre (wie eingangs erwähnt) beobachteten Benachteiligungen nach wie vor vorhanden.

Die Ursache hierfür muss jedoch revidiert, d.h. in anderen Bereichen gesucht werden. So weit es derzeit zu beurteilen ist, wird die gärhemmende Wirkung höherer Fettzugabe bei der Langsamknetung nicht durch die Umhüllung der Hefezellen mit Fett, sondern durch die – im Vergleich zur Schnellknetung – ungleichmäßigere Verteilung der Zutaten im Teig verursacht.

Das fertige Gebäck weist bei der Verwendung von Fett und bei der Knetung mit einem Schnellkneter ebenfalls eine deutlich bessere Beschaffenheit mit einem höheren Genusswert auf, wobei das Volumen jedoch bei höheren Fettzugaben – ab etwa 15% – wieder langsam zurückgeht. Dies ist ausschließlich mit dem verminderten Gashaltevermögen zu begründen.

Bei der Herstellung der Teige mit einem Langsamkneter müssen die schon früher gemachten Empfehlungen hinsichtlich der Verwendung eines Hefestücks beachtet werden. Abgesehen von einem geringfügig kleineren Volumen gelten dann für das fertige Gebäck dieselben Beurteilungsmerkmale wie bei der Schnellknetung.

Backversuch Nr. 5

Die Bedeutung der Milch als Zuguss

Für die Durchführung des Vergleichsversuchs wurden zur gleichen Zeit 2 kleine Weizenteige zubereitet:

Teig I (mit Wasser)

350 g	Weizenmehl, Type 550
205 g	Wasser
6 g	Salz
15 g	Hefe
7 g	Backmittel
583 g	Gesamtteig

Teig II (mit Milch)

336 g	Weizenmehl, Type 550
220 g	Milch
5 g	Salz
15 g	Hefe
7 g	Backmittel
583 g	Gesamtteig

Teigtemperatur: 24° C

Teigruhe: 30 Minuten für alle Teige. Aufarbeiten als Weizenkastenbrote.

Stückgare: Mit optimaler Gare einschießen. Diese wurde erreicht bei

Teig I nach 21 Minuten
Teig II nach 24 Minuten

Backzeit: 40 Minuten

Ergebnis:

Bei Brot I war das Volumen normal groß, die Kruste weich, die Porung fein und die Krume zart und fein.

Brot II wies ein größeres Volumen auf, die Bräunung der Kruste wurde verstärkt, die Porung des Brots wurde feiner, die Krume zarter und vollmundiger im Geschmack.

Folgerung:

Durch die Verwendung von Milch ergeben sich im Einzelnen folgende Merkmale:

Beim Teig	Verbesserung der Standfestigkeit Erhöhung der Teigausbeute Verlängerung der Stückgare
Beim Gebäck	Vergrößerung des Volumens Verbesserung der Kruste (zartsplittriger) Verfeinerung der Krumenbeschaffenheit und der Porung Verbesserung der Frischhaltung und des Geschmacks (Milchgeschmack)

Backversuch Nr. 6

Die Wirkung eines Backmittels bei Weizenbrot

Backmittel bewirken größere Sicherheit und eine Qualitätsverbesserung.

Für die Durchführung des Vergleichsversuchs wurden zur gleichen Zeit 5 kleine Weizenteige aus je 350 g Mehl, 210 g Wasser, 6 g Salz sowie 10 g Hefe zubereitet.

Teig I	ohne Zusatz
Teig II	3 g Backmittel
Teig III	7 g Backmittel
Teig IV	3 g Backmittel
Teig V	7 g Backmittel
Teigtemperatur:	24° C
Teigruhe:	15 Minuten für alle Teige. Aufarbeiten als Weizenkastenbrote.

Stückgare:	Gleiche Gare		Optimale Gare
	Teig I	nach 48 Min.	nach 48 Min.
	Teig II	nach 44 Min.	nach 52 Min.
	Teig III	nach 42 Min.	nach 50 Min.
	Teig IV	nach 49 Min.	nach 60 Min.
	Teig V	nach 52 Min.	nach 64 Min.

Backzeit: 40 Minuten

Ergebnis:

Brot I	hatte das kleinste Volumen, helle Bräunung der Kruste, grobe Krumenbeschaffenheit und unregelmäßige Porung. Bei
Brot II	war eine Volumenzunahme, eine bessere Bräunung der Kruste und eine gleichmäßigere Porung bemerkbar. Bei
Brot III	war die Volumenentwicklung noch besser, die Bräunung der Kruste röscher, die Krumenfarbe auffallend heller und zarter, die Porung feiner und der Geschmack aromatischer. Bei
Brot IV	lag das erzielte Volumen deutlich höher als bei den bisher genannten Backversuchen. Die Porung war noch feiner und die Krumenfarbe wesentlich heller. Der Geschmack war weniger aromatisch als bei den Backmitteln auf Lecithin-Basis. Bei
Brot V	war nochmals eine Volumenzunahme zu verzeichnen. Die Porung war sehr fein, die Krume sehr hell und von wolliger Beschaffenheit. Der Geschmack und die übrigen Verzehrseigenschaften weisen deutlich negative Merkmale auf.

Folgerung:

Backmittel auf Lecithin-Basis können die Teigbildung und die Teigeigenschaften verbessern. Die Gärung wird beschleunigt; auf Grund der verbesserten Gärstabilität wird die optimale Gare jedoch erst nach einer etwas längeren Stückgare erreicht. DAWE-(Diacetylweinsäureester)haltige Backmittel können die Gärstabilität und die Verarbeitungseigenschaften der Teige nochmals wesentlich verbessern.

Negativ sind die Einflüsse auf den Geschmack und die Verzehrseigenschaften, was sich besonders bei voller Ausnutzung der Gärtoleranz bemerkbar macht. Dies ist überwiegend darauf zurückzuführen, dass durch das relativ große Volumen dieser Brote die Geschmacksstoffe wesentlich weniger konzentriert mit den Geschmacksnerven in Berührung kommen. Darüber hinaus verbessern diese Backmittel in der angegebenen Dosierung

1. die Unempfindlichkeit gegenüber mechanischer Verarbeitung
2. die Krustenbeschaffenheit
3. das Volumen
4. die Porung
5. die Krumenelastizität
6. die Schneidbarkeit
7. die Bestreichbarkeit
8. den Genusswert der Gebäcke

Backversuch Nr. 7

Die backtechnischen Auswirkungen von Eiern bei Hefegebäckstücken

Die Frage, wie sich Zusätze von Eiern auf Trieb, Volumen, Bräunung, Krume, Porung und Geschmack auswirken, wird immer wieder gestellt. Für die Durchführung dieses Vergleichsversuchs wurden zur gleichen Zeit 2 kleine Hefeteige zubereitet:

Teig I (ohne Eierzusatz)	Teig II (mit Eierzusatz)
340 g Weizenmehl, Type 550	324 g Weizenmehl, Type 550
200 g Vollmilch	165 g Vollmilch
34 g Zucker	30 g Zucker
21 g Hefe	21 g Hefe
21 g Fett	21 g Fett
5 g Salz	5 g Salz
6 g Backmittel	6 g Backmittel
	55 g Eier
627 g Gesamtteig	627 g Gesamtteig

Teigtemperatur:	25° C
Teigruhe:	30 Minuten für alle Teige.
Stückgare:	Mit optimaler Gare einschießen. Diese wurde erreicht bei Teig I nach 22 Minuten Teig II nach 22 Minuten
Backzeit:	40 Minuten

Ergebnis:

Bei den Gebäckstücken aus Teig I	war das Volumen normal groß, die Bräunung der Kruste war kräftig, die Porung fein und die Krume zart und fein.
Bei den Gebäckstücken aus Teig II	registrierte man eine vergrößerte Volumenbildung, die Bräunung der Kruste wurde verbessert, die Porung noch feiner, die Krume wesentlich zarter und der Geschmack aromatischer und vollmundiger im Verzehr.

Folgerung:

Zusammengefasst konnte man feststellen, dass sich Eier in Bezug auf die Gare nicht hemmend auswirken. Außerdem ergeben sich noch folgende hervorstechende Merkmale:

Vergrößerung des Volumens, Förderung der Krustenbräunung (goldbraune Farbe), Verbesserung der Porung, Verfeinerung des Geschmacks- und Erhöhung des Genusswerts.

Backversuch Nr. 8

Die Bedeutung der Säure im Roggenmehl (ohne Salz)

Es wurden zur gleichen Zeit 5 kleine Roggenteige aus je 700 g Mehl, Type 1150, 460 bis 480 g Wasser und 10 g Hefe zubereitet.

Teig I		ohne	Milch- oder Zitronensäure
Teig II	Zugabe von	2 g	Milch- oder Zitronensäure
Teig III	Zugabe von	4 g	Milch- oder Zitronensäure
Teig IV	Zugabe von	5 g	Milch- oder Zitronensäure
Teig V	Zugabe von	6 g	Milch- oder Zitronensäure (normal)

Milch oder Zitronensäure im Schuttwasser auflösen, jedoch getrennt von der Hefe.

Teigtemperatur:	28° C
Teigruhe:	30 Minuten. Die aufgemachten Teigstücke in Brotkörbe legen.
Stückgare:	Mit optimaler Gare einschießen.
Backzeit:	45 bis 50 Minuten für alle Brote.
Ofentemperatur:	240° C (beim Einschießen).

Ergebnis:

Brot I	Feuchte, nasse, unelastische und dunkle Krume (unverkäuflich).
Brote II + III	Krume wesentlich elastischer und heller.
Brote IV + V	Weitere Verbesserung der Elastizität.

Folgerung:

Dieser Backversuch zeigt ganz klar, dass mit steigender Säurezugabe eine bessere Beschaffenheit der Brote erzielt wird, d. h., dass Roggenmehl zu seiner Backfähigkeit Säure und Salz benötigt.

Backversuch Nr. 9

Hefebackversuch (mit Salz und ohne Säure)

Der Hefebackversuch ist ein geeignetes Mittel, Roggenmehl ohne Zuhilfenahme kostspieliger, zusätzlicher Laborgeräte auf Auswuchsgehalt zu prüfen. Für diesen Versuch wird aus dem zu prüfenden Roggenmehl ein Teig von normaler Festigkeit nach folgender Rezeptur bereitet:

700 g	Roggenmehl
7 g	Salz
10 g	Hefe
460 bis 480 g	Wasser (Wasserzugabe je Mehltype unterschiedlich)

Die Teigtemperatur soll 28 bis 30° C betragen.

Säure wird nicht zum Teig gegeben, um die Mehlenzyme nicht zu hemmen und vor allem die stärkeabbauenden Amylasen voll wirksam werden zu lassen. Teigruhe braucht nicht eingehalten zu werden, weil die schädlichen Wirkungen der stärkeabbauenden Amylasen erst bei höheren Temperaturen zu beobachten sind und daher allein der Backprozess den Ablauf des Hefebackversuchs bestimmt.

Geschoben werden die in Körben garenden Teigstücke bei normaler Stückgare.

Eine Ofentemperatur von ca. 240° C (beim Einschießen) und eine Backzeit von 45 bis 50 Minuten sollten möglichst genau eingehalten werden. Längeres Backen im kälteren Ofen täuscht schwächer backfähiges Mehl vor. Die Backergebnisse sind in 6 Stufen eingeteilt. Man erhält dabei ein Gebäckstück, dessen Krume je nach der Backfähigkeit des Roggenmehls vollkommen klitschig ist, kräftige Wasserstreifen oder bei einem sehr guten Roggenmehl eine gewisse Krumenelastizität aufweist.

Auswertung des Backversuchs in der Lehrbackstube

Unser Gebäckstück hatte einen Backwert von 4 bis 5. Die Krume ist noch gebacken, weist aber einen größeren Riss auf. Am Boden des Brots war ein Wasserstreifen sichtbar. Wir stellten fest, dass im verarbeiteten Roggenmehl etwas Auswuchsgehalt vorhanden war. Die Verarbeitung bereitet keine Schwierigkeiten, wenn die Säurezugabe etwas erhöht wird.

Backversuch Nr. 10

Roggenmehlteig (ohne Säure und ohne Salz)

Für diesen Versuch wird ein Teig von normaler Festigkeit bei einer Teigtemperatur von 29° C nach folgender Rezeptur bereitet:

700 g	Roggenmehl
15 g	Hefe
460 bis 480 g	Wasser (Wasserzugabe je Mehltype unterschiedlich)

Ergebnis:

Brotform	kann sehr unterschiedlich sein, z. B. gute Wölbung, ungleichmäßig, flach
Krustenbräunung	hell (fuchsig), bei abgebackener Kruste starke Brandblasen
Porung	ziemlich gleichmäßig, sehr dicht oder klitschig
Krumenfarbe	dunkel
Elastizität	mangelhaft bis keine
Krumenbindigkeit	ungenügend
Geschmack	sehr fade – ungenießbar

Folgerung:

Der Versuch zeigte, dass Roggenmehl ohne Säure und ohne Salz überhaupt nicht backfähig ist. Säure allein und Kochsalz allein wirken nur unvollständig.

Backversuch Nr. 11

Einfluss der Backofentemperatur und der Backzeit auf die Krumenfarbe

Die Frage, warum sich die Krume eines Backpulverkuchens trotz der vorgeschriebenen Menge eines einwandfreien Backpulvers rötlich färben kann, wird immer wieder gestellt. Zur Klärung dieses nicht seltenen Fehlers wurden 6 Backpulverkuchen bei 6 verschiedenen Backofentemperaturen jeweils bis zur Erreichung der normalen Krustenbräunung gebacken.

Rezept für 6 Sandkuchen, Einwaage pro Stück etwa 540 g.

Zutaten:
700 g Fett, 700 g Zucker, 500 g Eier, 310 g Milch, 500 g Mehl, 500 g Weizenstärke, 30 g Backpulver, das Abgeriebene von 2 Zitronenschalen und 2 Prisen Salz.

Ergebnis:

Ofentemperatur °C	Backzeit/ Min.	Krumenfarbe
120	160	Bräunlichrot
140	120	Bräunlichrot
160	80	Bräunlichrot
180	60	sichtlich heller
200	45	Gelblichweiß
220	35	am hellsten – normal

Der bei 120° C gebackene Kuchen, der zum Ausbacken 160 Minuten benötigte, zeigte die bräunlichrote Verfärbung der Gebäckkrume am stärksten. Bei 200° C war die Verfärbung behoben, und bei 220° C Ofentemperatur trat nur noch eine geringe weitere Aufhellung ein. Interessant ist, dass der Temperaturunterschied von 20° C sich so stark bemerkbar macht, dass der bei 180° C gebackene Kuchen noch eine deutlich gelbbraune Krume hat, während der bei 200° C gebackene Kuchen schön hellgelb war.

Folgerung:

Diese Versuchsreihe lässt also klar erkennen, dass eine dunkle, rötlichbraune Verfärbung der Gebäckkrume auf eine zu niedrige Ofentemperatur und eine dadurch bedingte zu lange Backzeit zurückzuführen ist. Die in einzelnen Fällen anzutreffende Meinung, dass eventuell das Backpulver die Ursache der bräunlich verfärbten Krume sein kann, trifft normalerweise nicht zu. Es ist daher zu empfehlen, Backpulverkuchen bei Temperaturen zu backen, die nicht unter 180° C liegen und 220° C nicht übersteigen, also im Mittel bei 200° C.

Backversuch Nr. 12

Experiment des Salz-Hefe-Verfahrens bei Schnittbrötchen

Die Herstellung der Salz-Hefe-Lösung

Diese wird am zweckmäßigsten abends vor der Teigbereitung angesetzt. Die Abstehzeit beträgt mindestens 4 Stunden, höchstens 2 Tage bei einer Temperatur von 18 bis 22° C. Bei der normalen Konzentration ist das Verhältnis Salz zu Wasser 1:10; das Salz wird also in der 10fachen Wassermenge gelöst. Dieser Salzlösung setzt man die gesamte Hefemenge zu und vergreift sie. Es empfiehlt sich, die Hefemengen bei Brot um ca. 30 % und bei Brötchen um ca. 25 % zu erhöhen.

Für die Durchführung des Vergleichsversuchs wurden zur gleichen Zeit 2 direkt geführte Teige zubereitet:

Mehlmischung:	97 % Weizenmehl
	3 % Roggenmehl
Gesamtmehlmenge:	1 kg

Teig I (ohne Salz-Hefe-Lösung)

Zutaten zum Teig:

Weizenmehl, Type 550	940 g
Roggenmehl, Type 997	30 g
Backmittel	30 g
Salz	17 g
Hefe	53 g
Wasser	540 g
Gesamtteig	1610 g

Teigtemperatur: 24° C

Teig II (mit Salz-Hefe-Lösung)

a) Ansatz:

60 g Hefe	und
17 g Salz	werden in
170 g Wasser	aufgelöst

Temperatur: 20° C

Abstehzeit: 16 Stunden

b) Zutaten zum Teig:

Weizenmehl, Type 550	940 g
Roggenmehl, Type 997	30 g
Backmittel	30 g
Wasser	370 g
Teig insgesamt (a + b)	1617 g

Teigtemperatur: 24° C

Teigruhe: 20 Minuten für alle Teige.

Stückgare: Die Brötchen sollen nicht, wie bei Ausbundgebäck erforderlich, bei etwas knapper Gare geschoben werden, sondern absichtlich bei voller Gare.

Backzeit: 18 bis 20 Minuten

Ofentemperatur: 230 bis 240° C

Ergebnis:

Die Brötchen

aus Teig I hatten ein kleines Gebäckvolumen, einen schlechten Ausbund, eine sehr unregelmäßige Porung, eine etwas dunkle Krumenfarbe und eine grobe Krumenbeschaffenheit.

Bei den Brötchen

aus Teig II war das Gebäckvolumen größer, der Ausbund besser ausgeprägt, die Kruste röscher, die Porung regelmäßiger, die Krumenfarbe heller und die Krumenbeschaffenheit zarter.

Folgerung:

Dadurch ist bewiesen, dass die Teige mit der Salz-Hefe-Lösung eine größere Gärtoleranz in Bezug auf die Teigruhe haben, während die Brötchen in Volumen, Porung, Krumenelastizität, Schnittfestigkeit und Frischhaltung wesentlich verbessert wurden.

Analyse:

Durch die Berührung von Salz und Hefe wird der Zellsaft (bzw. die enthaltenen Enzyme) aus der Hefe herausgesaugt. Es tritt eine Verflüssigung ein, wodurch eine feuchtere, plastischere Teigbeschaffenheit erreicht wird und so die Erhöhung der Gärtoleranz begründet werden kann.

Untersuchungsmöglichkeiten für die Backstube im Hinblick auf die Klebermenge und die Kleberqualität

Brot- und Kleingebäckfehler treten oft mit einer neuen Mehllieferung, d. h. mit einer veränderten Mehlqualität, auf. Besonders in den Übergangszeiten von einer Ernte zur anderen sind diese Veränderungen typisch für die Mehlqualitäten. Der Bäcker muss sich deshalb schnell der neuen Mehlqualität anpassen können. Leider weiß er nicht immer, wie hoch im Weizenmehl die Klebermenge und wie deren Qualität beschaffen ist. Beides sind jedoch Faktoren, die das daraus hergestellte Gebäck in der Krumenstruktur und im Geschmack wesentlich beeinflussen.

Es soll nachstehend aufgezeigt werden, welche Möglichkeit der Bäcker hat, Klebermenge und Kleberqualität seines Weizenmehls zu überprüfen. In einer der Mehlqualität angepassten Teigführung müssen dann diese Werte ihren Niederschlag finden, um zu einer sehr guten Gebäckqualität zu gelangen. Da sich die nachfolgend beschriebene Feuchtkleberbestimmung nicht genau mit den „Standardmethoden" deckt, können die ermittelten Werte nur für die innerbetriebliche Kontrolle verwertet werden; sie dienen nicht zu überbetrieblichen Vergleichen.

Feuchtkleberbestimmung

In der Feuchtkleberbestimmung hat der Fachmann eine gute Möglichkeit, nähere Aufschlüsse über die Menge und Art des kleberbildenden Eiweißes im Weizenmehl zu bekommen. Die benötigten Geräte hierzu sind
Porzellanmörser oder Schüssel für 100 g Mehl, Spachtel, genaue Waage, Messzylinder 100 ml.

Herstellung einer 2-prozentigen Kochsalzlösung

100 g Kochsalz werden in etwas Wasser vollständig gelöst, eventuell durch Aufkochen, und dann bis auf 5 Liter mit kaltem Wasser aufgefüllt

.

Bestimmung und Auswaschen des Klebers

100 g Weizenmehl genau abwiegen und mit 55 bis 56 ml der 2-prozentigen Kochsalzlösung zu einem homogenen Teig verarbeiten. Die Teigbereitung geschieht in einem Porzellanmörser oder in einer stabilen Schüssel mit Hilfe eines Spachtels. Zum Schluss wird der Teig mit den Fingern noch etwas nachgewirkt. In ca. 3 Minuten sollte der Knetprozess beendet sein. Der Teig wird nun in 2 genau gleich große Stücke geteilt und zu Kugeln geformt.

Das Auswaschen des Klebers geschieht unter einem ständig fließenden Strahl der restlichen Kochsalzlösung. Die Temperatur des Waschwassers soll 18 bis 20° C betragen. Der Teig wird unter dem Wasserstrahl so lange geknetet und gerieben, bis das Waschwasser klar abfließt. Erst dann kann der Waschvorgang beendet werden. Es ist zweckmäßig, das Waschwasser durch ein feinmaschiges Sieb laufen zu lassen, damit eventuell abgerissene Teigstücke nicht verloren gehen.

Nach Beendigung des Waschprozesses wird der Kleber zwischen den Handballen oder auf einem sauberen Holztisch trockengerieben, und zwar so lange, bis der Kleber an den Reibflächen klebt. Die Feuchtklebermenge wird nun sofort errechnet. Hierzu wird der so gewonnene Kleber genau gewogen, d. h., wenigstens bis auf 1 g genau. Die ermittelte Klebermenge mit dem Faktor 2 multipliziert ergibt die Feuchtklebermenge in Prozent.

Kleber in g x 2 = Prozent Feuchtkleber

Mit der zweiten Kugel des Teigs wird nun sofort in gleicher Weise verfahren; der Kleber wird ausgewaschen, trockengerieben, gewogen und die Feuchtklebermenge in Prozent bestimmt. Bei dieser Doppelbestimmung sollen die Schwankungen nicht mehr als 1 % betragen.

Allgemein lässt sich die Klebermenge nach folgendem Schema unterteilen:

Klebermenge %	Verhältnis zur Mehlsubstanz
über 32	sehr hoch
29 bis 32	hoch
25 bis 29	mittel
21 bis 25	gering
unter 21	sehr gering

Eine endgültige Beurteilung kann jedoch nur aus dem Zusammenspiel zwischen Klebermenge und Kleberqualität erfolgen. Beide Faktoren zusammen können erst ein endgültiges Bild über das Gashaltevermögen, die Gärtoleranz und die Gärstabilität geben. Es ist daher wichtig, auch die Kleberqualität näher zu prüfen. Erste Eindrücke erhält man beim Auswaschen.

Um genauere Hinweise zu erhalten, stehen dem Bäckereilabor mehrere Untersuchungsmethoden zur Verfügung, wie Zeleny-Test, Extensogramm, Farinogramm usw. Diese Untersuchungen sind jedoch mit einem größeren Geräteaufwand verbunden und eignen sich daher nicht für Untersuchungen in der Backstube. Für den Bäcker bleibt unter Vermeidung dieses Aufwands nur die Überprüfung der Dehnbarkeit des Klebers übrig.

(Interessant ist auch ein entsprechender Versuch mit Roggenmehl, bei dem kein Kleber auswaschbar ist, bzw. mit verschiedenen Roggen- und Weizenmehlmischungen, z. B. 80:20, 70:30, 60:40.)

Prüfung des Klebers durch Dehnen

In der Dehnprobe hat der Bäcker eine einfache, wenn auch nur sehr begrenzte Möglichkeit, den Kleber auf seine Qualität hin zu prüfen. Die Möglichkeit muss deshalb als begrenzt angesehen werden, weil die Einteilung nur sehr grob erfolgen kann und einige Erfahrung voraussetzt.

Der unter der oben angegebenen Arbeitsweise ausgewaschene Kleber wird mit den Fingern lang gezogen und kann auf Grund seiner Dehnbarkeit und seines Dehnwiderstands wie folgt beurteilt werden:

a) Starker Kleber

Dieser Kleber leistet einen großen Dehnwiderstand. Er ist straff und elastisch und nimmt nach dem Dehnen schnell seine ursprüngliche Form wieder ein.

b) Schwacher Kleber

Er ist gekennzeichnet durch eine schlaffe, etwas weiche Beschaffenheit. Dieser Kleber fühlt sich unelastisch an und leistet beim Dehnen nur geringen Widerstand.

c) Kurzer Kleber

Unter einem kurzen Kleber versteht man einen Kleber, der nur gering dehnbar ist. Er reißt kurz ab und hat eine spröde Beschaffenheit.

d) Borkiger Kleber

Dieser Kleber hat eine zusammenhanglose Beschaffenheit. Er ist fast nicht dehnbar und reißt kurz ab.

Die Schlussfolgerungen:

In Abhängigkeit von der Klebermenge, die sich nicht unbedingt mit der Kleberqualität deckt, sind nun folgende Schlussfolgerungen daraus zu ziehen:

a) Starker Kleber

Ein starker Kleber hat ein verzögertes Quellungsvermögen. Die Teige steifen nach, und es besteht die Gefahr des Austrocknens. Weiter ist dieser Kleber gekennzeichnet durch ein hohes Gashaltevermögen und eine gute Gärstabilität. Die Teige sind weich zu führen, eventuell mit Vorteig. Eine intensive Teigknetung, die Zugabe von hellen Roggenmehlen sowie die Zugabe von enzymatischen und eventuell cysteinhaltigen Backmitteln sind weitere vorteilhafte Schlussfolgerungen. Die Weizenmehle dieser Art sind sehr gut backfähig und eignen sich vor allem für die Toastbrotherstellung. Für Weizenkleingebäcke, besonders mit Ausbund, sind etwas schwächere Mehlqualitäten vorzuziehen.

b) Schwacher Kleber

Diese Teige zeigen eine leicht fließende Beschaffenheit, haben ein geschwächtes Gashaltevermögen und eine geringe Gärtoleranz. Sie sind sehr gärempfindlich. Es kommt zu mangelnden Teigausbeuten und zu einer hohen, schnellen Teigreifung. Die Teige sind etwas fester, kurz und kühl zu führen. Es empfiehlt sich der Zusatz von kleberstärkenden Backmitteln (mit hochwirksamen Emulgatoren, z. B. Diacetylweinsäureester und Ascorbinsäure).

c) Kurzer Kleber

Geringes Gashaltevermögen, geringe Gärstabilität und eine geringe Gärtoleranz sind die Kennzeichen dieses Klebers. Mangelhafte Teigausbeuten und ein kleines Volumen sind die Schlussfolgerungen daraus. Die Teige müssen kurz geführt werden, es empfiehlt sich, Mehle dieser Art zu vermischen, denn enzymatisch wirkende und auch cysteinhaltige Backmittel bringen gewisse Verbesserungen.

d) Borkiger Kleber

Die Eigenschaften dieses Klebers sind gleichzusetzen mit denen eines kurzen Klebers. Die Teige weisen keine Bindigkeit auf und zeigen während der Gare starke Reißerscheinungen. Dieser Kleber beruht meistens auf nicht sachgemäßer Behandlung der Mehle. Mehle dieser Art sollten unbedingt mit anderen Mehlen verschnitten werden.

Welches Mehl für welches Gebäck?

Die oben genannten Eigenschaften erhöhen oder verringern sich mit der Klebermenge. Geht man davon aus, dass in Weizenteigen der weitaus größte Teil des Wassers, ca. 50 %, durch den Kleber gebunden wird, so ergibt sich daraus die Schlussfolgerung, dass mit dem ermittelten Feuchtklebergehalt im Zusammenhang mit der Kleberqualität auch die Zugussmenge und die Art der Teigführung sowie die Zugabe von Backmitteln variabel sein muss.

Die Anforderungen an die Mehlqualität sind für verschiedene Gebäckarten auch verschieden einzustufen. So eignet sich ein sehr gutes Mehl besonders für die Toastbrotherstellung, während für Weizenkleingebäcke und auch übliches Weißbrot besser die etwas schwächeren Qualitäten bevorzugt werden sollten.

Diese Kontrollen verhelfen dem Bäcker, zu einer guten und gleichmäßigen Qualität zu gelangen, denn eine wichtige Voraussetzung dafür ist die nähere Kenntnis des Mehls und die damit verbundene Wahl der Teigführung und der Teigzutaten.

TEIGRHEOLOGIE

(Berufstheorie)

Rheologie ist die Wissenschaft von der Verformung und dem Fließen der Stoffe. Sie spielt eine erhebliche Rolle bei der Messung vieler Teigeigenschaften wie Dehnbarkeit, Konsistenz, Elastizität usw.

Farinogramm

(Bedeutung und Aussagekraft)

Die Untersuchung von handelsüblichen Weizenmehlen im Farinographen liefert viele Werte. Deren Beziehungen zum Verarbeitungswert zeigt die folgende Tabelle:

Merkmale			Beurteilung	Praktische Folgerung
Wasseraufnahme (Kons. 500 FE)	über	58 %	hoch	hohe Teigausbeute, gute Frischhaltung
–	unter	55 %	niedrig	niedrige Teigausbeute
Resistenz	über	5 Min.	hoch	besonders intensiv kneten
–	unter	2 Min.	niedrig	geringe Kleberqualität
Teigerweichung	unter	70 FE	gering	gute Teigstabilität
–	über	130 FE	stark	Nachlassen des Teigs

Am häufigsten betrachtet wird die **sog. Wasseraufnahme**. Es ist die Wassermenge, die zugegeben werden muss, damit man eine **mittlere Konsistenz von 500 Farinograph-Einheiten (FE)** im Farinograph-Teig erhält. Diese Wassermenge wird als Wasseraufnahme bezeichnet. Sie geht ein in die Berechnung der sog. Netto-Teigausbeute.[1] Die Netto Teigausbeute gilt also nur für zusatzlose Teige, da Zusätze die auf Grund der Wasseraufnahmefähigkeit der Mehle bestehenden Teigkonsistenzen verändern können. Daher wird nur die vom Mehl allein gebundene Wassermenge als Wasseraufnahme des Mehls bezeichnet.

[1] *Siehe auch Technische Mathematik, Seite 269 ff.*

Daneben gibt es noch die sog. Brutto-Teigausbeute (rechnerische Teigausbeute), die die Summe aller Rezepturbestandteile ist, und die praktische Teigausbeute. Sie ist selbst bei gleicher Rezeptur und gleichen Rohstoffen bei verschiedenen Betrieben unterschiedlich, da in ihr die Bedingungen der Praxis (z. B. Verstaubungs-, Wiege- und Teigverluste) eingehen.[2]

Werden aus einer Weizenmischung Mehle mit unterschiedlichen Typen hergestellt, so zeigen die mineralstoffreicheren Typenmehle eine höhere Teigausbeute.

Geringe Zusätze zum Mehl, etwa in der Summe von zusammen 5 % Fett, Zucker und Backmittel, verändern das Wasserbindungsvermögen der Rohstoffe meist noch nicht. Bei erhöhten Zugaben, z. B. an Fett, stellen sich dann geringere Konsistenzen im Farinographen ein, d. h., es werden die in der Praxis beobachteten weicheren Teigeigenschaften bestätigt. Rechnet man diese Konsistenzveränderung in Schüttwassermengen um, so kann man grob folgern, dass ein Zusatz von 10 % Backfett etwa eine 10%ige Verringerung der Schüttwassermenge nach sich ziehen wird.

Der Einfluss von Zucker ist nicht so stark ausgeprägt wie der von Fett. So wird ein Zusatz von ca. 10 % nur eine Reduzierung der Schüttwassermenge um 5 % notwendig machen. Werden Fett und Zucker beide zu je 10 % dosiert, so stellt sich keine „doppelte" Veränderung der Konsistenz ein. Die Weichheit des Teigs wird etwa dem des Fettzusatzes allein entsprechen.

Extensogramm

a) Arbeitsweise

Im Extensographen werden **hefefreie Weizenmehlteige,** vorzugsweise der Type 550, auf ihre **Dehneigenschaften** untersucht. Die Teige werden im Farinographen mit genauer Konsistenz unter Zugabe von 2 % Salz, auf Mehl berechnet, erstellt. Für die Untersuchung ist es wichtig zu wissen, ob das Weizenmehl oxidativ, z. B. mit Ascorbinsäure, behandelt ist oder nicht.

In der folgenden Abbildung sind die wichtigsten Teile des Brabender-Extensographen dargestellt. Der Teig (1) wird durch einen Hebel (2) erfasst und nach unten gezogen. Die dabei wirkenden Kräfte dehnen den Teig und übertragen sich so über das gesamte Waagensystem (3) auf eine Schreibfeder (4). Diese zeichnet auf dem sich vorwärts bewegenden Registrierpapier die typischen Extensogramme auf (5).

---

[2] *Siehe auch Backversuch Nr. 1, Seite 189 ff: „Die Beweisprüfung der Gär- und Einwiegeverluste" sowie Technische Mathematik, Seite 269 ff.*

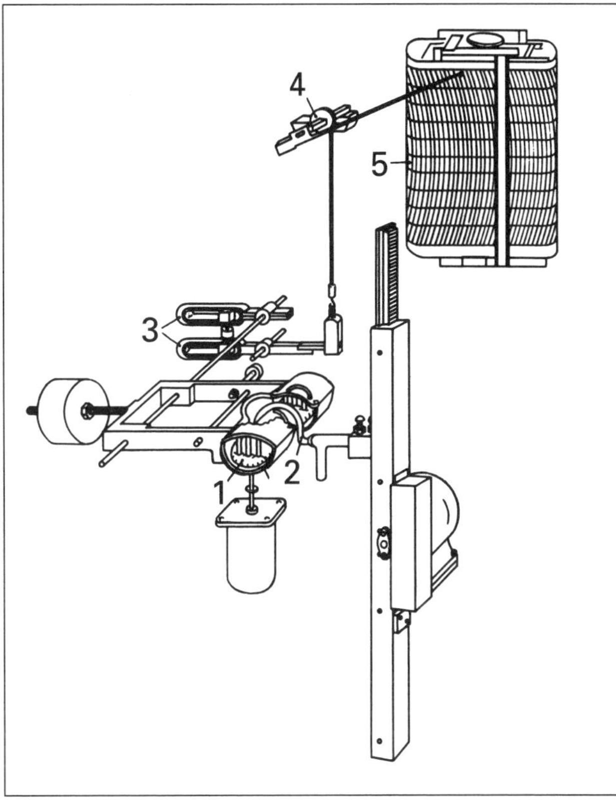

b) Auswertung

Die Auswertung der Extensogramme wird aus der folgenden Abbildung deutlich.

Die Fläche A wird als **Energie** bezeichnet und wird backtechnisch umso besser beurteilt, je größer sie ist. Mit diesem Wert stehen die Gärtoleranz und insbesondere das Volumen z. B. von Brot in enger Beziehung.

Die Strecke B (5 cm nach Beginn der Aufzeichnung befindet sich der Ausgangspunkt der Strecke B) wird als der sog. **Dehnwiderstand** bezeichnet. Dieser Wert und die Strecke C (Basislänge = Dehnbarkeit) charakterisieren die Teigeigenschaften. Diese werden dann nochmals durch den Quotienten aus BC, die so genannte Verhältniszahl (D), verdeutlicht.

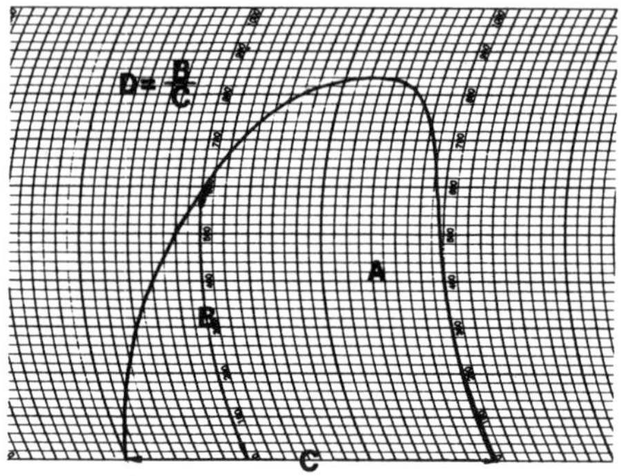

Sind der Bäckerei Extensogrammdaten bekannt, so kann man sich nach den folgenden Richtwerten orientieren.

Merkmale nach 135 Min.			Beurteilung	Praktische Folgerung
Energie (Kurvenfläche)	über	130 cm^2	hoch	gute Gärtoleranz, hohes Gebäckvolumen
	unter	90 cm^2	niedrig	kleberschwaches Mehl, niedriges Gebäckvolumen
Verhältniszahl	unter	5,0	hoch	bei hoher Energie: rasche Teigalterung
$\frac{\text{Dehnwiderstand}}{\text{Dehnbarkeit}}$	unter	1,5	niedrig	bei niedriger Ernergie: kurze Teigbeschaffenheit, niedriges Gebäckvolumen, fließender Teig, mangelhafte Gebäckform

Wie ersichtlich, sind also für die Brotbäckerei Verhältniszahlen um 3 und mittlere bis hohe Kurvenflächen von Vorteil. Für den Bereich von Feinen Backwaren liegen die Verhältnisse erheblich komplizierter, derartig leichte Ableitungen lassen sich nicht finden.

c) Heutige Bedeutung

Neben dem bisher erklärten Normal-Extensogramm sind noch vereinfachte Verfahren, wie Schnell- oder Kurzextensogramm, bekannt geworden. Durch den relativ hohen apparativen Aufwand hat diese Methode wenig Anwendung in der handwerklichen Bäckerei gefunden. Auf Grund der anerkannt guten Korrelation zum Backergebnis untersuchen viele Mühlen ihre Rohstoffe auf eine zu erwartende Backfähigkeit. In der nachfolgenden Abbildung werden typische Kurven für unterschiedliche Weizenmehlqualitäten (Type 550) gegeben.

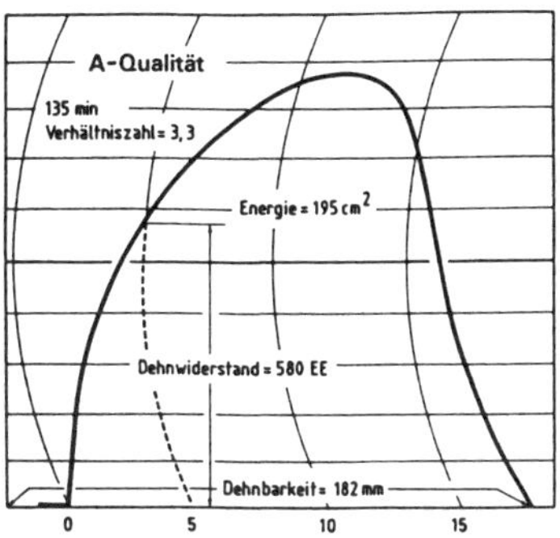

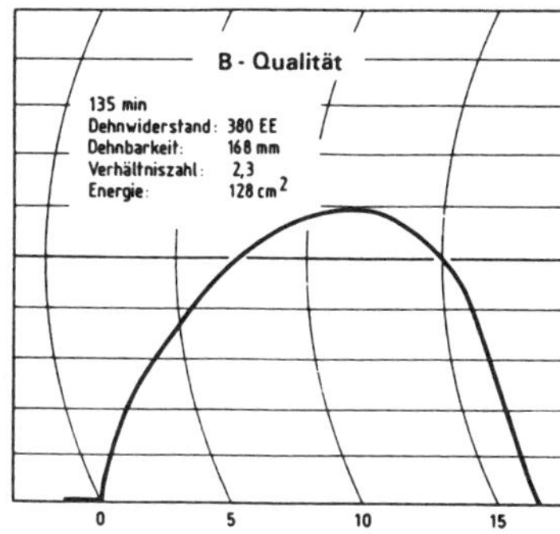

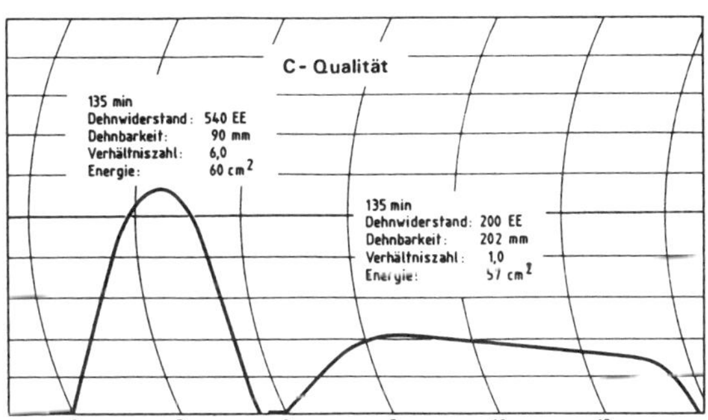

Mit der Besprechung der Extensograph-Methode wollen wir die rheologischen Methoden, die ausschließlich bei Weizenmehl angewandt werden, verlassen. Es gibt noch zahlreiche andere Verfahren, deren Geräte jedoch in die deutsche Bäckerei keinen Eingang gefunden haben. Dazu zählen wir den Maturographen (von Brabender entwickeltes Teigprüfgerät, das die bei der Stückgare insgesamt entwickelte und die davon im Teigstück verbliebene Kohlensäure misst und in einer Kurve, dem Maturogramm, aufzeichnet) und das Ofentriebgerät (von Brabender entwickeltes Teigprüfgerät, das die Volumenzunahme eines Teigstücks während der Erwärmung von 30 auf 100° C misst und in einer Kurve, der Ofentriebkurve, aufzeichnet), womit man den Backprozess im Kleinen simulieren kann.

Fallzahl

a) Bestimmung

Die Fallzahlbestimmung ist eine indirekte Untersuchungsmethode, die an Weizen- und Roggenmahlerzeugnissen eingesetzt wird und die zu erwartenden **Verarbeitungseigenschaften** gut charakterisieren kann.

Im Allgemeinen können heute alle Mühlen Hinweise zur Fallzahl ihrer Mahlerzeugnisse geben. Es ist daher zu begrüßen, dass sich in immer stärkerem Maße auch handwerkliche Bäckereien mit der Fallzahl vertraut machen. Wie für alle indirekten Methoden gilt aber auch für die Fallzahl, dass es eine 100-prozentige Übereinstimmung zwischen Analysenwert und Backverhalten nicht geben kann.

Die Fallzahl beruht auf der Ermittlung viskosimetrischer Verhältnisse einer Mehlsuspension. Der Arbeitsablauf der Fallzahlbestimmung soll durch die folgende Abbildung erläutert werden.

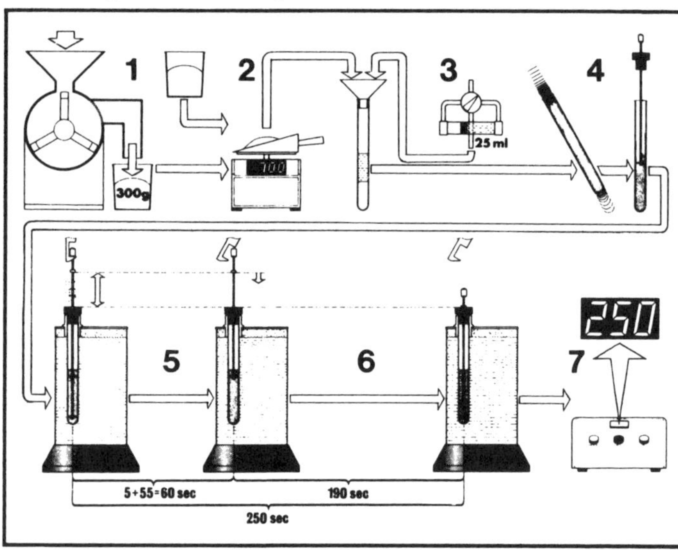

b) Methode

Der erste Schritt der Zerkleinerung auf einer speziellen Mühle wird nur notwendig, wenn nicht mehlartige Substrate, sondern ganze Körner, Vollkorn- oder Backschrote sowie Flocken und ähnliche Erzeugnisse zu untersuchen sind. Die weiteren Schritte sind dann für Mehl und diese zerkleinerten Getreideerzeugnisse gleich. Im Allgemeinen werden 7 g

Material eingewogen (Schritt zwei) und mit 25 ml Wasser vereinigt (Schritt drei). Es folgt dann als vierter Schritt ein Schütteln von Hand. Wenn eine gleichmäßige Suspension erhalten wurde, wird der Fallkörper in das Fallzahlglas und diese gemeinsam in ein kochendes Wasserbad gegeben. Als fünfter Schritt folgt ein mechanisches Vermischen der Suspension über 60 Sekunden. Dabei werden insgesamt 120 Auf- und Abbewegungen vom Gerät ausgeführt. Früher musste dieses Vermischen noch von Hand erfolgen, wobei man sehr gut merkte, wie die Suspension nach und nach dem Mischen einen stärkeren Widerstand entgegenstellte. Dies zeigte die Verkleisterung der Stärke in dem zu untersuchenden Erzeugnis an.

Nach den 60 Sekunden hakt das Gerät den Fallkörper in der obersten Position aus, worauf dieser unter seinem definierten Eigengewicht durch die Suspension zu gleiten beginnt. Je nach dem Verkleisterungsgrad bzw. Verlust der viskosimetrischen Eigenschaften während der Untersuchung wird der Messkörper schneller oder langsamer durch die Suspension gleiten (Schritt 6).
Kommt der Messkörper in der untersten Stellung an, wird ein Zeitkontakt gestoppt, der mit Beginn der Auf- und Abbewegungen des Mischens gestartet wurde. Die zwischenzeitlich abgelaufene Zeit in Sekunden gilt als die Fallzahl.
Die Fallzahl beinhaltet also stets 60 Sekunden Mischzeit und dann die Gleitzeit des Messkörpers aus der obersten bis in die unterste Stellung durch die Mehlsuspension. In Deutschland können also Fallzahlen unter 60 Sekunden nicht auftreten. Ausländische Werte weichen mitunter in diesem Punkt von unseren Verhältnissen ab.

c) Roggenmehl

Im Allgemeinen stehen auch hier die Fallzahlen stets in einer guten Korrelation zum Backergebnis. Jedoch sind diese Verhältnisse nicht immer gleichartig. Dies bedeutet, dass Fallzahlen des Vorjahrs nicht ohne weiteres gleiche Backbedingungen nach einer neuen Ernte bedeuten müssen.

Für Roggenmehle muss man dann auch in noch stärkerem Maße die einzelnen Mehltypen mit in Betracht ziehen. Hierbei kann als Faustregel gelten, dass die Fallzahl mindestens „Mehltype geteilt durch 10" betragen soll. Dies wird bedeuten, dass Roggenmehle der

Type	815	mit etwa 80 Sekunden
Type	997	mit ungefähr 100 Sekunden
Type	1150	mit zirka 115 Sekunden
Type	1370	mit etwa 140 Sekunden

durch optimale Versäuerung gut zu Mischbrot verarbeitet werden können.

Soll eine fertige Mehlmischung untersucht werden, so ergeben sich in Abhängigkeit verschiedener Brotsorten folgende Verhältnisse:

Roggenbrot	Fallzahl 130 Sekunden
Roggenmischbrot	Fallzahl 180 Sekunden
Weizenmischbrot	Fallzahl 200 Sekunden
Weizenbrot und Kleingebäck	Fallzahl 300 Sekunden

Diese Zahlen der fertigen Mehle bzw. Mehlmischungen berücksichtigen normale Herstellungsbedingungen und auch einen sinnvollen Einsatz von weiteren Rezepturbestandteilen.

Wenn auch die Fallzahl üblicherweise nicht im Backbetrieb ermittelt wird, so ist sie doch den Mühlen bekannt und kann daher in einem Gespräch dazu beitragen, den Kontakt zwischen Mehllieferant und Verarbeiter zu festigen. Davon jedoch die Forderung abzuleiten, Mehle nur noch unter Angabe von indirekten Methodenwerten, z. B. der Fallzahl, zu handeln, wirft Probleme auf.

d) Weizenmehl

Wie wir gesehen haben, ist die Fallzahl abhängig vom viskosimetrischen Verhalten der Suspension während der Erwärmung im kochenden Wasserbad. Hohe Fallzahlen deuten auf geringere Abbaubereitschaft der Mahlerzeugnisse hin als niedrigere.

Für die Praxis haben sich sehr wichtige Faustregeln für die Fallzahlen und den Verarbeitungswert, z. B. bei der Weizenmehltype 550, ergeben. So werden Fallzahlen über 350 Sekunden mit Maltosegehalten unter 1,5 Einheiten parallel gehen, so dass dann mit geringer Triebkraft, geringem Gebäckvolumen und geringer Frischhaltung gerechnet werden muss. Diese zu geringe Abbaufreudigkeit der Mahlerzeugnisse kann zum Teil durch enzymatisch wirkende Backmittel vermindert werden.

Gute Ergebnisse, besonders auch im Hinblick darauf, dass noch zusätzlich Backmittel eingesetzt werden, sind von Weizenmehlen der Type 550 bei Fallzahlen zwischen 280 und 300 Sekunden zu erwarten. Weizenmehle für die Herstellung von Tiefkühlteiglingen sollten eher noch höhere Fallzahlen aufweisen.

Fallzahlen um 200 Sekunden werden Maltosezahlen über 2,5 Einheiten besitzen und daher Schäden aufzeigen, wie sie im Allgemeinen als Auswuchs bezeichnet werden. Eine Korrektur derartig enzymaktiver Weizenmahlerzeugnisse ist mit herkömmlichen Weizenbackmitteln kaum zu erreichen.

Amylogramm

a) Durchführung

Die wichtigste rheologische Methode der Untersuchung der Roggenmehle ist der Einsatz des Brabender-Amylographen.
In diesem Gerät werden üblicherweise Roggenmehle untersucht. 80 g Material werden bei 30° C mit 450 ml destilliertem Wasser zu einer homogenen Suspension angerührt und in den Amylographen eingefüllt. Unter Rühren wird die Temperatur pro Minute um 1,5° C erhöht. Über ein Waagensystem werden die viskosimetrischen Veränderungen auf eine Feder übertragen, die auf einem fortschreibenden Registrierpapier die typische Amylographkurve aufzeichnet. Das Papier wird in 2 Minuten um 1 cm vorwärts bewegt. Aus dieser Geschwindigkeit und der Aufheizrate ergibt sich, dass 1 cm auf dem Papier einem Temperaturanstieg von 3° C gleichzusetzen ist.
Das Amylogramm wird also bei Raumtemperaturen gestartet. Die Suspension durchläuft dann den Verkleisterungsbereich der Stärke des Mahlerzeugnisses, und es wird dann bis etwa 90° C weiter erwärmt. Somit ist das Amylogramm als eine Methode anzusehen, die sowohl die Verhältnisse in der Teigphase als auch während der beginnenden und abschließenden Krumenverfestigung beim Backen zeigt. Wie auch bei der Fallzahlbestimmung wird man sowohl die Mahlerzeugnisse allein als auch einige in der Bäckerei üblichen weiteren Rezepturbestandteile auf ihr Wirken untersuchen können. Jedoch wird dies selten angewandt.

b) Allgemeine Auswertung

Zur Auswertung des Amylogramms wird auf die folgende Abbildung verwiesen.

Beispiel:

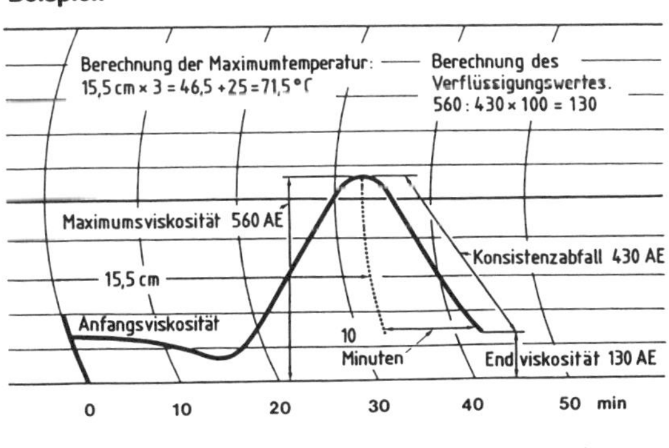

Von den gegebenen Kriterien wird im Allgemeinen die Höhe des Amylogramms am stärksten beurteilt. Es hat sich jedoch gezeigt, dass gerade die im höchsten Punkt erzielte Temperatur von noch gesicherterer Aussagekraft für die Backfähigkeit des Roggenmehls ist als die Kurvenhöhe. Für die Temperatur gilt, dass, je früher das Material verkleistert, es umso abbaufreudiger ist. Je höher die maximale Verkleisterungstemperatur ist, umso geringer wird die Enzymolyse. Ab Temperaturen von 70° C werden sich Mängel in der Triebkraft, im Gebäckvolumen, in der Frischhaltung und in der Lockerung sowie im Geschmack einstellen.

Die besten Verarbeitungseigenschaften besitzen Roggenmehle, deren Temperatur im Verkleisterungsmaximum im Bereich von 66 bis 68° C liegt. Hier werden sich für alle Brotsorten gleich gute Ergebnisse einstellen und auch die üblichen Herstellungsverfahren Anwendung finden können.

Zu hohen Aktivitäten kann man mit den in der Praxis bekannten Mitteln der angepassten Säuerung begegnen. Eine zu geringe Abbaufreudigkeit kann insbesondere durch weiche Teige und durch mögliche Zugabe von enzymatisch wirksamen Backmitteln vermindert werden.

c) Spezielle Auswertung

Nach Überschreiten des Maximums wird im Allgemeinen die Untersuchung noch für 10 Minuten fortgeführt. Aus dem Abfall der Kurve lässt sich ein so genannter Verflüssigungswert ermitteln. Aus Verflüssigungswert und Temperatur im Maximum ergeben sich Zuordnungen, wie sie in der nachfolgenden Darstellung wiedergegeben werden.

Beurteilung der Backeigenschaft des Roggenmehls bei erweiterter Auswertung des Amylogramms

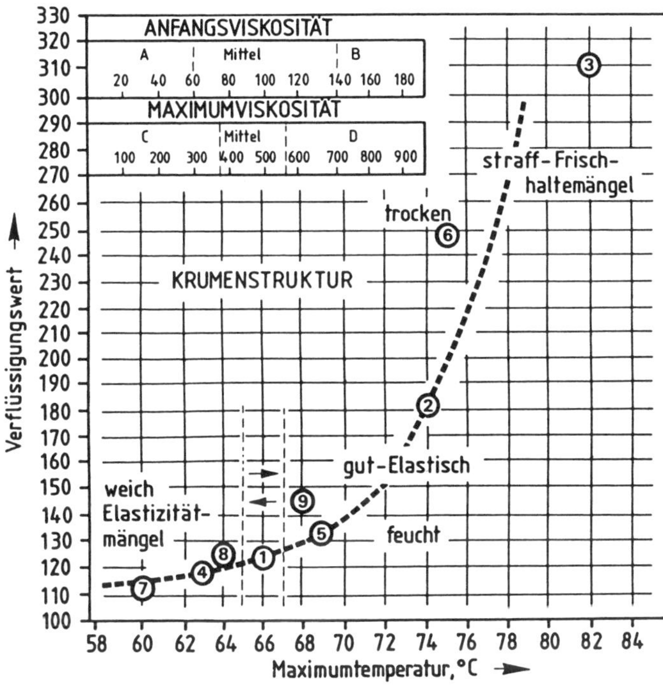

Unterschiedliche Kurven bei verschiedenen Maximumviskositäten und unterschiedlichen Temperaturen im Maximum

① ② ③ : Mehle mit hoher Maximumviskosität
④ ⑤ ⑥ : Mehle mit mittlerer Maximumviskosität
⑦ ⑧ ⑨ : Mehle mit geringer Maximumviskosität

Mit Hilfe dieses Diagramms kann jeder Interessent aus den ihm bekannten Amylogrammwerten wichtige backtechnische Erkenntnisse für Rezepturwahl und Führungsmerkmale ableiten.

FRISCHHALTUNG VON GEBÄCK UND BROT SOWIE VORRATSHERSTELLUNG

(Berufstheorie)

Allgemeines

Welche Möglichkeiten gibt es für die Frischhaltung und Vorratsherstellung von Gebäcken?

a) Tiefkühlung bei Brötchen, Hefekleingebäcken und Feingebäcken.

b) Vorratsherstellung von Brot durch das Unterbruch-Backverfahren.

c) Warmlagerung von Brot.

d) Einsatz von Frischhaltemitteln.

e) Richtige Teigführung und Brotlagerung.

Welche Möglichkeiten gibt es für die Vorratsherstellung von aufgearbeiteten Teigstücken?

Vorratsherstellung von aufgearbeiteten Teigstücken für Brot, Baguettes, Brötchen, Hefefeingebäcke und Brezeln durch Gärunterbrechung oder Gärverzögerung.

Welche technischen Anforderungen müssen an eine leistungsstarke Tiefkühlanlage gestellt werden?

1. Die Kälteleistung der Tiefkühlanlage muss so groß sein, dass auch ofenfrische Gebäcke so schnell wie möglich auf –7° C im Kern heruntergekühlt werden. Dadurch wird der Temperaturbereich von +60 bis –7° C, in dem ein verstärktes Altern der Gebäcke einsetzt, rasch überwunden (möglichst innerhalb von 45 bis 50 Minuten).
2. Die relative Luftfeuchtigkeit in der Tiefkühlanlage sollte beim Einfrosten und Lagern der Gebäcke möglichst hoch sein, um ein Austrocknen der Gebäckkruste zu verhindern (95 bis 98 %).
3. Die Leistung der Kältemaschine muss auf die maximale Beschickungsleistung der Tiefkühlanlage (in kg Gebäck je Stunde) ausgerichtet sein.

Wie groß soll der Frosterraum sein?

Die Größe des Frosterraums muss auf die betriebliche Kapazität und auf die zu erwartende künftige Entwicklung des Betriebs abgestimmt werden. (Umsatzsteigerung durch ständiges Angebot frischer Ware.)

Tiefkühlung bei Brötchen

Welche Forderungen müssen an die Qualität von gefrosteten Brötchen gestellt werden?

Die Kruste von gefrosteten Brötchen darf nicht absplittern. Auch gefrostete Brötchen sollen eine rösche Kruste und eine frische, saftige Krume besitzen.

Wie sollen Brötchen zum Einfrosten beschaffen sein?

1. Die Kruste darf nicht zu stark sein.
2. Die Außenteile der Krume dürfen im Übergang zur Kruste nicht zu stark ausgebacken sein.
3. Die Krume darf nicht zu zart und zu wattig sein und nicht so leicht austrocknen. Deshalb sind Brötchen mit einer etwas dichteren und derberen Krumenstruktur vorteilhaft zum Frosten.
4. Das Brötchenvolumen soll nicht zu groß sein.

Was ist bei der Rezeptur und Teigführung für Frosterbrötchen zu beachten?

1. Normale, nicht zu reife Teigführung.
2. Enzymatische Mischbackmittel, Kombibackmittel (Emulgator-Backmittel mit Malz und Lezithin) oder eine Kombination von Emulgator- und Malzbackmittel einsetzen.
3. 0,75 bis 1 % Zucker einsetzen, um bei normaler Backtemperatur und kürzerer Backzeit eine ausreichende Bräunung zu erhalten.
4. 3 bis 5 % helles Roggenmehl und eventuell 1 bis 2 % Fett zusetzen.

5. Normaler Hefeeinsatz von 4 bis 5 %; zu hohe Hefemengen vermeiden.
6. Teige etwas kühler halten (25 bis 26° C).
7. Teige gut kneten und kurze Teigruhe einhalten.

Wie sollen Frosterbrötchen gebacken werden?

1. Frosterbrötchen mit normaler Gare (Übergare vermeiden) und reichlich Schwaden schieben.
   Normale Backtemperatur von 240 bis 250° C (Brötchenbacktemperatur) einhalten.
2. Die Backzeit sollte nur 2/3 bis 3/4 der normalen Backzeit betragen; 12 bis 15 Minuten.

Was ist beim Backen von Frosterbrötchen besonders wichtig?

1. Frosterbrötchen müssen mit einer schwächeren Kruste gebacken werden. Krustenstärke nur ca. 2/3 der normal gebackenen Brötchen.
2. Bräunung so einstellen, dass bei normaler Backtemperatur und ca. 18 Minuten Backzeit eine intensivere Krustenbräunung erreicht wird.

Wann sollen Brötchen nach dem Backen eingefrostet werden?

Brötchen sofort nach dem Ausbacken ofenheiß einfrosten. Die Einbringtemperatur im Kern sollte +70 bis +80° C betragen.

Wie werden Brötchen eingefrostet?

1. Die ofenheißen Brötchen auf Bleche oder in flache Körbe legen (in höchstens 2 bis 3 Schichten).
2. Möglichst schnelle Schockfrostung mit bewegter Kälte (Umwälzkälte). Im Kern der eingebrachten Brötchen sollte in 40 bis 50 Minuten eine Temperatur von –7° C erreicht werden.

Wie hoch soll die Frostertemperatur zum Schockfrosten sein?

–30 bis –35° C.

Wann kann eine Frosteranlage wieder neu beschickt werden?

Erst wenn in den eingelagerten Gebäcken eine Temperatur von –7° C im Kern erreicht ist und die Anlage wieder ihre normale Schockkälte von –30 bis –35° C erreicht hat. Die volle Schockwirkung muss bei Neubelegung der Anlage vorhanden sein.

Wie und bei welcher Temperatur sollen Brötchen im Froster gelagert werden?

1. Bei –18 bis –20° C.
2. Bei einer möglichst hohen relativen Luftfeuchtigkeit.
3. Bei ruhender Kälte.

Wie lange werden Brötchen am zweckmäßigsten im Froster gelagert?

1 bis 2 Tage ohne Verpackung.

Wie sollen Brötchen entfrostet werden?

Brötchen nach Entnahme aus dem Froster sofort im Ofen bei 200 bis 220° C mit reichlich Schwaden auftauen.
Aufbackzeit 5 bis 6 Minuten, bis eine normale Krustenfestigkeit erreicht ist. Die Krumentemperatur soll dabei auf 60 bis 65° C ansteigen (so hoch wie möglich).

Welche Vorteile bringt das Auftauen der Brötchen im Ofen im Vergleich zum Auftauen im warmen Raum?

Durch das intensivierte Auftauen der Brötchen wird der Temperaturbereich von –7 bis +20° C, in dem Gebäcke am stärksten altern, schneller überwunden.

Welche Gebäckfehler können durch falsche Teigführung, durch nicht richtiges Backen, Einfrosten, Lagern und Aufbacken der Brötchen auftreten?

1. Absplittern der Brötchenkruste.
2. Austrocknen der gefrosteten Brötchen.
3. Mangelnde Frischhaltung der Krume.

Welche Ursachen führen zu diesen Gebäckfehlern?

1. Absplittern der Brötchenkruste durch
- zu hart gebackene Kruste durch zu lange Backzeit,
- zu langsames Einfrosten der Brötchen; dadurch bilden sich größere Eiskristalle zwischen Kruste und Krume.

2. Austrocknen der Frosterbrötchen durch
- zu niedrige Luftfeuchtigkeit im Froster,
- zu lange Lagerung der Brötchen im Froster,
- zu starke Luftumwälzung während der Lagerung.

3. Mangelnde Frischhaltung durch
- zu spätes Einfrosten der Brötchen (Brötchen wurden nicht ofenfrisch gefrostet),
- zu langsames Entfrosten (Auftauen) der Brötchen im warmen, trockenen Raum.

Wie kann ein Feuchtigkeitsausgleich in der Kruste beim Aufbacken der Brötchen erreicht werden?

1. Brötchen aus dem Froster nehmen und sofort (kalt) in den mit Dampf gefüllten Ofen schieben (stärkere Kondenswasserbildung).
2. Schwaden nachgeben.
3. Brötchen eventuell vor dem Einbringen in den Ofen ganz leicht mit feinem Wasserstaub absprühen.

Tiefkühlung bei Hefekleingebäcken und Hefefeingebäcken

Was ist bei der Rezeptur und Teigführung von Hefefeingebäcken, die eingefrostet werden, zu beachten?

1. Zusatz eines leistungsstarken Backmittels für bessere Teigentwicklung, Teigstabilität und Gebäckfrischhaltung.

2. Zusatz von mindestens 10 % Zucker und 10 bis 15 % Fett zum Teig (je nach Gebäckart). Je höher der Fett-/Zuckeranteil im Gebäck ist, desto besser eignet sich das Gebäck zum Frosten (längere Lagerung im Froster möglich).

3. Die übliche Hefemenge (6 bis 8 %), Teigtemperatur und Teigruhezeit.

Wie sollen Hefefeingebäcke zum Einfrosten gebacken werden?

Hefefeingebäcke normal fertig backen; zu starkes Ausbacken vermeiden.

Wann und wie sollen Hefeklein- und -feingebäcke eingefrostet werden?

1. Gebäcke sofort nach dem Backen und Glasieren (ofenheiß) einfrosten.
2. Möglichst schnelle Schockfrostung bei –30° C mit bewegter Kälte (Umwälzung) und mit möglichst hoher relativer Luftfeuchtigkeit (ca. 95 %) im Froster.
3. Wie bei Brötchen, so sollte auch bei Hefefeingebäcken im Kern der Gebäcke so rasch wie möglich eine Temperatur von –7° C erreicht werden.

Welche Glasur eignet sich am besten für Hefefeingebäcke, die glasiert eingefrostet werden?

Eine Glasur mit Zusatz von 10 bis 20 % reinem, gehärtetem Pflanzenfett. Dadurch wird die Glasur geschmeidiger, splittert nicht ab und zieht keine Feuchtigkeit während der Gebäcklagerung im Froster an.

Wie und bei welcher Temperatur sollen die eingefrosteten Hefefeingebäcke gelagert werden?

Bei einer Temperatur von –18 bis –20° C bei möglichst hoher relativer Luftfeuchtigkeit (90 bis 95 %) und bei ruhender Kälte. Wenn eine stärkere Umluftbewegung im Frosterraum herrscht, dann Gebäcke mit Folie abdecken.

Wie lange werden Hefefeingebäcke am zweckmäßigsten im Froster gelagert?

Günstigste Lagerzeit von Hefefeingebäcken: bis zu 1 Woche.
Lagerzeit bei Hefefeingebäcken mit höherem Fett-/Zuckeranteil bis zu 3 Wochen möglich (größere Hefefeingebäcke).

Wie sollen Hefefeingebäcke entfrostet werden?

Alle Hefefeingebäcke (Kleingebäcke, Plunderteilchen, Zöpfe, Stollen, Kränze, Stuten und Blechkuchen) werden nach Entnahme aus dem Froster bei Raumtemperatur (ca. 20° C) aufgetaut.
Damit die Gebäckoberfläche abtrocknet, kann Bienenstich nach dem Auftauen ganz kurz in den Ofen (ohne Schwaden) geschoben werden.

Tiefkühlung von verschiedenen Feingebäcken

Bei welcher Frostertemperatur sollen Feingebäcke eingefrostet werden?

Wie bei Brötchen und Hefefeingebäcken ist auch bei Feingebäcken eine schnelle Schockfrostung bei –30° C vorteilhaft. Fettkrem- und Sahnekremgebäcke können bei –18 bis –20° C eingefrostet werden.

Bei welcher Temperatur sollen Feingebäcke im Froster gelagert werden?

Bei –18 bis –20° C und ruhender Kälte.

1. Blätterteiggebäcke

- Als Teigstücke einfrosten; dabei eignet sich französischer Blätterteig am besten zum Frosten.
- Lagerung der Teigstücke ist 2 bis 3 Wochen möglich; dabei Teigstücke abdecken, damit sie nicht verkrusten.
- Blätterteigstücke gefrostet backen (nicht vorher auftauen). Dabei Ofen vorschwaden, Zug geschlossen halten, und nach dem Einschieben keinen Schwaden mehr geben.

2. Fettgebäcke
a) aus Hefeteig (Berliner Pfannkuchen)

- Gebäcke gefüllt einfrosten.
- Lagerung im Froster bis zu 1 Woche vorteilhaft.
- Gebäcke bei Raumtemperatur auftauen lassen. Danach kurz in den vorbeschwadeten Ofen (ca. 200° C) schieben; dann die Gebäcke zuckern oder glasieren.

2. b) aus Brandmasse (Spritzkuchen)

- Werden die Gebäcke glasiert eingefrostet, dann der Glasur 10 bis 20 % reines gehärtetes Pflanzenfett zusetzen – (Glasur ist dann geschmeidiger und wird nicht nass).
- Günstigste Lagerzeit: bis zu 2 Wochen.
- Gebäcke bei Raumtemperatur auftauen lassen.

3. Fett- und Sahnekremgebäcke	– Als Rohlinge (im Ring eingesetzte Torten) einfrosten. – Lagerzeit von 3 bis 4 Wochen möglich (zugedeckt lagern). – Bei Raumtemperatur auftauen, dann garnieren.
4. Obsttorten und Obstkuchen a) gebackene Obstkuchen	– Sofort nach dem Backen einfrosten. – Günstigste Lagerzeit: 1 bis 2 Wochen. – Bei Raumtemperatur auftauen. Wenn Kuchenoberfläche feucht ist, dann Gebäck kurz (1 bis 2 Minuten) in den Ofen (200° C) schieben.
b) Obsttorten mit Geleeguss	– Torten fertig geliert einfrosten, dabei unbedingt frosterfesten Geleeguss verwenden. Erdbeertorten sind zum Frosten nicht gut geeignet (Früchte werden nach dem Auftauen sehr weich). – Günstigste Lagerzeit: ca. 1 Woche. – Bei Raumtemperatur auftauen.
5. Quark- und Käsetorten, -kuchen und -schnitten	– Diese Gebäcke sind nur bedingt und dann zum Frosten geeignet, wenn sie mit einem höheren Fettzusatz hergestellt werden (sonst tritt beim Auftauen der Gebäcke Wasser von der Quarkmasse aus). – Lagerzeit: bis zu 1 Woche möglich. – Bei Raumtemperatur auftauen.
6. Sandkuchen, Rodonkuchen, Cakes (nicht überzogen)	– Sofort nach dem Backen einfrosten. – Lagerzeit von 3 bis 4 Wochen (eventuell länger) möglich. – Bei Raumtemperatur auftauen.

7. Mit Kuvertüre oder Fettglasur überzogene Sandkuchen, Cakes, Torten

- Gebäcke verpackt einfrosten (am besten vakuumverpackt). Auf der Oberfläche der Gebäcke soll sich kein Schwitzwasser bilden, denn es würde den Glanz und das Aussehen des Überzugs beeinträchtigen.
- Lagerzeit von 3 bis 4 Wochen (eventuell länger) möglich.
- Bei Raumtemperatur auftauen lassen.

Brotfrischhaltung durch Wärme

Was versteht man unter dem Begriff „Frischhaltung durch Wärme“ bei Brot?

Die Brote werden in Wärmekammern bei Temperaturen über 60° C gelagert. Die Retrogradation (Rückbildung) der Stärke erfolgt in diesem Temperaturbereich langsamer als bei normalen Raumtemperaturen; das Festwerden der Krume verzögert sich, die Brote bleiben länger weich. Bei dieser Methode ist im Allgemeinen jedoch eine leichte Verfärbung der Krume festzustellen. Erfolgt die Lagerung im Wärmeschrank bei einer Temperatur von 40 bis 45° C, so tritt diese Verfärbung nicht auf, und die Frischhaltung kann noch als ausreichend gut bezeichnet werden.

Welche technischen Voraussetzungen sind für die Einrichtung einer Wärmekammer erforderlich?

1. Gute Isolierung des Raums, um erforderliche Wärme konstant zu halten.
2. Gute Bodenisolierung und dicht schließende Türen, um eine Kondenswasserbildung am Fußboden zu vermeiden.
3. Thermostatisch regelbare Wärmequelle (Heizkörper), damit in der Wärmekammer eine konstante Temperatur von 40 bis 60° C gehalten werden kann.
4. Zusätzliche leichte Luftumwälzung innerhalb des Raums, um die Wärme gleichmäßig zu verteilen.

5. Relative Luftfeuchtigkeit in der Wärmekammer:
   a) für verpackte Brote 50 bis 60 %
   b) für unverpackte Brote 70 bis 80 % (konstant)

Welche Brotsorten eignen sich für die Frischhaltung durch Wärme?

1. Rustikale Roggen-, Roggenmisch-, Misch- und Weizenmischbrote mit mehliger Kruste, die bei hohen Temperaturen ohne oder mit wenig Schwaden heiß angebacken werden.
2. Roggen- und Roggenmischbrote (ab 60 % Roggenanteil) mit mehliger oder blanker Kruste, die normal gebacken werden.

Welche Vorteile werden erreicht, wenn Brot für die Frischhaltung durch Wärme verpackt gelagert wird?

1. In der Wärmekammer ist keine so hohe, konstante relative Luftfeuchtigkeit erforderlich wie bei der Lagerung von unverpacktem Brot.
   Trotz der niedrigen relativen Luftfeuchtigkeit trocknen die verpackten Brote nicht aus.
2. Verpackte Brote bleiben länger frisch.

Wann sollen Brote für die Lagerung in der Wärmekammer verpackt werden?

Brote nach dem Ausbacken auf 60 bis 70° C abkühlen lassen; anschließend verpacken und sofort in die Wärmekammer einbringen.

Welches Verpackungsmaterial eignet sich zum Verpacken von Broten zur Warmlagerung?

1. Beutel aus Polyäthylen bzw. Polypropylen oder Doppelzellglas.
2. Ganzverpackung mit einer gut siegelfähigen und wasserdampfundurchlässigen Folie (PVC-Folie).

Wie sollen die Brote in der Wärmekammer gelagert werden?

Brote in der Wärmekammer flach auf Roste legen (nicht übereinander).

Wie lange sollen die Brote in der Wärmekammer gelagert werden?

Am besten nur über Nacht (von einem Tag auf den anderen); jedoch keinesfalls über 48 Stunden.

Können die Brote nach Entnahme aus der Wärmekammer sofort verkauft werden?

Ja. Sie weisen aber eine etwas weichere Kruste auf.

Welche Nachteile in der Brotqualität bringt eine längere Lagerung der Brote in der Wärmekammer (über 24 Stunden)?

1. Kruste und Krume der Brote dunkeln nach.
2. Verringerung der Frischhaltung.

Welche Nachteile bringt die Lagerung von unverpacktem Brot in der Wärmekammer?

1. Zu leichtes und zu rasches Austrocknen der Brote.
2. Zu harte Kruste bei den Broten.
3. Zu geringe Frischhaltung.

Durch welche Maßnahmen kann die Frischhaltung bei der Warmlagerung von Broten unterstützt werden?

1. Durch richtige Teigsäuerung.
2. Durch Zusatz eines leistungsstarken Brotfrischhaltemittels zum Teig.
3. Durch normales Ausbacken der Brote; die Kruste soll nicht zu stark und zu dunkel sein.

Was bewirkt der Zusatz eines Brotfrischhaltemittels bei warm gelagerten Broten?

1. Brotfrischhaltemittel verzögern die Retrogradation (Rückbildung) der Stärke und somit das Altbackenwerden der Brote. Sie bringen deshalb nach der Entnahme aus der Wärmekammer einen weiteren Frischhalteeffekt.
2. Bei Zusatz eines Frischhaltemittels bleibt die Krume nach Entnahme der Brote aus der Wärmekammer weicher und elastischer, die Brote schmecken frischer.

Brotfrischhaltung durch Einsatz von Frischhaltemitteln, durch richtige Teigführung und Brotlagerung

Was versteht man unter dem Begriff „Brotfrischhaltung"?

1. Verzögerung des Altbackenwerdens von Brot.
2. Möglichst lange Erhaltung der Qualität eines frischen Brots.
3. Längere Verkaufsfähigkeit des Brots.
4. Längere Brotweichhaltung.

Wie unterscheidet sich altbackenes Brot von einem frischen Brot?

1. In der Krumenbeschaffenheit:
   – Die Krume eines frisch gebackenen, fehlerfreien Brots ist weich, elastisch, schnittfest, hält gut zusammen und ist gut kaufähig.
   – Altbackene Brote weisen eine feste Krume auf. Sie lässt sich nicht so leicht zusammendrücken wie beim frischen Brot, ist weniger elastisch, reißt leicht beim Eindrücken, krümelt beim Schneiden (Trockenkrümeln) und löst sich schwerer beim Kauen.
2. In der Krustenbeschaffenheit:
   – Die Kruste eines frisch gebackenen Brots ist rösch und weist bei blanken Broten einen guten Glanz auf.
   – Bei altbackenen Broten ist die Kruste weicher, zäher; die Oberfläche bei blanken Broten erscheint matt und stumpf.

Welche Vorgänge führen zum Altbackenwerden?

1. In erster Linie die Volumenverminderung und die Retrogradation (Rückbildung) der Stärke.
2. Der Austausch des Wassers von der Krume zur Kruste; die Kruste zieht während der Brotlagerung Wasser aus der Krume an und wird dadurch weich und zäh.

Was versteht man unter Retrogradation (Rückbildung) der Stärke?

Unter Retrogradation der Stärke versteht man die Veränderung der beim Backprozess aufgequollenen Stärke während der Lagerung. Die verquollene Stärke eines frischen Brots verändert sich bei der Lagerung in Richtung eines Zustands, der einer weniger gequollenen Stärke entspricht.

Welche Faktoren fördern das Altbackenwerden bei Brot?

1. Zu starke Teigsäuerung.
2. Zu feste Teige.
3. Zu knappe Gare.
4. Zu schwaches Ausbacken der Brote.
5. Zu kühle Lagerung der Brote, besonders im Temperaturbereich von ±0 bis +5° C.

Erläutern Sie die Wirkung von Frischhaltemitteln!

1. Die Wirkstoffe von Frischhaltemitteln verzögern die Retrogradation (Rückbildung) der Stärke. Sie treten direkt mit der Stärke in Kontakt und verlangsamen dadurch die Umwandlung der Stärke in einen weniger gequollenen Zustand.
2. Frischhaltemittel bringen eine höhere Wasseraufnahmefähigkeit der Teige; dadurch gute Verquellung der Stärke beim Backprozess. Brotfehler wie Trockenrisse oder Trockenkrümeln werden vermieden.
3. Trotz weicherer Teigführung bringt der Zusatz von Frischhaltemitteln trockene, elastische und stabile Teige. Dadurch können auch weichere Teige maschinell einwandfrei aufgearbeitet werden.

Welche Maßnahmen bei der Teigführung tragen zu einer verlängerten Brotfrischhaltung bei?

1. Normale Teigsäuerung.
2. Keine zu hohen Hefemengen.
3. Normale bis etwas weiche Teige.
4. Kühlere Teige von 25 bis 26° C (bei normaler Hefemenge und etwas längerer Teigruhezeit) in Verbindung mit dem Einsatz von Frischhaltemitteln und teigstabilisierenden Backmitteln.
5. Keine zu kurze Stückgare.

Auch durch richtige Brotlagerung kann die Frischhaltung von Broten unterstützt werden. Was ist bei der Lagerung von unverpacktem Brot zu beachten?

1. Das Brot muss vor Austrocknung während der Lagerung geschützt werden. Deshalb sollten unverpackte Brote in einem geschlossenen Raum bei 60 bis 70 % relativer Luftfeuchtigkeit gelagert werden.
2. Gleichmäßige Lagerraumtemperatur von 18 bis 22° C einhalten.

Welche Nachteile treten bei wechselnden Lagertemperaturen und bei zu kühler Brotlagerung auf?

1. Wechselnde Lagertemperaturen führen zu Schwitzwasserbildung auf den Broten und beeinträchtigen den Brotgeschmack.
2. Bei kühler Lagerung altern die Brote rascher; die Krume wird schneller fest.

Bei verpackten Ganzbroten: Wann soll das Brot nach dem Ausbacken verpackt werden?

Brote nach dem Ausbacken auf eine Krumentemperatur von 30 bis 40° C abkühlen lassen, dann erst verpacken.

Welche Nachteile können entstehen, wenn Brot zu heiß verpackt wird?

Bei zu heiß verpacktem Brot bildet sich in der Verpackung viel Schwitzwasser. Die Kruste weicht dadurch zu stark auf und bekommt Falten; der Brotgeschmack der Kruste wird beeinträchtigt und verändert sich.

Das Unterbruch-Backverfahren

Was verstehen Sie unter dem Unterbruch-Backverfahren?

Bei diesem Backverfahren werden Brote so weit vorgebacken, bis die Krume voll ausgebildet ist.
Danach wird der Backprozess unterbrochen. Die Brote werden gelagert und am anderen Tag fertig gebacken.

Welche Vorteile hat das Unterbruch-Backverfahren in Bezug auf den Arbeitsablauf?

1. Produktionsspitzen in den frühen Morgenstunden können abgebaut werden. Ein Teil der Brotproduktion kann auf den Vor- oder Nachmittag verlegt werden.
2. Zum Nachbacken der Brote kann früh die Ofenfläche genutzt werden, bevor der Ofen mit der üblichen Brötchen- oder Brotproduktion belegt wird.

Welche Vorteile bringt das Unterbruch-Backverfahren für den Verkauf?

Bereits in den frühen Morgenstunden steht eine ausreichende Menge von frischem Brot zum Verkauf bzw. Vertrieb zur Verfügung.

Welche Brotsorten eignen sich am besten für das Unterbruch-Backverfahren?

Roggen-, Roggenmisch- und Weizenmischbrote ab 30 % Roggenanteil.

Was ist bei der Teigführung zu beachten?

Normale Teigsäuerung und Teigführung wie bei normal gebackenen Broten, um eine gut gelockerte und vollelastische Krume zu erhalten.

Brote für das Unterbruch-Backverfahren können in direkter und kombinierter Führung mit Teigsäuerungsmitteln hergestellt werden. Welche Backmittel sollten zusätzlich zur Teigsäuerung eingesetzt werden?

Zusätzlich zur Teigsäuerung sollte ein hochwertiges, teigstabilisierendes Back- und Frischhaltemittel eingesetzt werden. Dadurch:
- besserer Mehlaufschluss
- gute Teigentwicklung
- größere Krumenstabilität
- längere Brotfrischhaltung

Wie soll der etwas größere Backverlust bei Broten im Unterbruch-Backverfahren ausgeglichen werden?

Teigeinlage bei 1,0-kg- und 1,5-kg-Broten um 50 g erhöhen.
(Für 1,0-kg-Brote: 1200 g Teigeinlage.)

Wie lange sollen die Brote vorgebacken werden?

1,0-kg-Brote 45 bis 50 Minuten,
1,5-kg-Brote 50 bis 55 Minuten
(ca. 90 % der normalen Backzeit).

Wie sollen Kruste und Krume der vorgebackenen Brote beschaffen sein?

Die Brote müssen fast ausgebacken sein. Die Kruste soll jedoch nicht zu stark ausgebildet und etwas hell sein.

Wie sollen die vorgebackenen Brote gelagert werden?

1. Brote einschichtig und nicht zu eng aneinander auf Rosten lagern.
2. Günstigste Lagerung im Klimaraum bei 30 bis 40° C und 80 bis 85 % relativer Luftfeuchtigkeit.
3. Oder Lagerung im temperierten Raum bei 20 bis 25° C. Das Brot darf während der Lagerung nicht austrocknen. Deshalb Brotwagen mit Plastikhaube überziehen.

Welcher Fehler tritt bei einer zu kühlen Lagerung der vorgebackenen Brote auf?

Die Brote altern rasch.

Bei welcher Temperatur sollen die Brote nachgebacken werden?

Bei 220 bis 230° C,
abfallend auf 210 bis 200° C.

Wie erfolgt das Nachbacken der Brote?

Brote mit ca. 3 cm Abstand in den Ofen setzen und reichlich Schwaden geben. Zug geschlossen halten.
Schwaden während der gesamten Backzeit nicht abziehen lassen.

Wie lange sollen die Brote nachgebacken werden?

Bis in der Krumenmitte eine Temperatur von 90 bis 95° C erreicht ist.
Dadurch wird ein erneutes Aufquellen der Stärke erzielt, die sich während der Lagerung teilweise rückgebildet hat.

Wie viel Minuten beträgt die Nachbackzeit?

Für 1,0-kg-Brote ca. 35 Minuten,
für 1,5-kg-Brote 30 bis 40 Minuten.

Wie soll die Kruste der Brote nach der zweiten Backzeit beschaffen sein?

Sie soll eine normale Festigkeit, Stärke und Bräunung aufweisen.

Was ist nach dem Ausbacken der nachgebackenen Brote zu tun?

Die Brote wie ofenfrische Brote lagern und behandeln.

Gärverzögerung und Gärunterbrechung

Was heißt Gärverzögerung?

Gärverzögerung heißt, die Stückgare bei den aufgearbeiteten Teigstücken durch Kühlung zu verzögern. Die Teigstücke werden in der Regel im Temperaturbereich bis – 7° C gelagert.
Bei einer kurzfristigen Gärverzögerung für wenige Stunden sind auch Temperaturen im Plusbereich möglich. Die Tätigkeit der Backhefe wird dabei nicht unterbrochen, sondern nur verlangsamt (gehemmt). Die enzymatischen Vorgänge und Gärvorgänge gehen je nach Temperatureinstellung langsam weiter.

Was ist unter dem Begriff Gärunterbrechung zu verstehen?

Gärunterbrechung heißt, die Stückgare bei den aufgearbeiteten Teigstücken durch Tiefkühlung zu unterbrechen. Die Teigstücke werden bei Temperaturen von –7 bis –18° C gelagert.
Das Wasser in den Teigstücken gefriert zu Eis; die Gärtätigkeit der Backhefe und die enzymatischen Vorgänge im Teig werden unterbrochen.

Welche Gebäcke eignen sich für die Gärverzögerung und für die Gärunterbrechung?

Für Gärverzögerung:
- Plundergebäcke
- Hefefeingebäcke
- Brote

Für Gärunterbrechung:
- Brötchen, Weizenkleingebäcke
- Brezeln
- Baguettes
- Plundergebäcke
- Hefefeingebäcke

Welche Mehle eignen sich am besten für Brote und Weizenklein- bzw. Hefefeingebäcke mit Gärverzögerung und Gärunterbrechung?

Für Weizenkleingebäcke, Brezeln, Baguettes und Hefefeingebäcke: Weizenmehl, Type 550, mit mittleren Enzymwerten, nämlich
Dextrinwert 12,
Fallzahl ca. 300,
Amylogrammwerte um 300,
Feuchtklebergehalt 26 bis 28 %.

Für Großbrote:
helle Roggenmehle, Type 815, 997,
helle Weizenmehle, Type 550, 812.
Günstigste Werte für Roggenmehl:
Dextrinwert 11 bis 12,
Fallzahl nicht unter 120,
Amylogrammwert mind. 300 bis 350.
Dunklere und schwach backfähige Mehle sind weniger geeignet.

Was ist bei der Rezeptur und Teigführung für Brote und Weizenkleingebäcke mit Gärunterbrechung/ Gärverzögerung zu beachten?

Bei Weizenkleingebäcken:
normale Hefemenge,
gute Teigknetung,
10 bis 15 Minuten Teigruhe,
10 bis 15 Minuten Pressengare.

Bei Brezeln:
4 % Hefe,
keine Teigruhe,
15 Minuten Pressengare.

Bei Baguettes:
3 % Hefe,
Knetung um ca. 1/4 länger als bei Brötchen,
15 bis 20 Minuten Teigruhe.

Bei Brot:
direkte, kombinierte oder indirekte Führung ohne Änderung der Führungsweise. Die Teigtemperatur sollte auf 22° C reduziert werden (auch bei Roggenbrot).
Normale Hefemenge und Teigtemperatur, ca. 20 Minuten Teigruhe.
Für Weizenkleingebäcke:
Leichtmetallbleche, mit Tüchern belegt, oder Gärkästen mit dünnen Holzböden.

Welche technischen Ausrüstungen (Bleche, Gärkästen, Körbe) haben sich bei der Gärunterbrechung und Gärverzögerung bewährt?

Für Brezeln:
Gärkästen mit dünnem Boden und niedrigem Rand.

Für Baguettes:
Gär- und Backbleche aus Leichtmetall, spezielle Baguettebleche.

Für Brote:
Körbe aus möglichst dünnem Rohr und dünnen Böden.
Abziehapparate mit Aluboden.

Gärverzögerung durch Kühlung bei Plunder- und Hefekleingebäcken

Welche technischen Voraussetzungen sind für eine Gärverzögerung erforderlich?

1. Eine Kühlanlage, bei der Temperaturen bis –7° C erreicht werden können.
2. Möglichst hohe relative Luftfeuchtigkeit (ca. 95 %) in der Kühlanlage.
3. Ausreichende Kapazität der Kühlanlage, damit auch – je nach den betrieblichen Anforderungen – größere Mengen an aufgearbeiteten Teigstücken eingebracht werden können.

Welche Anforderungen stellt die Gärverzögerung bei aufgearbeiteten Teigstücken an die Rezeptur und Teigführung?

1. Keine zu hohen Hefemengen verwenden; übliche Hefemengen eventuell um ca. 20 % verringern.
2. Keine zu reife Teigführung; Teigtemperatur nicht über 25° C.

Wann sollen die aufgearbeiteten Teigstücke in die Kühlanlage eingebracht werden?

Die Teigstücke sofort nach dem Aufarbeiten ohne Gare oder mit wenig Gare in die Kühlanlage einbringen.

Was ist bei der Rezeptur und Teigführung von Teigen für eine Gärunterbrechung zu beachten?

1. Normale, keine zu reife Teigführung.
2. Teigtemperatur bei Plunder- und Hefekleingebäcken ca. 25° C; bei Brezeln 23 bis 24° C.

Was ist beim Lagern der aufgearbeiteten Teigstücke in der Kühlanlage zu beachten?

1. Die Temperatur der Kühlanlage sollte während der Lagerung der Teigstücke möglichst nicht über +3 bis +4° C liegen, sonst zu geringe Gärverzögerung.
2. Die Teigstücke dürfen während der Lagerung im Kühlraum nicht verhauten oder verkrusten.

Deshalb ist eine möglichst hohe relative Luftfeuchtigkeit (ca. 95 %) im Kühlraum vorteilhaft. Bei niedrigerer relativer Luftfeuchtigkeit sollten die Teigstücke abgedeckt werden, um ein Verhauten bzw. Verkrusten der Teigoberfläche zu verhindern.

Wie lange sollen bei der Gärverzögerung die aufgearbeiteten Teigstücke im Kühlraum gelagert werden?

Die günstigste Lagerzeit ist bei allen Gebäcken nur von mittags bis zum anderen Tag früh.

Wie ist die Arbeitsweise nach Entnahme der Teigstücke aus der Kühlanlage?

1. Die Teigstücke sollen nach Entnahme aus dem Kühlraum etwa $^{1}/_{2}$- bis $^{3}/_{4}$-Gare besitzen.
2. Nach Entnahme aus dem Kühlraum: Zunächst langsame Erwärmung der Teigstücke auf normale Teigtemperatur.
3. Danach restliche Gare im Gärraum bei 70 bis 80 % relativer Luftfeuchtigkeit; Gärraumtemperatur ca. 28° C.

Bei welcher Temperatur sollen Plunder- und Hefekleingebäcke über Gärverzögerung gebacken werden?

Backtemperatur um 10 bis 20° C niedriger als üblich halten, da die Gebäcke schneller bräunen.

Welche Fehler können durch zu hohen Hefezusatz zum Teig auftreten?

- zu geringe Gärverzögerung
- schlechter Ofennachtrieb
- schlechte Bräunung
- geringes Gebäckvolumen
- altes Gebäck
- Hefegeschmack im Gebäck

Gärunterbrechung durch Tiefkühlung bei Plunder- und Hefekleingebäcken sowie Brezeln

Welche technischen Voraussetzungen sind für eine Gärunterbrechung erforderlich?

1. Eine leistungsstarke Tiefkühlanlage (Froster, Tiefkühlräume), damit die eingebrachten Teigstücke rasch auf eine Temperatur von bis zu –20° C gebracht werden.
2. Möglichst hohe relative Luftfeuchtigkeit, um ein Austrocknen bzw. Verkrusten der Teigstücke an der Oberfläche zu vermeiden.
3. Die Kapazität der Tiefkühlanlage soll so bemessen sein, dass auch größere Gebäck-Chargen (z. B. bei Plundergebäck) auf einmal hergestellt und die aufgearbeiteten Teigstücke bis zu 3 Tage auf Vorrat eingefrostet werden können.

Sollen bei der Gärunterbrechung die Teigstücke sofort nach dem Aufarbeiten in den Froster eingebracht werden?

Nein, die aufgearbeiteten Teigstücke erst etwas angaren lassen, dann mit $^1/_3$- bis $^1/_2$-Gare in den Froster einbringen (besseres Durchfrosten).

Bei welcher Temperatur und relativer Luftfeuchtigkeit der Tiefkühlanlage sollen die Teigstücke eingefrostet werden?

Einfrosten der Teigstücke bei –15 bis –20° C und mit so hoher relativer Luftfeuchtigkeit wie möglich.

Bei welcher Temperatur sollen die eingefrosteten Teigstücke gelagert werden?

Bei –18 bis –20° C.

Was ist bei der Lagerung der eingefrosteten Teigstücke in der Tiefkühlanlage unbedingt zu beachten?

Die eingefrosteten Teigstücke dürfen während der Lagerung an der Oberfläche nicht austrocknen oder verkrusten. Teigstücke bei längerer Lagerung abdecken.

Wie sollen die eingefrosteten Teigstücke nach Entnahme aus der Tiefkühlanlage aufgetaut werden?

1. Teigstücke aus der Tiefkühlanlage nehmen und bei möglichst niedriger Raumtemperatur völlig auftauen lassen. Alternativ hierzu können die Teigstücke auch im Kühlraum bei ±0 bis +4° C aufgetaut werden.
   Bevor sie jedoch in den Gärraum eingebracht werden, sollten sie noch einige Zeit bei niedriger Raumtemperatur gelagert werden, um ein zu großes Temperaturgefälle zu vermeiden.
2. Danach Erwärmung der Teigstücke auf normale Gärtemperatur.

Nennen Sie die günstigsten Lagerzeiten für die aufgearbeiteten Teigstücke im Gärunterbrecher!

Bei Plunder- und Hefekleingebäcken bis zu 3 Tage (je nach Gebäckart).
Bei Brezeln bis 48 Stunden.

Wann und bei welcher Temperatur und Luftfeuchtigkeit erfolgt die Gare der Teigstücke?

Erst nach dem völligen Auftauen und Erwärmen der Teigstücke erfolgt die Gare im Gärraum bei 70 bis 80 % relativer Luftfeuchtigkeit.
Gärraumtemperatur:
für Plundergebäcke: 28 bis 30° C,
für Hefekleingebäcke und
für Brezeln: 30 bis 35° C.

Gärunterbrechung und Gärverzögerung mit automatisch steuerbaren Anlagen

Wie ist der gesamte Arbeitsablauf bei der Gärunterbrechung und Gärverzögerung mit automatisch steuerbaren Anlagen?

- Anlage bis –18° C vorkühlen, dann mit den aufgearbeiteten Teigstücken beschicken.
- Gärunterbrechung 2 bis 3 Stunden bei –18° C, bis in den Teigstücken eine Kerntemperatur von –3 bis –5° C erreicht ist; dann
- Gärverzögerung bei –3 bis –5° C,
- Tauzeit,

BAUANLEITUNGEN FÜR DIE TECHNISCHE BETRIEBSGESTALTUNG

Produktionsräume

a) Boden

Wie ist das Verhältnis der Backwarenumsätze zur Größe der Backstube?

ca.	150 000 €	60– 80 m^2
ca.	225 000 €	90–110 m^2
ca.	400 000 €	150–180 m^2
ca.	600 000 € bis 1,2 Mio €	350–400 m^2

Welche Isolierungen des Bodens sind zur Vermeidung von Bodenkondensat und kalten Fußzonen erfahrungsgemäß erforderlich?

Die Entstehung von Kondensat hängt weitgehend von den wärmetechnischen Eigenschaften der Bodenoberfläche ab. Vorteilhaft ist die Wärmeleitzahl von maximal 0,70 W/m^2K (Wärme pro m^2 in Kelvin [Maßeinheit der absoluten Temperaturskala]). Auch die Fußbodenheizung ist bäckereitechnologisch vorteilhaft.
Schwimmender Estrich, wärme- und schallisoliert, mit Stahl verstärkt, ist zu empfehlen, wobei die Wasserleitungen schalltechnisch sowohl zu dämmen als auch vom Baukörper zu trennen sind.

Welche Fußbodenbeläge werden vorteilhafterweise verlegt?

Steinzeug: hohe Verschleißfestigkeit, bessere Sauberhaltung, säurefest;
Terrazzo: kann ebenfalls leicht nass gereinigt werden, ist jedoch nicht säurefest;
Stahlplatten: hoch belastbar in der Kneterei; Kunststoff: nur für Lagerräume geeignet; Industriefußböden (Epoxydharz): schnelle Aufbringung, nach ca. 6 Stunden belastbar.

Welche Vorkehrungen sind vorteilhaft für eine arbeitssparende Sauberhaltung des Fußbodens?

Da 2 % Gefälle erforderlich sind, um Wasser fließen zu lassen, wird ein neigungsfreier Boden mit Ablaufrinne bzw. Gully empfohlen. Der Einbau empfiehlt sich an schwach frequentierten Fahrzonen bzw. in der Nähe stark schmutzanfälliger Positionen (Kneterei, Spül- und Kochbereich der Konditorei).

Welche Erfahrungen liegen über die Montage eines Ablaufgitters im Boden unterhalb der Spüle vor?

In der Konditorei ist das Ablaufgitter zu empfehlen, wobei es hingegen in der Backstube wegen zu großer Verschmutzungsgefahr nicht sinnvoll ist; außer es wird täglich gereinigt.
Tiefe des Gitterschachts: 20 bis 25 cm.
Kanalanschluss: auf jeden Fall. Gefälle des Schachts zum Gully sollte möglichst stark sein.
Reinigungsmöglichkeit: durch Herausnehmen des Gitters in Form mehrerer Einzelteile. Holzkehlen zwischen Wand und Boden sind besonders zu empfehlen.

b) Wände

Wie hoch sollen die Wände der Produktionsräume mit Fliesen versehen werden?

Die Fliesenhöhe sollte aus praktischen und hygienischen Gründen mindestens 1,70 bis 1,80 m betragen.
Die Vorschriften der Lebensmittelhygiene-Verordnung (LMHV) sind zu beachten.

Bei welchen Betrieben genügen Fliesen nur an den Wänden der Kneterei, Konditorei, Spüle u. Ä.?

Bei vollautomatisierten Betrieben (Hallenbauten). Aus hygienischen Gründen sollte aber im gesamten Produktionsbereich gefliest werden.

c) Fenster

Welche Fensterquerschnitte sind anteilig zur Bodenfläche erforderlich?

Nach der Arbeitsstättenverordnung müssen bei den Sichtverbindungen ins Freie 10 % (1:10) der Grundfläche aus Klarglas sein.
Wünschenswert wären Fensterquerschnitte im Verhältnis zur Bodenfläche bei Feinarbeiten 1:5 und bei Grobarbeiten 1:8. $^1/_3$ der Fensterfläche sollte zu öffnen sein; wegen der besseren Lüftung sollte dies möglichst der obere Teil sein.

Welche Maße sind hinsichtlich der Höhe der Fensterbänke gesetzlich vorgeschrieben?

Die Unterkante der Fensterbänke muss in 1,25 m Höhe angebracht sein.

Mit welchem Gefälle sollen die Fensterbänke nach innen verlegt werden bzgl. Abfluss von Fensterkondensat und zur Verhinderung von unordentlichen Abstellbänken?

30 bis 40 %.

In welcher Raumhöhe sollen die Fenster zur Entschwadung der Backstube montiert werden?

Aus Gründen der Belüftung, Entschwadung und Tagesbeleuchtung sollen die Fenster grundsätzlich bis zur Unterkante der Decke montiert werden. (Ausnahme bei Rollladenkästen.)

Welche Fensterprofile sind besonders vorteilhaft?

Kunststoff mit verzinktem Stahl oder Aluprofil als Verstärkung:
mindestens drei Kammerprofile in hellen Farben, wartungsfrei;
Aluminium:
termisch getrennte Profile, wartungsfrei, nicht alle Eloxate sind säurefest;
Stahl:
mindestens drei Kammerprofile, Unterhaltungsanstriche sind erforderlich, Kältebrücken sind nicht auszuschließen;
Holz:
in ausreichend starken Exoten-Hartholzprofilen, Unterhaltungsanstriche sind erforderlich.

Welche Art der Verglasung ist für Bäckereien zu empfehlen?

Im Hinblick auf die Wärmedämmung ist Isolierverglasung notwendig. Wenn erforderlich, ist Sonnenschutz vorzusehen.

Wie soll das Fensterkondensat abgeleitet werden?

Nach außen durch eine Bohrung oder nach innen in eine Auffangwanne mit Verdunstung.
Wenn das Funktionieren nach außen gewährleistet und keine Verschmutzung der

Fassade zu befürchten ist, bestehen keine Bedenken zur Ableitung durch eine Bohrung. (In der Praxis sollte jedoch die Schwaden- und Kondensatbildung verhindert werden, indem die großen Mengen Backschwaden direkt nach Entstehen vor dem Backofen abgesaugt werden.)

Wann sind Glasbausteine bzw. Profilitglas vorteilhaft?

Wenn das Fensterrecht zum Nachbargrundstück verweigert wird oder wenn genügend zu öffnende Fensterfläche vorhanden ist.
Nach der Arbeitsstättenverordnung müssen Arbeits- und Pausenräume eine Sichtverbindung nach außen haben.

Wie unterscheiden sich Glasbausteine von normalen Fenstern hinsichtlich der Wärmedämmung?

Die Wärmedämmung der Glasbausteine und von Profilitglas ist besser als bei normalen Fenstern.

d) Türen

Welche lichten Breiten sind für Türen notwendig von

a) Backstube zum Mehlraum?	150 cm
b) Backstube zur Konditorei?	126 bis 150 cm
c) Backstube zum Gebäcklager?	126 bis 150 cm
d) Konditorei bzw. Backstube zum Kühlraum?	100 cm
e) Gebäcklager zum Beladeplatz?	150 bis 200 cm
f) Gebäcklager zum Laden?	100 bis 126 cm
g) Ladenlager zum Laden?	100 bis 126 cm

Bei lichten Türbreiten ab 150 cm ist eine 2-flügelige Ausführung vorteilhaft.

Welche Materialien sind besonders Vorteilhaft?

Holz, das mit gehämmertem Alublech beschlagen ist.

Was ist bei Holztüren zu beachten?

Wo erforderlich, mit Alublech beschlagen, kunststoffbeschichtet und ohne Anstrich stahlverzinkt. Die brandschutztechnischen Anforderungen sind zu beachten.

Wo sind Schiebetüren, wo Normaltüren und wo Pendeltüren vorteilhaft?

Schiebetüren sind nur aus Platzmangel zu empfehlen. Normaltüren bei a, d, f und g. Pendeltüren bei b, c und e. Pendeltüren müssen durchsichtig sein oder Sichtfenster haben.

e) Decken und Klimatisierung

Welche Erfahrungen liegen vor mit einwandigen PVC-Profilen auf Lattenunterlagen?

Sie sind in der Bäckerei nicht zu empfehlen. Sie verwerfen sich durch die thermischen Einflüsse.

Welche Erfahrungen liegen vor mit doppelwandigen PVC-Profilen auf Lattenunterlagen?

Höhere Stabilität, bessere Isolierung, geringere Luftdurchlässigkeit in den Verbindungen. Die Unbedenklichkeitserklärung ist bei den Gewerbeaufsichtsämtern oder Behörden einzuholen; und die Lebensmittelhygiene-Verordnung muss beachtet werden.

Welche Erfahrungen liegen vor mit dampfdicht abgesperrten Schaumstoffisolierungen und Taupunktverlagerung zur tragenden Decke?

Zuverlässig zu berechnende Taupunktverlagerung und absolute Dichtigkeit gegen Dämpfe und Mikrobenbildung; kein Fugenkondensat.

a) geklebt = riskant
b) angeschossen = ja, Schussbolzen müssen gesondert isoliert werden

Welche Erfahrungen mit abgehängten Decken und Abzugsschächten, verbunden mit einem Abzugsrohr zwischen tragender und abgehängter Decke, mit Be- und Entlüftung mittels Ventilator liegen vor?

Nur möglich bei einer Raumhöhe über 3 m. Zwischen tragender und abgehängter Decke muss durch ein Rohrsystem be- und entlüftet werden.
Eine entsprechende Aussparung in der Decke nimmt die Feuchtigkeit der Backstube auf. Der Kanal sollte gesondert isoliert werden und muss zu reinigen sein. Die so genannte Zwischendecke sollte aus Sicherheitsgründen aus Metallpaneelen oder Metallprofilblechen bestehen. Metalle sind feuerhemmend und entwickeln keine Gase im Brandfall. Einbrennlackiertes Aluminium bzw. feuerverzinktes Stahlblech sind empfehlenswert. Als Abzugs-

rohr kann ein Kunststoffrohr verwendet werden. Die Frischluftzufuhr sollte mittels Jalousetten steuerbar und eventuell über die Heizkörper temperierfähig zugeführt werden. Ein Gefälle nach außen ist vorteilhaft. Der Strömungsquerschnitt sollte so groß sein, dass keine Zugluft entsteht und die Frischluft über die eventuell betreffende Heizung temperiert werden kann.

Welche Erfahrungen liegen vor, wenn durch fortdauernde Beschwadung die nicht abgesperrte Stahlbetondecke Feuchtigkeit aufnimmt?

Nach wissenschaftlichen Erkenntnissen tritt dadurch Kondensatbildung und damit im Laufe der Zeit ein Verlust der statisch berechneten Tragfähigkeit ein.

f) Lüftung

Wie sollen Lüftungsanlagen ausgelegt sein?

Lüftungsanlagen sollten derart ausgelegt sein, dass sie Gerüche, Schwaden und Dämpfe usw. direkt am Entstehungsort aufnehmen und abführen. Sie sollen der gleichmäßigen Verteilung der über Heizregister zu erwärmenden und ggfs. zu kühlenden Luft dienen (Winter/Sommer). Die Ansaugöffnungen müssen mit leicht zu reinigenden Mehlfiltern versehen sein. 5- bis 6facher Luftwechsel/Stunde ist zu empfehlen. Entsprechend den Brandabschnitten sind Brandschutzklappen einzubauen. Besonders über Fettbackgeräten sind spezielle Brandschutzauflagen zu beachten. Es ist darauf zu achten, dass Gas-/Ölbrenner der Backöfen usw. mit eigener Frischluft versorgt sind.

Beispiel:

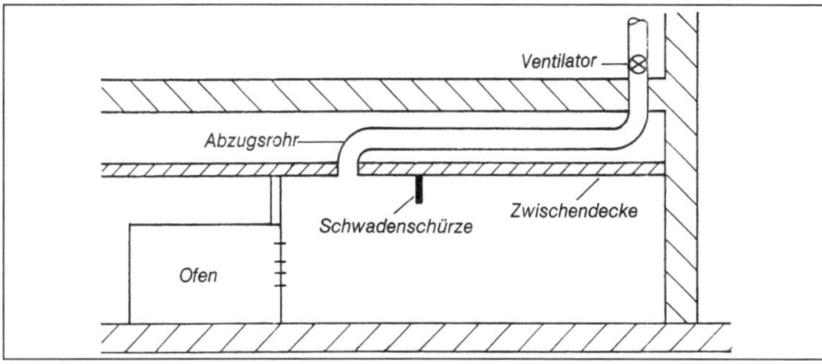

g) Elektrische Anschlüsse

Wie groß sind die allgemein empfehlenswerten Anschlusswerte, nach Umsatzgrößen gerechnet?

Umsatzgrößen:
150 000–300 000 €/p. a. = ca. 100 kW
300 000–500 000 €/p. a. = ca. 190 kW
500 000–800 000 €/p. a. = ca. 380 kW

Erklären Sie Anzahl und Ordnung der Steckdosen in Backstube, Konditorei, Kühlraum und Expedition, spezifiziert nach 220 und 380 Volt, entsprechend dem Maschinenplan!

Für die zukünftigen Maschinen sollten nach Möglichkeit zusätzliche elektrische Leitungen eingeplant werden. (Betriebe mit elektrisch beheizten Backöfen sind hier nicht besonders berücksichtigt, dort werden je m^2 Herdfläche derzeit maximal 7 kW einschließlich Gärraum, bei reduzierter Schaltung ca. 4,5 kW zusätzlich notwendig.)

Es sollten an jeder Wand einige Steckdosen für 380 V und mindestens die Hälfte davon für 220 V vorhanden sein. In dem Bereich der Teigaufbereitung sollte die doppelte Anzahl der üblichen Steckdosen installiert werden.
An der Decke sollte die Möglichkeit geschaffen werden, für Maschinen, die nicht an der Wand stehen, die Stromzufuhr von dort aus vornehmen können. Sinngemäß gilt dies für auch für die Konditorei und Expedition. Abstand Boden bis Anschlußhöhe ca. 2,10 cm.

Beispiele einer möglichen Elektro-Geräteausstattung für 3 Betriebsklassen

Betriebsklasse 1: 150 000–300 000 € Umsatz pro Jahr
Betriebsklasse 2: 300 000–500 000 € Umsatz pro Jahr
Betriebsklasse 3: 500 000–800 000 € Umsatz pro Jahr

Betriebsklasse	**1**	**2**	**1**
Wärmegeräte:	kW	kW	kW
Etagenbackofen	57 (40[1])	100 (70[1])	90 (57[1])
Etagenbackofen			90 (57[1])
Stikkenofen			60
Ladenbackofen	10	10	20
Gärraum	4	8	8
Gärautomat	2,5	3	6
Fettbackgerät	4	8	8
Kuvertüregerät	1	1	1
Spülmaschine		12	15
Warmwasserbereitung (z. B. Standspeicher)	6	9	18
Summe Wärmegeräte	84,5	151	316
Teigbereitungsmaschinen:			
Fördergebläse – Mehlsilo		6	8
Spiralkneter	5	7,5	22
Hubkneter	3	3	
Brotteigteilmaschine		1,5	1,5
Brot-Rund- und -Langwirkmaschine		1	1
Brötchenteigteil- und -rundwirkmaschine	1	1	1,5
Teigausrollmaschine	1		1
Brötchenanlage		3	4,5
Anschlagmaschine	0,5	1	2
Sauerteigautomat	1	1	2
Wasserdosiergerät	0,1	0,1	0,1
Brotschneidemaschine			1,5
Schnittbrotgatter			1,5
Toastbrotgatter			1
Verpackungsmaschine		1	2
Summe Teigbereitungsmaschinen	12,6	27,1	59,6
Kälteanlagen:			
Sahnespender	1	1	1
Frosteranlage	1,5	2	1,5
Klimaschrank			1
Klima-Sahnetisch	0,4	0,4	0,4
Kühlschränke	0,5	0,5	0,5
Kühlzelle			1
Summe Kälteanlagen	3,4	3,9	5,4

[1] *Verriegelter Anschlusswert.*

Beleuchtungsanlagen:			
Backstube			
Lager	2,5	4	6
Laden und Außenwerbung			
Summe Beleuchtungsanlagen	2,5	4	6
Absauganlage/Ventilatoren:	2	3	3
Gesamtsumme:	**105**	**189**	**380**

Wie sollen Steckdosen und Schalter angebracht sein?

Wegen möglicher Beschädigung durch Brotwagen und Ähnliches sollen sie plan in die Wände eingesetzt werden. Die elektrischen Anschlüsse müssen gegen Dampf und Wasser geschützt sein.
In der Planungsphase sind mit den Versorgungsunternehmen die Anschlussmöglichkeiten zu prüfen. Weiter sind Nachtstrom- und Gastarife zu vereinbaren. Gegebenenfalls sind Blindstromzähler vorzusehen.

h) Heizung

Welche Heizungen werden üblicherweise mit Erfolg eingesetzt?

Im Normalbau Plattenheizkörper, möglichst doppelwandig als Konvektoren. Die Abwärme aus Kühlanlagen kann zu Heizzwecken verwendet werden. Im Hallenbau Warmluftheizgeräte oder Fußbodenheizung. Bei Fußbodenheizung sind für Knetschalen hohe Belastungen zu beachten.

i) Baukosten/Bauweise

Wie hoch sind die Kosten je Quadratmeter Raumfläche in konventioneller Bauweise im Wohnraumbau?

Für Büro, Laden, Sozialräume ca. 1000 € (Stand 1. 1. 2005). Bei Umbau ist mit 30 % Mehrkosten zu rechnen.

Wie hoch sind die Kosten je Quadratmeter Grundfläche im Hallenbau?

Im Werkstatt- bzw. Hallenbau in Elementbauweise bei 4 bis 5 m Raumhöhe (Stand 1. 1. 2005);
bei Stahlkonstruktionen ca. 900 €;
bei Holz-Leimbinderkonstruktion ca. 1100 €.

Welches sind die meist anzutreffenden Bauweisen?	Stahlbau vorgefertigt: hohe Unterhaltungs- und Brandschutzkosten, große Spannweiten, kurze Bauzeiten. Stahlbetonfertigteile: nahezu unterhaltungsfrei, große Spannweiten, kurze Bauzeiten. Holzleimbau: fast wartungsfrei, große Spannweiten, kurze Bauzeiten, Brandschutz beachten. Spannweiten: von 12 bis 20 m und Binderabstände (Stützen) zwischen 5 und 6 m sind üblich.
Welches Baumaterial findet vornehmlich Verwendung?	Gasbeton: hoher Dämmwert, bei entsprechender Stärke sind keine Zusatzmaßnahmen und kein besonderer Innenputz erforderlich. Poroton: hoher Dämmwert, bei entsprechender Stärke sind außer Innen- und Außenputz keine Zusatzmaßnahmen erforderlich. Bisoherm: hoher Dämmwert, bei entsprechender Stärke sind außer Innen- und Außenputz keine Zusatzmaßnahmen erforderlich. Bims: geringer Dämmwert macht zusätzliche Dämmmaßnahmen und eventuell zweischalige Bauweisen erforderlich.
Wie hoch wird vernünftigerweise in Hallen verfliest?	Bis 2 m.
Welche Wände werden verfliest?	Grundsätzlich Konditorei, Kneterei und Spülposition.
Wie werden die unverfliesten Wände gegen Dampfdruck und Kondensatschäden abgedichtet?	Durch Kautschukfarben (z. B. Latex).
Welche natürlichen Be- und Entlüftungen sind üblich?	Lichtbänder, möglichst mit Querbelüftung, eventuell isolierte doppelwandige und belüftbare Lichtkuppeln.

Was sind die üblichen Spannweiten im Hallenbau für Bäckereien und die üblichen Binderabstände?

Spannweite ca. 15 bis 20 m, Binderabstände ca. 5 m.

Werden bei Flachdachbauten Warmdächer oder Kaltdächer bevorzugt?

Bei Warmdächern besteht die Gefahr von Kernkondensat, nur ein sehr hoher technischer Aufwand kann dies verhindern. Kaltdächer sind problemloser, dort müssen jedoch Querbelüftungskanäle immer mit der Außenluft in Verbindung stehen. Zusätzlich sind die Lebensmittelhygiene-Verordnung und die Arbeitsstätten-VO zu beachten.

k) Dächer

Welche Dachkonstruktionen werden bevorzugt?

Geneigte Dächer sind anzustreben. Geneigte oder Flachdächer werden als Kaltdach empfohlen. Warmdächer haben den komplizierteren Aufbau.
Zusätzlich sind zu berücksichtigen:
Die Lebensmittelhygiene-Verordnung bzw. die allgemein gültige Arbeitsstätten-VO, die Unfallverhütungsvorschriften der Berufsgenossenschaft Nahrungsmittel und Gaststätten, das Bundesimmissionsschutzgesetz, die jeweilige Landesbauordnung, die Wärmeschutzordnung und das Energieeinsparungsgesetz.

ORGANISATIONEN FÜR DAS DEUTSCHE BÄCKERHANDWERK

Betriebliche Altersvorsorge für das Bäcker- und Konditorenhandwerk

Betriebliche Altersvorsorge war bisher eine freiwillige Leistung des Arbeitgebers. Seit dem 1. 1. 2002 haben Arbeitnehmer jedoch grundsätzlich einen gesetzlichen Anspruch darauf, dass Teile ihres Gehalts zu Gunsten einer betrieblichen Altersversorgung umgewandelt werden. Im „Rahmentarifvertrag zur Altersvorsorge im deutschen Bäckerhandwerk" wurden die Möglichkeiten für Arbeitnehmer des Bäckerhandwerks konkretisiert. Die Tarifvertragsparteien haben sich auf die SIGNAL IDUNA PENSIONSKASSE als einzig zulässigen Durchführungsweg geeinigt. Sie bietet größtmögliche Flexibilität bei der Gestaltung der betrieblichen Altersversorgung und gleichzeitig die Möglichkeit, Versorgungsrisiken vollständig auszulagern.

Vorteile Arbeitgeber
- Geringere Lohnnebenkosten durch Sozialabgabenersparnis
- Flexible Beitragsgestaltung
- Recht auf Entgeltumwandlung wird erfüllt
- Geringer Verwaltungsaufwand

Vorteile Arbeitnehmer
- Ersparnis bei Steuern und Sozialabgaben
- Renditestarke Zusatzversorgung
- Variable Beiträge

Tarifvertragsrechtliche Auswirkungen der Tarifverträge zur betrieblichen Altersvorsorge für die Beschäftigten des Deutschen Bäckerhandwerks e. V.

Betriebliche Altersvorsorge

Zweck und Zielsetzung der betrieblichen Altersvorsorge ist die gemeinsam wahrgenommene Verantwortung der Tarifvertragsparteien für die Angestellten und Arbeiter unseres Handwerks. Der Rahmentarifvertag gewährt deshalb jedem Arbeitnehmer die entsprechenden Ansprüche.

An die Bestimmungen des Tarifvertrags zur betrieblichen Altersvorsorge im Bäckerhandwerk sind gem. § 3 Abs. 2 des Tarifvertagsgesetzes (TVG) alle Mitgliedsbetriebe (Arbeitgeber) gebunden, die zum Zeitpunkt des Vertragsabschlusses Mitgied einer der Organisationsstufen unseres Verbands waren. Damit stehen jedem Arbeitnehmer eines solchen Betriebs bei Erfüllung der im Tarifvertrag festgelegten Voraussetzungen die dort genannten Ansprüche zu, vor allem der Anspruch auf die Zahlung des arbeitgeberseitigen Beitrags zur betrieblichen Altersvorsorge in Höhe von 80 € für einen vollzeitbeschäftigten Mitarbeiter. Ein weit verbreiteter Irrtum liegt in der Behauptung, ein Mitgliedsbetrieb könne sich durch Austritt aus der Innung der Tarifbindung des abgeschlossenen Tarifvertrags entziehen. Eine solche irrige Auffassung übersieht die Rechtswirkung des § 3 Abs. 3 TGV, der auch für den Fall des Austritts aus der Tarifvertragspartei zwingend die Weitergeltung des laufenden Tarifvertrags anordnet. Dies gilt selbst für den unwahrscheinlichen Fall, dass ein bisheriges Verbandsmitglied nicht austritt, sondern ausgeschlossen wird. Die Wirkung des Tarifvertrags erstreckt sich auch auf ausgetretene Verbandsmitglieder mindestens bis zum Zeitpunkt der Beendigung der Laufzeit des Vertrags oder dem Abschluss eines neuen Tarifvertrags.

Des Öfteren wird insbesondere von gewerkschaftlicher Seite die Forderung aufgestellt, dass zur Herstellung einer Tarifbindung auf der Grundlage des Tarifvertrags auch auf der Arbeitnehmerseite die Mitgliedschaft bei der tarifschließenden Gewerkschaft Voraussetzung ist. In mehreren Entscheidungen hat das Bundesarbeitsgericht (BAG) – den Gesetzeswortlaut des § 3 Abs. 2 TGV wiederholend – beiläufig festgestellt, dass die Tarifbindung des Arbeitgebers genügt. Voraussetzung ist, dass die Rechtsnormen des Tarifvertrags betriebliche Fragen für alle Betriebe regeln, deren Arbeitgeber tarifgebunden sind, also ohne Rücksicht auf die Tarifgebundenheit der Arbeitnehmer. Ob eine Vereinbarung eine betriebliche Frage betrifft, beurteilt sich danach, ob der zu regelnde Bereich aus tatsächlichen oder rechtlichen Gründen nur einheitlich geregelt werden kann und sich nicht auf den betrieblichen Einzelfall bezieht. Die tarifvertragliche Vereinbarung über die betriebliche Altersvorsorge im Bäckerhandwerk regelt nicht nur den Anspruch des einzelnen Arbeitnehmers, sondern ihr Regelungsinhalt erstreckt sich auf alle Arbeitsverhältnisse gleichermaßen. Die festgelegte Leistung soll dem Arbeitnehmer als Mitglied der Belegschaft zugute kommen. Ein weiteres wichtiges Merkmal für die Annahme der Rechtsfolgen des § 3 Abs. 2 TGV stellt die Anknüpfung an die Organisationsgewalt des Arbeitgebers dar. Nach BAG liegt eine Betriebsnorm gerade dann vor, wenn eine individualrechtliche Regelung wegen erkennbarer Unzweckmäßigkeit ausscheidet.

Der Gesetzgeber hat mit Einführung des § 1a Abs. 1 S. 2 und 3 des Gesetzes über die betriebliche Altersvorsorge (BetrAVG) festgelegt, dass bei Durchführung der Altersvorsorge bei einer Pensionskasse die Wahl des konkreten Versicherungsunternehmens Sache des Arbeitgebers ist. Der Grund hierfür liegt zum einen darin, dass dem Arbeitgeber nicht zugemutet werden soll, mit vielen verschiedenen Versicherungsunternehmen Geschäftsbeziehungen aufnehmen zu müssen. Zum anderen kann der Arbeitgeber durch die Möglichkeit der Bündelung aller Arbeitnehmer bei einem Versicherungsunternehmen in aller Regel zum Vorteil des Arbeitnehmers günstigere Konditionen aushandeln – was in der Zusammenarbeit mit der Pensionskasse SIGNAL IDUNA auch geschehen ist. Somit beschreiben Tarifvertrag und Rahmenvereinbarung einen Teilbereich der Organisationsgewalt des Arbeitgebers, der aus sachlogischen Erwägungen nur einheitlich sowohl zum Vorteil des Arbeitnehmers wie des Arbeitgebers entsprechend der gesetzlichen Vorgabe geregelt wird. Der Tarifvertrag ist darüber hinaus geeignet und erforderlich, um eine sinnvolle und einheitliche Ordnung der betrieblichen Altersvorsorge sicherzustellen.

Nach alledem regelt der Rahmentarifvertrag eine Betriebsnorm im Sinne des § 3 Abs. 2 TGV, weil nur so das Ziel einer einheitlichen betrieblichen Altersvorsorge sichergestellt werden kann. Einer Mitgliedschaft des Arbeitnehmers in der vertragschließenden Tarifpartei Gewerkschaft NGG bedarf es nicht.

Darüber hinaus bestehen die aus dem Tarifvertrag folgenden Ansprüche der Arbeitnehmer auch aus dem Gesichtspunkt des Gleichbehandlungsgrundsatzes für alle im Betrieb Beschäftigten. Eine unterschiedliche Behandlung zwischen gewerkschaftlich organisierten und nicht organisierten Arbeitnehmern wäre mit Art. 3 des Grundgesetzes nicht vereinbar, weil dann die Gesamtheit der Arbeitnehmer des Bäckerhandwerks bei Vorliegen gleicher Anspruchsvoraussetzungen ungleich behandelt würde. Eine Rechtfertigung für diese Ungleichbehandlung kann keineswegs aus Art. 9 Abs. 3 des Grundgesetzes hergeleitet werden, weil damit das Wesen der negativen Koalitionsfreiheit – also der Freiheit, sich für oder gegen eine Verbandsmitgliedschaft zu entscheiden – vollkommen verkannt würde.

Aus tarifvertraglicher wie auch verbandspolitischer Sicht ist es dringend erforderlich, dass die Arbeitgeber des Bäckerhandwerks die im Tarifvertrag festgelegten Ansprüche der Arbeitnehmer erfüllen. Es kann bei Nichterfüllung durchaus zu Nachforderungen anspruchsberechtigter Arbeitnehmer kommen. Ergänzend wird dazu geraten, auf der Grundlage der vorbereiteten Vereinbarung zwischen Arbeitgeber und Arbeitnehmer über eine Entgeltumwandlung möglichst viele Arbeitnehmer zu diesem Schritt zu ermuntern. Die dadurch einzusparenden Beiträge zur Sozialversicherung senken die Belastung auf der Seite des Arbeitgebers deutlich.

SHB-Versicherung

Sach- und Haftpflichtversicherung des Bäckerhandwerks VVaG

Wann ist die SHB gegründet worden?

Die Sach- und Haftpflichtversicherung des Bäckerhandwerks VVaG (SHB) wurde im Jahre 1921 vom Bäcker-Innungsverband der damaligen Rheinprovinz unter der Bezeichnung „Glasschädenschutz Rheinland“ als Glasversicherungsverein gegründet. Wegen der bundesweiten Tätigkeit erfolgte im Jahre 1974 eine Umbenennung des Vereins in „Glasversicherung des Bäckerhandwerks“. Im Jahre 1983 nahm die Glasversicherung des Bäckerhandwerks den Versicherungszweig „Allgemeine Haftpflichtversicherung“ auf und bezeichnete sich als „Glas- und Haftpflichtversicherung des Bäckerhandwerks“. Ab dem 1. 1. 1986 wurde das Versicherungsangebot auf die gesamte Sachversicherung ausgedehnt und der Name in „Sach- und Haftpflichtversicherung des Bäckerhandwerks“ geändert.

Welche Aufgaben hat die SHB?

Zweck des Vereins ist, seinen Mitgliedern größtmöglichen Versicherungsschutz zu bieten.

Welche Versicherungen betreibt die SHB?

Sie betreibt die Glasversicherung, Haftpflichtversicherung, Feuerversicherung, Einbruchdiebstahlversicherung und Leitungswasserversicherung, Sturmversicherung, Verbundene Gebäudeversicherung, Verbundene Hausratversicherung, Unfallversicherung, Elektronikversicherung und sonstige Schadenversicherung.

Welche Rechtsform hat die SHB?

Sie ist ein Versicherungsverein auf Gegenseitigkeit (VVaG).

Wer ist Träger des Unternehmens?

Primär Bäckereibetriebe und Personen, so weit sie durch einen Versicherungsabschluss die Mitgliedschaft erworben haben.

Welches sind die Organe der SHB?

Die Mitgliedervertreterversammlung,
der Aufsichtsrat,
der Vorstand.

Wer überwacht und prüft die SHB?

Die Bundesanstalt für Finanzdienstleistungen (BAFiN) sowie der Aufsichtsrat und ein vom Aufsichtsrat bestimmter Wirtschaftsprüfer.

Wer betreut die Versicherungsnehmer?

Der auf das Bundesgebiet verteilte Außendienst, der in allen Versicherungsfragen und Schadensfällen beratend tätig ist.

Schüttet die SHB auch Gewinne aus?

Anfallende Gewinne, so weit sie nicht für drohende Verluste angesammelt werden, kommen den Mitgliedern in Form von Beitragssenkungen zugute.

TECHNISCHE MATHEMATIK

(Berufstheorie)

Teigausbeute (TA) – Bezeichnungen und Berechnungen

Vor einiger Zeit unterschied man noch zwischen der Netto-, der Brutto- und der praktischen (tatsächlichen) Teigausbeute[1]. Nach längeren Diskussionen in Fachkreisen wurden von der Arbeitsgemeinschaft Getreideforschung e. V. folgende neueren Bezeichnungen und Berechnungen veröffentlicht:

Die frühere Netto-TA ist nun als „Wasseraufnahme der Mehle" definiert. Sie gibt also an, wie viel Teile Wasser zu 100 Teilen Mehl gegeben werden müssen, und ist Grundlage der folgenden Berechnungsbeispiele. Um einen unerwünschten Begriffswirrwarr zu vermeiden, wird in diesem Fachbuch jedoch noch die Bezeichnung **TA** verwendet, da dies in der Praxis noch so üblich ist.

Die frühere Brutto-TA ist das so genannte berechnete Teiggewicht. Dies ist die Gesamtaddition vom Mehlgewicht (bezogen auf 100 kg Mehl ohne Berücksichtigung seines Feuchtigkeitsgehalts), der Zugusswassermenge (Liter ≙ kg) und allen anderen Rezepturbestandteilen (in kg).

Die frühere praktische TA wird nun als „Praktisches Teiggewicht" definiert und als Gesamtgewicht der Teigstücke (bezogen auf 100 kg Mehl) nach der Teigteilung (z. B. Verstaubungs-, Wiege- und Teigverluste) berechnet.

Die Werte für die Wasseraufnahme der Mehle (Netto-TA) liegen für die verschiedenen Erzeugnisse in folgenden Bereichen:

Laugenbrezeln	147 bis 151
Berliner Knüppel	152 bis 156
Kaisersemmeln, Salzweck	156 bis 158
Schnittbrötchen, Mohnweck	158 bis 160
Weizenbrot und Weizenmischbrot	158 bis 165
Glatte Brötchen	160 bis 162
Milchbrötchen	160 bis 163
Roggenmischbrot	166 bis 174
Roggenbrot	168 bis 176

[1] *Siehe auch Seite 215 ff.: Teigrheologie.*

A Ermittlung der Teigausbeute

Aufgabe 1

Für einen Sauerteig werden auf 60 kg Roggenmehl 51 Liter Wasser verarbeitet.
Wie hoch ist die TA?

Lösung

60	kg Mehl	≙	111	kg	Teig
100	kg Mehl	≙	?	kg	Teig

$$\frac{111 \times 100}{60} = 185 \text{ kg} = \underline{\underline{\mathbf{185\ TA}}}$$

Antwort
Dieser Sauerteig hat eine **TA von 185.**

Aufgabe 2

Aus 51 kg Mehl erhält man 85 kg Teig. Berechnen Sie die TA!

Lösung
Aus 51 kg Mehl erhält man 85 kg Teig
Aus 100 kg Mehl erhält man ? kg Teig

$$\frac{85 \times 100}{51} = 166{,}67 \text{ kg} = \underline{\underline{\mathbf{166{,}67\ TA}}}$$

Antwort
Die TA beträgt **167.**

B Ermittlung der Zugussmenge

Aufgabe 3

Bäckermeister Kunz hat 50 Kasseler Brote (60 % WM, 40 % RM) bei einer Teigeinlage von 1,150 g = 57,5 kg Teig und mit einer TA von 166 herzustellen.
Wie viel Liter Wasser muss er zugeben?

Lösung
Für 166,000 kg Teig benötigt er 66,000 Liter Wasser
Für 57,500 kg Teig benötigt er ? Liter Wasser

$$\frac{66 \times 57{,}5}{166} = \underline{\underline{\mathbf{22{,}861\ Liter}}}$$

Antwort
Bäckermeister Kunz benötigt **22,861 Liter Wasser**.

Aufgabe 4

Wie viel Liter Wasser sind bei einem 112,420 kg schweren Roggenteig mit einer TA von 168 erforderlich?

Lösung

Zu 168,000 kg Teig sind	68,000	Liter Wasser erforderlich
Zu 112,420 kg Teig sind	?	Liter Wasser erforderlich

$$\frac{68 \times 112{,}420}{168} = \underline{\underline{\mathbf{45{,}500\ Liter}}}$$

Antwort
Es werden **45,500 Liter Wasser** benötigt.

C Ermittlung der Mehlmenge

Aufgabe 5
Es sind herzustellen: 40 Pressen (Bruch, 30-teilig) Schnittbrötchen bei einer Teigeinlage von 1,600 kg. Die TA soll 160 betragen.
Wie viel kg Mehl werden benötigt?

Lösung
Teigbedarf = 40 Pressen x 1,6 kg = 64 kg

Für 160 kg Teig verwendet man	100	kg Mehl
Für 64 kg Teig verwendet man	?	kg Mehl

$$\frac{100 \times 64}{160} = \underline{\underline{\mathbf{40\ kg\ Mehl}}}$$

Antwort
Es werden für 64 kg Teig **40 kg Mehl** benötigt.

Aufgabe 6
Bäckermeister Weber stellt aus 40 Liter Wasser einen Brötchenteig mit einer Teigausbeute von 158 her.
Wie viel kg Mehl sind für diesen Brötchenteig erforderlich?

Lösung

	Teiggewicht	158,000 kg
./.	Mehl	100,000 kg
= Wasser		58,000 kg ≙ 58,000 Liter

Zu 58,000 kg Wasser benötigt man 100,000 kg Mehl
Zu 40,000 kg Wasser benötigt man ? kg Mehl

$$\frac{100 \times 40}{58} = \mathbf{68{,}966\ kg\ Mehl}$$

Antwort
Für den Brötchenteig sind **68,966 kg Mehl** erforderlich.

D Ermittlung der Teigmenge

Aufgabe 7

Bäckergeselle Schnell soll von 12 kg Mehl Laugenbrezeln mit der TA von 150 herstellen.
Wie viel kg Teig erhält er?

Lösung
Aus 100 kg Mehl erhält er 150 kg Teig
Aus 12 kg Mehl erhält er ? kg Teig

$$\frac{150 \times 12}{100} = \mathbf{18\ kg\ Teig}$$

Antwort
Bäckergeselle Schnell bekommt aus 12 kg Mehl **18 kg Laugenbrezelteig.**

Aufgabe 8

Wie viel kg Teig bekommt man bei einer TA von 166, wenn aus 32,8 kg Mehl ein Teig zubereitet werden soll?

Lösung
100,000 kg Mehl ≙ 166,000 kg Teig
32,800 kg Mehl ≙ ? kg Teig

$$\frac{166 \times 32{,}8}{100} = \mathbf{54{,}448\ kg\ Teig}$$

Antwort
32,8 kg Mehl ergeben **54,448 kg Teig.**

Aufgabe 9

Wie viel kg Teig werden bei einer TA von 148 erzielt, wenn man aus 12 Liter Wasser einen Brezelteig zubereitet?

Lösung
48 Liter Wasser ≙ 148 kg Teig
12 Liter Wasser ≙ ? kg Teig

$$\frac{148 \times 12}{48} = \underline{\underline{\textbf{37 kg Teig}}}$$

Antwort
Es werden **37 kg Teig erzielt.**

Aufgabe 10

Aus 40,5 kg Mehl wird ein Teig mit einer TA von 162 bereitet. Wie viel kg Teig erhält man?

Lösung
100,000 kg Mehl ergeben 162,000 kg Teig
40,500 kg Mehl ergeben ? kg Teig

$$\frac{162 \times 40{,}5}{100} = \underline{\underline{\textbf{65,610 kg Teig}}}$$

Antwort
Man bekommt **65,610 kg Teig.**

E Ermittlung der Gebäckstücke

Aufgabe 11

Bäckergeselle Otto bekommt von seinem Meister den Auftrag, Roggenmischbrot bei einer Zugabe von 24 Liter Wasser zu backen. Die TA soll 165 betragen. Wie viel Brote à 1,170 kg Einlage erhält er?

Lösung

65,000 Liter Wasser ≙ 165,000 kg Teig
24,000 Liter Wasser ≙ ? kg Teig

$$\frac{165 \times 24}{65} = \mathbf{60{,}923\ kg\ Teig}$$

Anzahl der Brote:

1,170 kg Teig ergeben 1 Brot
60,923 kg Teig ergeben ? Brote

$$\frac{1 \times 60{,}923}{1{,}170} = \mathbf{52\ Brote} + 70\ g\ Teigrest$$

Antwort

Bäckergeselle Otto erhält **52 Brote** und einen Teigrest von 70 g.

Aufgabe 12

Die TA eines Mohnweckteigs beträgt 160. Lehrling Schlau soll 10,5 Liter Wasser zugeben. Wie viel Brötchen mit einem Bruchgewicht (30-teilig) von 1590 g können gebacken werden?

Lösung

60,0 Liter Wasser ≙ 160 kg Teig
10,5 Liter Wasser ≙ ? kg Teig

$$\frac{160 \times 10{,}5}{60} = \mathbf{28\ kg\ Teig}$$

Bruchgewicht : Anzahl der Brötchen
1590 : 30 = 53 g

Teiggewicht : 1 Brötchen
28 000 : 53 = **528 Brötchen** + 30 g Teigrest

Antwort

Lehrling Schlau kann aus diesem Teig **528 Brötchen** backen und erhält einen Teigrest von 30 g.

Aufgabe 13

Aus 81 kg Weizenmehl sollen Kaisersemmeln mit einem Teiggewicht von je 54 g und einer TA von 158 hergestellt werden.

a) Wie viel Kaisersemmeln können daraus gebacken werden?
b) Wie viel Pressen (30-teilig)?
c) Gewicht einer Presse?

Lösung
Teiggewicht
Aus 100,000 kg Mehl bekommen wir 158,000 kg Teig
Aus 81,000 kg Mehl bekommen wir ? kg Teig

$$\frac{158 \times 81}{100} = \mathbf{127{,}980\ kg\ Teig}$$

a) 127,980 kg : 0,054 kg = **2370 Kaisersemmeln**
b) 2370 Brötchen : 30 = **79 Pressen**
c) Gewicht einer Presse = 0,054 kg x 30 = **1,620 kg Teig**

Antwort
a) Es können **2370 Kaisersemmeln** gebacken werden.
b) **79 Pressen Brötchen** können zubereitet werden, und
c) das Gewicht einer Presse beträgt **1,620 kg Teig.**

F Ermittlung der Teig-, Mehl- und Wassermenge

Aufgabe 14

Wie viel Teig, Mehl sowie Wasser sind bei einer TA von 163 für 50 Brote à 1,150 kg Teigeinlage erforderlich?

Lösung
a) Teigbedarf
50 Brote x 1,150 kg **= 57,500 kg Teig**

b) Mehlbedarf
Zu 163,000 kg Teig benötigt man 100,000 kg Mehl
Zu 57,500 kg Teig benötigt man ? kg Mehl

$$\frac{100 \times 57{,}5}{163} = \mathbf{35{,}276\ kg\ Mehl}$$

c) Wasserbedarf

Teig	57,500 kg	
./. Mehl	35,276 kg	
Wasser	**22,224 kg**	≙ **22,224 Liter**

Antwort
Es sind für die 50 Brote
a) **57,500 kg Teig,**
b) **35,276 kg Mehl,**
c) **22,224 Liter Wasser** erforderlich.

Berechnung der Zugusstemperatur (ZGT)

Die Zugusstemperatur richtet sich nach der gewünschten Teigtemperatur (TT) und den Temperaturen der einzelnen Zutaten, die in großen Mengen zum Teig kommen.

Folgende Faktoren können bei der Berechnung der Zugusstemperatur berücksichtigt werden:

- Mehltemperatur (MT)
- Vorteig- (VT) bzw. Sauerteigtemperatur (ST)
- Raumtemperatur (RT)
- Erwärmung durch den Knetprozess

Direkte Teige

Formel 1: *Gewünschte Teigtemperatur x 2, abzügl. Mehltemperatur*

Beispiel
Mehltemperatur = 25° C
Gewünschte Teigtemperatur = 28° C

Lösung

28° C x 2 =		56° C	(gewünschte Teigtemperatur x 2)
	./.	25° C	(Mehltemperatur)
		31° C	

Antwort
Die notwendige Zugusstemperatur beträgt **31° C.**

Formel 2: *Gewünschte Teigtemperatur x 3, abzügl. Mehltemperatur, abzügl. Raumtemperatur*

Beispiel

Mehltemperatur	= 24° C
Raumtemperatur	= 26° C
Gewünschte Teigtemperatur	= 27° C

Lösung

27° C x 3 =		81° C
	./.	24° C
	./.	26° C
		31° C

Antwort
Die notwendige Zugusstemperatur beträgt **31° C.**

Indirekte Teige

Formel 1: *Gewünschte Teigtemperatur x 3, abzügl. Mehltemperatur, abzügl. Vorteigtemperatur*

Beispiel

Mehltemperatur	= 26° C
Vorteigtemperatur	= 35° C
Gewünschte Teigtemperatur	= 29° C

Lösung

29° C x 3 =		87° C
	./.	26° C
	./.	35° C
		26° C

Antwort
Die notwendige Zugusstemperatur beträgt **26° C.**

Formel 2: *Gewünschte Teigtemperatur x 4, abzügl. Mehltemperatur, abzügl. Vorteigtemperatur, abzügl. Raumtemperatur*

Beispiel

Mehltemperatur	= 25° C
Vorteigtemperatur	= 26° C
Raumtemperatur	= 26° C
Gewünschte Teigtemperatur	= 28° C

Lösung

28° C x 4 =		112° C
	./.	25° C
	./.	26° C
	./.	26° C
		35° C

Antwort
Die notwendige Zugusstemperatur beträgt **35° C.**

Bemerkung
Im Allgemeinen muss die **Raumtemperatur** bei allen Berechnungen nur dann berücksichtigt werden, wenn diese sehr stark von der gewünschten Teigtemperatur abweicht (mehr als ± 6 °C).

Berücksichtigung der Erwärmung durch den Knetprozess
In den letzten Jahren wurden in den meisten Betrieben die herkömmlichen, langsam laufenden Knetmaschinen durch moderne, leistungsfähige Knetsysteme ersetzt. Diese Hochleistungskneter mit ihren kurzen Knetzeiten führen jedoch teilweise zu einer drastischen Erwärmung der Teige während des Knetprozesses, die bei der Berechnung der Zugusstemperatur unbedingt berücksichtigt werden sollte.
Da diese Teigerwärmung jeweils vom Maschinentyp und der Knetzeit abhängt, ist in der nachstehenden Tabelle die durchschnittliche Teigerwärmung pro Minute Knetzeit für die gebräuchlichsten Knetsysteme aufgeführt.

Teigerwärmung durch den Knetprozess

Knetsystem	Hubzahl/Drehzahl je Minute	Erwärmung je Minute	Ø Knetzeit Minuten
Langsamkneter	25	0,05° C	25
Intensivkneter	60	0,1° C	18
Schnellkneter	120	0,5° C	10
Hochleistungs-schnellkneter	240	1,2° C	5
Mixer	1400	9,0° C	1
Hochleistungsmixer	2900	18,0° C	0,45

Diese Werte sind nur Anhaltspunkte und sollten für die eigene Knetmaschine selbst ermittelt werden.

Berechnungsbeispiel
Die bisher beschriebenen Formeln zur Berechnung der Zugusstemperatur beziehen sich auf die aufgemischten Zutaten, also auf den Teig **vor dem Knetprozess.** Bei der Berücksichtigung der Teigerwärmung muss diese also **vor der Anwendung der üblichen Formeln** von der **gewünschten Teigtemperatur** abgezogen werden.

Formel: *Gewünschte Teigtemperatur abzügl. Teigerwärmung x 3, abzügl. Mehltemperatur, abzügl. Vorteigtemperatur*

Beispiel
Mehltemperatur = 23° C
Vorteigtemperatur = 22° C
Knetzeit = 5 Minuten
Erwärmung/Minute = 1,2° C
Gewünschte Teigtemperatur = 27° C

Lösung

Berechnung der Teigerwärmung: 5 Min. x 1,2° C = 6° C

Berechnung der Zugusstemperatur:	27° C ./. 6° C x 3 =	63° C
		./. 23° C
		./. 22° C
		18° C

Antwort

Die notwendige Zugusssstemperatur beträgt **18° C**.

Bemerkung

Eine wissenschaftlich exakte Vorausberechnung der Teigerwärmung wäre in der Praxis sehr umständlich und zeitraubend. Deshalb wird in der Backstube mit **„Faustformeln"** gearbeitet. **Man geht von einer durchschnittlichen Erwärmung von 4° C aus.**

Günstigste Teigtemperatur für verschiedene Brot-, Brötchen-, Brezel- und Hefeteigsorten bzw. -arten

Dauerbrezel	18 bis 22° C
Laugenbrezel	20 bis 24° C
Ausbundbrötchen	22 bis 24° C
Glattes und gedrücktes Gebäck	24 bis 28° C
Hefeteig (einfach), z. B. für Schnecken	25° C
Hefeteig für Plunder- und Zopfgebäck	25 bis 27° C
Weizenbrot	24 bis 26° C
Weizenmischbrot	25 bis 27° C
Roggenmischbrot	27 bis 28° C
Roggenbrot	29° C
Schrotbrot	27 bis 30° C

Aufgabe 1

Welche Zugusstemperatur (ZGT) ist für einen Weizenmischbrotteig erforderlich, der eine Temperatur von 26° C haben soll? Die Mehltemperatur beträgt 19° C, die Sauerteigtemperatur 23° C und die Teigerwärmung beim Kneten 4° C.

Lösung

ZGT = (TT-Teigerwärmung) x 3 – MT – ST

26° C Teigtemperatur – 4° C Teigerwärmung	= 22° C
x 3	= 66° C
	19° C
./. Mehltemperatur	90° C
./. Sauerteigtemperatur	23° C
= erforderliche Zugusstemperatur	**= 24° C**

Antwort
Die erforderliche Zugusstemperatur des Weizenmischbrotteigs beträgt **24° C**.

Aufgabe 2
Zur Herstellung eines Brezelteigs verwendet Bäckermeister Schmidt Weizenmehl mit einer Temperatur von 15° C. Die Raumtemperatur beträgt 25° C, die Teigerwärmung beim Kneten 6° C. Der Teig soll nach dem Kneten eine Temperatur von 21° C haben. Die notwendige Zugusstemperatur soll ermittelt werden!

Lösung
ZGT = (TT –Teigerwärmung) x 3 – MT – RT

21° C Teigtemperatur – 6° C Teigerwärmung	= 15° C
x 3	= 45° C
./. Mehltemperatur	15° C
./. Raumtemperatur	25° C
= erforderliche Zugusstemperatur	**= 5° C**

Antwort
Die Zugusstemperatur des Brezelteigs muss **5° C** betragen.

Aufgabe 3
Lehrling Schulze hat für die Zugusstemperatur eines Roggenteigs 28° C ermittelt. Es soll überprüft werden, ob er richtig gerechnet hat. Die Mehltemperatur beträgt 20° C, die Sauerteigtemperatur 29° C, die Raumtemperatur 23° C. Der Teig soll nach dem Kneten 26° C haben, wobei die Teigerwärmung durch das Kneten 2° C beträgt.

Lösung
ZGT = TT – (Teigerwärmung) x 4 – MT – ST – RT

26° C Teigtemperatur – 2° C Teigerwärmung	= 24° C
x 4	= 96° C
./. Mehltemperatur	20° C
./. Sauerteigtemperatur	29° C
./. Raumtemperatur	23° C
= erforderliche Zugusstemperatur	**= 24° C**

Antwort
Michael hat die Zugusstemperatur falsch ermittelt; sie beträgt **24° C** und nicht **28° C**.

Berechnung der Teigtemperatur (TT)

Aufgabe 1
Ermitteln Sie die Teigtemperatur eines Roggenmischbrotteigs nach dem Kneten, wenn die Mehltemperatur 14° C, die Zugusstemperatur 29° C, die Sauerteigtemperatur 30° C, die Raumtemperatur 22° C und die Teigerwärmung beim Kneten 3° C betragen.

Lösung
TT = MT + ZGT + ST + RT : 4 + Teigerwärmung

Mehltempereatur		14° C
+ Zugusstemperatur		29° C
+ Sauerteigtemperatur		30° C
+ Raumtemperatur		22° C
		= 95° C
	: 4	= 23,75° C
+ Teigerwärmung 3° C		**= 26,75° C**

Aufgabe 2
Ein Mischbrotteig hat beim Kneten eine Teigerwärmung von 0,3° C je Minute. Die Knetzeit beträgt 12 Minuten; die Raumtemperatur betrug 25° C, die Mehltemperatur betrug 20° C, und der Zuguss hatte eine Temperatur von 22° C. Welche Teigtemperatur hat der Mischbrotteig nach dem Kneten?

Lösung
TT = RT + MT + ZGT : 3 + Teigerwärmung

Raumtemperatur		25° C
+ Mehltemperatur		20° C
+ Zugusstemperatur		22° C
		= 67° C
	: 3	= 22,33° C
+ Teigerwärmung 3,6° C		**= 25,93° C**

Antwort
Die Teigtemperatur des Mischbrotteigs beträgt **25,93° C.**

Backverlust-Berechnungen

Unter Backverlust (BV) versteht man den Gewichtsverlust beim Backprozess. Dieser entsteht durch die Verdampfung der Teigflüssigkeit. Dagegen spielen die entweichenden Gärgase und der verdampfende Alkohol gewichtsmäßig eine untergeordnete Rolle.

Wichtig ist aber die Berücksichtigung, dass Backwaren nach dem Backen durch Abkühlung und Lagerung nochmals einen Gewichtsverlust aufweisen.

Unterschiede des Backverlusts entstehen durch

a) Festigkeit des Teigs
b) Art des Gebäcks
c) Größe des Gebäcks
d) Form des Gebäcks
e) Dauer der Backzeit
f) Temperatur des Ofens
g) Backflächenbelegung

Richtsätze des Backverlusts bei

frei geschobenen Broten	8 bis 12 %
angeschobenen Broten	8 bis 11 %
kleineren Broten (0,5 kg)	10 bis 14,5 %
Kastenbroten	7 bis 11 %
Brötchen	8 bis 22 %
Plunder	12 bis 15 %
Königskuchen	8 bis 11 %
Mürbeteig	10 bis 15 %
Blätterteig	16 bis 22 %

Merke:

Das Teiggewicht ist bei den Berechnungen immer mit 100 % einzusetzen.

Aufgabe 1

Die Teigeinlage eines Brots beträgt 1150 g, das Frischgewicht 1025 g. Der Backverlust soll berechnet werden!

Lösung

	Teigeinlage	1150 g
./.	Brotgewicht	1025 g
=	Backverlust	125 g

1. Rechenweg

1150 g Teiggewicht ≙ 125 g BV
100 g Teiggewicht ≙ ? g BV

$$\frac{125 \times 100}{1150} = 10{,}87\text{ g} = \mathbf{10{,}87\ \%}$$

2. Rechenweg

1150 g Teiggewicht ≙ 100 %
125 g Teiggewicht ≙ ? %

$$\frac{100 \times 125}{1150} = \quad = \underline{\underline{\mathbf{10{,}87\ \%}}}$$

Antwort
Bei diesem Brot beträgt der BV jeweils **10,87 %.**

Aufgabe 2
Das Gewicht einer Presse (30-teilig) ist 1,650 kg. Das ausgebackene Brötchen wiegt 44 g. Wie viel beträgt der BV in %?

Lösung
Brötchengewicht je Presse = 44 g x 30 Stück = 1320 g.

	Teigeinlage der Presse	1650 g
./.	Brötchengewicht	1320 g
=	Backverlust	330 g

1650 g ≙ 100 %
330 g ≙ ? %

$$\frac{100 \times 330}{1650} = \underline{\underline{\mathbf{20\ \%}}}$$

Antwort
Der BV liegt bei diesen Brötchen bei **20 %.**

Aufgabe 3
Ein Stollen wiegt ausgebacken 510 g, BV 15 %.
Wie viel beträgt das Teiggewicht?

Lösung
85 % ≙ 510 g
100 % ≙ ? g

$$\frac{510 \times 100}{85} = \underline{\underline{\mathbf{600\ g\ Teig}}}$$

Antwort
Dieser Stollen hat ein Teiggewicht von **600 g.**

Aufgabe 4
Wie viel kg Mehl sind zur Herstellung von 48 Broten à 1,5 kg Fertiggewicht bei einer TA von 166 und einem BV von 10 % erforderlich?

Lösung

48 Brote x 1,5 kg	= 72 kg Fertiggewicht
90 % Fertiggewicht ≙	= 100 kg Teig
72 % Fertiggewicht ≙	= ? kg Teig

$$\frac{100 \times 72}{90} = \underline{\underline{\mathbf{80\ kg\ Teig}}}$$

166,000 kg Teig ≙	= 100,000 kg Mehl
80,000 kg Teig ≙	= ? kg Mehl

$$\frac{100 \times 80}{166} = \underline{\underline{\mathbf{48{,}193\ kg\ Mehl}}}$$

Antwort
Zu 48 Broten à 1,5 kg Fertiggewicht bei einer TA von 166 und einem BV von 10 % sind **48,193 kg Mehl** erforderlich.

Aufgabe 5
Wie viel kg Teig bereitet der Meister zu, um 64 kg Teegebäck bei einem BV von 20 % herzustellen?

Lösung
80 % ≙ 64 kg
100 % ≙ ? kg

$$\frac{64 \times 100}{80} = \underline{\underline{\mathbf{80\ kg\ Teig}}}$$

Antwort
Das Teegebäck hat ein Teiggewicht von **80 kg.**

Aufgabe 6
Bäckermeister Möller möchte die erforderliche Teigeinlage bei einem Kastenbrot ermitteln, wenn das einzelne Brotgewicht 1008 g betragen soll und der BV 9,7 % ausmacht.

Lösung

90,3 % ≙ 1008 g
100,0 % ≙ ? g

$$\frac{1008 \times 100}{90,3} = \mathbf{1116,28\ g\ Teig}$$

Antwort

Bäckermeister Möller muss unter den gegebenen Bedingungen **1116,28 g** Teig einlegen.

Aufgabe 7

Ein Teekuchen soll einschließlich 30 g Glasur 500 g wiegen; BV = 16 %.
Berechnen Sie die erforderliche Masse für 5 Kuchen!

Lösung

	Teekuchen, glasiert	500 g
./.	Glasur	30 g
=	Teekuchen, unglasiert	470 g

84 % ≙ 470 g
100 % ≙ ? g

$$\frac{470 \times 100}{84} = 559,52 = 560\ g$$

Masse für 5 Kuchen: 560 g x 5 = **2800 g**

Antwort

Die erforderliche Menge für 5 Teekuchen wiegt **2800 g.**

Aufgabe 8

Eine Firma bestellt 250 Brötchen mit einem Backgewicht von je 75 g sowie 60 Brötchen mit einem Backgewicht von je 42 g; TA 155, BV = 22 %.
Zutaten zum Teig: Salz 1,5 %, Malz 1,2 %, Hefe 3 %, von der Mehlmenge ausgehend.
Das Gewicht sämtlicher Zutaten soll errechnet werden!

Lösung

Gesamtbackgewicht:

250 Brötchen x 0,075 kg	= 18,750 kg
60 Brötchen x 0,042 kg	= 2,520 kg
Gesamtbackgewicht	= **21,270 kg**

Gesamtteig:

78 % ≙ 21,270 kg
100 % ≙ ? kg

$$\frac{21{,}270 \times 100}{78} = \mathbf{27{,}269\ kg\ Teig}$$

Backverlust:

Gesamtteig	27,269 kg
./. Gesamtbackgewicht	21,270 kg
= Backverlust	**5,999 kg**

Ermittlung der Mehlmenge:

155,000 kg Teig ≙ 100 kg Mehl
27,269 kg Teig ≙ ? kg Mehl

$$\frac{100 \times 27{,}269}{155} = \mathbf{17{,}593\ kg\ Mehl}$$

Ermittlung der Wassermenge:

Gesamtteig	27,269 kg
./. Mehlmenge	17,593 kg
./. Zutaten	1,003 kg
= Wassermenge	**8,673 kg**

Ermittlung der Hefemenge:

1 % = 0,176 kg Mehl
3 % = 0,176 x 3 = **0,528 kg Hefe**

Ermittlung der Salzmenge:

1,0 % = 0,176 kg Mehl
1,5 % = 0,176 x 1,5 = **0,264 kg Salz**

Ermittlung der Malzmenge:

1,0 % = 0,176 kg Mehl
1,2 % = 0,176 x 1,2 = **0,211 kg Malz**

Antwort
Nach der Ausrechnung lauten die Angaben des Meisters:

Gesamtbackgewicht	**21,270 kg**	**Wassermenge**	**8,673 kg**
Gesamtteig	**27,269 kg**	**Hefemenge**	**0,528 kg**
Backverlust	**5,999 kg**	**Salzmenge**	**0,264 kg**
Mehlmenge	**17,593 kg**	**Malzmenge**	**0,211 kg**

Material- und Verlustberechnungen

Aufgabe 1
Zur Zwiebackherstellung verwendet Bäckermeister Frisch folgende Rezeptur:
2,500 kg Weizenmehl, 1,000 kg Milch, 0,150 kg Hefe, 0,200 kg Zucker, 0,200 kg Eier, 0,150 kg Butter, 0,030 kg Salz.
Wie viele Packungen zu je 250 g Zwieback können abgefüllt werden, wenn mit 2 % Gärverlust, 9 % Backverlust und 24 % Röstverlust gerechnet werden muss?

Lösung
2,500 kg + 1,000 kg + 0,150 kg + 0,200 kg + 0,200 kg + 0,150 kg + 0,030 kg
= 4,230 kg

100 % – 4,230 kg Rezepturgewicht
98 % – x kg Teig x = 4,230 x 98 : 100 = **4,145 kg Teig**

100 % – 4,145 kg Teig
91 % – x kg Einback x = 4,145 x 91 : 100 = **3,772 kg Einback**

100 % – 3,772 kg Einback
76 % – x kg Zwieback x = 3,772 x 76 : 100 = **2,867 kg Zwieback**

2,867 kg Zwieback : 250 g je Beutel **= 11,468 Beutel = 11 Beutel**

Antwort
Es können **11 Beutel** Zwieback abgefüllt werden.

Aufgabe 2
Aus 32 kg Weizenmehl werden 800 Brötchen mit einem Gebäckgewicht von 50 g hergestellt. Das Teiggewicht betrug 51,95 kg. Nach 6 Stunden wog ein Brötchen noch 47 g. Berechnen Sie a) den Backverlust in %, b) die Gebäckausbeute, c) den Lagerverlust in %.

Lösung
a) Teiggewicht 51,950 kg – Gebäckgewicht (50 x 800) 40,000 kg
= 11,950 kg Backverlust

51,950 kg – 100 %
11,950 kg – x % x = 100 x 11,95 : 51,95 **= 23 % Backverlust**

b) 32 kg Mehl – 40 kg Gebäck
100 kg Mehl – x kg Gebäck x = 40 x 100 : 32 **= 125 Gebäckausbeute**

c) Gebäckgewicht (frisch) 50 g – Gebäckgewicht (n. 6 Std.) 47 g
= 3 g Lagerverlust

50 g – 100 %
3 g – x % x = 100 x 3 : 50 **= 6 % Lagerverlust**

Antwort
Der Backverlust der Brötchen beträgt **23 %,** die Gebäckausbeute **125** und der Lagerverlust nach 6 Stunden **6 %.**

Gebäckausbeute (GA) und Brotausbeute (BA)

Die Backausbeute ist die Brot- bzw. Gebäckmenge, welche man aus 100 kg Mehl erhält.

Richtzahlen im Durchschnitt:

Ausbeute bei Brot	131 bis 136 %
Ausbeute bei Kleingebäck	118 bis 122 %
Ausbeute bei Brezeln	115 bis 117 %

Für die **Kalkulation** gilt als Regel
bei Brot $^3/_4$ kg (750 g) Mehl = 1 kg Brot,
also BA **133**

bei Weizenkleingebäck: 830 g Mehl = 1 kg Kleingebäck,
folglich GA: **120**

bei Brezeln: 855 g Mehl = 1 kg Brezeln,
also GA: **117**

Aufgabe 1
Bäckermeister Fuchs wollte seine Brot- bzw. Gebäckausbeute feststellen, denn aus 45 kg Mehl produzierte er 60 kg Brot und aus 12 kg Mehl 14,4 kg Brötchen.
Welche BA und GA kann er für seine Kalkulation zugrunde legen?

Lösung BA

45,000 kg Mehl ≙ 60,000 kg Brot
100,000 kg Mehl ≙ ? kg Brot

$$\frac{60 \times 100}{45} = \mathbf{133{,}333\ kg\ Brot}$$

Lösung GA

12 kg Mehl ≙ 14,4 kg Brötchen
100 kg Mehl ≙ ? kg Brötchen

$$\frac{14{,}4 \times 100}{12} = \mathbf{120\ kg\ Brötchen}$$

Antwort
Der Bäckermeister kann bei Erstellung seiner Kalkulation bei Brot von einer **BA 133,333** und bei Brötchen von einer **GA 120** ausgehen.

Aufgabe 2
Wenn ein Bäckermeister von einer BA 133 ausgeht, wie viel kg Brot muss er aus 78 kg Mehl herstellen?

Lösung
100,000 kg Mehl ≙ 133,000 kg Brot
78,000 kg Mehl ≙ ? kg Brot

$$\frac{133 \times 78}{100} = \mathbf{103{,}740\ kg\ Brot}$$

Antwort
Der Bäckermeister muss aus dieser Mehlmenge **103,740 kg Brot** erhalten.

Aufgabe 3
Wie viel kg Mehl benötigt ein Betriebsinhaber zur Teigbereitung für eine Lieferung von 50 kg Brot, wenn er von der BA 133 ausgeht?

Lösung

133,000 kg Brot ≙ 100,000 kg Mehl
50,000 kg Brot ≙ ? kg Mehl

$$\frac{100 \times 50}{133} = \mathbf{37{,}594\ kg\ Mehl}$$

Antwort

Der Betriebsinhaber benötigt **37,594 kg Mehl.**

Aufgabe 4

Aus 40 kg Weizenmehl (Type 1050) und 20 kg Roggenmehl (Type 1150) werden 81 Weizenmischbrote mit jeweils 1 kg Brotgewicht hergestellt. Wie hoch ist die BA?

Lösung

40 kg Mehl + 20 kg Mehl ergeben 60 kg Mehl
60 kg Mehl ≙ 81 kg Weizenmischbrot
100 kg Mehl ≙ ? kg Weizenmischbrot

$$\frac{81 \times 100}{60} = \mathbf{135\ BA}$$

Antwort

Die Brotausbeute beträgt **135.**

Aufgabe 5

Bäckermeister Sauer backt 52 Brote à 1,5 kg Brotgewicht.
Wie viel kg Mehl benötigt er bei einer BA von 132?

Lösung

52 x 1,5 kg = 78 kg Brotgewicht
132,000 kg Brot ≙ 100,000 kg Mehl
78,000 kg Brot ≙ ? kg Mehl

$$\frac{100 \times 78}{132} = \mathbf{59{,}091\ kg\ Mehl}$$

Antwort

Bäckermeister Sauer benötigt **59,091 kg Mehl.**

Volumenausbeute

Zu einer umfassenden Beurteilung der jeweiligen Mehlqualität gehört auch die Ermittlung der Volumenausbeute. Diese gibt an, wie viel cm^3 Gebäckvolumen aus 100 g Mehl erzielt werden. Eine höhere Volumenausbeute bewirkt eine günstigere Bewertung der Mehlqualität. Die Volumenausbeute eines Gebäcks ist in erster Linie von der Mehlart abhängig, aber auch die Mehlqualität, die Gebäckart und die Teigzusammensetzung sowie die Teigführung haben einen erheblichen Einfluss auf die Volumenausbeute.

Die **Volumenausbeute** gibt an, wie viel cm^3 Gebäckvolumen aus 100 g Mehl erzielt werden können.

Volumenausbeute = Gebäckvolumen in cm^3 x 100 : Mehlgewicht in g

Aufgabe 1
Aus 380 g Mehl wird ein Gebäckstück hergestellt, das ein Volumen von 1 710 cm^3 hat. Wie groß ist die Volumenausbeute?

Lösung
380 g Mehl = 1710 cm^3 Volumen
100 g Mehl = x cm^3 Volumen

$$\frac{1710 \times 100}{380} = \underline{\underline{\mathbf{450\ cm^3}}}$$

$$= \underline{\underline{\textbf{Volumenausbeute 450}}}$$

Antwort
Die Volumenausbeute beträgt **450.**

Aufgabe 2
Ein Weizenbrot mit 500 g Gebäckgewicht hat ein Gebäckvolumen von 1 862 cm^3. Die Gebäckausbeute beträgt bei diesem Weizenbrot 127,5. Wie groß ist die Volumenausbeute?

Lösung
Berechnung des Mehlanteils:
127,5 kg Brot = 100 kg Mehl
0,5 kg Brot = x kg Mehl

$$\frac{100 \times 0{,}5}{127{,}5} = 0{,}392 \text{ kg Mehl}$$

$$= 392 \text{ g Mehl}$$

Berechnung der Volumenausbeute:

392 g Mehl = 1862 cm^3 Volumen

100 g Mehl = x cm^3 Volumen

$$\frac{1862 \times 100}{392} = \mathbf{475\ cm^3}$$

= **Volumenausbeute 475**

Antwort

Die Volumenausbeute beträgt **475.**

Umrechnen von Rezepturen mit der Schlüsselzahl

In den meisten Bäckereien wird mit Grundrezepturen gearbeitet. Diese beziehen sich normalerweise auf 1 kg Mehl, auf 100 kg Mehl oder auf 1 Liter Zugussflüssigkeit oder auf ein oft benötigtes Betriebsrezept.

Mit Hilfe eines Umrechnungsfaktors – der Schlüsselzahl – erhält man das jeweils benötigte Rezepturgewicht sowie die Mengen der einzelnen Rezepturbestandteile.

Beispiel

Die gegebene Rezepturmenge beträgt 1,5 kg, benötigt werden 18 kg. Die Schlüsselzahl soll ermittelt werden.

Lösung

18 kg benötigtes Rezepturgewicht : 1,5 kg gegebenes Rezepturgewicht = **12 (Schlüsselzahl)**

Erläuterung

Das Grundrezept ergibt 1,5 kg Teig. Benötigt werden 18 kg, d. h. das 12fache des Rezepturgewichts (18 kg : 1,5 kg = 12). Damit man das benötigte Rezepturgewicht erhält, muss man alle Zutatenmengen mit 12 multiplizieren.

Aufgabe 1

Die Grundrezeptur für ein Mischbrot lautet:

500 g Roggenmehl (Type 1150), 500 g Weizenmehl (Type 1050), 650 g Wasser, 50 g Backmittel, 20 g Hefe, 18 g Salz.

Nach dieser Rezeptur sollen 50 Brote verschiedener Größe hergestellt werden. Die hierzu erforderliche Teigmenge beträgt 45,200 kg.

Die notwendige Gesamtzutatenmenge soll mit Hilfe der Schlüsselzahl berechnet werden!

Lösung
45,200 kg (Gesamtzutatenmenge) : 1,738 kg (Rezepturmenge)
= 26,007 kg = 26 (Schlüsselzahl)

0,500 kg Roggenmehl	x 26	**= 13,000 kg**
0,500 kg Weizenmehl	x 26	**= 13,000 kg**
0,650 kg Wasser	x 26	**= 16,900 kg**
0,050 kg Backmittel	x 26	**= 1,300 kg**
0,020 kg Hefe	x 26	**= 0,520 kg**
0,018 kg Salz	x 26	**= 0,468 kg**
1,738 kg (Rezepturgewicht)	x 26	**= 45,188 kg** (Gesamtzutatenmenge)

Erläuterung
Das benötigte Rezepturgewicht wurde durch das geringfügige Abrunden zwar leicht unterschritten (um 12 g); bei solchen Teigmengen sind derartige Abweichungen in der Praxis jedoch unbedeutend. In der Backstube rundet man die Schlüsselzahl üblicherweise auf zwei Stellen hinter dem Komma. Zur Kontrolle sollte zusätzlich die Gesamtzutatenmenge (45,188 kg) durch Addition der einzelnen Zutaten und durch Multiplikation des Rezepturgewichts mit der Schlüsselzahl ermittelt werden.

Aufgabe 2
Nach folgender Grundrezeptur soll ein Hefeteig für Hefekränze hergestellt werden:

1000 g Weizenmehl (Type 550), 400 g Vollmilch, 150 g Backmargarine, 150 g Zucker, 100 g Vollei, 80 g Hefe, 10 g Salz.

Welche Zutatenmengen werden insgesamt benötigt, wenn für 30 Hefekränze insgesamt 17,5 kg Hefeteig gebraucht werden?

Lösung
17,5 kg (Gesamtzutatenmenge) : 1,89 kg (Rezepturmenge)
= 9,259 kg = 9,26 (Schlüsselzahl)

1000 g Weizenmehl	x 9,26	**= 9260 g**
400 g Vollmilch	x 9,26	**= 3704 g**
150 g Backmargarine	x 9,26	**= 1389 g**
150 g Zucker	x 9,26	**= 1389 g**
100 g Vollei	x 9,26	**= 926 g**
80 g Hefe	x 9,26	**= 741 g**
10 g Salz	x 9,26	**= 93 g**
1890 g (Rezepturgewicht)	x 9,26	**= 17 502 g** (Gesamtzutatenmenge)

Aufgabe 3
Für ein Vereinsfest werden 1500 Brötchen bestellt. Erfahrungsgemäß erhält man aus 1 kg Mehl 30 Brötchen.

Das Betriebsrezept lautet: 20,000 kg Weizenmehl (Type 550), 11,600 kg Zuguss, 1,000 kg Hefe, 0,400 kg Salz und 0,800 kg Backmittel.

Die Gesamtzutatenmenge der Rohstoffe, die für die Bestellung notwendig sind, soll berechnet werden!

Lösung

30 Brötchen	= 1 kg Mehl
1500 Brötchen (1 x 1500 : 30)	= 50 kg Mehl

50 kg (Gesamtzutatenmenge) : 20 kg (Rezepturmenge)
= 2,5 kg = 2,5 (Schlüsselzahl)

20,000 kg Weizenmehl	x 2,5	**= 50,000 kg**
11,600 kg Zuguss	x 2,5	**= 29,000 kg**
1,000 kg Hefe	x 2,5	**= 2,500 kg**
0,400 kg Salz	x 2,5	**= 1,000 kg**
0,800 kg Backmittel	x 2,5	**= 2,000 kg**
33,800 kg (Rezepturgewicht)	x 2,5	**= 84,500 kg** (Gesamtzutatenmenge)

Aufgabe 4
Sie sollen Nusstörtchen nach folgendem Rezept herstellen:

300 g Eier (6 Stück), 375 g Butter, 225 g Zucker, 180 g Weizenmehl (Type 405), 150 g geriebene Haselnüsse.

Die Gesamtzutatenmenge für die Rezeptur aus 45 Eiern soll berechnet werden!

Lösung
45 Eier (Gesamtzutatenmenge) : 6 Eier (Rezepturmenge)
= 7,5 Eier = 7,5 (Schlüsselzahl)

300 g Eier (6 Stück)	x 7,5	**= 2250 (45 St.)**
375 g Butter	x 7,5	**= 2813 g**
225 g Zucker	x 7,5	**= 1688 g**
180 g Weizenmehl	x 7,5	**= 1350 g**
150 g Nüsse	x 7,5	**= 1125 g**
1230 g (Rezepturgewicht)	x 7,5	**= 9226 g** (Gesamtzutatenmenge)

KAUFMÄNNISCHES RECHNEN

(Bei den Preisen handelt es sich um fiktive Angaben. Es soll lediglich der Rechenweg dargelegt werden!)

(Berufstheorie)

Durchschnitts- und Mischungsrechnen

Überall im geschäftlichen und täglichen Leben sind Durchschnittswerte gebräuchlich; so spricht man von Durchschnittspreisen, von der Durchschnittsgeschwindigkeit eines Fahrzeugs oder von einer durchschnittlichen Lebenserwartung.

Berechnen des einfachen Durchschnitts

$$\frac{\text{Gesamtwert}}{\text{Anzahl der Werte}} = \text{einfacher Durchschnitt}$$

Beispiel
Eine Bäckerei erhält einmal in der Woche Eier. In der ersten Woche waren es 1050 Stück, in der zweiten Woche 900 Stück, in der dritten Woche 600 Stück und in der vierten Woche wieder 1050 Stück.
Ermitteln Sie, wie viele Eier im Durchschnitt pro Woche geliefert wurden!

Lösung

1050 Stück			
+ 900 Stück			
+ 600 Stück			
+ 1050 Stück			
+ 3600 Stück	: 4	=	**900 Stück**
Summe der einzelnen Werte = Gesamtwert	*Anzahl der Werte*		*einfacher Durchschnitt*

Antwort
Im Durchschnitt wurden **900 Stück** pro Woche geliefert.

Merke:
Man teilt die Summe der Einzelposten durch ihre Anzahl.

Berechnen des gewogenen Durchschnitts

$$\frac{\text{Gesamtwert}}{\text{Gesamtmenge}} = \text{gewogener Durchschnitt}$$

Beispiel
Bäckermeisterin Borchert bereitet aus drei Gebäcksorten eine Mischung. Von Sorte A zu 30,80 €/kg nimmt sie 3 kg, von Sorte B (29,40 €/kg) 5 kg und von Sorte C (26,60 €/kg) 6 kg. Wie teuer ist 1 kg dieser Mischung?

Lösung

1. Schritt

	Menge:		Einzelpreis:	=	Gesamtpreis:
Sorte A:	3,000 kg	x	30,80 €/kg	=	92,40 €
Sorte B:	5,000 kg	x	29,40 €/kg	=	147,00 €
Sorte C:	6,000 kg	x	26,60 €/kg	=	159,60 €
	14,000 kg				399,00 €
	Summe der Einzelmengen = Gesamtmenge				*Summe der Werte = Gesamtwert*

2. Schritt

$$1{,}000 \text{ kg} = \frac{399{,}00 \text{ €}}{14{,}000 \text{ kg}} = \mathbf{28{,}50 \text{ €/kg}}$$

gewogener Durchschnitt

Antwort
1 kg dieser Mischung kostet **28,50 €.**

Merke:
Es handelt sich deshalb um einen gewogenen Durchschnitt, weil zwei Größen miteinander multipliziert werden müssen (z. B. die Mengen mit den Preisen).

Aufgabe 1
Es soll Backobst hergestellt werden:

7 kg Birnen	à	4,00 €	je 1 kg
3 kg Aprikosen	à	1,50 €	je 0,5 kg
20 kg Pflaumen	à	2,75 €	je 1 kg
6 kg Feigen	à	2,00 €	je 1 kg

Wie viel kostet 1 kg dieser Mischung?

Lösung

7	kg Birnen	à 4,00 €/kg	=	28,00 €
3	kg Aprikosen	à 3,00 €/kg	=	9,00 €
20	kg Pflaumen	à 2,75 €/kg	=	55,00 €
6	kg Feigen	à 2,00 €/kg	=	12,00 €
36 kg Mischobst			**=**	**104,00 €**
104,00 € : 36 kg			=	**2,89 €**

Antwort
1 kg Mischobst kostet **2,89 €.**

Aufgabe 2
7 Liter 80-prozentiges Kirschwasser verdünnt man mit 3 Liter Wasser. Wie viel % beträgt der Kirschwasseranteil?

Lösung

7 Liter à 80 %	= 560 Kirschwasserteile	
3 Liter à 0 %	= 0 Kirschwasserteile	
10 Liter	= 560 Kirschwasserteile	
560 Kirschwasserteile : 10 Liter		**= 56 %**

Antwort
Der Kirschwasseranteil beträgt **56 %.**

Aufgabe 3
Die Mehltypen Wz 1050 mit TA 161 und Rg 997 mit TA 158 werden im Verhältnis 70 : 30 gemischt.
Mit welcher TA lässt sich das Mischmehl verarbeiten?

Lösung

70 kg WM (70 x 1,61 kg)	ergeben 112,7 kg Teig	
30 kg RM (30 x 1,58 kg)	ergeben 47,4 kg Teig	
100 kg Mischmehl	ergeben 160,1 kg Teig	**= TA 160,1**

Antwort
Das Mischmehl lässt sich mit einer **TA von 160,1** verarbeiten.

Aufgabe 4
Aus 4 Gebäcksorten sind 3,5 kg Mischung im Verhältnis 1,5 : 1,5 : 2 : 2 herzustellen.

a) Welche Mengen sind von den einzelnen Sorten abzuwiegen?

b) Wie teuer kommen 100 g dieser Gebäckmischung, wenn die Preise der Sorte 1 = 1,30 €/100 g, Sorte 2 = 1,50 €/100 g, Sorte 3 = 1,60 €/100 g und Sorte 4 = 1,90 €/100 g betragen?

Lösung

a) 3,5 kg : 7 Anteile (Addition der Verhältnisse) = 0,5 kg/Anteil

b) Sorte 1 = 0,5 kg	x 1,5 **= 0,750 kg**	x 13,00 €/kg	= 9,75 €
Sorte 2 = 0,5 kg	x 1,5 **= 0,750 kg**	x 15,00 €/kg	= 11,25 €
Sorte 3 = 0,5 kg	x 2,0 **= 1,000 kg**	x 16,00 €/kg	= 16,00 €
Sorte 4 = 0,5 kg	x 2,0 **= 1,000 kg**	x 19,00 €/kg	= 19,00 €
	7 Teile		= 56,00 €
56,00 € :	3,5 kg	= 16,00 €/kg	= **1,60 €/100 g**

Antwort

a) Von **Sorte 1 und 2** müssen **je 0,75 kg** und von **Sorte 3 und 4 je 1 kg** abgewogen werden.

b) 100 g dieser Gebäckmischung kosten **1,60 €**.

Aufgabe 5

Die beiden folgenden Gebäckmengen werden miteinander gemischt.

3125 g Waffelgebäck	je 125 g = 1,70 €
1875 g Sandgebäck	je 125 g = 1,30 €

Wie viel € kosten 125 g dieser Mischung?

Lösung

$$\frac{1{,}70 \times 3125}{125} = 42{,}50\text{ € kostet Sorte 1.}$$

$$\frac{1{,}30 \times 1875}{125} = 19{,}50\text{ € kostet Sorte 2.}$$

3125 g ≙ 42,50 €
1875 g ≙ 19,50 €

5000 g ≙ 62,00 €

5000 g ≙ 62,00 €
125 g ≙ ? €

$$\frac{62 \times 125}{5000} = \mathbf{1{,}55\ €}$$

Antwort

125 g dieser Gebäckmischung kosten **1,55 €**.

Mischungsrechnungen mit dem Mischungs-(Andreas-)kreuz

Mischung von 2 Sorten

Beispiel
Eine Verkäuferin soll 2 Sorten Gebäck so mischen, dass 1 kg des Gemisches 15,– € kostet. Die Sorte A hat einen Verkaufspreis von 18,– €/kg und die Sorte B von 14,– €/kg.
a) Bestimmen Sie das Mischungsverhältnis.
b) Berechnen Sie das Mischungsverhältnis mit dem Mischungskreuz.

Lösung
a) Bestimmen des Mischungsverhältnisses:

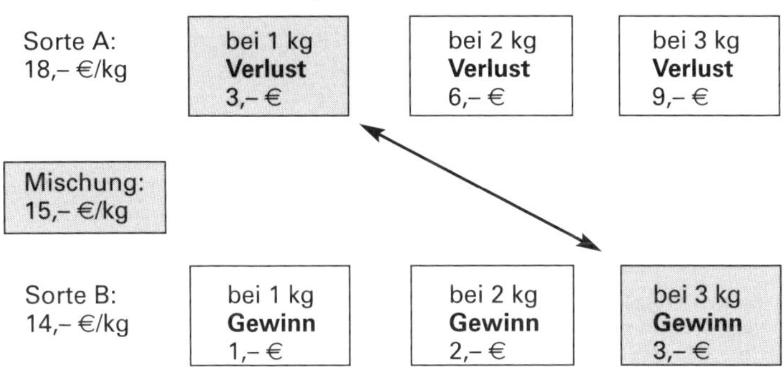

Es mussen von jeder Sorte so viel kg verwendet werden, dass sich der Verlust, der sich bei Sorte A ergibt, genau durch den Gewinn von der Sorte B ausgleichen wird. Im Beispiel wird der Verlust von 1 kg bei der Sorte A durch den Gewinn von 3 kg bei der Sorte B ausgeglichen.

Antwort
Das Mischungsverhältnis ist **1 : 3.**

> **Merke:**
> **Mischungsgewinn und Mischungsverlust müssen sich ausgleichen.**

b) Berechnung mit dem Mischungskreuz.

Sorte A:	18,– €		1	**= 1 Teil**
Mischung:		15,– €		
Sorte B:	14,– €		3	**= 3 Teile**

1. Schritt
Schreiben Sie die Preise ihrer Größe nach untereinander.

2. Schritt
Bilden Sie die Differenzen beider Sorten zur Mischung.

3. Schritt
Schreiben Sie das Ergebnis „über Kreuz".

4. Schritt
Kürzen Sie den Bedarf.

Antwort
Das Mischungsverhältnis ist **1 : 3.**

Aufgabe 1
In einer Bäckerei sollen 2 Sorten Bonbons so gemischt werden, dass 1 kg der Mischung für 18,– € angeboten werden kann. Der Verkaufspreis von Sorte A beträgt 25,– €/kg und von Sorte B 17,– €/kg.

a) In welchem Verhältnis müssen die beiden Sorten gemischt werden?

b) Wie viel kg sind von jeder Sorte zu nehmen, wenn von der Mischung insgesamt 24 kg hergestellt werden sollen?

Lösung
a)

Sorte A:	25,– €		1	**= 1 Teil**
Mischung:		18,– €		
Sorte B:	17,– €		7	**= 7 Teile**

b)	8 Teile	= 24 kg	= Gesamtmenge der Mischung
	1 Teil	= 24 kg : 8 kg	= 3 kg
	1 Teil	= 3 kg x 1	= **3 kg von der Sorte A**
	7 Teile	= 3 kg x 7	= **21 kg von der Sorte B**
	zusammen		= 24 kg Mischung

Antwort
a) Das Mischungsverhältnis ist **1 : 7.**
b) Von der **Sorte A** sind **3 kg** und von der **Sorte B** sind **21 kg** erforderlich.

Aufgabe 2
Bäckermeister Maier mischt Zugussflüssigkeit. Er hat 10 Liter 80° C heißes Wasser zur Verfügung, und er weiß, dass seine Zugusstemperatur 28° C betragen muss. Das Wasser hat 12° C.

Wie viel Liter Leitungswasser muss er zum heißen Wasser zulaufen lassen?

Lösung

Wasser:	80° C		16	**= 4 Teile**
Zugusstemperatur:		28° C		gekürzt
Wasser:	12° C		52	**= 13 Teile**

Mischungsverhältnis 4 : 13

4 Teile entsprechen 10 Liter Wasser
1 Teil entspricht 2,5 Liter Wasser
13 Teile entsprechen **32,5 Liter** Wasser

Antwort
Er muss **32,5 Liter** Leitungswasser zulaufen lassen.

Aufgabe 3
Eine Bonbonmischung soll hergestellt werden, von der 2 kg 10,50 € kosten sollen. Zur Mischung stehen 2 Sorten zur Verfügung:
Sorte 1 = 5 kg zum Preis von 28,75 €
Sorte 2 = 3 kg zum Preis von 15,15 €

a) Wie lautet das Mischungsverhältnis?
b) Wie viel kg von jeder Sorte sind notwendig, wenn 14,7 kg der Bonbonmischung hergestellt werden sollen?

Lösung

Preis für 1 kg Mischung	= 10,50 € : 2 = 5,25 €
Preis für 1 kg der Sorte 1	= 28,75 € : 5 = 5,75 €
Preis für 1 kg der Sorte 2	= 15,15 € : 3 = 5,05 €

a)

Sorte 1:	5,75 €		0,20	**= 2 Teile**
Mischung:		5,25 €		
Sorte 2:	5,05 €		0,50	**= 5 Teile**

Mischungsverhältnis **2 : 5** = 7 Teile

b)	7 Teile	= 14,7 kg	= Mischung
	1 Teil	= 14,7 kg : 7	= 2,1 kg
	2 Teile	= 2,1 kg x 2	**= 4,2 kg von der Sorte 1**
	5 Teile	= 2,1 kg x 5	**= 10,5 kg von der Sorte 2**
	zusammen		= 14,7 kg Mischung

Antwort

a) Das Mischungsverhältnis ist **2 : 5.**

b) Von der **Sorte 1** sind **4,2 kg** und von der **Sorte 2** sind **10,5 kg** notwendig.

Aufgabe 4

Eine Keksmischung soll hergestellt werden, von der 250 g 2,70 € kosten. Zur Verfügung stehen Sorte A = 250 g je 2,40 €, Sorte B = 250 g je 3,10 €.

a) In welchem Verhältnis muss gemischt werden?

b) Von Sorte A ergibt sich ein Rest von 5,6 kg. Wie viel benötigt man von der Sorte B, damit die Mischung richtig ist?

Lösung

a)

Sorte A:	2,40 €		40 Teile	**4 Teile von A**
Mischung:		2,70 €	gekürzt	
Sorte B:	3,10 €		30 Teile	**3 Teile von B**

b) Von Sorte A Rest 5,6 kg = 4 Teile
1 Teil = 1,4 kg
3 Teile = 3 x 1,4 kg **= 4,2 kg**

Antwort

a) Es muss im Verhältnis **4 : 3** gemischt werden.

b) Von **Sorte B** benötigt man **4,2 kg.**

Mischung von 3 und mehr Sorten

Beispiel

Aus 5 Gebäcksorten sind 28 kg Gebäckmischung zu bereiten. Für die Mischung wurden Gebäcke mit einem Preis von 25,– €, 28,– €, 30,– €, 32,– € und 35,– € verwendet. Der gewünschte Mischungspreis beträgt 29,– €.

a) Ermitteln Sie das Mischungsverhältnis.
b) Berechnen Sie die benötigte Menge der jeweiligen Sorte.

> **Merke:**
> **Mischungsgewinn und Mischungsverlust müssen sich ausgleichen. Das bedeutet, dass die Summe der Mischungsgewinne, die durch die Sorten entstehen, die teurer als der Mischungspreis sind, genauso hoch sein muss wie die Summe der Mischungsverluste, die durch die restlichen Sorten entstehen.**

Lösung

a)

Sorte A:	25,– €		1	Kürzen mit 5	2 Teile Sorte A
Sorte B:	28,– €		3	10 = 2	2 Teile Sorte B
			6		
Mischung:		29,– €			
Sorte C:	30,– €		4		1 Teil Sorte C
Sorte D:	32,– €		1	5 = 1	1 Teil Sorte D
Sorte E:	35,– €				1 Teil Sorte E

1. Schritt	2. Schritt	3. Schritt	4. Schritt	5. Schritt	6. Schritt
Schreiben Sie die Preise ihrer Größe nach untereinander.	Bilden Sie die Differenz der Sorten zur Mischung.	Schreiben Sie die Ergebnisse „über Kreuz".	Addieren Sie jeweils die Differenzen, die über und unter dem Mischungspreis stehen.	Kürzen Sie bei Bedarf.	Die gekürzten Zahlen geben die Anteile je Sorte und das Mischungsverhältnis an.

Antwort

Das Mischungsverhältnis ist **2 : 2 : 1 : 1 :1.**

b)

Sorte A	2	28 kg : 7 = 4 kg	Sorte A 2 x 4 kg =	8 kg
Sorte B	2		Sorte B 2 x 4 kg =	8 kg
Sorte C	1		Sorte C 1 x 4 kg =	4 kg
Sorte D	1		Sorte D 1 x 4 kg =	4 kg
Sorte E	1		Sorte E 1 x 4 kg =	4 kg
	7			28 kg

1. Schritt	2. Schritt	3. Schritt
Bilden Sie die Summe der Anteile.	Bestimmen Sie die Menge pro Anteil.	Bestimmen Sie die Menge je Sorte.

Antwort
Es werden je **8 kg** der **Sorten A und B** und je **4 kg** der Sorten **C, D** und **E** benötigt.

Aufgabe 1
Ein Bäckermeister will 3 Gebäcksorten zu 2,30 €, 2,65 € und 2,75 €/kg so mischen, dass 1 kg der Mischung 2,50 € kostet.

a) In welchem Verhältnis muss er mischen?
b) Machen Sie die Probe!

Lösung

				15 +		
a)	Sorte 1	2,30 €		25	**= 40**	**2 = 2 Teile Sorte 1**
	Mischung		2,50 €		gekürzt	
	Sorte 2:	2,65 €		20	**= 20**	**1 = 1 Teil Sorte 2**
	Sorte 3:	2,75 €				**1 = 1 Teil Sorte 3**

b)	2 Teile	zu 2,30 €	= 4,60 €
	1 Teil	zu 2,65 €	= 2,65 €
	1 Teil	zu 2,75 €	= 2,75 €
	4 Teile		= 10,00 €
	1 Teil (10 : 4)		**= 2,50 €**

Antwort
a) Das Mischungsverhältnis ist **2 : 1 : 1.**
b) 4 Teile entsprechen 10,– € , 1 Teil der Mischung kostet **2,50 €.**

Aufgabe 2
Aus 5 verschiedenen Gebäcksorten soll eine Mischung Teegebäck von 4,5 kg hergestellt werden.

Die Mischung soll für 4,– € je 100 g verkauft werden.

Die Sorte 1 kostet 5,60 € je 100 g, die Sorte 2 kostet 5,40 € je 100 g, die Sorte 3 kostet 4,60 € je 100 g, die Sorte 4 kostet 3,60 € je 100 g und die Sorte 5 kostet 3,20 € je 100 g.

a) Wie lautet das Mischungsverhältnis?

b) Wie viel g werden von jeder Sorte benötigt?

Lösung

a)

Sorte 1:	5,60 €	0,40 +		**= 1 Teil von Sorte 1**
Sorte 2:	5,40 €	0,80 = 1,20	**1**	**= 1 Teil von Sorte 2**
Sorte 3:	4,60 €			**= 1 Teil von Sorte 3**
Mischung:	4,00 €			gekürzt
Sorte 4:	3,60 €	1,60 +		**= 3 Teile von Sorte 4**
Sorte 5:	3,20 €	1,40 +		**= 3 Teile von Sorte 5**
		0,60 = 3,60	**3**	

b)

9 Teile			= 4500 g
1 Teil (4,5 : 9)			= 500 g
Sorte 1	= **1 Teil**	(1 x 500 g)	= **500 g**
Sorte 2	= **1 Teil**	(1 x 500 g)	= **500 g**
Sorte 3	= **1 Teil**	(1 x 500 g)	= **500 g**
Sorte 4	= **3 Teile**	(3 x 500 g)	= **1500 g**
Sorte 5	= **3 Teile**	(3 x 500 g)	= **1500 g**

Antwort

a) Das Mischungsverhältnis lautet **1 : 1 : 1 : 3 : 3.**

b) Von den **Sorten 1, 2 und 3** müssen je **500 g** und von den **Sorten 4** und **5** müssen je **1500 g** gewogen werden.

Aufgabe 3

In einer Bäckerei wird eine Pralinenmischung aus 5 verschiedenen Sorten verkauft. Die Mischung kostet 20,– €/kg und setzt sich aus folgenden Sorten zusammen: Sorte 1 zu 16,– €/kg, Sorte 2 zu 18,– €/kg, Sorte 3 zu 22,– €/kg, Sorte 4 zu 24,– €/kg und Sorte 5 zu 30,– €/kg.

a) In welchem Verhältnis müssen die Sorten gemischt werden?

b) Wie viel kg sind von jeder Sorte zu nehmen, wenn von der Mischung insgesamt 15 kg hergestellt werden sollen?

Lösung

a)

		2 +			
1. Sorte:	16,– €	4 +			**= 8 Teile von Sorte 1**
2. Sorte:	18,– €	10 =	**16**	**8**	**= 8 Teile von Sorte 2**
Mischung:	20,– €			gekürzt	
3. Sorte:	22,– €	4 +			**= 3 Teile von Sorte 3**
4. Sorte:	24,– €	2 =	**6**	**3**	**= 3 Teile von Sorte 4**
5. Sorte:	30,– €				**= 3 Teile von Sorte 5**

b) 25 Teile = 15,000 kg
1 Teil (15,000 : 25) = 0,600 kg

1. Sorte	**8 Teile** (8 x 0,600)	**= 4,800 kg**
2. Sorte	**8 Teile** (8 x 0,600)	**= 4,800 kg**
3. Sorte	**3 Teile** (3 x 0,600)	**= 1,800 kg**
4. Sorte	**3 Teile** (3 x 0,600)	**= 1,800 kg**
5. Sorte	**3 Teile** (3 x 0,600)	**= 1,800 kg**

Antwort

a) Das Mischungsverhältnis ist **8 : 8 : 3 : 3 : 3.**

b) Von den **Sorten 1 und 2** müssen je **4,800 kg** und von den **Sorten 3, 4, und 5** müssen je **1,800 kg** gewogen werden.

Aufgabe 4

Es sind 3 Gebäcksorten zu mischen. 4,5 kg der Mischung sollen 24,– € kosten. Der jeweilige Kilopreis ist von Sorte 1 = 29,– €, von Sorte 2 = 26,– € und von Sorte 3 = 20,– €.

a) Wie lautet das Mischungsverhältnis?

b) Welche Mengen werden von den einzelnen Sorten benötigt?

Lösung

a) Sorte 1:	29,– €		**4**	**= 4 Teile von Sorte 1**
Sorte 2:	26,– €			**= 4 Teile von Sorte 2**
Mischung:		24,– €		
Sorte 3:	20,– €	5,– +		**= 7 Teile von Sorte 3**
		2,– =	**7**	

b) 15 Teile = 4,5 kg
1 Teil (4,5 : 15) = 0,3 kg

Sorte 1	**= 4 Teile** (4 x 0,3 kg)	**= 1,2 kg**
Sorte 2	**= 4 Teile** (4 x 0,3 kg)	**= 1,2 kg**
Sorte 3	**= 7 Teile** (7 x 0,3 kg)	**= 2,1 kg**

Antwort

a) Das Mischungsverhältnis lautet **4 : 4 : 7.**

b) Von den **Sorten 1** und **2** werden **1,2 kg** und von der **Sorte 3** werden **2,1 kg** benötigt.

Zinsrechnen

Die Zinsrechnung ist eine Prozentrechnung unter Berücksichtigung einer bestimmten Zeitspanne.

a) Berechnung der Tage

Beim Zinsrechnen wird das Jahr mit 360 Tagen und jeder Monat mit 30 Tagen gerechnet (auch Februar). Man zählt den ersten Tag nicht mit, dafür aber den letzten Tag.

Aufgabe 1 (Lösungsbeispiel)

Die Zinstage sind zu berechnen vom

5. Mai	bis 9. Mai	= 4	Tage
4. September	bis 17. September	= 13	Tage
16. März	bis 16. April	= 30	Tage
2. Februar	bis 2. März	= 30	Tage
2. Februar	bis 28. Februar	= 26	Tage
2. Februar	bis 29. Februar	= 27	Tage
29. Februar	bis 1. März	= 2	Tage
15. Januar	bis 8. März	= 53	Tage
1. Juni	bis 30. August	= 89	Tage
26. Juli	bis 31. Oktober	= 94	Tage
23. Juli	bis 15. Januar	= 172	Tage

Beim Zinsrechnen kennt man **4 Größen**:

a) das Kapital	(k)	≙	beim Prozentrechnen:	Grundwert
b) den Zinssatz	(p)	≙	beim Prozentrechnen:	Prozentsatz
c) den Zins	(z)	≙	beim Prozentrechnen:	Prozentwert
d) die Zeit	(t)	≙	beim Prozentrechnen:	Zeitwert

$$\text{Jahreszins} = z = \frac{\text{Kapital (k) x Zinssatz (p)}}{100} = z = \frac{k \times p}{100}$$

Wenn der Zins für **1 Tag** errechnet werden soll, so muss die Gleichung durch 360 geteilt werden:

$$\text{also } z = \frac{k \times p}{100 \times 360}$$

Für **mehrere Tage** muss dann entsprechend der Tage multipliziert werden:

also $z = \dfrac{k \times p \times t}{100 \times 360}$

Sind 3 der 4 Größen bekannt, kann man durch Umstellen der Gleichung die 4. Größe berechnen.

Beispiel:

$$\mathbf{z} = \frac{k \times p \times t}{100 \times 360}$$

$$\mathbf{z} \times 100 \times 360 = \frac{k \times p \times t \times \cancel{100} \times \cancel{360}}{\cancel{100} \times \cancel{360}} \qquad \times 100 \times 360$$

$$\mathbf{z} \times 100 \times 360 = k \times p \times t$$

$$\frac{\mathbf{z} \times 100 \times 360}{p \times t} = \frac{k \times \cancel{p} \times \cancel{t}}{\cancel{p} \times \cancel{t}} \qquad : (p \times t)$$

$$\mathbf{k} = \frac{\mathbf{z} \times 100 \times 360}{p \times t} \qquad \textbf{Kapital} = \frac{\text{Zinsen} \times 100 \times 360}{\text{Zinssatz} \times \text{Tage}}$$

Genauso berechnet man die anderen Größen **t** und **p**:

$$\mathbf{t} = \frac{\mathbf{z \times 100 \times 360}}{\mathbf{k \times p}}$$

$$\mathbf{p} = \frac{\mathbf{z \times 100 \times 360}}{\mathbf{k \times t}}$$

Die Zeit wird in Jahren, Monaten und Tagen ausgedrückt.
Daraus ergeben sich folgende **3 Formeln:**

$$\text{Jahreszins} = \frac{\text{Kapital} \times \text{Zinssatz} \times \text{Jahre}}{100}$$

$$\text{Monatszins} = \frac{\text{Kapital x Zinssatz x Monate}}{100 \times 12}$$

$$\text{Tageszins} = \frac{\text{Kapital x Zinssatz x Tage}}{100 \times 360}$$

b) Kaufmännische Zinsformel

Beispiel: Ein Kaufmann erhält von seiner Bank folgende Darlehen zum Zinssatz von jeweils 8 %. Berechnen Sie, mit wie viel Zinsen ihn die Bank zum Jahresende (31. 12.) belastet!

1800 € am 25. 3.; 275 Tage; Zins = $\frac{1800 \times 275 \times 8}{100 \times 360}$ = 110,00 €

2400 € am 15. 6.; 195 Tage; Zins = $\frac{2400 \times 195 \times 8}{100 \times 360}$ = 104,00 €

1563 € am 13. 10.; 77 Tage; Zins = $\frac{1563 \times 77 \times 8}{100 \times 360}$ = 26,74 €

Zinsen insgesamt: **240,74 €**

c) Zinsdivisor

Bei einer Verzinsung von mehreren Beträgen mit dem gleichen Zinssatz rechnet der Kaufmann einfacher. Sie werden nicht einzeln verzinst, sondern in die herkömmliche Zinsformel umgewandelt.

Das o. g. Beispiel zeigt, dass in allen Rechnungen der Bruch $^8/_{360}$ wiederkehrt.

$$\text{Tageszinsen} = \frac{\text{Kapital x Tage x Zinsfuß}}{100 \times 360}$$

Wir zerlegen in $\frac{\text{Kapital x Tage}}{100} + \frac{\text{Zinsfuß}}{360}$

Da die Größe $\frac{\text{Zinsfuß}}{360}$

in allen Brüchen vorkommt, können wir von allen Kapitalien die Größen

$$\frac{\text{Kapital x Tage}}{100}$$

ausrechnen sowie addieren und die **gesamte Summe** mit der Größe

$$\frac{\text{Zinsfuß}}{360}$$

multiplizieren. Man kann auch mit dem umgekehrten Wert dividieren.
Somit ergibt sich die Formel:

$$\frac{\frac{\text{Kapital x Tage}}{100}}{\frac{360}{\text{Zinssatz}}}$$

Der Zähler wird Zinszahl,
der Nenner wird Zinsteiler genannt;

somit ergibt sich die neue Formel: $\frac{\text{Zinszahl}}{\text{Zinsteiler}}$

Die wichtigsten Zinsdivisoren sind bei

3/8 %	=	960	2 1/2 %	=	144	5 %	=	72
1 %	=	360	3 %	=	120	6 %	=	60
1 1/5 %	=	300	3 1/3 %	=	108	7 1/2 %	=	48
1 1/4 %	=	288	3 3/5 %	=	100	8 %	=	45
1 1/2 %	=	240	3 3/4 %	=	96	9 %	=	40
1 1/3 %	=	270	4 %	=	90	10 %	=	36
1 2/3 %	=	216	4 1/2 %	=	80	12 %	=	30
2 %	=	180	4 4/5 %	=	75			

Aufgabe 2
Bäckermeister Huber bezahlt beim Einkauf von Rohstoffen bar, damit ihm die 3 % Skonto, die bei Barzahlung gewährt werden, nicht verloren gehen.
Um die Ware im Wert von 5600,– € (nach Abzug von Skonto) aber sofort begleichen zu können, muss Bäckermeister Huber einen Kredit aufnehmen, für den er 8,5 % Zinsen zahlen muss.
Die 5600,– € werden Herrn Huber am 22. März ausgezahlt. Am 28. April zahlt Herr Huber den Kredit einschließlich Zinsen an das Kreditinstitut zurück.

a) Wie viel Zinsen muss der Bäckermeister für den Kredit zahlen?
b) Wie viel Geld hat Herr Huber dadurch gespart, dass er bar gezahlt hat und somit Skonto in Anspruch nehmen konnte?

Lösung
a) Zinstage: 22. März bis 28. April = 36 Tage

Formel:

$$z = \frac{k \times p \times t}{100 \times 360}$$

$$z = \frac{5600 \times 8{,}5 \times 36}{100 \times 360}$$

$$z = \underline{\underline{\mathbf{47{,}60\ €}}}$$

b) Skonto: 3 % von 5773,20 € = 173,20 €

Skonto:	173,20 €
./. Sollzinsen:	47,60 €
	125,60 €

Antwort
a) Herr Huber muss **47,60 €** Zinsen zahlen.
b) Er spart durch Barzahlung **125,60 €**.

Aufgabe 3
Wie viel Geld ist als Kündigungsgeld (mit vereinbarter Kündigungsfrist von 3 Monaten) angelegt worden, wenn diese Geldanlage bei einem Zinssatz von 3 % in 9 Monaten 2250,– € Zinsen gebracht hat?

Lösung

$$k = \frac{z \times 100 \times 12}{p \times t}$$

$$k = \frac{2250 \times 100 \times 12}{3 \times 9} = \mathbf{100\,000{,}–\ €}$$

Antwort
Es wurden **100 000,– €** als Kündigungsgeld angelegt.

Aufgabe 4
Wie lange muss ein Kapital von 6500,– € festgelegt werden, wenn es bei einem Zinssatz von 3 % 65,– € Zinsen bringen soll?

Lösung

$$t = \frac{z \times 100 \times 360}{k \times p} = \frac{65 \times 100 \times 360}{6500 \times 3} = \underline{\underline{\textbf{120 Tage}}}$$

Antwort
Das Kapital muss **120 Tage** festgelegt werden.

Diskontrechnen

In dem nachfolgenden Kapitel **„Diskontrechnen"** ist zu beachten, dass die Deutsche Bundesbank seit dem 2. November 1994 bei der Rediskontierung von Wechseln von dem bisherigen Zinsrechnungsverfahren auf die **Eurozinsmethode** umgestellt hat, wobei diese Abrechnungstechnik von sämtlichen Kreditinstituten übernommen wurde. Diese Art der Berechnung entspricht der französischen Zinsrechnung. Bei der Bemessung der Laufzeit wird **taggenau** gerechnet, d. h., volle Monate werden nach der genauen Anzahl der Tage berücksichtigt. **Der Diskontdivisor bleibt nach wie vor 360.**

Beispiele:

Februar	= 28 Tage (Schaltjahr = 29 Tage)
Juni	= 30 Tage
Juli	= 31 Tage
Oktober	= 31 Tage

Merke:
Diese neue Berechnungsmethode gilt lediglich beim Diskontrechnen.

Da mit der Einreichung eines Wechsels bei einer Bank zum Diskont immer ein Kredit verbunden ist, ist der Diskont, den die Bank berechnet, der Zins für den sofort gewährten Kredit.
Bei der Diskontierung erhält der Bäckermeister unter Abzug von Diskont (Zins) den Barwert sofort ausgezahlt, während die Bank das Geld erst am Verfalltag vom Bezogenen bekommt.

Da die Banken von ihnen diskontierte Wechsel u. U. bei der Europäischen Zentralbank (EZB) als Sicherheit hinterlegen, um sich selbst wieder Geldmittel zu verschaffen, sind Wechsel bei den Banken ein Mittel, sich bei der EZB wieder zu finanzieren (refinanzieren).
Die EZB akzeptiert nur Wechsel mit einwandfreier Bonität der Beteiligten als Sicherheit. Da ein Leitzins seit Abschaffung des Rediskontes durch die EZB nicht mehr existiert, orientiert sich der Ankaufssatz für Wechsel nur noch am Geldmarktniveau.
Weiter berechnen die Banken bundesweit für jeden Wechsel einen Mindestdiskontbetrag von ca. 10,– €, der individuell von den einzelnen Kreditinstituten abhängig ist. Mit diesen Aufschlägen und dem Mindestbetrag wird die Bankleistung abgegolten. In der Regel wird also keine besondere Provision bei der Diskontierung berechnet, es sei denn, dass bestimmte Leistungen bei der Einlösung (nicht domiziliert) anfallen.

Merke:
Die Diskontzahl ist immer eine ganze Zahl.

z. B.	Kapital: 584,– €,	Tage 26	
		5,84 x 26	= 151,8 = # 152
	Kapital: 529,– €,	Tage 15	
		5,29 x 15	= 79,3 = # 79

Merke:
Bei der Berechnung der Diskontzahlen werden die Centbeträge nicht berücksichtigt.

z. B.	Kapital: 874,90 €,	Tage 28	
		8,74 x 28	= 244,7 = # 245

Aufgabe 1
Bäckermeister Brehm reicht am 15. März seiner Bank folgende Wechsel mit der Bitte um Gutschrift ein:
3590,– €, fällig am 25. März (notenbankfähig)
2360,– €, fällig am 1. April (nicht notenbankfähig)
1950,– €, fällig am 25. April (notenbankfähig)
Das Kreditinstitut berechnet für notenbankfähige Wechsel 6 %, für nicht notenbankfähige Wechsel 7,5 %; außerdem berechnet es für jeden Wechsel mindestens 8,– €.
Auf welchen Betrag lautet die Gutschrift?

Lösung
Da die Bank einen Mindestdiskont von 8,– € pro Wechsel berechnet, ermittelt man zunächst die Mindestdiskontzahl.

$\frac{360}{6} \times 8 = \# 480$ $\frac{360}{7,5} \times 8 = \# 348$

Sollte sich bei der Berechnung eine niedrigere Diskontzahl ergeben, so muß die Mindestdiskontzahl eingesetzt werden.

Betrag	fällig	Tage	6 % (480)	7,5 % (384)
3590,– €	25.3	10	480	
2360,– €	1.4	17		401
1950,– €	25.4	41	800	
7900,– €			# 1280	# 401
./. 29,68 €				
7870,32 € Barwert am 15. März			1280 : 60 =	21,33 €
			401 : 48 =	+ 8,35 €
				29,68 €

Aufgabe 2
Am 15. Oktober wird der Bank ein Kundenwechsel in Höhe von 2688,– €, fällig am 15. Dezember, zur Diskontierung eingereicht.
a) Es soll der Wert ermittelt werden, den die Bank gutschreibt, wenn 6 % Diskont berechnet werden!
b) Mit wie viel € Diskont wird der Kunde belastet, wenn 16 % Umsatzsteuer aufgeschlagen werden?

Lösung
a) Diskontabrechnung

①	Wechsel, fällig am 15. 12.	2688,– €
②	./. Diskont (6 %/61 Tage)	27,33 €
③	**Barwert und Gutschrift am 15. 10.**	**2660,67 €**

b) Diskontbelastung:

	Diskont	27,33 €
④	+ 16 % Umsatzsteuer	4,37 €
	Diskontbelastung	**31,70 €**

Rechenweg

① Setzen Sie den Wechselbetrag mit Verfalltag ein!

② Berechnen Sie den Diskont so, wie Sie Zinsen berechnen!

$$\text{Diskont} = \frac{1\ \%\ \text{des Wechselbetrags x Diskonttage}}{\text{Diskontteiler}}$$

oder, wenn Diskontteiler nicht bequem zu errechnen,

$$\text{Diskont} = \frac{1\ \%\ \text{des Wechselbetrags x Diskonttage x Diskontsatz}}{360}$$

③ Ermitteln Sie den Barwert, indem Sie vom Wechselbetrag den Diskont abziehen!

④ Berechnen Sie die Diskontbelastung, indem Sie auf den **Diskont** 16 % Umsatzsteuer aufschlagen!

Merke:
Diskonttage: Tage zwischen dem Tag der Diskontierung und dem Verfalltag; sie werden kalendermäßig nach der Eurozinsmethode berechnet.

Diskontteiler: Er entspricht dem Zinsteiler und wird wie dieser berechnet.

Barwert: Wechselsumme abzüglich Diskont, evtl. Provision, Gebühren.

Wert des Wechsels am Tage der Diskontierung: Barwert.

Diskontbelastung des Kunden: Summe aus Diskont zuzüglich Umsatzsteuer.

Aufgabe 3

Am 22. 6. sind folgende Wechsel zu diskontieren:

700,– €, fällig am 1. 7.
1800,– €, fällig am 17. 7.
6000,– €, fällig am 21. 9.

Welchen Betrag schreibt die Bank gut, wenn sie 7,5 % Diskont berechnet und einen Mindestdiskont von 9,– € veranschlagt?

Lösung

① ② Mindestdiskontzahl

Wechselbetrag	Verfall	Tage	Diskontzahlen ③	
700,– € 1800,– € 6000,– €	1. 7. 17. 7. 21. 9.	9 25 91	432 450 5460	(Mindestdiskontzahl)
8500,– €			6342	
./. 132,13 € **8367,87 €**	Diskont 7,5 % **Barwert am 22. 6.**		④ ⑤	

Rechenweg

① Stellen Sie zuerst das Abrechnungsschema auf!

② Bestimmen Sie in jedem Fall die Mindestdiskontzahl! Dies ist notwendig, wenn die Bank einen Mindestdiskont berechnet. Die Mindestdiskontzahl (Mindestzinszahl) wird wie folgt berechnet:
9 x Diskontteiler = Mindestdiskontzahl

Beweis: Der Mindestdiskont beträgt nach unseren Bedingungen 9,– €. Nach der kaufmännischen Zinsformel ist der Mindestdiskont dann

$$9,\text{– €} \quad = \quad \frac{\text{Diskontzahlen}}{\text{Diskontteiler}},$$

damit Mindestdiskontzahlen = 9 x Diskontteiler.
In unserem Falle 9 x 48 = 432.

Ist der Diskontsatz kein bequemer Teiler von 360, dann 360 durch den Diskontsatz teilen, mit 9 malnehmen und das Ergebnis stets **aufrunden.**

Beispiel: Diskontsatz $7^1/_4$ %;

$$\frac{360}{7{,}25} = 49{,}66 \times 9 = 446{,}9 \approx 447 \text{ Mindestdiskontzahl.}$$

③ Berechnen Sie die Diskontzahlen (Mindestdiskont beachten!)
④ Berechnen Sie den Diskont!
Summe der Diskontzahlen : Diskontteiler.
⑤ Ermitteln Sie den Barwert!
Summe der Wechselbeträge ./. Diskont.

> **Merke:**
> **Berechnen die Banken Mindestdiskont, dann wird in die Abrechnung die Mindestdiskontzahl eingesetzt, wenn die tatsächliche Diskontzahl niedriger ist. Das Ergebnis ist stets aufzurunden.**

Aufgabe 4
Bäckermeister Maier reicht seiner Bank am 12. Mai einen Wechsel über 300,– €, fällig am 14. Juni, ein. Diese berechnet einen Diskontsatz von 6 %. Der Mindestdiskontbetrag beläuft sich bei dieser Bank auf 9,– €. Es soll die Abrechnung vorgenommen werden!

Lösung
12. Mai bis 14. Juni = 33 Tage
Diskontzahl: 3 x 33 = # 99
Diskontdivisor: 60 = 99 : 60 = 1,65 € 9,– € (Mindestdiskontbetrag)

Wechselsumme	300,– €
./. Mindestdiskontbetrag	9,– €
Barwert (Gutschrift)	**291,– €**

Aufgabe 5
Bäckermeister König hat am 10. Oktober vom Lebensmittelhändler Jung 645,80 € zu fordern. Herr König erhält von seinem Schuldner an diesem Tage zum Ausgleich seiner Forderung einen Wechsel über 600,– €, fällig am 22. November. Wie viel € muss Lebensmittelhändler Jung am 10. Oktober unter Berücksichtigung von $7^1/_2$ % Diskont in bar bezahlen?

Lösung

10. Oktober bis 22. November		= 43 Tage	
Diskontzahl: 6 x 43 = # 258			
Diskontdivisor: 48 = 258 : 48		= 5,38 €	
Forderung,	fällig 10. 10.		645,80 €
./. Wechsel,	fällig 22. 11.	= 600,– €	
./. Diskontsatz 43 Tg., $7^1/_2$ %		= 5,38 €	594,62 €
Restforderung			**51,18 €**

Antwort

Die Restforderung des Bäckermeisters beträgt **51,18 €.**

Aufgabe 6

Ein Kunde schuldet Ihnen 1550,– €, die am 25. April zu zahlen sind. Sie erhalten an diesem Tag 2 Wechsel:

1. Wechsel über 820,– €, fällig 25. 6.
2. Wechsel über 600,– €, fällig 25. 7.

Wie groß ist Ihre Restforderung am 25. April, wenn Sie dem Kunden die Wechsel mit einem Diskontsatz von 6 % gutschreiben?

Lösung

Betrag	Tage	#
820,– €	61	500
600,– €	91	546
1420,– €		1046
17,43 €	Diskont	
1402,57 €	Gutschrift	
1550,– €	Forderung	
147,43 €	**Restschuld**	

Antwort

Die Restforderung beträgt **147,43 €.**

KOSTENRECHNUNG

(Berufstheorie)

Einführung

Bei Kalkulation denken die meisten Unternehmer an ein Verfahren zur Berechnung eines Produktpreises. Doch genau dies gestaltet sich nicht nur in einem Bäckereiunternehmen als außerordentlich schwierig: Eine Vielfalt an Produkten wird mit einer großen Zahl diverser Geräte und Maschinen und jeweils ganz unterschiedlichem Arbeitseinsatz hergestellt, und auch der Vertrieb erfolgt über mehrere Wege.
Am einfachsten gestaltet sich dabei noch die Berechnung der Materialkosten. Aber die verursachungsgerechte Zurechnung der anderen Kosten ist das große Problem. Zur Lösung existieren in der Praxis sehr viele Ansatzpunkte.
In grauen Vorzeiten wurde mit einem Aufschlag auf den Materialpreis eines Produkts gearbeitet, was dazu führte, dass sich für einen materialintensiven Artikel ein hoher Verkaufspreis errechnete. Es wurde unterstellt, dass sich alle Kosten auf jedes Produkt so verteilen wie die Rohstoffkosten, was jedoch nicht der Realität entspricht.
Spätere Ansätze verteilten die Kosten entsprechend der von einem Artikel in Anspruch genommenen Arbeitszeit, was ebenso realitätsfern ist. In der Praxis scheiterten diese Verfahren bereits bei der Kalkulation des ersten Artikels. Der Preis, der dabei ausgerechnet wurde, stimmte mit dem aktuellen Marktpreis des Bäckers oftmals nicht annähernd überein, weshalb er verständlicherweise weitere Bemühungen einstellte.

All diese Verfahren basieren auf dem Grundgedanken der **Vollkostenrechnung.** Die Vollkostenrechnung will einen Preis für ein Produkt ausrechnen, bei dem die Existenz des Betriebs gesichert ist, also die langfristige Preisuntergrenze.
Ein anderes Verfahren ist die **Teilkostenrechnung.** Diese geht davon aus, dass sich Preise am Markt bilden und ein Unternehmer zwei Aufgaben zu lösen hat:

1. einen Preis für ein Produkt zu finden, bei dem die Nachfrage nach diesem Produkt am höchsten ist, und
2. zu entscheiden, ob er bei diesem Marktpreis genug Geld verdienen kann.

Wenn man davon ausgeht, dass sich der Preis durch Angebot und Nachfrage am Markt bildet, kann man diesen Preis auch nicht aus der Kostenstruktur eines Betriebs berechnen. Damit entfällt aber auch das immer ungerechte Verteilen von Kostenbestandteilen auf einzelne Produkte. Man braucht sich dann in erster Linie nur mit den veränderlichen Kostenbestandteilen eines Produkts zu beschäftigen. Dies ist wesentlich einfacher und kann vor allem in kleinen Schritten, Artikel für Artikel, vorgenommen werden. Die Teilkostenrechnung setzt die veränderlichen Kosten eines Produkts in Beziehung zu dem Nettoverkaufspreis und versucht, durch geeignete Maßnahmen diese Spanne zu erhöhen.

Merke: Der Bäcker hat dann den größten Erfolg, wenn er den Kunden ein Produkt in einer gewünschten Qualität in einer gewünschten Menge zu einem gewünschten Preis an einem gewünschten Ort anbietet.

Die Teilkostenrechnung errechnet den Preis für ein Produkt, bei dem nur die variablen (veränderlichen) Kosten gedeckt sind, also die kurzfristige Preisuntergrenze. Die kurzfristige Preisuntergrenze ist die für die meisten betriebswirtschaftlichen Entscheidungen relevante Größe.
Zur Darstellung der Unterschiede zwischen der Vollkosten- und der Teilkostenrechnung wird im Folgenden anhand von Beispielen eine Gegenüberstellung beider Verfahren und die Interpretation der Ergebnisse vorgenommen.

Vollkostenrechnung

Zunächst werden mittels der Rezeptur und der Rohstoffpreise die Materialkosten für einen Artikel berechnet.
In einem zweiten Schritt werden alle Produktionskosten, also Mieten, Energie, Versicherungen, Abschreibungen, Kfz-Kosten usw., durch die Anzahl der Anwesenheitsstunden in der Produktion geteilt. So erhält man den Stundenkostensatz bzw. daraus abgeleitet den Minutenkostensatz.
Die für die Herstellung eines Artikels erforderliche Arbeitszeit wird mit dem Minutenkostensatz multipliziert. Addiert man dazu die Materialkosten und schlägt einen Gewinn- und Risikoaufschlag dazu, erhält man den Bäckereiabgabepreis (BAP). Kennt man seine Verkaufskosten, so lässt sich der Anteil der Verkaufskosten am Umsatz ermitteln und auf Grund dieser Basis ein Preis für das Produkt errechnen, der alle Kosten deckt und dem Unternehmen einen Gewinn beschert. Kann man den so errechneten Preis für das Produkt am Markt durchsetzen, so ist die Existenz des Betriebs gesichert.
Neben dem enormen Arbeitsaufwand zur Ermittlung dieses Preises sei anhand eines vereinfachten Beispiels auf die gravierendsten Probleme dieses Verfahrens in der Praxis hingewiesen.

Die Materialkosten werden anhand der Rezeptur und der jeweils gültigen Rohstoffpreise errechnet. Im folgenden Rechenbeispiel betragen die Materialkosten für ein Produkt A 2 Cent. Zur Herstellung werden 0,042 Minuten pro Stück benötigt (2,5 Sekunden dividiert duch 60 ergibt 0,042 Minuten). Arbeitszeit mal Minutenkostensatz ergibt die Produktionskosten von 0,03 €. Der Bäckereiabgabepreis beträgt somit 0,03 + 0,02 = 0,05 €. Bei einem Verkaufspreis von 21 Cent netto und einer verkauften Menge von 120 000 Stück errechnet sich ein Nettoerlös von 25 200 €. Die Bäckereiabgabekosten betragen 6000 €, was einem Anteil von etwa 24 % entspricht.
Dieselbe Berechnung für ein Produkt B, welches 1,4 Minuten Herstellungszeit erfordert und zu einem Nettoverkaufspreis von 1,80 € verkauft wird, ergibt bei einem Nettoumsatz von 18 000 € Bäckereiabgabekosten von 14 200 €, was einem Anteil von etwa 79 % entspricht. Dieser enorme Unterschied kommt in erster Linie durch den unterschiedlichen Arbeitseinsatz für die Herstellung der beiden Produkte zustande. Die arbeitsintensive Herstellung des Produkts B führt zu einer hohen Belastung mit Produktionskosten, obwohl kaum Maschinen eingesetzt werden. Wenn das gesamte Sortiment nach diesem Verfahren kalkuliert wird, ergeben sich für alle arbeitsintensiven Produkte zu hohe Preise, während die Preise für diejenigen Produkte, die wenig Arbeitszeit in Anspruch nehmen, zu niedrig sind.

Vollkostenrechnung

	Produkt A	**Produkt B**
Material/Stück	0,02 €	0,30 €
Arbeitszeit	0,042 Min.	1,400 Min.
Minutenkostensatz	0,80 €	0,80 €
Produktionskosten/Stück	0,03 €	1,12 €
Bäckereiabgabepreis BAP	**0,05 €**	**1,42 €**
verkaufte Menge	120 000 St.	10 000 St.
Bäckereiabgabekosten	6 000 €	14 200 €
Verkaufspreis netto	0,21 €	1,80 €
Nettoumsatz	25 200 €	18 000 €
Anteil der Bäckereiabgabekosten am Nettoumsatz	23,8 %	78,9 %

Fehlinterpretationen bei der Bewertung der Bedeutung von Filialen

Was dieses Verfahren für eine Kostenstellenrechnung bedeutet, veranschaulicht das nächste Tableau. Da Filiale 1 einen enorm hohen Anteil des Produkts A verkauft und Filiale 2 einen hohen Anteil im Verkauf des Produkts B hat, muss jetzt auch der Erfolg der Filiale 1 im Vergleich zu dem der Filiale 2 deutlich höher sein bei gleichem Umsatz und gleichen Filialkosten. Die Kostenstellenrechnung signalisiert sogar einen Verlust in der Filiale 2, was die Entscheidung nahe legt, diese Verkaufsstelle besser zu schließen. Der Grund für dieses Ergebnis liegt in der Tatsache begründet, dass der arbeitsintensive Artikel Produkt B mit entsprechend vielen Produktionskosten belastet wird.

	Filiale 1	**Filiale 2**
verkaufte Produkte A	90 000	30 000
verkaufte Produkte B	1 500	8 500
erzielter Umsatz	21 600 €	21 600 €
Wareneinsatz	6 630 €	13 570 €
Filialkosten	8 700 €	8 700 €
Erfolg	**6 270 €**	**–670 €**

Vollkostenrechnung ist vom Grad der Beschäftigung abhängig

Wird beispielsweise durch eine Rationalisierungsinvestition die erforderliche Arbeitszeit zur Herstellung von Brötchen reduziert, sinkt die Anzahl der Anwesenheitsstunden in der Produktion. Die Produktionskosten bleiben aber in etwa konstant, da Personalkosten durch Maschinenkosten ersetzt werden. Dann erhöht sich der Stundenkostensatz, weil sich dieselben Kosten auf weniger Anwesenheitsstunden verteilen. Da aber auch das Brot mit demselben Stundenkostensatz kalkuliert wird, steigt der Bäckereiabgabepreis für das Brot, was unsinnig ist. Kaum ein Bäcker wird wohl seine Brotpreise erhöhen, weil er sich eine Brötchenanlage gekauft hat.

Umsatzsteigerungen führen zu Preissenkungen

Bei einer Umsatzausweitung steigt die Produktivität. Die Arbeitszeiten pro Stück sinken durch die bessere Chargenauslastung, weshalb jetzt wiederum die Bäckereiabgabepreise sinken, was dem Unternehmer signalisiert: Die Verkaufspreise müssen gesenkt werden. Das wiederum macht natürlich keiner, weil es kontraproduktiv ist.
Ähnliches gilt für eine Neuprodukteinführung. Dabei werden bereits einmal bezahlte Fixkosten erneut mitberechnet, die aber gar nicht anfallen.

Festschreiben einer Umsatzrendite

Wird immer der gleiche Gewinnaufschlag zugrunde gelegt, wird das Ziel einer Erhöhung der Umsatzrendite nie erreicht werden können.

Teilkostenrechnung

Die Teilkostenrechnung dagegen geht von einem grundsätzlich anderen Gedankengang aus. Sie zerlegt die anfallenden Kosten in variable bzw. fixe Bestandteile. Variable Bestandteile verändern sich proportional zu der hergestellten Menge, also

- die Materialkosten
- die Personalkosten
- die Energiekosten und
- der Reparaturaufwand

Bei der Erfassung der Materialkosten gibt es keine Unterschiede zu der Vollkostenrechnung. Die Personalkosten sind arbeitsrechtlich zwar eher fix, in der Teilkostenrechnung werden sie aber als mit der herzustellenden Menge veränderlich angesehen. Streng genommen sind auch die Energiekosten und der Reparaturaufwand veränderlich mit der Ausbringungsmenge, können aber in der einfachen Version auf Grund ihrer relativ geringen Bedeutung dem Fixkostenblock zugerechnet werden.

Alle fixen Kostenbestandteile werden natürlich erfasst, aber grundsätzlich nicht anhand eines Schlüssels auf die Produkte verteilt, denn jeder Verteilungsschlüssel ist falsch und führt bei der internen Leistungsverrechnung zu Fehlern mit fatalen Folgen. Wichtig ist jedoch, dass in einem späteren Schritt die Fixkosten auch bezahlt werden können!

Die Vorgehensweise bei der Teilkostenrechnung sei an dem gleichen Beispiel verdeutlicht. Der entscheidende Unterschied zur Vollkostenrechnung besteht darin, dass die erforderliche Arbeitszeit zur Herstellung eines Produkts nicht mit dem Minutenkostensatz, der ja die gesamten Produktionskosten berücksichtigt, sondern lediglich mit den anfallenden Personalkosten bewertet wird.
Dazu addiert man alle Löhne der Produktionsmitarbeiter inklusive der Lohnnebenkosten und teilt diesen Wert durch die Anwesenheitsstunden (nicht zu verwechseln mit den bezahlten Stunden) der lohnabhängigen Mitarbeiter. Kommissionierungs-, Reinigungs- und Fuhrparkmitarbeiter finden hierbei keine Berücksichtigung. In der Praxis schwanken die durchschnittlichen Kosten pro Anwesenheitsstunde zwischen 15 und über 20 €. Die variablen Bestandteile Material- und Personalkosten ergeben die variablen Kosten, die in der Literatur auch als Grenzkosten bezeichnet werden.

Im nachfolgenden Beispiel wird von 15 € je Anwesenheitsstunde ausgegangen.

Die Deckungsspanne

Um die Ergebnisse der Berechnungen zu veranschaulichen und das Sortiment nach einem gleichen Maßstab zu vergleichen, verwendet man in der Teilkostenrechnung die Deckungsspanne eines Artikels.

Die Deckungsspanne gibt an, wie viel Prozent des Nettoverkaufspreises nach Abzug der variablen Kosten verbleiben, im Beispiel also
(0,21 – 0,03) / 0,21 = 85,71 % beim Produkt A und
(1,80 – 0,65) / 1,80 = 63,88 % beim Produkt B

Nun erfolgt die Verrechnung der variablen Kosten auf die Filialen anhand der jeweils verkauften Mengen. Um das Beispiel einfach zu halten, bleiben Retouren unberücksichtigt; an der grundsätzlichen Aussage der Ergebnisse ändert sich dadurch nichts. Bei gleichem Umsatz werden in Filiale 1 nur 3675 € variable Kosten verrechnet, in Filiale 2 dagegen 6425 €. Zieht man die variablen Kosten vom erzielten Umsatz ab, so erhält man den Deckungsbeitrag 1 der Filiale. Zieht man vom Deckungsbeitrag 1 wiederum die Kosten der Filiale ab, so ergibt sich der Deckungsbeitrag 2.

Teilkostenrechnung

	Produkt A	**Produkt B**
Material/Stück	0,02 €	0,30 €
Arbeitszeit	0,042 Min.	1,4 Min.
Personalkosten/Min.	0,25 €	0,25 €
Personalkosten/Stück	0,01 €	0,35 €
variable Kosten/Stück	**0,03 €**	**0,65 €**
Verkaufspreis netto	0,21 €	1,80 €
Deckungsspanne	**85,7 %**	**63,9 %**
verkaufte Menge	120 000 St.	10 000 St.
Nettoumsatz	25 200 €	18 000 €

	Filiale 1		**Filiale 2**	
verkaufte Produkte A	90 000 St.		30 000 St.	
verkaufte Produkte B	1 500 St.		8 500 St.	
erzielter Umsatz	21 600 €		21 600 €	
variable Kosten	3 675 €		6 425 €	
Deckungsbeitrag 1	17 925 €	83 %	15 175 €	70 %
Filialkosten	8 700 €		8 700 €	
Deckungsbeitrag 2	**9 225 €**	**43 %**	**6 475 €**	**30 %**

An dieser Stelle zeigt sich nun ein ganz anderes Bild als bei der Vollkostenrechnung. Zwar ist Filiale 1 auch bei der Teilkostenbewertung besser als Filiale 2, aber Filiale 2 erwirtschaftet einen positiven Deckungsbeitrag 2 von immerhin 6475 €, ist also unverzichtbarer Bestandteil des Unternehmens und darf auf keinen Fall geschlossen werden; denn die Summe der Deckungsbeiträge 2 (9225 + 6475 = 15 700) muss immer größer sein als die anfallenden Fixkosten, nur so entsteht erst der Gewinn. Filiale 2 wird benötigt, um die Fixkosten zu decken.

Sehr schön wird jetzt erkennbar, dass der Deckungsbeitrag 1 in Filiale 1 83 % des Nettoumsatzes erreicht. Filiale 2 erreicht dagegen auf Grund seiner anderen Sortimentsstruktur nur einen Deckungsbeitrag 1 von 70 % des Umsatzes. Jetzt wird deutlich, wie auch Filiale 2 gesteuert werden kann, um den Unternehmenserfolg zu verbessern.

WARNUNG: Ausdrücklich sei an dieser Stelle darauf hingewiesen, dass der Teilkostenpreis in der Praxis in der Regel kein Angebotspreis sein darf. Ein Wiederverkäufer darf nicht zu dem Teilkostenpreis beliefert werden, denn dann trägt diese Belieferung nicht zur Deckung der Fixkosten bei, und es entsteht kein Gewinn. Langfristig müssen immer alle Fixkosten bezahlt werden können, um die Existenz eines Unternehmens zu sichern.

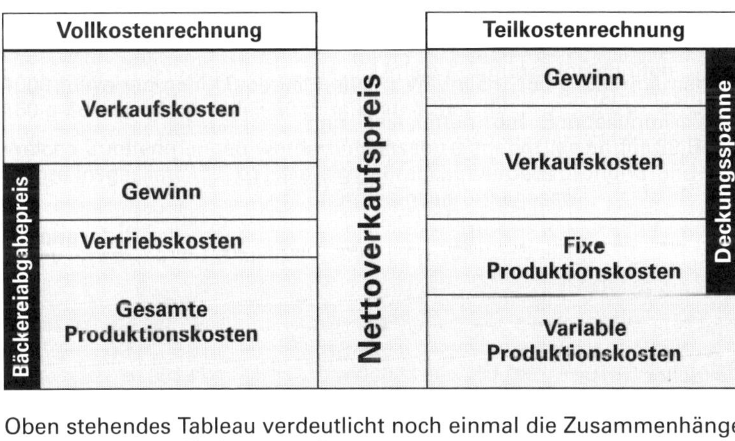

Oben stehendes Tableau verdeutlicht noch einmal die Zusammenhänge bei der Voll- bzw. Teilkostenrechnung.
Bei der Vollkostenrechnung wird versucht, die Selbstkosten eines Produkts zu berechnen und durch einen Zuschlag den Verkaufspreis zu bestimmen. Dieser soll die gesamten Produktions- und Verkaufskosten anteilig bezahlen können und einen Unternehmensgewinn erzielen. Ein-

zig bestimmende Größe ist hierbei die Arbeitszeit für die Herstellung des einzelnen Artikels. Jeder Artikel bezahlt den gleichen Anteil an fixen Kosten und muss den gleichen Gewinnbeitrag leisten.
Steuerungsgröße bei der Teilkostenrechnung ist die Deckungsspanne, die wiederum durch die Höhe der variablen Kosten bestimmt wird, die bei jedem Artikel verschieden sind. Je höher die Deckungsspanne, desto eher sind die Verkaufskosten und fixen Produktionskosten bezahlt.
Die Deckungsbeiträge der einzelnen Artikel werden mit den jeweils verkauften Mengen multipliziert, umso den Deckungsbeitrag des gesamten Sortiments zu errechnen, von dem die Fixkosten bezahlt werden können. Erst wenn diese bezahlt sind, entsteht Gewinn. Unerheblich ist jetzt, ob jeder einzelne Artikel den gleichen Beitrag liefert, Hauptsache ist, dass alle Fixkosten bezahlt werden können.
Der Teilkostenrechner versucht, die Deckungsbeiträge zu maximieren, umso den Gewinn zu steigern. Gezielte Sortimentspolitik wird so zu einem der wichtigsten Steuerungsinstrumente des unternehmerischen Erfolgs. Der Teilkostenrechner orientiert sich nicht in erster Linie an Umsätzen, sondern an Deckungsbeiträgen.

Weitere Vorteile der Teilkostenrechnung

Leistungslohn

Als sinnvolles Steuerungsinstrument für eine Filiale kann der Deckungsbeitrag 2 verwendet werden. Der Deckungsbeitrag 2 kann auch Grundlage einer leistungsgerechten Bezahlung im Verkauf werden; als Gradmesser für die Leistung im Verkauf dient dann der Deckungsbeitrag 2 pro Anwesenheitsstunde. Die Steuerung der Filialen geht jetzt zielstrebiger in die richtige Richtung.
Die hierfür erforderlichen Grundlagen wie Kalkulation des gesamten Sortiments sowie die systematische Erfassung aller Warenströme im Unternehmen erfordern einen hohen Aufwand, der nur mit Einsatz modernster EDV-Systeme möglich ist.

Warenpräsentation

Die Frequenzartikel sind hinsichtlich ihrer Deckungsspannen zu optimieren. Das Verkaufspersonal wird angewiesen, die Artikel mit hohen Deckungsspannen in der Warenpräsentation entsprechend zu würdigen. Die Bewertung des Sortiments nach dem Kriterium der Deckungsspanne ermöglicht wertvolle Ansätze zur Sortimentspolitik. Ziel darf es allerdings nicht sein, um jeden Preis die Deckungsspannen zu maximieren und alles aus dem Sortiment zu werfen, was eine niedrige Deckungsspanne hat. Sehr wichtig ist die Optimierung jedes einzelnen Produkts unter Beibehaltung der Produktqualität, des Profils und des Images einer Bäckerei.

Beurteilung von Fertigmischungen

Stellen Sie jede bisher verwendete Rezeptur, insbesondere den Einsatz von Fertigmischungen, in Frage! Beschäftigen Sie sich mit alternativen Rezepturen, und rechnen Sie aus, welches Herstellungsverfahren für Ihren Betrieb das günstigste ist. Die Anwendung der Teilkostenrechnung gibt Ihnen zukünftig die Selbstsicherheit in allen unternehmerischen Entscheidungen.

Retouren

Die variablen Kosten geben auch den tatsächlichen Preis für die Retouren an. Jetzt ist ersichtlich, dass im obigen Beispiel die gleiche mengenmäßige Retoure bei Produkt A deutlich weniger variable Kosten verursacht als bei Produkt B. Die Fixkostenbelastung steigt nicht, wenn 10 % mehr von z. B. Brötchen hergestellt als verkauft werden.
Wenn die A-Artikel gleichzeitig die mit den besten Deckungsspannen sind, kann und sollte man diese bewusst mit hohen Retourmengen versehen. Damit gewährleisten Sie, dass Ihre Kompetenzartikel bis Ladenschluss vorrätig sind und schöpfen so das Umsatzpotenzial Ihrer Standorte besser aus.

Snacks kalkulieren

Snacks können nach diesem Verfahren hinsichtlich ihrer Bedeutung im Vergleich zu den anderen Produkten bewertet werden. Außerdem können Sie Möglichkeiten zur Optimierung in der Herstellung erkennen, so dass Snacks tatsächlich zu dem werden, was sie sein sollen, nämlich ein profitables Zusatzgeschäft.

Zukauf von TK-Artikeln

Die variablen Kosten geben auch zumindest die betriebswirtschaftliche Grenze an, ab der es sich erst lohnt, Tiefkühlprodukte zuzukaufen. Liegt der Preis für den TK-Artikel inklusive der noch erforderlichen Personalkosten über dem eigenen Teilkostenpreis, kauft man sich zusätzliche Fixkosten, und die Retouren mit diesem Artikel werden teurer. Natürlich sind hier auch immer qualitative und betriebliche Aspekte zu berücksichtigen.

Kooperationen

Dasselbe gilt auch für die Entscheidung, wann es sich lohnt, mit einem Bäckerkollegen zu kooperieren. Kooperationen im Bäckerhandwerk scheitern in der Regel an der Unkenntnis über die eigenen Teilkosten der Artikel. Mit dem entsprechenden Wissen eröffnen sich ganz neue Chancen für Ihr Unternehmen.

Investitionsentscheidungen

Mit Hilfe der Teilkostenrechnung lassen sich die Auswirkungen von Rationalisierungsinvestitionen recht genau berechnen. Sie bildet die Grundlage für die Berechnung einer herzustellenden Menge eines Artikels, ab der sich die Anschaffung einer Maschine tatsächlich rechnet.

Vorsicht bei maschinenintensiver Produktion

Die hier vorgestellte Teilkostenrechnung stößt an ihre Grenzen, wenn bei der Herstellung einzelner Artikel ein hoher Maschineneinsatz, also Kapitaleinsatz erforderlich ist. In diesem Fall müsste zusätzlich mit Maschinenkostenstundensätzen gearbeitet werden.

Vieles also spricht für die Teilkostenrechnung. Um Ihnen einen leichten Einstieg in die Teilkostenrechnung zu ermöglichen, haben wir für Sie ein Excel-Programm entwickelt, mit dem Sie in kurzer Zeit zu wichtigen Erkenntnissen gelangen können. Mit diesem Programm können Sie unmittelbar die Auswirkungen verschiedenster Maßnahmen auf die entscheidende Größe, nämlich die Deckungsspanne eines Artikels, ablesen.

Beim Zentralverband des Deutschen Bäckerhandwerks e. V. gibt es das Programm bro:t, mit dem Sie schnell und einfach die Deckungsspannen Ihrer Artikel ermitteln können. Bestellungen und Informationen unter Kalkulation@baeckerhandwerk.de oder Telefon (0 22 24) 77 04 31, wobei dieses Programm zum Preis von 25 € zzgl. MwSt. erhältlich ist.

GESETZESKUNDE

(u. a. Aromen, Buttergebäck, Milchbrot, Spezialbrot, Kaufverträge)

Wann darf man die Bezeichnung
a) Buttergebäck und
b) Butterbrot verwenden?

a) Bei Buttergebäck muss ausschließlich Butter, Butterreinfett oder Butterfett verarbeitet werden, und zwar in folgenden Mengen: mind. 10 kg Butter, 8,2 kg Butterreinfett oder 8,6 kg Butterfett, jeweils auf 100 kg Getreide/Getreidemahlerzeugnisse. Andere Fette – außer als Trennmittel – werden nicht verwendet.
b) Bei Butterbrot müssen folgende Mengenangaben beachtet werden: mind. 5 kg Butter, 4,1 kg Butterreinfett oder 4,3 kg Butterfett auf 100 kg Getreide/Getreidemahlerzeugnisse.

Was ist der Unterschied in der Bezeichnung Butterkremtorte und Kremtorte?

Butterkremtorte darf im Gegensatz zur Kremtorte grundsätzlich nur mit reiner Butter hergestellt werden.

Nennen Sie die Bestimmungen für die Bezeichnung einer Backware als
a) Milchbrot und Milchbrötchen[1]
b) Feine Backwaren mit Hefe[2]
c) Feine Backwaren ohne Hefe![2]

a) Werden Milchbrot und Milchbrötchen hergestellt, dann muss die gesamte Teigflüssigkeit Vollmilch sein, mind. aber 50 Liter auf 100 kg Getreidemahlerzeugnisse.
b) Für die Herstellung von Feinen Backwaren mit Hefe sind auf 100 kg Getreidemahlerzeugnisse mind. 40 Liter,
c) bei Feinen Backwaren ohne Hefe mind. 20 Liter Vollmilch vorgeschrieben. Man geht dabei von Trinkmilch mit 3,5 % Fett aus.

---

[1] *Leitsätze für Brot und Kleingebäck siehe Anhang Seite 391 ff.*
[2] *Leitsätze für Feine Backwaren einschl. Dauerbackwaren siehe Anhang Seite 397 ff.*

Wann darf Zwieback als Nährzwieback verkauft werden?

Wenn auf 100 kg Getreidemahlerzeugnisse und/oder Stärke mind. 10 kg Butter und 10 kg Eier oder 3,5 kg Eigelb verarbeitet werden und als Zuguss nur Milch verwendet wird.

Was versteht man nach den DLG-Bestimmungen unter Spezialbroten?

Es sind Brote, die zwar von Mahlerzeugnissen des Roggens oder Weizens hergestellt werden, sich vom gewöhnlichen Brot jedoch unterscheiden durch

1. Zugabe von besonderen Getreidearten, z. B. Dreikorn-, Vierkorn-, Fünfkornbrot;
2. besonders bearbeitete Mahlerzeugnisse, z.B. Steinmetzbrot, Schlüterbrot;
3. Zugaben pflanzlichen Ursprungs, z. B. Weizenkeim-, Kleie-, Leinsamen-, Sesam-, Gewürzbrot;
4. Zugaben tierischen Ursprungs, z. B. Milch-, Butter-, Sauermilch-, Buttermilch-, Joghurt-, Quarkbrot;
5. besondere Teigführung, z. B. Simonsbrot, Loosbrot;
6. besondere Backverfahren, z. B. Holzofen-, Steinofen-, Dampfkammer-, Gerster-, Trockenflachbrot (Knäcke), Pumpernickel;
7. veränderte Nährwerte, z. B. eiweißangereichertes Brot, kohlenhydratvermindertes Brot, brennwertvermindertes Brot.

Außerdem gehören dazu:
Diätetische Brote, welche der Diätverordnung entsprechen, z. B. eiweißarmes Brot, glutenfreies (gliadinfreies) Brot, natriumarmes Brot, Diabetikerbrot.
Vitaminisierte Brote, welche der Verordnung über vitaminisierte Lebensmittel entsprechen.

Die Bezeichnung „Spezialbrot" sollte nur verwendet werden, wenn mindestens eine der vorgenannten Eigenschaften erfüllt ist.

Welche Anforderungen werden an Spezialbrote mit verändertem Nährwert gestellt?

Bei *eiweißangereichertem Brot* beträgt der Eiweißgehalt mindestens 20 % in der Trockenmasse (Stickstoffgehalt mal 5,8).

Kohlenhydratvermindertes Brot weist

mindestens 30 % weniger Kohlenhydrate auf als vergleichbare Brote.

Brennwertvermindertes Brot entspricht nach der Nährwertkennzeichnungs-Verordnung einem Diabetiker-Brot (siehe DiätVO) und darf maximal einen Brennwert von 840 kJ/100 g Brot (200 kcal/100 g Brot) aufweisen.

Was versteht man unter Diabetikerbackwaren, und welche gesetzlichen Bestimmungen sind bei der Herstellung zu beachten?

Die einschlägigen Bestimmungen der Verordnung über diätetische Lebensmittel, letztmals geändert am 24. 6. 1994, erlauben als Diätbrote: kochsalz- und natriumarmes oder streng kochsalz- und natriumarmes, glutenfreies Diabetikerbrot. Diabetikerbrot ist brennwertvermindertes Brot.

Was enthält der Vertrag zwischen der Bundesrepublik Deutschland und der Schweizerischen Eidgenossenschaft über den Schutz von Herkunftsangaben und über geographische Bezeichnungen, der am 7. 3. 1967 (Bundesgesetzblatt II Seite 139) unterzeichnet wurde?

Die Bezeichnungen „Schweizerische Eidgenossenschaft", „Schweiz" und „Eidgenossenschaft" und die Namen der schweizerischen Kantone sind im Gebiet der Bundesrepublik Deutschland ausschließlich schweizerischen Erzeugnissen oder Waren vorbehalten.
Die Bestimmungen sind auch dann anzuwenden, wenn diese Namen oder Bezeichnungen in Übersetzungen oder mit einem Hinweis auf die tatsächliche Herkunft oder mit Zusätzen wie „Art", „Typ", „Fasson", „Nachahmung" oder dgl. benutzt werden. Aus dem Text dieses Vertrags ergibt sich, dass alle Brotbezeichnungen, die in irgendeiner Weise den Begriff „Schweiz" oder „Eidgenossenschaft" oder den Namen eines schweizerischen Kantons tragen, in der Bundesrepublik Deutschland nicht verwendet werden dürfen.

Was bezeichnet man als Aromen?

Aromen sind konzentrierte Zubereitungen von Geruchsstoffen oder Geschmacksstoffen, die dazu bestimmt sind, Lebensmitteln einen besonderen Geruch oder Geschmack zu verleihen (ausgenommen einen nur süßen, salzigen oder sauren Geschmack). Sie können flüssig, pasten-

oder pulverförmig sein. Aromen sind wegen ihres starken Geruchs und Geschmacks weder zum unmittelbaren Genuss bestimmt noch dazu geeignet. Entsprechend der in den Aromen enthaltenen Aromastoff-Arten werden Aromen definiert und gekennzeichnet als Aromen mit natürlichen und/oder naturidentischen und/oder künstlichen Aromastoffen. Es sind ausdrücklich alle im Aroma enthaltenen Aromastoff-Arten aufzuführen.

Aromastoffe sind
a) „natürlich", wenn sie aus natürlichen Ausgangsstoffen ausschließlich durch physikalische oder fermentative Verfahren gewonnen werden,
b) „naturidentisch", wenn sie den natürlichen Aromastoffen chemisch gleich sind, aber durch chemische Synthese hergestellt werden,
c) „künstlich", wenn sie weder den natürlichen noch den naturidentischen Aromastoffen zuzuordnen sind.

Die Kennzeichnung des aromatisierten verpackten Lebensmittels erfolgt nach § 6 Abs. 5 Lebensmittelkennzeichnungs-Verordnung. Grundsätzlich bedarf es einer Deklaration als „Aroma", wobei bei besonderen Hinweisen, beispielsweise „natürliches Aroma", nur die jeweiligen Aromastoffe zum Einsatz kommen, entsprechend a) bis c).

Was bezeichnet man als Handelskauf?

Verkauft der Bäckermeister dem Metzgermeister Brot, Brötchen, Kuchen usw. aus seinem Geschäft, so tut er dies gewerbsmäßig; das wird als Handelskauf bezeichnet.

Ist eine Verkäuferin für das vereinnahmte Geld verantwortlich?

Bei der Abrechnung der Endbeträge der Registrierkasse ist die Verkäuferin dann verantwortlich, wenn im Betrieb eine Einzelkontrolle der Verkaufskräfte durch Kennzeichnung auf dem Bon (Kontrollstreifen) durchgeführt wird.

Wer kann einen Vertrag rechtswirksam abschließen?

Einen Vertrag kann rechtswirksam abschließen, wer geschäftsfähig ist. Kinder bis zum 7. Lebensjahr und Geisteskranke sind geschäftsunfähig.
Eine Ausnahme besteht hier für Verträge von Minderjährigen im Rahmen des so genannten „Taschengeldparagraphen" (§ 110 BGB). Jugendliche zwischen 7 und 18 Jahren sind beschränkt geschäftsfähig. Unbeschränkt geschäftsfähig wird man mit der Vollendung des 18. Lebensjahres.

Wie ist die Rechtslage für jugendliche Verkäuferinnen?

Für jugendliche Verkäuferinnen hat der Gesetzgeber bestimmt, dass sie im Rahmen ihrer Berufsausbildung und Berufsausübung geschäftsfähig sind.

Dürfen Auszubildende im Verkauf zu Hausarbeiten im Meisterhaus herangezogen werden?

Nein, Auszubildenden dürfen nur solche Tätigkeiten übertragen werden, die dem Ausbildungszweck dienen und ihren körperlichen Kräften angemessen sind.

Darf eine ausgelernte Verkäuferin im Haushalt mitarbeiten?

Ja, wenn eine diesbezügliche vertragliche Regelung besteht oder sich die ausgelernte Verkäuferin zur Hilfe im Haushalt verpflichtet hat.

Berufsgenossenschaft (BG)

Was sind die Berufsgenossenschaften (BGen)?

BGen sind fachlich nach Gewerbezweigen gegliederte Körperschaften des öffentlichen Rechts, in denen die Unternehmer der einzelnen Gewerbezweige für den Bereich der Unfallversicherung zusammengeschlossen sind. Die gesetzliche Unfallversicherung ist ein Zweig der deutschen Sozialversicherung (ebenso wie die Krankenversicherung und die Rentenversicherung). Ihre Rechtsgrundlage ist das Sozialgesetzbuch (SGB) VII. Die Organe der gewerblichen Berufsgenossenschaften sind der Vorstand und die Vertreterversammlung, die jeweils zu gleichen Teilen aus Vetretern der Unternehmer und der Arbeitnehmer zusammengesetzt sind, welche für die Dauer von 6 Jahren gewählt werden.

Nennen Sie die Aufgaben der BGen!

Die BGen haben folgende Aufgaben:
- Arbeits- und Wegeunfälle, Berufskrankheiten und arbeitsbedingte Gesundheitsgefahren zu verhüten,
- die Gesundheit und Leistungsfähigkeit nach einem Arbeitsunfall (einer Berufskrankheit) wiederherzustellen und zu entschädigen,

und zwar mit allen geeigneten Mitteln (§ 1 SGB VII).
Da sowohl der Unternehmer als auch die Betriebsangehörigen bei Arbeitsunfällen und Berufskrankheiten der Beschäftigten bzgl. des Personenschadens grundsätzlich von der Schadenersatzpflicht freigestellt sind (§§ 104, 105, 106 SGB VII), sind die Berufsgenossenschaften für die Entschädigung ausschließlich zuständig.

Zu welcher BG gehören Bäckereien und Konditoreien, und welche Berufe sind noch angeschlossen?

Bäckereien und Konditoreien sind Mitglieder der BG Nahrungsmittel und Gaststätten, Dynamostraße 7–11, 68165 Mannheim. Nach deren Satzung gehören u.a. Betriebe zur Herstellung von Nahrungs- und Genussmitteln (außer Fleischer und Zuckerherstellung), von Futtermitteln, von alkoholischen und alkoholfreien Getränken, Mineralbrunnen sowie Betriebe des Gaststätten- und Beherbergungsgewerbes dazu. Außerdem sind ihr die Schausteller zugeteilt worden. Die Zuständigkeit erstreckt sich auf die gesamte Bundesrepublik.

Wie setzt sich der versicherte Personenkreis zusammen?

Beitragspflichtiges Mitglied ist jeder Unternehmer eines Betriebs der angeschlossenen Gewerbezweige. Die Mitgliedschaft beginnt zwangsläufig mit der Eröffnung bzw. Übernahme des Unternehmens (binnen einer Woche ist das Unternehmen anzumelden). Gegen Arbeitsunfälle und Berufskrankheiten versichert ist jede Person, die in einem Arbeits-, Dienst- oder Ausbildungsverhältnis steht. Der versicherte Personenkreis ist im Einzelnen in den §§ 2 bis 6 SGB VII bestimmt. Unternehmer und ihre im Unternehmen tätigen

Ehegatten sind bei der BG Nahrungsmittel und Gaststätten kraft Satzung mit der Pflichtversicherungssumme versichert; eine Zusatzversicherung für diesen Personenkreis ist auf Antrag möglich.

Was ist versichert?

Kurz gesagt, alle Unfälle, die ein Versicherter im Zusammenhang mit seiner beruflichen Tätigkeit erleidet (Arbeitsunfälle). Dazu gehören auch Unfälle auf dem Weg zum oder vom Arbeitsplatz. Der Versicherungsschutz umfasst darüber hinaus eine Reihe beruflich verursachter Erkrankungen, sofern diese als Berufskrankheiten in der Berufskrankheitenverordnung aufgenommen sind.

Was ist bei einem Arbeitsunfall zu tun?

Nach einem Unfall mit Arbeitsunfähigkeit von mehr als 3 Tagen oder Todesfolge hat der Unternehmer eine Unfallanzeige in zweifacher Ausfertigung an die Berufsgenossenschaft Nahrungsmittel und Gaststätten und eine weitere Ausfertigung an das zuständige Gewerbeaufsichtsamt zu übersenden. Tödliche Unfälle und solche Unfälle, bei denen mehr als 3 Personen verletzt werden, sind der Berufsgenossenschaft unverzüglich – auch telefonisch oder per Telefax – zu melden.

Wie wird der Beitrag zur Berufsgenossenschaft ermittelt?

Nach einem Unfall mit Arbeitsunfähigkeit von mehr als 3 Tagen oder Todesfolge hat der Unternehmer eine Unfallanzeige in zweifacher Ausfertigung an die Berufsgenossenschaft Nahrungsmittel und Gaststätten und eine weitere Ausfertigung an das zuständige Gewerbeaufsichtsamt zu übersenden. Tödliche Unfälle und solche Unfälle, bei denen mehr als 3 Personen verletzt werden, sind der Berufsgenossenschaft unverzüglich – auch telefonisch oder per Telefax – zu melden.

Muss der Unternehmer bei der Ermittlung des Beitrages mitwirken?

Da das Gesamtentgelt, d. h. die Summe der gezahlten Löhne und Gehälter, eine der Grundlagen für die Beitragsberechnung ist, ist der Unternehmer gesetzlich verpflichtet, bis zum 11.Februar eines jeden Jahres einen Lohnnachweis für das abgelaufene Kalenderjahr bei der Berufsgenossenschaft einzureichen. Vordrucke werden ihm übersandt.

Über Versicherung der Unternehmer, Beiträge, Lohnnachweis, Gefahrtarif, Unfallverhütung, Umfang der Versicherung, Leistungen, Heilbehandlung, Berufshilfe, Übergangsgeld, Verletztenrente, Leistungen im Todesfall, Jahresarbeitsverdienst und Feststellungsverfahren gibt ein Merkblatt Auskunft, das direkt bei der Berufsgenossenschaft Nahrungsmittel und Gaststätten, Dynamostraße 7–11, 68165 Mannheim, angefordert werden kann.

Infektionsschutzgesetz
(ehemals Bundesseuchengesetz

Welche so genannten „Belehrungsvorschriften" müssen nach dem Infektionsschutzgesetz (IfSG) ab 1. Januar 2001 beachtet werden?

Mit dem neuen Infektionsschutzgesetz wird die bisher bestehende Untersuchungspflicht, wonach bei Erstaufnahme einer Tätigkeit in einem Lebensmittelunternehmen die betreffende Person ein amtliches Untersuchungszeugnis vorzulegen hat, abgeschafft. Diese Untersuchungspflicht besteht im neuen IfSG nicht mehr. Der neue Ansatz im Gesetz präferiert die „Belehrungen" anstelle der Untersuchungen. Personen, die erstmals gewerbsmäßig eine bestimmte Tätigkeit in einem Lebensmittelunternehmen aufnehmen, müssen durch eine „Bescheinigung des Gesundheitsamts" nachweisen, dass sie über die Tätigkeitsverbote sowie die ihnen obliegenden Pflichten durch das Gesundheitsamt oder einen vom Gesundheitsamt beauftragten Arzt belehrt wurden und dass keine gesundheitlichen Hinderungsgründe bestehen.

Ein weiterer neuer Punkt im Infektionsschutzgesetz ist, dass Arbeitgeber diejenigen Personen, die die im IfSG bezeichneten Tätigkeiten mit bestimmten Lebensmitteln ausüben, einmal jährlich eigenverantwortlich und betriebsseitig über die Tätigkeitsverbote und Verpflichtungen zu belehren haben. Die „Teilnahme an der Belehrung" ist zu dokumentieren.

KOMPLEXE PRÜFUNGSAUFGABEN

Die im Folgenden abgedruckten komplexen Prüfungsaufgaben könnten so in der Abschlussprüfung gestellt sein.
Alle Aufgaben sind zu lösen.
Als Hilfsmittel ist der Taschenrechner zugelassen.

1. Vollständige komplexe Prüfung

Berufstheorie I – projektbezogen

Warenwirtschaft und Produktionstechnik von Backwaren und kleinen Gerichten

Herstellung von Schrotbrot (Richtzeit 105 Minuten)

Ein Handwerksbetrieb Ihres Ortes gibt einen Stehempfang. Ihre Bäckerei erhält den Auftrag, für diesen Stehempfang ein Brotbuffet zu erstellen. Sie entscheiden sich unter anderem auch Roggenschrotbrote anzubieten.

W 1 Eigenschaften von Roggenschrotbroten — 3 Punkte

1.1 Nennen Sie drei Gründe für die Auswahl von Roggenschrotbroten in das Brotbuffet.

1.2 Nennen Sie vier typische Merkmale eines Roggenschrotbrotes.

1.3 Unterscheiden Sie nach den Leitsätzen für Brot und Kleingebäck die lebensmittelrechtlichen Anforderungen an Vollkornbrot, Schrotbrot und Vollkornschrotbrot.

W 2 Rezeptur und Arbeitsablauf — 4 Punkte

2.1 Erstellen Sie eine mögliche Rezeptur (Zutaten mit Mengenangaben) für Roggenschrotbrot aus 10 kg Getreidemahlerzeugnissen.

2.2 Planen Sie den Arbeitsablauf, indem Sie ein Fließschema (Arbeitsablaufdiagramm) mit den notwendigen Arbeitsschritten bis zur Herrichtung der Brote für das Buffet erstellen.

W 3 Quellungs- und Säuerungsmaßnahmen **7 Punkte**

Bei der Verarbeitung von Schrot sind Quellungs- und Säuerungsmaßnahmen erforderlich. Sie entscheiden sich für ein Brühstück und für eine Salzsauerführung.

3.1 Für das Roggenschrotbrot verwenden Sie groben, mittleren und feinen Schrot. Begründen Sie, welchen Schrot Sie für das Brühstück, für den Salzsauer (Stehzeit 24 Stunden) und direkt für den Schrotteig verwenden.

3.2 Erläutern Sie die Herstellung eines Brühstückes anhand der Trennungstemperatur, der Stehzeit und der Teigausbeute.

3.3 Für das Brühstück verwenden Sie außerdem Brot („Restbrot"). Nennen Sie drei lebensmittelrechtliche Anforderungen, die bei Verwendung von Brot für die Roggenschrotbrot-Herstellung zu beachten sind.

3.4 Erklären Sie die Vorgänge im Schrot während der Führung des Brühstückes.

3.5 Das Roggenschrotbrot wird außerdem mit Salzsauerteig hergestellt. Begründen Sie die Notwendigkeit einer Sauerteigführung bei der Herstellung von Roggenschrotbrot.

3.6 Erklären Sie die Vorgänge im Sauerteig während der Versäuerung des Schrotes.

W 4 Backen der Schrotteige **2 Punkte**

4.1 Schrotteige werden überwiegend in offenen oder geschlossenen Kästen gebacken. Nennen Sie hierzu drei Vorteile im Vergleich zu freigeschobenen Schrotteigen.

4.2 Für das Backen der Schrotteige verwenden Sie in Ihrem Betrieb offene Kästen. Ihre Brote sollen ein Gewicht von 1 kg haben. Stellen Sie in einer Übersicht die Einstellungen zur Ofensteuerung (Backzeit, Anbacktemperatur, Ausbacktemperatur, Beschwadung, Zugöffnung) dar.

W 5 Vermeidung von Brotfehlern **1 Punkt**

5.1 Vor zwei Wochen hatten Ihre Roggenschrotbrote Krumenrisse und krümelten beim Schneiden. Dies wollen Sie bei der Lieferung für das Brotbuffet unbedingt vermeiden. Geben Sie zwei mögliche Gründe für diesen typischen Schrotbrotfehler an und nennen Sie zwei Gegenmaßnahmen.

W 6 Herrichten der Roggenschrotbrote für das Buffet **4 Punkte**

Für das Buffet sollen die Brote unterschiedlich belegt und ansprechend hergerichtet (ausgarniert) werden.

6.1 Zunächst müssen Sie verschiedene Zutaten für das Belegen und Ausgarnieren der Schrotbrote einkaufen. Wählen Sie dafür fünf geeignete Zutaten aus.

6.2 Beschreiben Sie drei Möglichkeiten, die Brote mundgerecht und attraktiv für das Buffet herzurichten. Ihre Vorschläge können Sie zusätzlich durch Skizzen veranschaulichen.

6.3 Für das Belegen, Herrichten und Transportieren der zubereiteten Brote sind Hygienemaßnahmen einzuhalten. Zählen Sie hierzu fünf Maßnahmen auf und begründen Sie diese.

Betriebswirtschaftliches Handeln (Richtzeit 45 Minuten)

B 1 Herstellung der Roggenschrotbrote – Berechnung der Zutaten **2 Punkte**

Für die Herstellung der Roggenschrotbrote verwenden Sie die Rezeptur aus der nachfolgenden Tabelle. Übertragen Sie die Tabelle auf Ihr Lösungsblatt. Berechnen Sie die entsprechenden Zutatenmengen und tragen Sie das Ergebnis ein.

Zutaten:	**Gewicht:**
Roggenbackschrot Type 1800	7,500 kg
2 % Salz	kg
2 % Backhefe	kg
2 % Rübensirup	kg
5 % Brot (Restbrot)	kg
Zuguss (TA 180)	kg
Rezepturgewicht:	**kg**

B 2 Herstellung des Salzsauerteiges 3 Punkte

Sie versäuern von den 7,5 kg Roggenbackschrot 40 % über eine Salzsauerführung mit folgenden Führungsdaten: Teigausbeute 200, Anstellgutmenge 20 %, Salz 2 %, Teigtemperatur 35 °C, Reifezeit 24 Stunden.

Rezeptur für den Salzsauerteig:	**Gewicht:**
Roggenbackschrot Type 1800 – grob	kg
2 % Salz	kg
20 % Anstellgut	kg
Zuguss (TA 200)	kg
Rezepturgewicht (ohne Anstellgut):	**kg**

2.1 Berechnen Sie die Schrot-, Zuguss-, Anstellgut- und Salzmenge für den Salzsauerteig und geben Sie das Rezepturgewicht des Salzsauerteiges an. Übertragen Sie die Tabelle auf Ihr Lösungsblatt und tragen Sie die Ergebnisse ein. Beachten Sie, dass für das Rezepturgewicht die Anstellgutmenge nicht berücksichtigt wird.

2.2 Berechnen Sie die erforderliche Zugusstemperatur bei einer Temperatur des Schrotes von 20 °C. Die Anstellguttemperatur braucht nicht berücksichtigt zu werden.

B 3 Herstellung des Brühstücks 3 Punkte

3.1 Aus 0,375 kg Brot (Restbrot) und 15 % des Roggenbackschrotes (Gesamtbackschrot 7,500 kg) stellen Sie ein Brühstück mit einer Teigausbeute von 300 her. Berechnen Sie die Schrot- und Zugussmenge für das Brühstück und geben Sie das Rezepturgewicht für das Brühstück an.

3.2 Der Schrot hat eine Temperatur von 20 °C. Für das Brühstück wird das Wasser auf 80 °C erhitzt. Berechnen Sie die Teigtemperatur des Brühstückes. Aufgrund der hohen Teigausbeute von 300 ist die Zugusstemperatur bei der Berechnung doppelt zu gewichten.

B 4 Herstellung des Roggenschrotteiges **1 Punkt**

Übertragen Sie die Tabelle auf Ihr Lösungsblatt. Tragen Sie die Ergebnisse aus den bisherigen Aufgaben ein und berechnen Sie die fehlenden Werte. Beachten Sie, dass ein Teil des Roggenschrotes, des Zugusses und des Salzes und das gesamte Restbrot bereits im Salzsauerteig bzw. im Brühstück verarbeitet wurden.

Rezeptur für den Roggenschrotteig:	**Gewicht:**
Salzsauerteig	kg
Brühstück	kg
Roggenbackschrot Type 1800 – fein	kg
Salz	kg
Backhefe	kg
Rübensirup	kg
Zuguss	kg
Rezepturgewicht	**kg**

Lösung zum Thema Warenwirtschaft und Produktionstechnik von Backwaren und kleinen Gerichten

W 1 Eigenschaften von Roggenschrotbroten

1.1
- Für die Ernährung besonders wertvoll (Ballaststoffe, Vitamine, Mineralstoffe)
- Harmoniert geschmacklich gut mit pikanten Belägen (z. B. Schinken, Käse)
- Gute Variation zu hellen Weizenbroten und Weizenkleingebäcken
- Gute Frischhaltung und somit auch vorher gut vorzubereiten

1.2
- Dünne Kruste
- Lange Frischhaltung
- Gut sichtbare, verquollene Kräuter
- Säuerlich, z. T. süßlich aromatischer Geschmack
- Dunkle Krumenfarbe

1.3
- Vollkornbrot enthält mind. 90 % Roggen- oder Weizenvollkornmahlerzeugnisse (Vollkornmehl oder Vollkornschrot), bezogen auf die Getreidemahlerzeugnisse. Mindestens 2/3 der Säure stammt aus Sauerteig.
- Schrotbrot enthält mindestens 90 % Schrotanteil, bezogen auf die Getreidemahlerzeugnisse.
- Vollkornschrotbrot enthält mindestens 90 % Vollkornschrot, bezogen auf die Getreidemahlerzeugnisse. Mind. 2/3 der Säure stammt aus Sauerteig.

W 2 Rezeptur und Arbeitsablauf

2.1

Zutaten	Menge
Roggenbackschrot	10,000 kg
Wasser	8,000 kg
Hefe	0,200 kg
Salz	0,200 kg
Sauerteig (aus einem Teil des Schrotes und Wasser)	

2.2

Sauerteig ansetzen
▼
Brühstück oder Quellstück ansetzen
▼
Teigherstellung: Sauerteig, Brühstück, restliche Zutaten
▼
Knetprozess
▼
Teig abwiegen
▼
Aufarbeiten
▼
Stückgare
▼
Backen
▼
Auskühlen und lagern (ca.1 Tag)
▼
Schneiden
▼
Herrichten für das Buffet

W 3 Quellungs- und Säuerungsmaßnahmen

3.1
- Grober Schrot für den Salzsauer, da dieser mit einer Stehzeit von 24 Stunden ein gute Verquellung des groben Schrotes ermöglicht.
- Mittlerer Schrot für das Brühstück. Die kürzeren Quellzeiten mit heißem Wasser gewährleisten für mittleren Schrot eine ausreichende Verquellung.
- Feiner Schrot direkt für den Teig, da der feine Schrot die kürzesten Quellzeiten erfordert.
- Alternativ ist auch die Verwendung von mittlerem Schrot für den Salzsauer und von grobem Schrot für das Brühstück möglich.

3.2
- Bei einem Brühstück wird der Schrot mit heißem Wasser (70 bis 100 °C) angesetzt.
- Die Teigausbeute ist mit 200 bis 300 sehr hoch.
- Die Quellzeiten sind aufgrund des heißen Wassers mit ca. 2 bis 4 Stunden relativ kurz.

3.3 – Für Roggenschrotbrote darf der Brotzusatz maximal 20 %, berechnet als Frischbrot, betragen.
– Das Brot muss verkaufsfähig und hygienisch einwandfrei sein.
– Es muss aus demselben Produktionsbetrieb stammen.
– Brot darf im Enderzeugnis mit bloßem Auge nicht sichtbar sein.

3.4 – Durch das heiße Wasser verkleistert ein Teil der Stärke.
– Die Enzyme werden zwar teilweise, jedoch nicht vollständig deaktiviert. Ein Teil der verkleisterten Stärke wird daher enzymatisch zu Dextrinen abgebaut.
– Schalenbestandteile verquellen intensiv mit dem heißen Wasser.

3.5 – Milch- und Essigsäure des Sauerteiges hemmen die Enzymaktivität des Roggenschrotes, um Brotfehler zu vermeiden.
– Sauerteig verbessert den Geschmack des Schrotbrotes.
– Da Schrotbrot häufig als Schnittbrot angeboten wird, ist es sehr schimmelanfällig. Die Säure des Sauerteiges verzögert die Schimmelbildung.

3.6 – Durch die Amylasen des Schrotes entstehen aus Stärke und Dextrinen vergärbare Zuckerstoffe (Malzzucker). Milchsäurebakterien vergären den Zucker zu Milch- und Essigsäure (z .T. auch Alkohol und Kohlendioxid). Sauerteighefen bilden Alkohol und Kohlendioxid.
– Während der langen Stehzeit verquellen die Schalenbestandteile des Schrotes. Das Wasser dringt auch in das Korninnere ein. Die harten Schrotkörner werden weich.

W 4 Backen der Schrotteige

4.1 – Das Backen in Kästen verhindert ein Breitlaufen der überwiegend sehr weichen Schrotteige.
– Im Vergleich zu freigeschobenen Broten ist eine höhere Teigausbeute möglich. Dadurch verbessert sich die Frischhaltung der Gebäcke.
– Insbesondere bei längeren Backzeiten wird durch Kästen eine zu starke Krustenbildung verhindert.
– Die Gebäckausbeute ist höher (höhere TA und geringere Krustenbildung).

4.2

Backzeit	80–90 Minuten
Anbacktemperatur	bis 220 °C
Ausbacktemperatur	bis 200 °C
Dampf	ja
Zug	geschlossen

W 5 Vermeidung von Brotfehlern

5.1 – Gründe: unzureichende Verquellung der Körner; enzymschwache Schrote; zu kurze Knetzeit.
– Gegenmaßnahmen: Quellzeiten verlängern; Quell- bzw. Brühstückanteil erhöhen; Brot (Restbrot) zur Erhöhung der Wasseraufnahme (TA) zusetzen; Brühstück statt Quellstück einsetzen.

W 6 Herrichten der Roggenschrotbrote für das Buffet

6.1 – Schinken (Rohschinken), Hartkäse (z. B. Gouda, Emmentaler, Edamer), Weichkäse (z. B. Camembert), Frischkäsezubereitungen (z. B. mit Paprika), Beeren, Trauben, grüne und schwarze Oliven.

6.2 – Brotscheiben rund ausstechen und mit Frischkäse ausgarnieren.
– Dünne Brotscheiben abwechselnd mit Hartkäsescheiben schichten und mundgerecht eckig schneiden und aufspießen (ggf. mit aufliegender Weintraube oder Olive abschließen).
– Brotscheiben mundgerecht schneiden und mit Weichkäse belegen. Zur geschmacklichen Abrundung und zum Dekor einen Tupfer Preiselbeerkonfitüre, Weintraube oder Olive auf den Weichkäse geben.

6.3 – Vor dem Herrichten alle Zutaten auf Frische bzw. auf Mindesthaltbarkeit prüfen, da Zutaten verdorben sein könnten.
– Vor dem Herrichten Hände gründlich waschen und Einweghandschuhe anlegen, da z. T. mit leicht verderblichen Rohstoffen (z. B. Frischkäse) gearbeitet wird.
– Nach dem Herrichten der Platten diese sofort bei max. 7 °C kühl stellen und auch beim Transport Kühlkette einhalten, insbesondere wenn leicht verderbliche Rohstoffe wie Frischkäse oder Mayonnaise verwendet werden, da sich bei Wärme die Mikroorganismen schneller vermehren.
– Während des Transports die vorbereiteten Platten abdecken, um Kontaminationen zu vermeiden.
– Das Buffet erst kurzfristig vor Eröffnung des Empfangs fertig stellen, mit Schutzfolie abdecken, um Kontaminationen und lange Standzeiten bei höherer Temperatur zu vermeiden.

Lösung zum Thema Betriebswirtschaftliches Handeln

B 1 Herstellung der Roggenschrotbrote – Berechnung der Zutaten

2 % Salz, Backhefe, Rübensirup:
100 % = 7,500 kg
2 % = 7,500 kg x 2 : 100 = **0,150 kg**

5 % Restbrot:
100 % = 7,500 kg
5 % = 7,500 kg x 5 : 100 = **0,375 kg**

Zuguss (TA 180):
100 % = 7,500 kg
80 % = 7,500 kg x 80 : 100 = **6,000 kg**

Ergebnisse in der Tabelle:

Zutaten:	**Gewicht:**
Roggenbackschrot Type 1800	7,500 kg
2 % Salz	0,150 kg
2 % Backhefe	0,150 kg
2 % Rübensirup	0,150 kg
5 % Brot (Restbrot)	0,375 kg
Zuguss (TA 180)	6,000 kg
Rezepturgewicht:	**14,325 kg**

B 2 Herstellung des Salzsauerteiges

2.1 40 % Roggenbackschrot:
100 % = 7,500 kg
40 % von 7,500 kg = **3,000 kg**

Zuguss (TA 200):
TA 200 entspricht 100 Teile Schrot und 100 Teile Zuguss (Verhältnis 1 : 1).
Zuguss = **3,000 kg**

2 % Salz:
100 % = 3,000 kg
2 % = 3,000 kg x 2 : 100 = **0,060 kg**

20 % Anstellgut:
100 % = 3,000 kg
1 % = 3,000 : 100 20 % = 3,000 x 20 : 100 = **0,600 kg**

Rezepturgewicht:

Roggenschrot	3,000 kg
+ Zuguss	3,000 kg
+ Salz	0,060 kg
= Rezepturgewicht	**6,060 kg**

Zutaten für den Salzsauerteig:	**Gewicht:**
Roggenbackschrot Type 1800 – grob	3,000 kg
2 % Salz	0,060 kg
20 % Anstellgut	**0,600 kg**
Zuguss (TA 200)	**3,000 kg**
Rezepturgewicht (ohne Anstellgut):	**6,060 kg**

2.2 ZGT = (TT x 2) - MT = (35 °C x 2) - 20 °C = **50 °C**

B 3 Herstellung des Brühstücks

3.1 15 % Roggenbackschrot:
100 % = 7,500 kg
15 % = 7,500 kg x 15 : 100 = **1,125 kg**

Zuguss (TA 300):
100 % = 1,125 kg
200 % = 1,125 kg x 200 : 100 = **2,250 kg**

Rezepturgewicht:

Roggenschrot	1,125 kg
+ Zuguss	2,250 kg
+ Restbrot	0,375 kg
= Rezepturgewicht	**3,750 kg**

Rezeptur für das Brühstück:	Gewicht:
Roggenbackschrot Type 1800 – mittel	1,125 kg
Restbrot	0,375 kg
Zuguss	**2,250 kg**
Rezepturgewicht (ohne Anstellgut):	**3,750 kg**

3.2 Berechnung der Brühstückstemperatur (Durchschnittstemperatur):
(20 °C + 80 °C + 80 °C) : 3 = **60 °C**

B 4 Herstellung des Roggenschrotteiges

Rezeptur für den Roggenschrotteig:	Gewicht:
Salzsauerteig	6,060 kg
Brühstück	3,750 kg
Roggenbackschrot Type 1800 – fein	3,375 kg
Salz	0,090 kg
Backhefe	0,150 kg
Rübensirup	0,150 kg
Zuguss	0,750 kg
Rezepturgewicht	**14,325 kg**

Gesamtschrot	7,500 kg
- Schrot im Sauerteig	3,000 kg
- Schrot im Brühstück	1,125 kg
= Schrot zum Hauptteig	**3,375 kg**

Gesamtwasser	6,000 kg
- Wasser im Sauerteig	3,000 kg
- Wasser im Brühstück	2,250 kg
= Zuguss zum Hauptteig	**0,750 kg**

Berufstheorie II projektfrei

Betriebswirtschaftliches Handeln (Bearbeitungszeit 60 Min.)

4 von 5 Aufgaben müssen gelöst werden. Aufgabe B5 ist Pflichtaufgabe

B 1 Arbeits- und Produktionsplanung **3 Punkte**

Bäckermeister Sommer backt freitags drei Ofenfüllungen Zöpfe hintereinander. Da der Backofen ab 10:00 Uhr mit anderen Backwaren belegt ist, müssen die Zöpfe bis zu diesem Zeitpunkt gebacken sein.
Berechnen Sie die Uhrzeit für die 1. Ofenbeschickung, wenn für das Beschicken, Backen und Ausbacken einer Ofenfüllung 38 Minuten benötigt werden.

B 2 Rationalisierungsmaßnahmen **3 Punkte**

Die Großbäckerei Selig plant ihre Produktion neu. Bisher standen acht Backöfen mit jeweils gleicher Backfläche für ihre Brote zur Verfügung. Bei 14-stündiger Produktionszeit wurden damit 8400 Brote hergestellt. Die Zahl der Öfen erhöht Selig nun auf 15 und die tägliche Produktionszeit verkürzt er auf zehn Stunden. Die neuen Öfen haben die gleiche Backfläche wie die bisherigen. Berechnen Sie, wie viel Brote jetzt täglich produziert werden können.

B 3 Rezepturberechnung **3 Punkte**

Berechnen Sie die Rezeptur für einen Mürbeteig aus 3,900 kg Butter anhand der folgenden Grundrezeptur:

1000 g Weizenmehl
650 g Butter
350 g Zucker
2 Eigelbe

B 4 Gebäckausbeute/Teigausbeute **3 Punkte**

Sie wollen 90 Brote mit je 750 g Gebäckgewicht herstellen. Die Gebäckausbeute beträgt 140. Die Teigausbeute beträgt 165. Berechnen Sie die Mehl- und Zugussmenge.

B 5 Kalkulation (Pflichtaufgabe) **3 Punkte**

Bäcker- und Konditormeister Becker kalkuliert seine Spritzringe. Die Materialkosten für 200 Spritzringe betragen einschließlich der Kosten für die Glasur 26,40 €. Die Arbeitszeit beträgt insgesamt 156 Minuten, der Stundenkostensatz liegt bei 45,00 €. Berechnen Sie den Ladenpreis für einen Spritzring, wenn für Gewinn 18 % und für Risiko 10 % zu berücksichtigen sind (MwSt. 7 %).

Lösung

B 1 Arbeits- und Produktionsplanung 3

Backzeit/Ofenfüllung x Ofenfüllungen = Gesamtbackzeit
38 x 3 = 114 Min. = 1:54 Std.

Berechnung der Zeit der ersten Ofenbeschickung:
Ende der Backzeit - Gesamtbackzeit = 1. Ofenbeschickung
10:00 Uhr - 1:54 h = **8:06 Uhr**

B 2 Rationalisierungsmaßnahmen

8 Öfen x 14 Stunden = 8400 Brote

1 Ofen x 1 Stunde = $\frac{8400}{8 \times 14}$

15 Öfen x 10 Stunden = 8400 x 15 x 10 = **11250 Brote**

B 3 Rezepturberechnung

Schlüsselzahl (SZ) = 3900 g Butter : 650 g Butter = **6**

Grundrezeptur:		x SZ	= Arbeitsrezeptur:
Weizenmehl	**1000 g**		**6000 g**
Butter	650 g	6	3900 g
Zucker	350 g		2100 g
Eigelbe	2 St.		12 St.

B 4 Gebäckausbeute/Teigausbeute

90 x 0,750 kg ≙ 67,500 kg Gebäck

140,000 kg Gebäck ≙ 100,000 kg Mehl
67,500 kg Gebäck ≙ **48,214 kg Mehl**

100,000 kg Mehl ≙ 65,000 kg Zuguss
48,214 kg Mehl ≙ **31,339 kg Zuguss**

B 5 Kalkulation (Pflichtaufgabe)

I. Berechnung der Betriebskosten (BK):
Arbeitszeit in Stunden = 156 Minuten : 60 Minuten = 2,6 Stunden

BK = Stundenkostensatz x Stunden

= 45,00 € x 2,6 = 117,00 €

II. Kalkulation für 200 Spritzringe:

Materialkosten	26,40 €
+ Betriebskosten	117,00 €
= Selbstkosten	143,40 €
+ Risiko + Gewinn (28 %)	40,15 €
= Netto-Verkaufspreis	183,55 €
+ MwSt. (7 %)	12,85 €
= Brutto-Verkaufspreis	**196,40 €**

Nebenrechnung Risiko + Gewinn:
100 % = 143,40 €
28 % = 143,40 x 28 : 100 = **40,15 €**

Nebenrechnung 7 % MwSt.:
100 % = 183,55 €
7 % = 183,55 x 7 : 100 = **12,85 €**

III. Ladenpreis für einen Spritzring:
196,40 € : 200 Stück = **0,98 €**

2. Vollständige komplexe Prüfung

Berufstheorie I – projektbezogen

Warenwirtschaft und Produktionstechnik von Backwaren und kleinen Gerichten

Herstellen von Feinen Backwaren aus Massen (Richtzeit 105 Minuten)

Ihr Chef, Bäckermeister Max Mustermann, beklagt einen Umsatzrückgang bei den Feinen Backwaren.
Deshalb soll der Absatz von Feinen Backwaren durch Neuentwicklung von Produkten aus Massen gefördert werden.

W 1 Einteilen von Massen und Unterscheidung von Teigen **2 Punkte**

1.1 Die Herstellung von Massen werden unter dem Aspekt der Herstellungstechniken: schlagen, rühren, abrösten eingeteilt. Nennen Sie zu jeder Herstellungstechnik zwei Gebäcke.

1.2 Massen und Teige unterscheiden sich grundlegend. Zählen Sie vier wesentliche Unterschiede auf.

W 2 Herstellen von Brandmasse **3 Punkte**

2.1 Da in Ihrem Betrieb keine Backwaren aus Brandmasse angeboten werden, schlagen Sie vier verschiedene Gebäcke vor, die aus Brandmasse hergestellt werden.

2.2 Erstellen Sie ein Fließschema zur Herstellung von Windbeuteln nach traditioneller Art (kein Halbfabrikat). Die einzelnen Schritte der Brandmassenherstellung sind aufzuführen.

W 3 Hygienische Herstellung von Füllungen **4 Punkte**

3.1 Sie schlagen vor, die Windbeutel mit einer Mischung 1/3 geschlagener Sahne, 2/3 Vanillekrem zu füllen, wobei die geschlagene Sahne vorsichtig unter die ausgekühlte Vanillekrem untergezogen wird. Beschreiben Sie die Herstellung einer gekochten Vanillekrem.

3.2 Um die Vanillekrem aufzuwerten, geben Sie Frischei dazu. Deshalb ist die Einhaltung der hygienischen Vorschriften höchstes Gebot. Nennen und begründen Sie vier vorgeschriebene Hygienemaßnahmen, die Sie bei der Verarbeitung von Frischeiern unbedingt beachten müssen.

3.3 Beschreiben Sie vier Möglichkeiten, wie man die Frische der Eier überprüfen kann.

W 4 Werben und Verkaufen **2 Punkte**

4.1 Ihre Verkäuferin fragt nach Verkaufsargumenten für die Windbeutel. Nennen Sie ihr vier aussagekräftige Argumente.

4.2 Zählen Sie vier Möglichkeiten auf, wie für das neue Gebäck geworben werden kann.

W 5 Massen fachgerecht aufschlagen **3 Punkte**

5.1 Sie stellen Anisplätzchen her. Erklären Sie die Einkesselmethode (warm/kalt) zur Herstellung dieser Masse.

5.2 Beschreiben Sie die Zweikesselmethode an einem selbst gewählten Beispiel.

5.3 Was versteht man unter dem All-in-Verfahren?

W 6 Gewürze in der Feinbäckerei **3 Punkte**

6.1 Nennen Sie fünf Gewürze aus der Feinbäckerei und jeweils ein damit hergestelltes Produkt.

6.2 Gewürze behalten nur unter bestimmten Bedingungen ihre Würzkraft. Nennen Sie drei Lagerbedingungen und begründen Sie diese.

6.3 Gewürzmischungen sind weit verbreitet. Zählen Sie zwei Vor- und Nachteile für deren Einsatz auf.

W 7 Kennzeichnen von Fertigpackungen **4 Punkte**

Ihre Anisplätzchen werden als 200 g Päckchen im Selbstbedienungsregal zu einem Preis von 4,40 € angeboten. Somit unterliegen sie der Lebensmittelkennzeichnungsverordnung.

Welche Angaben müssen auf dem Etikett stehen?
Erstellen Sie ein Etikett mit allen nötigen Angaben.
Beachten Sie dabei die Projektbeschreibung.

Betriebswirtschaftliches Handeln (Richtzeit 45 Minuten)

B 1 Berechnen der gewünschten Rezeptur — 2 Punkte

Sie stellen Windbeutel nach folgender Grundrezeptur her:

1,000 kg Weizenmehl 550
1,000 kg Vollmilch
1,000 kg Wasser
1,350 kg Vollei
0,580 kg Fett
0,050 kg Zucker
0,020 kg Salz

Errechnen Sie die Zutatenmengen für 3000 g Brandmasse.

B 2 Berechnen des Backverlustes — 2 Punkte

Durch den Backprozess gehen 28 % des Massengewichtes verloren. Wie viel Windbeutel (ohne Füllung) erhalten Sie aus 3 kg Brandmasse, wenn jeder Windbeutel 60 g Gebäckgewicht haben soll?

B 3 Kalkulation der Windbeutel — 4 Punkte

Zur Kalkulation von 40 Windbeuteln benötigen Sie folgende Angaben:

Materialkosten	15,70 €
Arbeitszeit	55 Minuten
Stundenkostensatz	12,00 €
Risiko und Gewinn	20 %
Mehrwertsteuer	7 %

Errechnen Sie den Bruttoverkaufspreis pro Windbeutel.

B 4 Betriebswirtschaftliche Überlegungen — 1 Punkt

Ihnen erscheint der Bruttoverkaufspreis für die Windbeutel zu hoch. Nennen Sie drei unternehmerische Maßnahmen, um den Preis zu senken.

Lösung zum Thema Warenwirtschaft und Produktionstechnik von Backwaren und kleinen Gerichte

W 1 Einteilung von Massen

1.1 Geschlagen werden zum Beispiel Baiser, Biskuit
Gerührt werden zum Beispiel Sandkuchen, Amerikaner
Abgeröstet werden zum Beispiel Windbeutel, Florentiner

1.2

	Teige	Massen
Hauptrohstoffe	Mehl/Wasser	Eier, Fett, Zucker
Herstellungstechnik	kneten	schlagen, rühren, abrösten
Beschaffenheit	elastisch, plastisch, formbar	weich, fließfähig
Lockerung	biologisch	physikalisch/chemisch

W 2 Herstellung von Brandmassen

2.1 Windbeutel, Eclairs, Spritzkuchen, Sahnekirschringe.

2.2

Wasser (Milch), Fett + Salz aufkochen
▼
Mehl auf einmal unterheben und abrösten
▼
auskühlen lassen ca. 40° C
▼
Eier unterrühren + Aroma
▼
mit Spritzbeutel und Sterntülle 13 mm auf Bleche spritzen
▼
bei etwa 210° C etwa 20–25 Minuten backen,
anfangs mit Dampf, dann Zug ziehen

W 3 Hygienische Herstellung von Füllungen

3.1.

Milch mit Zucker und Vanilleschote aufkochen
▼
angerührtes Krempulver (und Eigelb) in kochende Milch einrühren und kurz aufkochen lassen
▼
auskühlen lassen

3.2 – Eiaufschlagplatz benutzen, der desinfiziert werden kann.
– Eischalen sofort entsorgen.
– Arbeitsplatz und Geräte sofort reinigen und desinfizieren.
– Hände waschen und desinfizieren.

Begründung: Salmonellengefahr

3.3 Für frische Eier gilt:
– Schwimmprobe: Liegt unten
– Geruchsprobe : Riecht frisch
– Aufschlagprobe: Eigelbwölbung
– Schüttelprobe: Ohne Geräusch

W 4 Werben und verkaufen

4.1 – Unsere Windbeutel werden täglich frisch hergestellt.
– Unsere Windbeutel haben eine leckere Füllung.
– Unsere Windbeutel werden noch handwerklich hergestellt.
– Unsere Windbeutel sind luftig und locker.

4.2 – Flyer verteilen
– Anzeige in der Lokalzeitung schalten
– Kostproben incl. Produktinformation im Laden
– Plakataufsteller vor dem Laden
– Eigene Homepage

W 5 Massen fachgerecht aufschlagen

5.1

Vollei und Zucker werden warm aufgeschlagen bis ca. 40° C
▼
Kalt weiterschlagen bis ca. 25° C
▼
Mehl/Weizenpuder und Anis in die Masse melieren

5.2 – Kessel: Eigelb mit 1/3 Zucker schaumig schlagen.
– Kessel: Eiklar mit 2/3 des Zuckers aufschlagen.
– Eischnee in aufgeschlagenes Eigelb melieren.
– Mehl/Weizenpuder in die Masse melieren.

5.3 Alle Zutaten werden auf einmal aufgeschlagen.

W 6 Gewürze in der Feinbäckerei

6.1
– Zimt	Zimtsterne
– Anis	Anisplätzchen
– Vanille	Vanillekipferl
– Nelken	Stollen/Früchtebrot
– Kardamom	Stollen/Lebkuchen
– Macis	Lebkuchen/Stollen
– Muskatnuss	Brandmasse

6.2
– trocken	sonst z. B. Schimmelbefall
– verpackt	Aroma bleibt erhalten
– lichtgeschützt	Aroma bleibt erhalten

6.3

	Vorteile	**Nachteile**
Gewürzmischung	zeitsparend	Fachkenntnisse gehen verloren
	einfach zu dosieren	einheitl. Geschmack
	empfohlene Zugabemenge	höherer Preis

W 7 Kennzeichnen von Fertigpackungen

- Verkehrsbezeichnung: Anisplätzchen
- Name & Anschrift: Jürgen Bock, 74074 Weindorf, Trollingerweg 3
- Verzeichnis der Zutaten: Weizenmehl, Stärke, Zucker, Eier, Anis
- MHD: z. B. mindestens haltbar bis ...
- Mengenangabe: 200 g
- Preis: 4,40 €
- Grundpreisangabe pro 100 g oder kg

Lösung zum Thema Betriebswirtschaftliches Handeln

B 1 Berechnen der gewünschten Rezeptur

Grundrezeptur:	x SZ	= Arbeitsrezeptur:
1,000 kg WM		**0,600 kg**
1,000 kg Vollmilch		**0,600 kg**
1,000 kg Wasser		**0,600 kg**
1,350 kg Vollei	0,6	**0,810 kg**
0,580 kg Fett		**0,348 kg**
0,050 kg Zucker		**0,030 kg**
0,020 kg Salz		**0,012 kg**
5,000 kg		**3,000 kg**

Schlüsselzahl = 3,000 kg/5,000 kg = 0,6

B 2 Berechnen des Backverlustes

100 % Massengewicht
- 28 % Backverlust

= 72 % Gebäckgewicht

100 % = 3,000 kg
72 % = 2,160 kg/0,060 kg = **36 Stück**

B 3 Kalkulation der Windbeutel

Materialkosten	15,70 €
+ Betriebskosten	38,50 €
= Selbstkosten	54,20 €
+ Risiko + Gewinn (20 %)	10,84 €
= Netto-Verkaufspreis	65,04 €
+ Mwst. (7 %)	4,55 €
= Brutto-Verkaufspreis	**69,59 €**

Nebenrechnung Betriebskosten:
60 Min = 42,00 €
55 Min = **38,50 €**

Nebenrechnung R/G:
100 % = 54,20 €
20 % = **10,84 €**

Nebenrechnung 7 % MwSt.:
100 % = 65,04 €
7 % = **4,55 €**

Nebenrechnung Brutto-Verkaufspreis pro Windbeutel:
69,59 € : 40 = **1,74 €**

B 4 Betriebswirtschaftliche Überlegung

- Arbeitsabläufe vernünftig planen
- Rabatte durch Einkauf größerer Mengen
- Einsatz maschineller Möglichkeiten

Berufstheorie II projektfrei

Betriebswirtschaftliches Handeln (Bearbeitungszeit 60 Min.)

4 von 5 Aufgaben müssen gelöst werden. Aufgabe B5 ist Pflichtaufgabe

B 1 Arbeitssicherheit und Unfallverhütung — 3 Punkte

Betriebsunfälle erzeugen für die Berufsgenossenschaft hohe Kosten. In Ihrem Betrieb sind im letzten Jahr folgende Kosten entstanden:
Drei ärztliche Behandlungen mit je 42,80 €/Schnittverletzungen
Drei ärztliche Behandlungen mit je 64,20 €/Schnittverletzungen
Vier ärztliche Behandlungen mit je 54,80 €/Quetschungen
Zwei ärztliche Behandlungen mit je 48,20 €/Quetschungen

Wie hoch sind die Kosten für die Berufsgenossenschaft, die Ihrem Betrieb entstanden sind?

1.2 Durch vorsichtiges Arbeiten und Berücksichtigung der einzuhaltenden Unfallverhütungsvorschriften konnten im laufenden Jahr die Kosten um 21 % reduziert werden. Berechnen Sie die Einsparungen.

B 2 Vermehrung von Mikroorganismen — 3 Punkte

Eierschalen sind oft hohe Salmonellenträger. Würden Sie den Eiaufschlagplatz nicht regelmäßig desinfizieren, würde sich innerhalb von 20 Minuten die Salomonellenzahl verdoppeln. Wie hoch wäre die Salmonellenzahl um 15:00 Uhr, wenn um 13:00 Uhr eine Anfangskeimzahl von 150 000 Salmonellen bestehen würde?

B 3 Traditionelle Herstellung von Hefezöpfen mit Vorteig — 3 Punkte

3.1 Sie haben die Aufgabe, den Teig für 15 Hefezöpfen mit je 560 g, 15 Hefezöpfe mit je 860 g und 6 Hefekränze mit je 2,250 kg Teigeinlage nach folgender Grundrezeptur herzustellen:

1000 g Weizenmehl 550	80 g Backmargarine
430 g Milch	60 g Hefe
100 g Zucker	10 g Salz, Aroma
100 g Vollei	

Berechnen Sie die benötigte Rezeptur.

3.2 Für den Vorteig verwenden Sie 1/3 des Mehles mit einer TA von 180 und der halben Hefemenge.
Berechnen Sie die Zutaten für den Vorteig.
Nach einer halben Stunde Stehzeit wird der Teig weitergeführt.
Berechnen Sie die restlichen Zutaten.

B 4 Herstellen von Brezellauge **3 Punkte**

Sie sollen 12 kg einer 3 %-igen Brezellauge herstellen. Berechnen Sie, wie viel Wasser bzw. wie viel 36 %ige Natronlauge Sie dafür benötigen.

B 5 Berechnen der Herstellungszeit (Pflichtaufgabe) **3 Punkte**

Für ein 200 g Päckchen Anisplätzchen wird ein Bruttoverkaufspreis von 1,80 € kalkuliert. Sie stellen 70 Päckchen her. Wie viel Arbeitszeit dürfen Sie für die Herstellung unter folgenden Bedingungen aufwenden?

Materialkosten	= 12,80 €
Risiko / Gewinn	= 20 %
Stundenkostensatz	= 38,00 €
Mehrwertsteuer	= 7 %

Lösung

B 1 Arbeitssicherheit und Unfallverhütung

3 x 42,80 € = 128,40 €
3 x 64,20 € = 192,60 €
4 x 54,80 € = 219,20 €
2 x 48,20 € = 96,40 €

636,60 €

1.2 100 % = 636,60 €
21 % = **133,69 €**

B 2 Vermehrung von Mikroorganismen

13.00 Uhr	150000
13.20 Uhr	300000
13.40 Uhr	600000
14.00 Uhr	1200000
14.20 Uhr	2400000
14.40 Uhr	4800000
15.00 Uhr	9600000

B 3 Traditionelle Herstellung von Hefezöpfen mit Vorteig

3.1 15 x 560 g = 8,400 kg
15 x 860 g = 12,900 kg
6 x 2250 g = 13,500 kg

34,800 kg gew. Teigmenge

Grundrezeptur:	x SZ	= Arbeitsrezeptur:
1,000 kg WM		19,550 kg
0,430 kg Milch		8,407 kg
0,100 kg Zucker		1,955 kg
0,100 kg Eier (2 Stck.)	19,55	1,955 kg
0,080 kg Backmargarine		1,564 kg
0,060 kg Hefe		1,173 kg
0,010 kg Salz		0,196 kg
1,780 kg Rezepturgewicht		**34,800 kg**

Schlüsselzahl: 34,800 kg : 1,780 kg = **19,55**

3.2 19,550 kg Mehl/3 = **6,517 kg Mehl im Vorteig**

100 kg Mehl = 80 kg Zuguss
6,517 kg Mehl = **5,213 kg Zuguss im Vorteig**
1,73 kg Hefe : 2 = **0,587 kg Hefe im Vorteig**

Restliche Zutaten:

19,550 kg Mehl gesamt
- 6,517 kg Mehl im Vorteig

= 13,033 kg Mehl zum Teig

8,407 kg Milch
- 5,213 kg Milch im Vorteig

= 3,194 kg Milch zum Teig

1,955 kg Zucker
1,955 kg Eier
1,564 kg Backmargarine
0,587 kg Hefe
0,196 kg Salz

B 4 Herstellen von Brezellauge

0 %		→ 33 % = 11 Teile
	3 %	
36 %		→ 3 % = 1 Teil

12 Teile = 12 kg
11 Teile = 11 kg Wasser
1 Teil= 1 kg Konzentrat

B 5 Berechnen der Herstellungszeit

70 Päckchen x 1,80 € = 126,00 €

107 % = 126,00 € BVP
100 % = 117,76 € NVP

120 % = 117,76 € NVP
100 % = 98,13 € SK

98,13 € SK
- 12,80 € MK

85,33 € BK

38,00 € = 60 Min.
85,33 € = 134,7 Min.= **2 Std.+ 15 Min.**

3. Vollständige komplexe Prüfung

Berufstheorie I – projektbezogen

Warenwirtschaft und Produktionstechnik von Backwaren und kleinen Gerichten

Weizenbrote und Weizenkleingebäcke (Richtzeit 105 Min.)

Das Hotel „Fortuna" ist mit dem bisherigen Lieferanten für Brot und Brötchen unzufrieden und holt sich in Ihrer Bäckerei ein Angebot ein. Es geht um die Lieferung von Weizenkleingebäcken und Weizenbroten für das Frühstücksbuffet im Hotel „Fortuna".

W 1 Kleingebäck- und Weizenbrotsorten **1 Punkt**

Nennen Sie fünf verschiedene Weizenkleingebäcke und fünf verschiedene Weizenbrotsorten, die sich für ein Frühstücksbuffet eignen.

W 2 Knetprozess **3 Punkte**

Sie stellen einen Brötchenteig her.

2.1 Wie stellen Sie fest, ob der Teig optimal (ausreichend lange) geknetet ist?

2.2 Beschreiben Sie die Vorgänge bei der Teigbildung, insbesondere die Veränderung der Hauptmehlbestandteile Stärke und Eiweiß.

W 3 Gare **3 Punkte**

3.1 Begründen Sie, warum die rundgewirkten Teiglinge erst nach einer Zwischengare weiterverarbeitet werden dürfen.

3.2 Welche Bedingungen (Zeit, Temperatur, usw.) müssen bei der Gare und beim Backen von Brötchen eingehalten werden?

W 4 Krumenbildung — 3 Punkte

4.1 Beim Backen bilden sich Krume und Kruste aus.
Beschreiben Sie die Veränderungen der Teiginhaltsstoffe, die zur Bildung der Krume führen.

4.2 Welche Kerntemperatur wird beim Backen von Brötchen erreicht?

W 5 Gebäckfehler — 2 Punkte

Beim Ausbacken stellen Sie fest, dass die Brötchen zu klein, matt und auf der Seite aufgerissen sind. Welche Fehler könnten Sie gemacht haben?

Nennen Sie mindestens zwei mögliche Fehler und begründen Sie deren Auswirkungen.

W 6 Rösche — 1 Punkt

Das Hotel möchte Brötchen mit einer ausgeprägten röschen Kruste. Welche Möglichkeiten haben Sie beim Backen, diesem Wunsch nachzukommen?

W 7 Verkaufsargumente — 3 Punkte

Das Baguette unterscheidet sich deutlich von anderen Weizenbroten.

7.1 Beschreiben Sie die Qualitätsmerkmale von Baguette.

7.2 Durch welche Maßnahmen können die gewünschten Qualitätsmerkmale des französischen Baguettes erzielt werden?

W 8 Geschmacksverbesserung — 2 Punkte

Das Hotel beklagt sich über Brötchen mit wenig Aroma. Welche technologischen Möglichkeiten bei der Herstellung haben Sie, aromatischere Brötchen herzustellen? Nennen Sie drei und begründen Sie diese.

W 9 Brotkrankheiten **3 Punkte**

Nach einer Lieferung beschwert sich das Hotel über Ihre Weizenbrote, sie sind innen weich bis schmierig und haben einen unangenehmen obstartigen Geruch.

9.1 Um welche Brotkrankheit handelt es sich?

9.2 Welche Maßnahmen müssen sofort getroffen werden?

9.3 Wie können Sie diese Brotkrankheit in Zukunft möglichst vermeiden?

Betriebswirtschaftliches Handeln (Richtzeit 45 Minuten)

B 1 Rezeptur **3 Punkte**

1.1 Nennen Sie eine Grundrezeptur für Weizenbrötchen.

1.2 Sie sollen 180 Brötchen an das Hotel liefern. Rechnen Sie Ihre Grundrezeptur um auf 180 Stück. Gehen Sie von einer Teigeinlage von 1,740 kg pro Bruch aus.

B 2 Arbeitsplanung **3 Punkte**

2.1 Wie viele Herde im Etagenofen müssen Sie für die 180 Brötchen einplanen, wenn Sie 30 Brötchen auf einem Blech backen und 2 Bleche in einen Herd passen?

2.2 Die Kleingebäcke sollen um 6:00 Uhr ausgebacken werden, um frisch ins Hotel geliefert werden zu können. Für Teigbereitung, Aufarbeiten und Gare rechnen Sie 90 Minuten. Um wie viel Uhr müssen Sie spätestens mit der Teigbereitung beginnen? Gehen Sie von der üblichen Backzeit für Brötchen aus.

B 3 Kalkulation **3 Punkte**

Das Hotel möchte die Brötchen zu einem Stückpreis von 0,30 € beziehen. Können Sie die Brötchen zu diesem Preis liefern? Die Materialkosten für einen Bruch (30 Stück) betragen 0,44 €, die Betriebskosten für 180 Brötchen betragen 45,00 €. Als Risiko und Gewinn werden 20 % veranschlagt.

Lösung zum Thema Warenwirtschaft und Produktionstechnik von Backwaren und kleinen Gerichte

W 1 Kleingebäck- und Weizenbrotsorten

Weizenkleingebäck:	z. B. Kaiserbrötchen, Schrippen, Rosenbrötchen, Baguettebrötchen, Ciabattabrötchen, Mohn-, Sesambrötchen, Seelen
Weizenbrote:	z. B. Baguette, Kastenweißbrot, Toastbrot, Stangenweißbrot, Ciabatta, Weizenvollkornbrot

W 2 Knetprozess

2.1 Teig löst sich vom Kesselrand, wickelt sich um Knetarm.
Teig ist wollig und trocken.
„Kleberprobe" => Teigstück auseinanderziehen.

2.2 Die Mehleiweißstoffe Gliadin und Glutenin nehmen Wasser auf und bilden das Klebergerüst.
Die Stärke lagert etwas Wasser an der Oberfläche an.
Salz und andere lösliche Stoffe lösen sich im Wasser, alle Teiginhaltsstoffe werden gleichmäßig verteilt.

W 3 Gare

3.1 Der Kleber im Teig muss erst wieder entspannen, gleichzeitig quillt der Teig nach und die Hefe wird aktiviert.

3.2 Gare: ca. 35 °C, hohe Luftfeuchtigkeit (70 - 75 %), 20–40 Minuten
Backen: ca. 240 °C, Schwadengabe bei Backbeginn, 18–22 Minuten, Zug geschlossen, 2 Minuten vor Backzeitende Zug ziehen.

W 4 Krumenbildung

4.1 Der Kleber gerinnt (60–70 °C) und gibt dabei das gebundene Wasser wieder ab. Die Stärke verkleistert (ca. 60 °C), dabei platzen die Stärkekörnchen. Die Stärke bindet dabei viel Wasser.

4.2 Ca. 98 °C

W 5 Gebäckfehler

Zu wenig oder keinen Schwaden gegeben oder offener Zug. Schwaden kondensiert auf der Teigoberfläche, diese bleibt damit dehnbar und geschmeidig und kann sich gut ausdehnen. Ist die Schwadenmenge zu gering oder fehlt, trocknet die Teigoberfläche aus und reißt, wenn sich der Teigling durch den Ofentrieb ausdehnt. Außerdem kommt es ohne Schwaden nicht zum gewünschten Glanz.

W 6 Rösche

Kurz vor Ende der Backzeit (ca. 5 Minuten vorher) den Zug ziehen. Backzeit verlängern bei verminderter Backtemperatur.

W 7 Verkaufsargumente

7.1 Baguette hat eine grobe, ungleichmäßige Porung sowie einen hohen Krustenanteil und eine ausgeprägte Rösche, die durch das besondere Backverfahren und die typische Schnittführung zustande kommt.

7.2
- Weiche und kühle Teigführung (TA 162-164, TT 22–24 °C)
- Wenig Hefe (1–2 %)
- Lange Teigruhe (mind. 1 Std.), evtl. Verwendung von Vorteig
- Lange Stückgare (1–2 Std.), kühl, nicht zu hohe Luftfeuchtigkeit
- Vor dem Einschießen schräg einschneiden
- Mit Schwaden backen, die letzten 5–10 Min. bei offenem Zug fertig backen

W 8 Geschmacksverbesserung

z. B. Verwendung von Vorteig, Weizensauer oder Sauerteig, lange Teigführung, Langzeitführung, Gärverzögern, Gärunterbrechen. Dabei finden enzymatische Vorgänge statt, die beim Gebäck zu Geschmacksverbesserungen führen.

W 9 Brotkrankheiten

9.1 Fadenziehen

9.2 Befallenes Mehl und infizierte Brote müssen vernichtet werden, Backstube und Mehlsilo müssen gereinigt und desinfiziert (Essigwasser) werden.

9.3 In den Sommermonaten Sauerteig, Teigsäuerungsmittel oder spezielle Fadenschutzmittel zum Teig geben.

Lösung zum Thema Betriebswirtschaftliches Handeln

B 1

Grundrezeptur:	x SZ	= Arbeitsrezeptur:
1000 g Weizenmehl Type 550		6,178 kg Weizenmehl
600 g Wasser		3,707 kg Wasser
40 g Hefe	6,178	0,247 kg Hefe
30 g Backmittel		0,185 kg Backmittel
20 g Salz		0,124 kg Salz
1690 g Teig		

Schlüsselzahl = 10,44 kg (180 x 58g) : 1,69 kg = **6,178**

B 2 Arbeitsplanung

2.1 Man braucht drei Herde (180:60)

2.2 Teigbereitung 4:10 Uhr, Einschießen 5:40 Uhr

B 3 Kalkulation

Materialkosten	2,64 €	(6 Bruch x 0,44 €)
Betriebskosten	45,00 €	
Selbstkosten	47,64 €	
Risiko und Gewinn	9,53 €	20 %
Nettoverkaufspreis	57,17 €	
MwSt.	4,00 €	7 %
Bruttoverkaufspreis	61,17 €	

61,17 : 180 = **0,34 €**
Die Brötchen können zu 0,30 € nicht geliefert werden.

PRÜFUNGSAUFGABEN LÖSUNGEN

Berufstheorie II projektfrei

Betriebswirtschaftliches Handeln (Bearbeitungszeit 60 Min.)

4 von 5 Aufgaben müssen gelöst werden. Aufgabe B5 ist Pflichtaufgabe
Alle Aufgaben werden mit der selben Gewichtung beurteilt.

B 1 Konzentration von Lauge

Ihr Chef möchte Laugenbrezeln mit einem intensiven Laugengeschmack. Aus diesem Grund verlangt er, dass Sie eine 3,6 %ige Brezellauge ansetzen.

1.1 In welchem Verhältnis sind Wasser und die 36 %ige Lauge zu mischen?

1.2 Wie viel kg Wasser braucht man auf ein kg 36 %ige Lauge?

B 2 Sauerteigberechnung

Sie stellen Roggenmischbrot (60:40) aus 75 kg Gesamtmehl her.
80 % des Roggenmehls werden versäuert, die TA des Sauerteigs beträgt 190.
Der Brotteig wird mit einer TA von 174 geführt, es werden noch 2 % Hefe und 1,8 % Salz zugegeben.

2.1 Berechnen Sie die Mengen an Roggenmehl und Weizenmehl.

2.2 Berechnen Sie die zu versäuernde Mehlmenge und die Wassermenge im Sauerteig.

2.3 Berechnen Sie die Hefe- und Salzmenge sowie noch zu schüttendes Wasser.

B 3 Rabatt und Skonto

Bäckermeister Knapp kauft auf der Südback eine Ausrollmaschine zum Nettopreis von 14465,00 €.
Er erhält 20 % Messerabatt, bei Barzahlung werden ihm 2 % Skonto gewährt.
Wie viel muss Bäckermeister Knapp brutto bezahlen, wenn er bar bezahlt?

B 4 Rezepturberechnung

Verwenden Sie für Hefezöpfe folgende Grundrezeptur:

1000 g Weizenmehl Type 550
200 g Butter
150 g Zucker
380 g Vollmilch
100 g Vollei
10 g Salz
60 g Hefe
Aromen

Sie sollen aus dieser Grundrezeptur 10 Hefekränze (Teigeinlage 700 g) und 40 Hefezöpfe (Teigeinlage 450 g) herstellen.
Rechnen Sie die Rezeptur entsprechend um.

B 5 Kalkulation Pflichtaufgabe

In der Bäckerei Knapp produzieren zwei Gesellen in 32 Minuten 48 Kilobrote.

5.1 Berechnen Sie die Selbstkosten für 48 Brote
Stundenkostensatz für 1 Person 66,00 €,
Materialkosten für 80 Brote 25,60 €.

5.2 Berechnen Sie den Ladenverkaufspreis für ein Kilobrot.
Risiko und Gewinn 20 %

Lösung

B 1 Konzentration von Lauge

Wasser	0 %	3,6%	32,4 Teile	9 Teile
Konzentrierte Lauge	36 %		3,6 Teile	1 Teil

1.1 Man braucht 9 Teile Wasser und 1 Teil konz. Lauge.

1.2 Auf 1 kg konzentrierte Lauge muss man 9 kg Wasser schütten.

B 2 Sauerteigberechnung

2.1 100 % entsprechen 75 kg Mehl
60 % entsprechen 60 x 75/100 = 45 kg Roggenmehl
75 kg – 45 kg = **30 kg Weizenmehl**

2.2 100 % entsprechen 45 kg
80 % entsprechen 80 x 45/100 = **36 kg Roggenmehl**

100 Teile Mehl binden 90 Teile Wasser
36 Teile Mehl binden 36 x 90/100 = **32,4 kg Wasser**

2.3 100 Teile Mehl binden 74 Teile Wasser
75 kg Mehl binden 75 x 74/100 = 55,5 kg Wasser
55,5 kg Wasser – 32,4 kg Wasser = **23,1 kg Wasser**

100 % entsprechen 75 kg Mehl
2 % entsprechen 2 x 75/100 = 1,5 kg Hefe
1,8 % entsprechen 1,8 x 75/100 = **1,35 kg Salz**

B 3 Rabatt und Skonto

100 % entsprechen 14465,00 €
80 % entsprechen 80 x 14465/100 = **11572,00 €**

100 % entsprechen 11572,00 €
119 % entsprechen 119 x 11572/100 = **13770,68 €**

100 % entsprechen 13770,68 €
98 % entsprechen 98 x 13770,68/100 = **13495,27 €**

Ohne Ausnutzung des Skontos muss Bäckermeister Knapp 13770,68 € bezahlen. Mit Skontoausnutzung muss er 13495,27 € bezahlen.

B 4 Rezepturberechnung

10 x 700 g = 7000 g
40 x 450 g = 18000 g; 18000 + 7000 = 25000 g

Schlüsselzahl: 25000 g/Gewicht Grundrezeptur: 1900 g = **13,16**

13160 g Weizenmehl Type 550
2632 g Butter
1974 g Zucker
5001 g Vollmilch
1316 g Vollei
132 g Salz
790 g Hefe

B 5 Kalkulation Pflichtaufgabe

5.1 66,00 €/60 Min = 1,10 €
1,10 € x 32 Min = 35,20 € x 2 = **70,40 € (Betriebskosten)**

MK für 80 Brote = 25,60 €
48 Brote: 48 x 25,60/80= 15,36 € + 70,40 € = **85,76 € (Selbstkosten)**

5.2

Selbstkosten	85,76 €	
Risiko und Gewinn	17,15 €	20 %
Nettoverkaufspreis	102,91 €	
MwSt.	7,20 €	7 %
Bruttoverkaufspreis	110,11 €	

110,11 € : 48 = **2,29 €**

4. Vollständige komplexe Prüfung

Berufstheorie I – projektbezogen

Warenwirtschaft und Produktionstechnik von Backwaren und kleinen Gerichten

Herstellung von Weizenmischbroten mit Sauerteig (Richtzeit 105 Min.)

Für das 1. Mai-Fest bestellt der Männergesangsverein Lerche 35 Ihre „Festtagsbrote". Dabei handelt es sich um ein Weizenmischbrot 60:40 mit 1 kg Gewicht, das mit Sauerteig mild gesäuert ist. Das Festtagsbrot wurde vor drei Wochen neu ins Backwarensortiment aufgenommen. Es hat eine gleichmäßig lange Form, eine ungleichmäßige Porung und eine rustikale Oberfläche. Die Brote sollen geschnitten am 1. Mai um 8 Uhr in das Festzelt geliefert werden. Sie bekommen den Auftrag, zusammen mit Lehrling Stefan (2. Ausbildungsjahr) die Brote am 30. April herzustellen. Wichtig: Es müssen Brote von bester Qualität werden und Stefan soll viel dabei lernen.

W 1 Brotmerkmale **1 Punkt**

1.1 Erklären Sie Stefan den Begriff „Weizenmischbrot" gemäß den Leitsätzen für Brot und Kleingebäck.

1.2 Was bedeutet die Angabe „60:40" in diesem Zusammenhang?

1.3 Beschreiben Sie Merkmale einer „unelastische Krume"?

1.4 Was versteht man unter dem „Abbacken der Oberkruste"?

W 2 Grundlagen der Teigsäuerung **6 Punkte**

Stefan hat noch nie einen Sauerteig hergestellt und ist neugierig. Beantworten Sie ihm folgende Fragen über die Grundlagen der Teigsäuerung:

2.1 Welche drei Möglichkeiten haben Sie einen roggenhaltigen Teig zu führen? Beschreiben Sie diese.

2.2 Welche Arten von Sauerteigen gibt es? Nennen Sie mindestens fünf Beispiele mit Angabe der Stufenzahl.

2.3 Welche Zutaten enthält ein Sauerteig?

2.4 Welche Mikroorganismen sind in einem einwandfreien Sauerteig enthalten?
Erklären Sie Stefan deren Wirkung.

2.5 Warum müssen weich und warm geführte Sauerteige von Zeit zu Zeit neu angesetzt werden?

2.6 Nennen Sie zwei Vor- und Nachteile bei der Brotherstellung mit Sauerteig im Vergleich zur Säuerung mit Teigsäuerungsmitteln?

W 3 Berliner Kurzsauer-Führung **2 Punkte**

Sie säuern Ihre Brote mit einer Berliner Kurzsauer-Führung.

3.1 Beschreiben Sie diese Sauerteigführung.

3.2 Erklären Sie Stefan, warum diese Sauerteigart eine große Anstellgutmenge erfordert.

W 4 Ablaufplan **6 Punkte**

Erstellen Sie für Stefan einen Ablaufplan für die 35 Festtagsbrote nach der Berliner Kurzsauer-Führung. Der Ablaufplan soll die einzelnen Herstellungsschritte in der richtigen Reihenfolge mit allen wichtigen Herstellungshinweisen enthalten.

W 5 Hygienemaßnahmen und Unfallgefahren **2 Punkte**

Informieren Sie Stefan bei diesem Arbeitsauftrag vor Produktionsbeginn über Hygienemaßnahmen und Unfallgefahren. Beschreiben Sie je drei.

W 6 Auftragsprotokoll **2 Punkte**

Von Ihren 35 Broten waren 33 einwandfrei. Bei 2 nebeneinander gebackenen Broten traten an den gegenüberliegenden Seiten Krustenlängsrisse auf.

Zur Qualitätssteigerung sollen Sie nachstehendes Auftragsprotokoll zusammen mit Stefan ausfüllen.
Übertragen Sie das Auftragsprotokoll auf Ihr Lösungsblatt und ergänzen Sie die fehlenden Angaben.

Auftragsprotokoll

Datum: ....

Artikel: ....

Menge: ....

Verantwortlich: ....

Artikel	Fehler	Mögliche Ursachen	Maßnahmen zur Vermeidung

W 7 Werbetexte — 1 Punkt

Ihr Chef hat sich entschlossen die 35 Weizenmischbrote dem Männergesangsverein zu schenken.
Als Gegenleistung darf Ihr Betrieb an der Essensausgabe im Festzelt ein Werbeschild aufstellen.
Machen Sie hierzu zwei geeignete kurze Textvorschläge.

W 8 Werbemaßnahmen — 1 Punkt

Werbemaßnahmen dienen in erster Linie der Imagepflege.
Beschreiben Sie drei weitere Werbemaßnahmen, durch die der Brotverkauf im Laden gesteigert werden kann.

Betriebswirtschaftliches Handeln (Richtzeit 45 Minuten)

B 1 Berechnung der Rezeptur — 4 Punkte

Sie stellen die 35 Festtagsbrote mit einer Teigeinlage von 1,150 kg und folgender Grundrezeptur her:

0,600 kg Weizenmehl 1050
0,400 kg Roggenmehl 997
0,700 kg Wasser
0,030 kg Hefe
0,020 kg Salz (jodiert)

1.1 Berechnen Sie die erforderlichen Zutatenmengen für die 35 Brote (Gär- und Verarbeitungsverluste sind vernachlässigbar).

1.2 Von dem in Aufgabe B 1.1 errechneten Roggenmehl versäuern Sie 40 % mit einer Berliner Kurzsauerführung.
Führungsmerkmale: TA = 200, Anstellgut = 20 %, TT = 35°C.
Berechnen Sie die zu versäuernde Roggenmehlmenge, den Zuguss und das Anstellgut für den Sauerteig.

1.3 Berechnen Sie die übrigen Zutatenmengen für Ihren Brotteig.

B 2 Berechnung für Zugusstemperatur — 1 Punkt

Ihren Brotteig führen Sie relativ kühl mit 25° C, damit der Teig wegen der Aromabildung langsam gärt. Berechnen Sie die erforderliche Zugusstemperatur mit folgenden Angaben:

Sauerteigtemperatur:	35°C	Kneterwärmung pro Min:	0,5°C
Mehltemperatur:	18°C	Knetzeit:	6 Min.
Raumtemperatur:	22°C		

B 3 Berechnung des Ladenverkaufspreises — 3 Punkte

Berechnen Sie den Ladenverkaufspreis unter Berücksichtigung folgender Angaben:

Materialkosten:	9,66 €	Risiko und Gewinn:	40 %
Herstellungszeit:	72,5 Minuten	Mehrwertsteuer:	7 %
Stundenkostensatz:	42 €/Std.		

B 4 Maßnahmen zur Gewinnsteigerung — 1 Punkt

Jeder Betrieb muss Gewinne erwirtschaften. Beschreiben Sie drei Maßnahmen, durch die der Gewinn gesteigert werden kann.

Lösung zum Thema Warenwirtschaft und Produktionstechnik von Backwaren und kleinen Gerichte

W 1 Brotmerkmale

1.1 Ein Brot mit einem Weizenanteil von über 50 % bis unter 90 % Weizenanteil.

1.2 60 % Weizen und 40 % Roggen.

1.3 Zu starker enzymatischer Mehlabbau, zu geringe Teigsäuerung.

1.4 Auswuchsmehl, zu schwache Teigsäuerung.

W 2 Grundlagen der Teigsäuerung

2.1

Mit Sauerteig:	Indirekte Führung
Mit Teigsäuerungsmittel:	Direkte Führung
Mit Sauerteig und Teigsäuerungsmittel:	Kombinierte Führung

2.2

Berliner Kurzsauer-Führung	Stufe:	1
Salzsauer-Führung	Stufe:	1
Detmolder Einstufen-Führung	Stufe:	1
Detmolder Zweistufen-Führung	Stufe:	2
Dreistufen-Führung	Stufe:	3
Weinheimer-Führung	Stufe:	1
Wochensauer-Führung	Stufe:	1

2.3 Aus Roggenmehl (bei Weizensauer: Weizenmehl), Wasser und Anstellgut.

2.4

Milchsäurebakterien:	bauen den Zucker im Sauerteig ab zu Milchsäure und Esslgsäure.
Sauerteighefen:	bauen den Zucker im Sauerteig ab zu Alkohol und Kohlendioxid. zusätzlich bilden Sie Aroma- und Geschmacksstoffe.

2.5 In weich und warm geführten Sauerteigen bilden die Milchsäurebakterien weniger Essigsäure. Dadurch vermehren sich die Sauerteigschädlinge, die über das Mehl, die Luft und mangelnde Hygiene bei der Knetung in den Sauerteig gelangen, schneller und nehmen bald überhand. Der verdorbene Sauerteig führt zu einem schlechten Brotgeschmack.

2.6 Vorteile: besserer und individuellerer Brotgeschmack, bei Kunden beliebt, werbewirksamer, wirtschaftlicher.

Nachteile: zeitaufwendiger, erfordert sehr viel Erfahrung und exaktes Arbeiten. Brote haben nicht immer die gewünschten Eigenschaften.

W 3 Berliner Kurzsauer-Führung

3.1 Die Berliner Kurzsauerführung wird weich (TA 180–200) und warm (35°C über die ganze Reifezeit) geführt. Bei diesen Führungsbedingungen bilden die Milchsäurebakterien überwiegend Milchsäure und kaum Essigsäure. Die Milchsäure ist mild und zurückhaltend und führt zu dem gewünschten mild säuerlichen Brotgeschmack.

3.2 Die Reifezeit beträgt 3 bis 3 1/2 Stunden. Damit in dieser kurzen Zeit ausreichend viel Säure gebildet werden kann, muss ein großes Anstellgut mit vielen Milchsäurebakterien zugesetzt werden.

W 4 Ablaufplan

Herstellungsschritte	Herstellungshinweise
Vorbereitende Arbeiten	Berechnung der Rezeptur für Sauerteig und Brotteig
Sauerteigbereitung	TA = 180–200, 20 % Anstellgut, Knetzeit: 3 Min. langsam, TT= 35° C über die ganze Stehzeit (3 bis 3 1/2 Std.), Ort der Reifung: Gärraum.
Brotteigbereitung	TA = 170, TT = 25°C, Knetung im Spiralkneter: 3 Min. langsam und 3 Min. schnell
Teigruhe	30 Min. (da TT nur 25°C beträgt) in der Knetmaschine oder auf einem bemehlten Holztisch, mit Stofftuch zugedeckt.
Aufarbeiten	Abwiegen mit TE = 1150 g. Teiglinge rund und mit reichlich Mehl lang wirken, Absetzen mit Schluss nach unten auf Abzugsapparate.
Stückgare	Etwa 40 Min. im Gärraum bei 30°C und 70 % rel. LF, danach Brote in Backstube etwa 10 Min. anhauten lassen.

Backen	Ofen mäßig vordampfen, Brote mit Abzugsapparat einschießen, Anbacktemperatur: 250°C, nach 6 Min. Zug ziehen und bei 190°C abfallenden Temperaturen ausbacken. Backzeit: 55 Min
Lagerung	Brote 1 Std. auskühlen lassen und bei 18 bis 20°C (nicht zu kühl wegen Retrogradation) lagern.
Schneiden Verpacken Liefern	Brote mit Maschine schneiden (Stärke: 6 mm), verpacken in Brotbeutel und in saubere Kisten legen. 7.45 Uhr: Transport ins Festzelt.

W 5 Hygienemaßnahmen und Unfallgefahren

Hygienemaßnahmen:	Saubere Arbeitskleidung Fingerringe ablegen Kopfbedeckung tragen Keine Straßenschuhe Kurze und saubere Fingernägel Hände waschen vor Teigbereitung Auf Sauberkeit von Arbeitsgeräten und Maschinen achten

Unfallgefahr:	**Vorbeugung:**
Knetmaschine	Nicht in laufende Maschine greifen Maschine ausschalten, wenn Schutzdeckel angehoben wird Funktion von Notausschalter prüfen
Stolpern	Keine Gegenstände in den Weg oder auf Treppen stellen
Ausrutschen	Fußboden sauber halten
Backofen	Mit Abzugsapparat vorsichtig hantieren Beim Ausbacken: Ofenhandschuhe anziehen
Brotschneidemaschine	Nicht in laufende Maschine greifen Funktion von Notausschalter prüfen

W 6 Auftragsprotokoll

Auftragsprotokoll

Datum: *30.04.2007*

Artikel: *Festtagsbrote*

Menge: *35 Stück*

Verantwortlich: *xy*

Artikel	Fehler	Mögliche Ursachen	Maßnahmen zur Vermeidung
Brote 1- 33	keine		
Brote 34 + 35	Krusten-seitenrisse	Brotabstand im Ofen zu gering	Beim Setzen der Brote auf Abzugs-apparate auf ausreichenden Abstand achten.

W 7 Werbetexte

Vorschlag 1: „Die Brote wurden gestiftet von Bäckerei xy"
Vorschlag 2: „Brotsponsor: Bäckerei xy, Vergelt´s Gott"

W 8 Werbemaßnahmen

- Handzettel mit Informationen über das Brot
- Annonce im Gemeindeblatt oder in der regionalen Zeitung
- Kostprobenausgabe im Laden
- Empfehlung durch das Verkaufspersonal
- Festtagsbrote auffällig platzieren: Sonderplatz, mit Anschnittfläche zum Kunden hin
- Stehschilder vor den Laden: Textbeispiel: „Jeder Tag ein Fest mit Festtagsbrot"

Lösung zum Thema Betriebswirtschaftliches Handeln

B 1 Berechnung der Rezeptur

1.1 35 x 1,15 kg = 40,250 kg Brotteig

Rohstoff	Grundrezept	SZ	Rezept
Weizenmehl 1050	0,600 kg	**40,250 kg**	13,800 kg
Roggenmehl 997	0,400 kg	1,750 kg	9,200 kg
Wasser	0,700 kg		16,100 kg
Hefe	0,030 kg	= 23,0	0,690 kg
Jodsalz	0,020 kg		0,460 kg
Teig	1,750 kg		**40,250 kg**

1.2 100 % - 9,200 kg
40 % - x = **3,680 kg Roggenmehl**

3,680 kg Wasser (TA = 200)

100 % – 3,680 kg
20 % x = **0,736 kg Anstellgut**

Sauerteig = 7,360 kg (ohne Anstellgut)

1.3

Rohstoff	Gesamt	im Sauerteig	zugeben
Weizenmehl 1050	13,800 kg		13,800 kg
Roggenmehl 997	9,200 kg	3,680 kg	5,520 kg
Wasser	16,100 kg	3,680 kg	12,420 kg
Hefe	0,690 kg		0,690 kg
Jodsalz	0,460 kg		0,460 kg
Rohstoffzugabe			32,890 kg
Sauerteig			7,360 kg
Brotteig			40,250 kg

B 2 Berechnung der Zugusstemperatur

ST	35° C		
MT	18° C		
RT	22° C		
ZT	**13° C**		
Temperatur vor dem Kneten	88° C : 4	=	22°C
Kneterwärmung	0,5 C x 6	=	3°C
TT		=	25°C

B 3 Berechnung des Ladenverkaufspreises

MK			=	9,66 €
BK	Herstellungszeit	72,5 Minuten		
	60,0 Minuten - 42,00 €			
	72,5 Minuten - X		=	50,75 €
SK	100 %		=	60,41 €
R + G	40 %		=	24,16 €
NVP	100 %		=	84,57 €
MWST	7 %		=	5,92 €
BVP	35 Brote		=	90,49 €
	1 Brot		=	**2,59 €**

B 4 Maßnahmen zur Gewinnsteigerung

- Materialkosten billiger einkaufen
  (z.B. größere Mengen, Rabatte aushandeln)
- Betriebskosten senken
  (z.B. Maschinen, Öl und Strom billiger einkaufen)
- Herstellungszeit reduzieren
  (z.B. größere Chargen, Mitarbeiter motivieren)
- Risiko reduzieren
  (z.B. Herstellungsmenge der Nachfrage angleichen)

Berufstheorie II projektfrei

Betriebswirtschaftliches Handeln (Bearbeitungszeit 60 Min.)

4 von 5 Aufgaben müssen gelöst werden. Aufgabe B5 ist Pflichtaufgabe

B 1 Ausbeuten und Verluste — 3 Punkte

1.1 Ein Brötchen wiegt vor dem Backen 63 g und nach dem Backen 51 g. Berechnen Sie den Backverlust in Prozent?

1.2 Für ein Weißbrot mit 500 g Gebäckgewicht werden 353 g Weizenmehl 550 und 212 g Wasser verarbeitet. Berechnen Sie die Teigausbeute (TA) und die Gebäckausbeute (GA).

B 2 Energiesparen — 3 Punkte

In Ihrer Bäckerei soll mehr Energie eingespart werden. Deshalb werden Sie beauftragt drei 75-Watt-Birnen im Aufenthaltsraum gegen drei neue 12-Watt-Energiesparlampen auszutauschen. Eine Energiesparlampe kostet 8,50 € und eine Kilowattstunde (1 kWh) Strom 0,16 €. Die Lampen brennen je Arbeitstag im Schnitt 12 Stunden.

2.1 Berechnen Sie die Energieeinsparung in kWh und in € je Arbeitstag.

2.2 Nach wie vielen Arbeitstagen haben sich die Energiesparlampen bezahlt gemacht?

2.3 Beschreiben Sie je zwei Energiespar-Möglichkeiten an Ihrem Arbeitsplatz für folgende Bereiche:
Lagerräume, Froster, Spülmaschine, Backofen und Verkaufsraum.

B 3 Mineralstoffgehalt und Mehltype — 3 Punkte

Die Typenzahl gibt an, wie viel Milligramm (mg) Mineralstoffe in 100 g wasserfreiem Mehl oder Schrot enthalten sind.

3.1 Wie viel mg Mineralstoffe sind in 1000 g Grahambrot enthalten, das 720 g Weizenbackschrot der Type 1700 mit einem Wassergehalt von 14 % enthält?

3.2 Der Tagesbedarf an Magnesium eines Erwachsenen beträgt 310 mg. 100 g Grahambrot enthalten 60 mg Magnesium. Wie viel Prozent des Tagesbedarfes sind durch 3 Scheiben Grahambrot mit je 40 g abgedeckt?

B 4 Teigausbeute **3 Punkte**

Bäckermeisterin Paula stellt einen Brötchenteig bei einer Teigausbeute (TA) von 165 her.
Der Teig soll 4 % Hefe und 2 % Salz (jodiert) enthalten.
In der Teigmaschine befinden sich 35 kg Weizenmehl.

Wie viel Kilogramm Schüttflüssigkeit, Hefe und Salz muss Paula abwiegen?

B 5 Kalkulation von Laugenbrezeln (Pflichtaufgabe) **3 Punkte**

Berechnen Sie den Gewinn in € und in Prozent für 300 Laugenbrezeln mit folgenden Angaben:

Ladenverkaufspreis:	0,50 €/Laugenbrezel	
Herstellungsmenge	300 Stück	
Teigeinlage:	2100 g/Bruch	
Grundrezept:	1000 g Weizenmehl	(0,31 €/kg)
	520 g Wasser	
	60 g Backmargarine	(2,21 €/kg)
	40 g Hefe	(1,20 €/kg)
	20 g Brötchenbackmittel	(3,55 €/kg)
	20 g Jodsalz	(0,32 €/kg)
Materialkosten für Lauge und Brezelsalz:	0,10 €/Bruch	
Herstellungszeit:	101 Minuten	
Stundenkostensatz:	45,70 €	
Risiko:	5 %	

Lösung

B 1 Ausbeuten und Verluste

1.1	Vor dem Backen	63 g	=	100 %		
	Nach dem Backen	51 g				
	Backverlust	**12 g**	=	X	=	**19,0 %**

1.2	0,353 kg Mehl	=	0,212 kg Wasser			
	100 kg Mehl	=	X			60,1 kg Wasser
					+	100,0 kg Mehl
				TA	**=**	**160,1**
	0,353 kg Mehl	=	0,500 kg Gebäck			
	100 kg Mehl	=	X		=	141,643 kg Gebäck
				GA	**=**	**141,6**

B 2 Energiesparen

2.1	Energieeinsparung	3 x 12 h (0,075 - 0,012) kW	=	**2,268 kWh**
	je Arbeitstag:	2,268 kWh x 0,16 €/kWh	=	**0,36 €**

2.2 Kosten: 3 x 8,50 € = 25,50 €

Einsparung:
0,36 € ≙ 1 Arbeitstag
25,50 € ≙ X
= 71 (70,8) Arbeitstage

2.3 Lagerräume: Im Winter nicht überheizen.
Licht nicht unnötig an lassen.

Froster: Türe nicht unnötig lange offen stehen lassen.
Vereister Verdampfer abtauen lassen.

Spülmaschine: Nicht halb leer laufen lassen.
Alte Maschine durch neue mit guter Isolation und geringem Wasserverbrauch ersetzen.

Backofen: Nicht unnötig Dampf geben.
Nicht ständig hoch und runter heizen.

Verkaufsraum: Schaufensterscheibe mit Isolierglas.
In der kalten Jahreszeit Ladentüre schließen.

B 3 Mineralstoffgehalt und Mehltype

3.1	100 %	-	720 g	
	86 %	-	619 g	wasserfreier Schrot
	100 g	-	1700 mg	
	619 g	-	**10523 mg**	**Mineralstoffe**
3.2	3.23 x 40 g	=	120 g	Grahambrot
	100 g	-	60 g	Magnesium
	120 g	-	72 g	Magnesium
	310 mg	-	100 %	
	72 mg	-	**23,2 %**	**des Tagesbedarfs an Magnesium**

B 4 Teigausbeute

100 kg Mehl - 65 kg Wasser
35 kg Mehl - 22,75 kg Wasser

100 % - 35 kg
4 % - 1,4 kg Hefe

100 % - 35 kg
2 % - 0,7 kg Salz

B 5 Kalkulation von Laugenbrezeln (Pflichtaufgabe)

Rohstoff	Grundrezept	SZ	Rezept	Preis/kg	MK
WM	1,000 kg	21 : 1,16	12,651 kg	0,31 €	3,92 €
Wasser	0,520 kg	= 12,651	6,579 kg		
BM	0,060 kg		0,759 kg	2,21 €	1,68 €
Hefe	0,040 kg		0,506 kg	1,20 €	0,61 €
BBM	0,020 kg		0,253 kg	3,55 €	0,90 €
Jodsalz	0,020 kg		0,253 kg	0,32 €	0,08 €
L und BS	10 Bruch x 0,10 €/Bruch				1,00 €
Teig	1,660 kg		21,101 kg		8,19 €

MK			=	8,19 €
BK	Herstellungszeit = 101 Min. 45,70 € : 60 Min. x 101 Min.		=	76,93 €
SK	100 %		=	85,12 €
R	5 %		=	4,26 €
G	**59,7 %**		=	**50,81 €**
NVP		100 %	=	140,19 €
MWST		7 %	=	9,81 €
BVP	300 Laugenbrezel	107 %	=	150,00 €
BVP	1 Laugenbrezel		=	0,50 €

ANHANG

Leitsätze für Brot und Kleingebäck vom 19.10.1993 (Beilage zum BAnz. Nr. 58 vom 24.3.1994, GMBl. Nr. 10 S. 346 vom 24.3.1994), geändert am 27.5.1998 (BAnz. Nr. 183a vom 30.9.1998, GMBl. Nr. 30 S. 582 vom 30.9.1998) und am 2.12.1998 (BAnz. Nr. 66a vom 9.4.1999, GMBl. Nr. 11 S. 232 vom 26.4.1999)

Die Leitsätze gelten für Brot und Kleingebäck, für die zu ihrer Herstellung bestimmten vorgebackenen Erzeugnisse oder Teige sowie für die zur Abgabe an den Endverbraucher bestimmten Backmischungen.

I. Allgemeine Beurteilungsmerkmale

1. Begriffsbestimmungen

1.1 Brot
Brot wird ganz oder teilweise aus Getreide und/oder Getreideerzeugnissen, meist nach Zugabe von Flüssigkeit, sowie von anderen Lebensmitteln (z. B. Leguminosen-, Kartoffelerzeugnisse) in der Regel durch Kneten, Formen, Lockern, Backen oder Heißextrudieren des Brotteiges hergestellt.
Brot enthält weniger als 10 Gewichtsteile Fett und/oder Zuckerarten auf 90 Gewichtsteile Getreide und/oder Getreideerzeugnisse.

1.2 Kleingebäck
Kleingebäck entspricht den Anforderungen an Brot, sofern nicht in Abschnitt III (Besondere Beurteilungsmerkmale für Kleingebäck) etwas anderes beschrieben ist. Das Gewicht des Einzelstücks liegt nicht über 250 g.

1.3 Vorgebackene Erzeugnisse
Vorgebackene Erzeugnisse entsprechen in ihrer Zusammensetzung Brot oder Kleingebäck, für deren Herstellung sie bestimmt sind.

1.4 Teige
Teige entsprechen in ihrer Zusammensetzung Brot oder Kleingebäck, für deren Herstellung sie bestimmt sind.

1.5 Backmischungen
Backmischungen zur Abgabe an den Endverbraucher enthalten außer Wasser und Hefe alle Zutaten in den Anteilen, wie sie zur Herstellung des beschriebenen Brotes oder Kleingebäcks erforderlich sind.

1.6 Backmittel
Backmittel sind Mischungen von Lebensmitteln einschließlich Zusatzstoffen, die dazu bestimmt sind, die Herstellung von Backwaren zu erleichtern oder zu vereinfachen, die wechselnden Verarbeitungseigenschaften der Rohstoffe auszugleichen und die Qualität der Backwaren zu beeinflussen. Sie werden meist in einer Menge von weniger als 10 Prozent (auf Mehl berechnet) bei der Teigherstellung zugegeben.

1.7 Getreide
Getreide sind die Brotgetreidearten Weizen und Roggen (auch Dinke) sowie die anderen Getreidearten Buchweizen, Gerste, Hafer, Hirse, Mais, Reis und Triticale.

1.8 Getreideerzeugnisse
Getreideerzeugnisse sind sämtliche Erzeugnisse aus gereinigtem Getreide, welches weiter bearbeitet wurde (z. B. durch Zerkleinern, Quetschen, Fraktionieren, Erhitzen), z. B. Mehl, Backschrot, Vollkornmehl, Vollkornschrot, Grieß und Dunst, Keime, Flocken und Speisekleie.
Getreide-Vollkornerzeugnisse wie Volkornmehl und Vollkornschrot enthalten die gesamten Bestandteile der gereinigten Körner einschließlich des Keimlings. Die Körner können jedoch von der äußeren Fruchtschale befreit sein.
Werden Keime, Speisekleie, Kleber und Stärke zugesetzt, bleiben diese bei der Berechnung der Getreideerzeugnisse unberücksichtigt.

1.9 Fette
Fette im Sinne dieser Leitsätze sind Butter, Milchfetterzeugnisse[1], Margarine- und Mischfetterzeugnisse[2], Speisefette und Speiseöle sowie deren Zubereitungen. So weit Fette gegenseitig ersetzt werden können, gelten für die in diesen Leitsätzen angegebenen Mindestzusätze an Fetten unter Berücksichtigung der unterschiedlichen Wassergehalte der verschiedenen Fettarten rechnerisch folgende Verhältnisse:
10 kg Butter entsprechen 8,2 kg Butterreinfett oder 8,2 kg Butterfett, fraktioniert, oder 8,6 kg Butterfett.
10 kg Butter entsprechen 10,25 kg Margarine.
10 kg Margarine entsprechen 8 kg praktisch wasserfreier Fette.

1.10 Zuckerarten
Zuckerarten im Sinne dieser Leitsätze sind alle verkehrsüblichen Zuckerarten.

1.11 Sauerteig
Sauerteig ist ein Teig, dessen Mikroorganismen (z. B. Milchsäurebakterien, Hefen) aus Sauerteig oder Sauerteigstartern sich in aktivem Zustand befinden oder reaktivierbar sind. Sie sind nach Zugabe von Getreideerzeugnissen und Wasser zur fortlaufenden Säurebildung befähigt.
Teile eines Sauerteiges werden als Anstellgut für neue Sauerteige verwendet. Die Lebenstätigkeit der Mikroorganismen wird erst durch Backen oder Heißextrudieren beendet. Die Säurezunahme des Sauerteiges beruht ausschließlich auf dessen Gärungen. Den Säuregehalt (Säuregrad) beeinflussende Zutaten, ausgenommen Sauerteigbrot, werden nicht verwendet.

1.12 Mengenangaben
Die in den Leitsätzen angegebenen Mengen sind Gewichtsangaben in Teilen oder Prozenten, so weit keine davon abweichenden Angaben gemacht werden. Sie beziehen sich, sofern es nicht ausdrücklich anders vermerkt ist, auf die Gesamtmenge des verwendeten Getreides und/oder der Getreideerzeugnisse.

2. Mitverwendung von Brot

Die Verwendung von verkehrsfähigem hygienisch einwandfreiem Brot bei der Brotherstellung ist üblich, bei Brot mit überwiegendem Weizenanteil bis zu 6 Prozent, bei überwiegendem Roggenanteil bis zu 20 Prozent, jeweils berechnet als Frischbrot. Das mitverwendete Brot ist im Enderzeugnis mit bloßem Auge nicht erkennbar.

3. Mindestanteile wertbestimmender Zutaten

Bei Zutaten, die in der Bezeichnung oder Aufmachung von Brot und Kleingebäck zum Ausdruck kommen, werden – vorbehaltlich der Besonderen Beurteilungsmerkmale nach Abschnitt II – folgende Mindestmengen verwendet oder eingehalten:

[1] *Anlage 1 Gruppe XVII der Verordnung über Milcherzeugnisse vom 15. Juli 1970 (BGBl. I S. 1150) in der jeweils geltenden Fassung.*

[2] *§ 2 des Milch- und Margarinegesetzes vom 25. Juli 1990 (BGBl. I S. 1471) in Verbindung mit § 1 und § 3 der Margarine und Mischfettverordnung vom 31. August 1990 (BGBl. I S. 1989) in den jeweils geltenden Fassungen.*

3.1 Sauerteig
Sauerteigbrot wird so hergestellt, dass die gesamte zugesetzte Säuremenge aus Sauerteig stammt. Auf Nummer 1.11 wird verwiesen.
Hinweise auf die Mitverwendung von Sauerteig sind nur üblich, wenn die zugesetzte Säuremenge zu mehr als zwei Dritteln aus Sauerteig stammt.
Bei Bauern-/Landbrot mit einem Roggenanteil von über 20 Prozent stammt die zugesetzte Säuremenge zu mindestens zwei Dritteln aus Sauerteig.

3.2 Butter
Auf 100 kg Getreideerzeugnisse werden mindestens 5 kg Butter oder entsprechende Mengen Michfetterzeugnisse zugegeben. Andere Fette – außer als Trennfette – werden nicht verwendet; die Verwendung von Emulgatoren wird davon nicht berührt.

3.3 Milch
Auf 100 kg Getreideerzeugnisse werden mindestens 50 l standardisierte Vollmilch[3] oder entsprechende Mengen Kondensmilch – und/oder entsprechende Mengen Trockenmilcherzeugnisse – auch ergänzt durch Butterfett – zugegeben.

3.4 Milcheiweiß
Auf 100 kg Getreideerzeugnisse werden mindestens 2 kg Milcheiweiß zugegeben.

3.5 Buttermilch, Joghurt, Kefir, Molke
Auf 100 kg Getreideerzeugnisse werden mindestens 15 l Buttermilch, Joghurt, Kefir, Molke oder eine entsprechende Menge Trockenerzeugnisse zugegeben.

3.6 Quark
Auf 100 kg Getreideerzeugnisse werden mindestens 10 kg Speisequark (Frischkäse) oder eine entsprechende Menge Trockenerzeugnisse zugegeben.

3.7 Weizenkeime
Auf 100 kg Getreideerzeugnisse werden mindestens 10 kg Weizenkeime mit einem Mindestfettgehalt von 8 Prozent in der Trockenmasse zugegeben.

3.8 Leinsamen, Sesam, Sonnenblumenkerne, Nüsse, Mohn und andere Ölsamen
Auf 100 kg Getreideerzeugnisse werden mindestens 8 kg nicht entfetteter Ölsamen zugegeben. Bei Mohnbrot, Mohnkleingebäck, Sesamkleingebäck sowie Sonnenblumenkernkleingebäck genügt eine deutlich sichtbare Krustenauflage.

3.9 Rosinen/Sultaninen, Korinthen
Auf 100 kg Getreideerzeugnisse werden mindestens 15 kg luftgetrockneter Rosinen/Sultaninen und/oder Korinthen zugegeben.

3.10 Speisekleien und Ballaststoffkonzentrate
Auf 100 kg Getreideerzeugnisse werden mindestens 10 kg Weizenspeisekleie mit mindestens 50 Prozent Gesamtballaststoffen in der Trockenmasse zugegeben. Die Dosierung anderer Speisekleien und/oder Ballaststoffkonzentrate richtet sich nach ihrem jeweiligen Gesamtballaststoffgehalt im Verhältnis zur Weizenspeisekleie. Der Stärkegehalt der Weizenspeisekleie überschreitet nicht 15 Prozent in der Trockenmasse.

3.11 Wird in Verbindung mit der Verkehrsbezeichnung auf Schrotanteile durch Zusätze wie „mit Schrotanteil" hingewiesen, so werden bei der Herstellung mindestens 10 Prozent Getreideschrot, bezogen auf Gesamtgetreideerzeugnisse, verwendet.

3.12 Wird in der Bezeichnung oder Aufmachung auf andere Zutaten hingewiesen, werden diese in solchen Mengen verwendet, dass die durch sie bezweckten besonderen Eigenschaften bei den typischen Erzeugnismerkmalen sensorischer Art deutlich oder bei solchen ernährungsphysiologischer Art wertbestimmend in Erscheinung treten.

---

[3] *Artikel 3 Abs. 1 Buchstabe b der Verordnung (EWG) Nr. 1411/71 des Rates zur Festlegung ergänzender Vorschriften für die gemeinsame Marktorganisation für Milch und Milcherzeugnisse hinsichtlich Konsummilch vom 29. Juni 1971 (ABl. EG Nr. L 148 S. 4) in Verbindung mit § 2 Nr. 4 der Milchverordnung vom 24. April 1995 (BGBl. I S. 544) in den jeweils geltenden Fassungen.*

II. Besondere Beurteilungsmerkmale für Brot

Wird Brot mit den folgenden Verkehrsbezeichnungen in den Verkehr gebracht, entspricht es den jeweiligen Beurteilungsmerkmalen. Verkehrsbezeichnungen sind kursiv gedruckt.

1. *Weizenbrot oder Weißbrot*
   Weizenbrot oder Weißbrot wird aus mindestens 90 Prozent Weizenmehl hergestellt.
2. *Weizenmischbrot*
   Weizenmischbrot wird aus mehr als 50, jedoch weniger als 90 Prozent Weizenmehl hergestellt.
3. *Roggenbrot*
   Roggenbrot wird aus mindestens 90 Prozent Roggenmehl hergestellt.
4. *Roggenmischbrot*
   Roggenmischbrot wird aus mehr als 50, jedoch weniger als 90 Prozent Roggenmehl hergestellt.
5. *Weizenvollkornbrot*
   Weizenvollkornbrot wird aus mindestens 90 Prozent Weizenvollkornerzeugnissen hergestellt.
6. *Roggenvollkornbrot*
   Roggenvollkornbrot wird aus mindestens 90 Prozent Roggenvollkornerzeugnissen hergestellt. Die zugesetzte Säuremenge stammt zu mindestens zwei Dritteln aus Sauerteig.
7. *Vollkornbrot*
   Vollkornbrot wird aus mindestens 90 Prozent Roggen- und Weizenvollkornerzeugnissen in beliebigem Verhältnis zueinander hergestellt. Die zugesetzte Säuremenge stammt zu mindestens zwei Dritteln aus Sauerteig.
   Ein *Weizenroggenvollkornbrot* wird aus mehr als 50 Prozent Weizenvollkornerzeugnissen hergestellt.
   Ein *Roggenweizenvollkornbrot* wird aus mehr als 50 Prozent Roggenvollkornerzeugnissen hergestellt.
8. *Hafervollkornbrot* oder Vollkornbrote mit anderen Getreidearten
   Hafervollkornbrot wird aus mindestens 20 Prozent Hafervollkornerzeugnissen, insgesamt aus mindestens 90 Prozent Vollkornerzeugnissen, hergestellt. Entsprechendes gilt für Vollkornbrote mit Bezeichnungen von anderen Getreidearten (z. B. *Gerstenvollkornbrot*).
   Die zugesetzte Säuremenge stammt zu mindestens zwei Dritteln aus Sauerteig.
9. *Weizenschrotbrot*
   Weizenschrotbrot wird aus mindestens 90 Prozent Weizenbackschrot hergestellt.
10. *Roggenschrotbrot*
    Roggenschrotbrot wird aus mindestens 90 Prozent Roggenbackschrot hergestellt.
11. *Schrotbrot*
    Schrotbrot wird aus mindestens 90 Prozent Roggen- und Weizenbackschrot in beliebigem Verhältnis zueinander hergestellt.
    Weizenroggenschrotbrot wird aus mehr als 50 Prozent Weizenbackschrot hergestellt.
    Roggenweizenschrotbrot wird aus mehr als 50 Prozent Roggenbackschrot hergestellt.
12. *Pumpernickel*
    Pumpernickel wird aus mindestens 90 Prozent Roggenbackschrot und/oder Roggenvollkornschrot mit Backzeiten von mindestens 16 Stunden hergestellt. Wird Pumpernickel aus Vollkornschrot hergestellt, so stammt die zugesetzte Säuremenge zu mindestens zwei Dritteln aus Sauerteig.

13. *Toastbrote*
    Insbesondere werden hergestellt:
    - *Toastbrot* aus mindestens 90 Prozent Weizenmehl.
    - *Weizenvollkorntoastbrot* aus mindestens 90 Prozent Weizenvollkornerzeugnissen. Wird Säure zugesetzt, so stammt sie zu mindestens zwei Dritteln aus Sauerteig
    - *Weizenmischtoastbrot* aus mehr als 50 Prozent, jedoch weniger als 90 Prozent Weizenmehl.
    - *Roggenmischtoastbrot* aus mehr als 50 Prozent, jedoch weniger als 90 Prozent Roggenmehl.
    - *Vollkorntoastbrot* aus mindestens 90 Prozent Weizen-/Roggenvollkornerzeugnissen in beliebigem Verhältnis zueinander. Wird Säure zugesetzt, so stammt sie zu mindestens zwei Dritteln aus Sauerteig.

14. *Knäckebrot*
    Knäckebrot wird als Trockenflachbrot – unter Verwendung von Vollkornschrot, Vollkornmehl oder Mehl aus Roggen, Weizen, anderen Getreidearten oder Mischungen derselben, sowie anderer Lebensmittel, mit Hefelockerung oder Sauerteiggärung oder Lufteinschlag auf physikalische Weise oder mit sonstigen Lockerungsverfahren hergestellt.
    Knäckebrot wird nicht durch Heißextrusion hergestellt.
    Der Feuchtigkeitsgehalt des Fertigerzeugnisses beträgt höchstens 10 Prozent.
    Andere Trockenflachbrote können durch Heißextrusion hergestellt werden. Sie entsprechen im Übrigen den Anforderungen an Knäckebrot.

15. *Mehrkornbrot, Dreikornbrot, Vierkornbrot* usw.
    Mehrkornbrote werden aus mindestens einer Brotgetreideart sowie aus mindestens einer anderen Getreideart, insgesamt aus drei oder entsprechend mehr verschiedenen Getreidearten, hergestellt. Jede Getreideart ist mindestens mit 5 Prozent enthalten.
    Entsprechendes gilt für Mehrkorntoast- und Knäckebrot.
16. *Haferbrot, Reisbrot, Maisbrot, Hirsebrot, Buchweizenbrot, Gerstenbrot*
    Der Anteil der namengebenden anderen Getreidearten in diesen Brotsorten beträgt mindestens 20 Prozent.
17. *Dinkelbrot, Triticalebrot*
    Dinkelbrot, Triticalebrot werden aus mindestens 90 Prozent Dinkel- bzw. Triticaleerzeugnissen hergestellt.

Weitere Angaben für Brot
Brote mit weiteren Angaben entsprechen den Anforderungen der vorhergehenden Abschnitte. Die weitere Angabe ersetzt nicht die Verkehrsbezeichnung.

18. *Steinofenbrot*
    Steinofenbrot wird freigeschoben oder angeschoben und nur auf Backgutträgern gebacken, die aus Natur- und/oder Kunststein, Schamott oder sonstigen geeigneten nichtmetallischen Materialien bestehen.
19. *Holzofenbrot*
    Holzofenbrot wird freigeschoben und in direkt befeuerten Öfen hergestellt, deren Backräume aus steinernem oder steinartigem Material bestehen. Das Heizmaterial befindet sich dabei im Backraum. Es wird nur naturbelassenes Holz als Heizmaterial verwendet.
20. *Gersterbrot, Gerstelbrot*
    Bei diesem Brot werden die Teigstücke im offenen Feuer geflammt (gegerstert); es weist hierdurch eine charakteristische Sprenkelung auf.
21. *Schinkenbrot*
    Schinkenbrot ist Roggenvollkornbrot oder Roggenschrotbrot, in halbrunder Form freigeschoben, angeschoben oder im Kasten gebacken. Es weist einen herzhaft-aromatischen Geschmack auf. Ein Zusatz von Schinken ist nicht üblich. Schinken wird nur in wenigen Gegenden und nur bei Mehlbroten zugesetzt.

III. Besondere Beurteilungsmerkmale für Kleingebäck

Wird Kleingebäck mit den folgenden Verkehrsbezeichnungen in den Verkehr gebracht, entspricht es den jeweiligen Beurteilungsmerkmalen. Verkehrsbezeichnungen sind kursiv gedruckt.

1. *Weizenbrötchen*
   Weizenbrötchen werden aus mindestens 90 Prozent Weizenmehl hergestellt.
2. *Weizenmischbrötchen*
   Weizenmischbrötchen werden aus mehr als 50, jedoch weniger als 90 Prozent Weizenmehl hergestellt.
3. *Roggenbrötchen*
   Roggenbrötchen werden aus mindestens 50 Prozent Roggenmehl hergestellt.
4. *Weizenvollkornbrötchen*
   Weizenvollkornbrötchen werden aus mindestens 90 Prozent Weizenvollkornerzeugnissen hergestellt.
5. *Vollkornbrötchen*
   Vollkornbrötchen werden aus mindestens 90 Prozent Roggen- und Weizenvollkornerzeugnissen in beliebigem Verhältnis zueinander hergestellt.
   Weizenroggenvollkornbrötchen werden aus mehr als 50 Prozent Weizenvollkornerzeugnissen hergestellt.
6. *Weizenschrotbrötchen*
   Weizenschrotbrötchen werden aus mindestens 90 Prozent Weizenbackschrot hergestellt.
7. *Schrotbrötchen*
   Schrotbrötchen werden aus mindestens 90 Prozent Roggen- und Weizenbackschrot in beliebigem Verhältnis zueinander hergestellt.
   Weizenroggenschrotbrötchen werden aus mehr als 50 Prozent Weizenbackschrot hergestellt.
8. *Toastbrötchen*
   Toastbrötchen werden aus mindestens 90 Prozent Weizenmehl hergestellt.
   Weizenvollkorntoastbrötchen werden aus mindestens 90 Prozent Weizenvollkornerzeugnissen hergestellt.
   Weizenmischtoastbrötchen werden aus mehr als 50 Prozent, jedoch weniger als 90 Prozent Weizenmehl hergestellt.
   Vollkorntoastbrötchen werden aus mindestens 90 Prozent Weizen-/Roggenvollkornerzeugnissen in beliebigem Verhältnis zueinander hergestellt.
9. *Mehrkornbrötchen, Dreikornbrötchen, Vierkornbrötchen* usw.
   Mehrkornbrötchen, Dreikornbrötchen, Vierkornbrötchen usw. werden aus mindestens einer Brotgetreideart sowie aus mindestens einer anderen Getreideart, insgesamt aus drei oder entsprechend mehr verschiedenen Getreidearten, hergestellt. Jede Getreideart ist mindestens mit 5 Prozent enthalten.
   Mehrkorntoastbrötchen werden entsprechend hergestellt.
10. *Haferbrötchen, Reisbrötchen, Maisbrötchen, Hirsebrötchen, Buchweizenbrötchen, Gerstenbrötchen*
    Bei Haferbrötchen, Reisbrötchen, Maisbrötchen, Hirsebrötchen, Buchweizenbrötchen, Gerstenbrötchen beträgt der Anteil der namengebenden anderen Getreideart mindestens 20 Prozent.
11. *Dinkelbrötchen, Triticalebrötchen*
    Dinkelbrötchen, Triticalebrötchen werden aus mindestens 90 Prozent Dinkel- bzw. Triticaleerzeugnissen hergestellt.

12. Laugengebäck, wie *Laugenbrezeln, Laugenbrötchen, Laugenstangen*
    Laugengebäck, wie Laugenbrezeln, Laugenbrötchen, Laugenstangen, wird aus mehr als 50 Prozent Weizenerzeugnissen hergestellt; die Außenseite des geformten Teiges wird vor dem Backen mit wässriger Natronlauge[4] behandelt. Ein Zusatz von Zucker ist nicht üblich.

Kleingebäck mit Verkehrsbezeichnungen, die auf wertbestimmende Zutaten hinweisen, enthält diese in den unter Abschnitt I Nr. 3 aufgeführten Mindestanteile. Übliche Verkehrsbezeichnungen sind

Milchbrötchen
Buttermilchbrötchen, Joghurtbrötchen, Kefirbrötchen, Molkebrötchen
Quarkbrötchen
Weizenkeimbrötchen
Leinsamenbrötchen, Sesambrötchen, Sonnenblumenkernbrötchen
Nussbrötchen, Mohnbrötchen
Rosinen-/Sultaninenbrötchen, Korinthenbrötchen
Kleiebrötchen

Leitsätze für Feine Backwaren

vom 17./18. September 1991 (Beilage Nr. 86 b zum BAnz. vom 8. Mai 1992, GMBl. Nr. 17 S. 325 vom 8. Mai 1992), zuletzt geändert am 27. November 2002 (Beilage Nr. 46 b zum BAnz. vom 7. März 2003, GMBl. Nr. 8–10 S. 220 vom 20. Februar 2003)

Der Begriff „Feine Backwaren" schließt die Gebäckkategorie Dauerbackwaren ein.

I. Allgemeine Beurteilungsmerkmale

1. Begriffsbestimmungen
   Feine Backwaren werden aus Teigen oder Massen durch Backen, Rösten, Trocknen, Kochextrusion oder andere Verfahren hergestellt. Die Teige oder Massen werden unter Verwendung von Getreide und/oder Getreideerzeugnissen, Stärken, Fetten, Zuckerarten bereitet. Feine Backwaren unterscheiden sich von Brot und Kleingebäck dadurch, dass ihr Gehalt an Fett und/oder Zuckerarten mehr als 10 Teile auf 90 Teile Getreide und/oderGetreideerzeugnisse und/oder Stärken beträgt. So weit in den Besonderen Beurteilungsmerkmalen aufgeführt, können bestimmten Erzeugnissen auch geringere Anteile an Fetten und/oder Zuckerarten zugesetzt werden.
   Dauerbackwaren sind Feine Backwaren, deren Genießbarkeit durch eine längere, sachgemäße Lagerung nicht beeinträchtigt wird.
   Die in den Leitsätzen angegebenen Mengen sind Gewichtsangaben, in Teilen oder Prozenten, so weit keine davon abweichenden Angaben gemacht werden. Diese Werte sind Mindestmengen.
2. Getreide im Sinne dieser Leitsätze sind die Brotgetreidearten Weizen, Roggen, Dinkel und Triticale und die Nicht-Brotgetreidearten Buchweizen, Gerste, Hafer, Hirse, Mais und Reis.

[4] *Anlage 4, Teil A der Verordnung zur Neuregelung lebensmittelrechtlicher Vorschriften über Zusatzstoffe vom 29. Januar 1998 (BGBl. I S. 230) in der jeweils geltenden Fassung.*

3. Getreideerzeugnisse im Sinne dieser Leitsätze sind sämtliche Erzeugnisse aus gereinigtem Getreide, welches weiter bearbeitet wurde (z. B. durch Zerkleinern, Quetschen, Fraktionieren, Erhitzen), z. B. Mehl, Backschrot, Vollkornmehl, Vollkornschrot, Grieß und Dunst, Keime, Flocken und Speisekleie.
4. Fette
   Fette im Sinne dieser Leitsätze sind Butter, Milchfetterzeugnisse[1], Margarine- und Mischfetterzeugnisse[2], Speisefette und Speiseöle sowie deren Zubereitungen. So weit Fette gegenseitig ersetzt werden können, gelten für die in diesen Leitsätzen angegebenen Mindestzusätze an Fetten unter Berücksichtigung der unterschiedlichen Wassergehalte der verschiedenen Fettarten rechnerisch folgende Verhältnisse:
   10 kg Butter entsprechen 8,2 kg Butterreinfett, 8,2 kg Butterfett, fraktioniert, 8,6 kg Butterfett, 10,25 kg Margarine oder 8,2 kg anderer wasserfreier Fette.
5. Zuckerarten
   Zuckerarten im Sinne dieser Leitsätze sind alle verkehrsüblichen Zuckerarten.
6. Vollei
   Vollei im Sinne dieser Leitsätze ist die aus dem Inhalt frisch aufgeschlagener Hühnereier mittleren Gewichts gewonnene Eimasse oder handelsüblich pasteurisiertes Vollei mit einem Trockenmassegehalt von mindestens 23 Prozent.
   Bei Verwendung von Eiern anderer Gewichtsklassen wird ein etwaiger Mangel an Eigelb ausgeglichen.
7. Füllungen
   a) Fruchtfüllungen enthalten einen wesentlichen Anteil an Früchten und/oder Fruchterzeugnissen einschließlich Fruchtmark (auch in eingedickter oder getrockneter Form). Sie werden auch unter Mitverwendung von Aromen mit natürlichen und/oder naturidentischen Aromastoffen[3] hergestellt. Aromen mit künstlichen Aromastoffen werden nicht verwendet.
   b) Fruchtkremfüllungen enthalten die unter Nummer 7 Buchstabe a aufgeführten Zutaten und/oder Aromen. Bei Verwendung von Aromen mit künstlichen Aromastoffe[3] wird durch bildliche Darstellungen nicht auf Früchte hingewiesen.
      Einer Abbildung von Früchten steht die Verwendung von Vanillin oder Ethylvanillin nicht entgegen, wenn dem Erzeugnis dadurch nicht der diesen Aromastoffen eigene Geruch oder Geschmack verliehen wird.
   c) Fetthaltige Füllungen enthalten als Grundstoffe die unter Nummer 4 genannten Fette. Milchkrems, die als Füllungen für Waffeln, Kekse und vergleichbare Erzeugnisse bestimmt sind, enthalten mindestens 2,5 Prozent und Sahnekrems mindestens 4,0 Prozent Milchfett mit den entsprechenden Mengen fettfreier Milchtrockenmasse.
   d) Canache: Sahnekrem aus zwei Teilen dunkler Schokoladeüberzugmasse und einem Teil Schlagsahne. Als geschmackgebende Stoffe werden z. B. Mokka, Rum, Weinbrand, Kirschwasser oder Vanille verwendet.
   e) Eierkrem enthält mindestens 15 Prozent Vollei oder die entsprechenden Mengen an Eiprodukten.
   f) Schokoladenkrem enthält mindestens 5 Prozent Schokolade im Sinne der Kakaoverordnung; weiße Schokolade wird nicht verwendet.
   g) Kakaokrem enthält mindestens 2,5 Prozent stark entöltes Kakaopulver im Sinne der Kakaoverordnung.
   h) Weinkrem enthält mindestens 50 Prozent der verwendeten Flüssigkeit als Wein. Weinkrems aus Weintrockenerzeugnissen weisen einen deutlich wahrnehmbaren Weingeschmack auf.

---

[1] *Anlage 1, Gruppe XVII der Verordnung über Milcherzeugnisse vom 15. Juli 1970 (BGBl. I S. 1150) in der jeweils geltenden Fassung.*
[2] *§ 2 des Milch- und Margarinegesetzes vom 25. Juli 1990 (BGBl. I S. 1471) in Verbindung mit § 1 der Margarine-und Mischfettverordnung vom 31. August 1990 (BGBl. I S. 1989) in denjeweils geltenden Fassungen.*
[3] *§ 1 der Aromenverordnung vom 22. Dezember 1981 (BGBl. I S. 1625, 1677) in der jeweils geltenden Fassung.*

i) Nuss- und Mandelfüllungen enthalten insgesamt mindestens 15 Prozent Haselnuss-, Walnusskerne oder Mandeln, den namengebenden Ölsamen in überwiegenden Anteilen. Nuss- und/oder Marzipanrohmassen werden – entsprechend ihren Gewichtsanteilen an Ölsamen – auch verarbeitet, dagegen keine Persipanrohmasse oder Rohmasse aus anderen Ölsamen.

k) Marzipanfüllungen: Marzipanfüllmasse (wird mitgebacken) und Marzipanfüllkrem (wird nicht mitgebacken) enthalten, auch als Auflage, mindestens 20 Prozent Marzipanrohmasse oder entsprechende Mengen Marzipan, dagegen keine anderen Ölsamen oder Rohmassen aus anderen Ölsamen.

l) Persipanfüllungen: Persipanfüllmasse (wird mitgebacken) und Persipanfüllkrem (wird nicht mitgebacken) enthalten, auch als Auflage, mindestens 15 Prozent Persipanrohmasse oder entsprechende Mengen Persipan, dagegen keine anderen Ölsamen oder Rohmassen aus anderen Ölsamen (siehe auch Nr. 9).

m) Nugatfüllungen: Nugatfüllmasse (wird mitgebacken) und Nugatfüllkrem (wird nicht mitgebacken) enthalten, auch als Auflage, mindestens 10 Prozent Nugatmasse oder entsprechende Mengen Nugat (siehe auch Nr. 11 g).

n) Mohnfüllungen enthalten mindestens 20 Prozent Mohnsamen mit handelsüblichem Feuchtigkeitsgehalt.

o) Füllungen aus anderen Ölsamen enthalten mindestens 20 Prozent dieser Ölsamen, auch in Mischung. Rohmassen können entsprechend ihren Gewichtsanteilen an Ölsamen verarbeitet werden.

p) Schaummassen werden unter Verwendung eiweißhaltiger Schaumbildner, wie Eiklar, Milch-oder Sojaeiweiß, hergestellt.

8. Kakaohaltige Fettglasur
Die Verwendung von mit Kakaoerzeugnissen verwechselbaren Fettglasuren, auch in stückiger Form, wird ausreichend kenntlich gemacht[4] , z. B. „mit kakaohaltiger Fettglasur". Fettglasuren werden bei Feinen Backwaren von besonderer Qualität, z. B. Oblatenlebkuchen, Printen, Spitzkuchen, Schlotfeger, Zimtsterne, oder bei Hinweisen hierauf nicht verwendet; dies gilt auch, so weit die Verkehrsbezeichnung nicht Schokolade erwarten lässt (siehe auch Nr. 11 f).

9. Persipan
Eine Verwendung von Persipan wird kenntlich gemacht[5], wenn nach der Verkehrsauffassung die Verwendung von Persipan nicht üblich ist.

10. Citronat, Orangeat
Citronat und Orangeat sind kandierte Früchte im Sinne dieser Leitsätze.

11. Bezeichnungen, Angaben, Aufmachung
Bei Zutaten, die in der Bezeichnung oder Aufmachung von Feinen Backwaren zum Ausdruck kommen, werden – vorbehaltlich der Besonderen Beurteilungsmerkmale nach Abschnitt II und III – folgende Mindestmengen verwendet oder Mindestanforderungen eingehalten:

a) Butter
Auf 100 kg Getreide, Getreideerzeugnisse und/oder Stärken werden mindestens 10 kg Butter oder entsprechende Mengen Milchfetterzeugnisse zugesetzt. Andere Fette – außer als Trennfette – werden nicht verwendet; die Verwendung von Emulgatoren wird davon nicht berührt.

b) Milch
Zum Anteigen dienen auf 100 kg Getreide, Getreideerzeugnisse und/oder Stärken, bei Hefeteigen mindestens 40 l, bei Nichthefeteigen mindestens 20 l standardisierte Vollmilch[6] oder entsprechende Mengen Kondensmilch- oder Trockenmilcherzeugnisse.

---

[4] § 1 der Kakaoverordnung vom 30. Juni 1975 (BGBl. I S. 1760) in der jeweils geltenden Fassung.

[5] Auf § 17 Abs. 1 Nr. 2 Buchstabe a des Lebensmittel- und Bedarfsgegenständegesetzes in der Fassung der Bekanntmachung vom 9. September 1997 (BGBl. I S. 2296) in der jeweils geltenden Fassung wird hingewiesen.

[6] Artikel 3 Abs. 1 Buchstabe b der Verordnung (EG) Nr. 2597/97 des Rates zur Festlegung ergänzender Vorschriften für die gemeinsame Marktorganisation für Milch und Milcherzeugnisse hinsichtlich Konsummilch vom 18. Dezember 1997 (ABl. EG Nr. L 351 S. 13 in Verbindung mit § 2 Nr. 5 der Milchverordnung in der Fassung der Bekanntmachung vom 20. Juli 2000 (BGBl. I S. 1178) in den jeweils geltenden Fassungen.

c) Sahne, Rahm
Zum Anteigen dienen auf 100 kg Getreide, Getreideerzeugnisse und/oder Stärken mindestens 20 l Sahne (Rahm; mindestens 10 Prozent Milchfett) oder entsprechende Mengen eines konzentrierten Sahneerzeugnisses.

d) Eier
Auf 100 kg Getreide, Getreideerzeugnisse und/oder Stärken werden mindestens 18 kg Vollei und/oder eine entsprechende Menge an Vollei- und/ oder Eigelbprodukten verwendet.

e) Quark
Bei Teigen werden auf 100 kg Getreideerzeugnisse und/oder Stärken mindestens 10 kg Speisequark (Frischkäse) oder eine entsprechende Menge Trockenerzeugnisse verwendet.
Quarkkuchenmassen in der Art von Sand- oder Rührkuchen enthalten mindestens 15 kg Speisequark (Frischkäse) oder eine entsprechende Menge Trockenerzeugnisse in 100 kg Masse.

f) Schokolade
Die Verwendung des Wortes „Schokolade“, auch in abgekürzter Form, in zusammengesetzten Bezeichnungen setzt eine Mitverarbeitung von Kakaoerzeugnissen und/oder Kakao in Teigen, Massen, im Überzug oder in der Füllung voraus; sie sind im fertigen Erzeugnis geschmacklich deutlich wahrnehmbar. Besteht der Anteil nur im Überzug oder in der Füllung, so werden hierfür nur Schokoladearten[4] verwendet.

g) Mandeln, Nüsse, Marzipan, Persipan, Nugat (sowie Hinweise auf andere Ölsamen und daraus hergestellte Massen)
Die genannten Zutaten entsprechen den Leitsätzen für Ölsamen und daraus hergestellte Massen und Süßwaren; sie sind im fertigen Erzeugnis geschmacklich deutlich wahrnehmbar.
Die Verwendung von Ölsamen, deren Ölgehalt in der Trockenmasse 35 Prozent unterschreitet, und die Verwendung teilweise entölter Samen ist nicht üblich.
Unter „Nüssen“ werden nur Haselnuss- und Walnusskerne verstanden.
Erzeugnisse, die nach Mandeln, Haselnuss- oder Walnusskernen benannt sind, enthalten als Ölsamenanteil nur diese Samenarten und überwiegend die namengebende Samenart, so weit in diesen Leitsätzen nichts anderes gesagt wird.
Bei Hinweisen auf „Marzipan“ oder „Nugat“ sind als Füllung ausschließlich die entsprechenden Rohmassen oder angewirkten Massen enthalten.

h) Honig
Mindestens 50 Prozent der enthaltenen Zuckerarten stammen aus dem zugesetzten Honig; der andere Teil kann auch aus Invertzuckerkrem[7] stammen.

i) Vanille
Als „Vanille ...“ bezeichnete Feine Backwaren enthalten als Aromastoffe nur Vanille und/oder Vanillearoma mit natürlichen Aromastoffen[3]; sie weisen einen deutlich wahrnehmbaren Geschmack und Geruch nach Vanille auf.

k) Pfeffer
Bei Braunen Lebkuchen weist der Wortbestandteil „Pfeffer ...“ nur auf eine kräftige Würzung hin.

l) Vollkorn
Der Getreide- und Stärkeanteil besteht zu mindestens 90 Prozent aus vollem Korn oder aus Vollkornerzeugnissen.

m) Mehrkorn
Diese Erzeugnisse werden mit mindestens drei Getreidearten hergestellt. Ihr Anteil beträgt jeweils mindestens 5 Prozent der Gesamtgetreideerzeugnisse.

---

[3] § 1 der Aromenverordnung vom 22. Dezember 1981 (BGBl. I S. 1625, 1677) in der jeweils geltenden Fassung.
[4] § 1 der Kakaoverordnung vom 30. Juni 1975 (BGBl. I S. 1760) in der jeweils geltenden Fassung.
[7] Früher „Kunsthonig“.

n) Bestimmte Getreidearten
Wird auf bestimmte Getreidearten hingewiesen, so beträgt der Anteil daran, bezogen auf Gesamtgetreideerzeugnisse, für Weizen mindestens 90 Prozent, für Roggen mindestens 50 Prozent und, getreideart- und erzeugnisabhängig, für alle anderen je mindestens 20 Prozent.
Hafer-Dauerbackwaren enthalten üblicherweise ebenso viel Hafermahlerzeugnisse wie andere Getreidemahlerzeugnisse, keinesfalls aber weniger als 25 Prozent, bezogen auf den Getreideanteil. Unterschreitet der Zusatz an Hafermahlerzeugnissen 50 Prozent, bezogen auf den Getreideanteil, so wird sein Prozentanteil angegeben.
Wird in der Bezeichnung oder Aufmachung auf andere Zutaten hingewiesen, werden diese in solchen Mengen verwendet, dass die durch sie bezweckten besonderen Eigenschaften bei den typischen Erzeugnismerkmalen sensorischer Art deutlich oder bei solchen ernährungsphysiologischer Art wertbestimmend in Erscheinung treten.
Ausgenommen hiervon sind Bezeichnungen, die lediglich auf einen Gebrauchszweck hindeuten, wie „Teegebäck", „Eiswaffeln".

12. Die als Verkehrsbezeichnung anzusehenden Bezeichnungen sind im Folgenden kursiv gedruckt.
Geographische Bezeichnungen sind i. d. R. echte Herkunftsangaben. In manchen Fällen können sie, auch so weit sie in den Leitsätzen ausdrücklich genannt werden, aber auch nur Hinweise auf eine bestimmte Zusammensetzung und Herstellungsweise sein. In Verbindung mit den Worten „Original" oder „Echt" weisen geographische Bezeichnungen in jedem Fall auf die Herkunft hin.

II. Besondere Beurteilungsmerkmale

1. *Baumkuchen, Baumkuchenspitzen, Baumkuchentorte*
Die Massen enthalten auf 100 kg Getreideerzeugnisse und/oder Stärken mindestens 100 kg Butter oder die entsprechende Menge Butterreinfett und/oder Butterfett und mindestens 200 kg Vollei oder entsprechende Mengen Vollei-Erzeugnisse. Es werden auch Mandeln, Marzipanrohmasse, Nüsse und/oder Nugat zugesetzt.
Backpulver wird nicht verwendet.
Sie werden in dünnen Schichten gebacken. Der Überzug besteht aus Schokoladeüberzugsmasse oder Zuckerglasur. Mit Schokoladearten verwechselbare Überzüge werden nicht verwendet.

2. *Backwaren aus Wiener Masse*
Wiener Masse wird unter Verwendung von Getreideerzeugnissen und/oder Stärken sowie Zuckerarten, Fett und Vollei oder entsprechenden Volleierzeugnissen hergestellt. Auf 100 kg Getreideerzeugnisse und/oder Stärken werden mindestens 66,7 Prozent Vollei oder entsprechende Mengen Vollei-Erzeugnisse und mindestens 6 kg Butter oder entsprechende Mengen Milchfetterzeugnisse oder Margarine oder praktisch wasserfreier Fette verwendet.

3. *Sandkuchen*
Sandkuchen werden aus Sandmassen unter Verwendung von Getreideerzeugnissen und/oder Stärken, Butter, Margarine und/oder anderen Fetten, Vollei und Zucker hergestellt. In 100 kg Sandmasse sind mindestens 20 kg Butter oder die entsprechende Menge Milchfetterzeugnisse oder Margarine oder praktisch wasserfreier Fette sowie 20 kg Vollei oder die entsprechende Menge eines Vollei-Erzeugnisses enthalten.

4. *Marmorkuchen*
Marmorkuchen werden aus heller und zu mindestens 33,3 Prozent aus dunkler Sand-oder Rührmasse hergestellt. Die dunkle Masse enthält mindestens 3 Prozent Kakao oder stark entölten Kakao.

5. *Königskuchen*
Königskuchen wird aus Sandmasse hergestellt, die in 100 kg Masse mindestens 20 kg Vollei oder entsprechende Mengen Vollei-Erzeugnisse sowie mindestens 20 kg Butter oder entsprechende Mengen Milchfetterzeugnisse oder Margarine oder praktisch wasserfreier Fette enthält.

Je 100 kg Masse werden mindestens 20 kg Rosinen, Sultaninen oder Korinthen und auch Citronat und Orangeat zugesetzt. Geleefrüchte werden nicht verwendet.

6. *Königskuchen rheinischer Art*
Königskuchen rheinischer Art wird in einer mit Blätterteig ausgelegten Form gebacken. Der Blätterteigboden in der Form wird mit Konfitüre bestrichen. Die nach dem Zusatz des im Mehl gehackten Fettes eingefüllte Königskuchenmasse (vgl. Nr. 5) wird vor dem Backen mit einem Blätterteiggitter überdeckt. Eine Mitverwendung von kandierten Kirschen ist üblich.

7. *Englischer Kuchen*
Englischer Kuchen wird aus einer Sandmasse (vgl. Nr. 3) hergestellt, der auf 100 kg Masse mindestens 30 kg Rosinen/Sultaninen, Korinthen und kandierte Früchte zugesetzt werden. Neben kandierten Kirschen wird mindestens noch eine weitere Art kandierter Früchte verwendet. Geleefrüchte werden nicht verwendet.

8. *Blätterteiggebäck*
Blätterteiggebäcke sind Gebäcke mit blättriger Struktur, ohne Verwendung von Triebmitteln hergestellt. Bei ihrer Herstellung werden mindestens 62 kg Butter oder die entsprechende Menge Milchfetterzeugnisse oder Margarine oder praktisch wasserfreier Fette, bezogen auf 100 kg Getreideerzeugnisse, verwendet.

9. *Stollen*[8]
Stollen enthalten mindestens 30 kg Butter oder die entsprechende Menge Milchfetterzeugnisse oder Margarine oder praktisch wasserfreier Fette sowie 60 kg Trockenfrüchte – ausschließlich Rosinen, Sultaninen oder Korinthen –, auch Citronat und Orangeat, bezogen auf 100 kg Getreideerzeugnisse und/oder Stärken, sofern sich aus den nachfolgenden Anforderungen nichts anderes ergibt. Eine Verwendung von Erdnüssen und anderen Leguminosen-Samen ist nicht üblich.

   a) *Mandelstollen*
   Mandelstollen enthalten mindestens 20 kg Mandeln auf 100 kg Getreideerzeugnisse und/oder Stärken. Trockenfrüchte, auch Citronat und Orangeat, können zugesetzt werden.
   Eine Zugabe von Persipan ist nicht üblich.

   b) *Marzipan-/Persipanstollen*
   Wird auf die Verwendung von Marzipan oder Persipan hingewiesen, so beträgt der üblicherweise zu einer Füllung verarbeitete Marzipanrohmasse- bzw. Persipanrohmasseanteil mindestens 5 Prozent des Stollenteiggewichtes. Zur Kenntlichmachung von Persipan siehe Nr. I 9.

   c) *Mohnstollen*
   Mohnstollen enthalten mindestens 20 kg Mohn mit handelsüblichem Feuchtigkeitsgehalt auf 100 kg Getreideerzeugnisse und/oder Stärken. Üblicherweise wird der Mohn zu einer Füllung verarbeitet. Trockenfrüchte, auch Citronat und Orangeat können zugegeben werden.

   d) *Nussstollen*
   Nussstollen enthalten mindestens 20 kg Nusskerne, auch zerkleinert, auf 100 kg Getreideerzeugnisse und/oder Stärken, die üblicherweise zu einer Füllung verarbeitet werden.

   e) *Butterstollen*
   Butterstollen enthalten mindestens 40 kg Butter oder die entsprechende Menge Butterreinfett und/oder Butterfett sowie mindestens 70 kg Trockenfrüchte, auch Citronat und Orangeat, auf 100 kg Getreideerzeugnisse und/oder Stärken. Bis 10 kg Trockenfrüchte können durch Mandeln und/oder eine entsprechende Menge Marzipanrohmasse ersetzt werden.
   Eine Zugabe von Persipan ist nicht üblich.

---

[8] *In einigen Gebieten Süddeutschlands werden herkömmlich auch Erzeugnisse unter der Bezeichnung Stollen (z. B. Kaffeestollen) in den Verkehr gebracht, die nur 45 kg Trockenfrüchte, auch Citronat und Orangeat, auf 100 kg Getreideerzeugnisse und/oder Stärken enthalten.*

f) *Quarkstollen*
Quarkstollen enthalten mindestens 40 kg Speisequark (Frischkäse) oder die entsprechende Menge Quarktrockenprodukte und mindestens 20 kg Butter oder die entsprechende Menge Milchfetterzeugnisse oder Margarine oder entsprechende Mengen praktisch wasserfreier Fette auf 100 kg Getreideerzeugnisse und/oder Stärken. Trockenfrüchte, auch Citronat und Orangeat, können zugesetzt werden.

10. *Bienenstich*
Bienenstich ist ein gefüllter oder ungefüllter Hefekuchen. Er ist zu mindestens 20 Prozent des Teiggewichtes mit einem Belag versehen, der Ölsamen, gebunden in einer karamellartigen Masse aus Zuckerarten, Fett und ggf. Milch, enthält. Der Anteil der Ölsamen in der Masse des Belages beträgt mindestens 30 Prozent. Die Verarbeitung von anderen Ölsamen, außer Walnüssen, Haselnüssen und Mandeln, wird kenntlich gemacht.
Mandel-Bienenstich enthält als Ölsamen nur Mandeln.

11. *Butterkuchen*
Butterkuchen ist ein Hefekuchen, der im Teig und in der Auflage als Fett nur Butter enthält. Der Butteranteil (Teig einschließlich Auflage) beträgt mindestens 30 kg oder entsprechende Mengen Butterreinfett und/oder Butterfett, bezogen auf 100 kg Getreideerzeugnisse und/oder Stärken.

12. *Butterstreuselkuchen*
Butterstreuselkuchen ist ein Hefekuchen mit einem Streuselbelag. Der Teig und die Streusel enthalten als Fett nur Butter. Der Butteranteil (Teig einschließlich Streusel) beträgt mindestens 30 kg oder entsprechende Mengen Butterreinfett und/oder Butterfett, bezogen auf 100 kg Getreideerzeugnisse und/oder Stärken.

13. *Plunder*
Plundergebäck wird aus einem gezogenen Hefeteig hergestellt, bei dem mindestens 30 kg Butter oder die entsprechende Menge Milchfetterzeugnisse oder Margarine oder praktisch wasserfreier Fette, bezogen auf 100 kg Getreideerzeugnisse und/oder Stärken, verwendet werden.

14. *Dänischer Plunder (Kopenhagener)*
Dänisches Plundergebäck wird aus einem gezogenen Hefeteig hergestellt, bei dem mindestens 60 kg Butter oder die entsprechende Menge Milchfetterzeugnisse oder Margarine oder praktisch wasserfreier Fette, bezogen auf 100 kg Getreideerzeugnisse und/oder Stärken, verwendet werden.

15. *Früchtebrot*
Früchtebrot enthält auf 100 kg Getreideerzeugnisse und/oder Stärken mindestens 100 kg Trockenfrüchte (z. B. Birnen, Äpfel, Feigen, Sultaninen) einschließlich kandierte Früchte, auch Mandeln oder Nüsse. Bei Früchtebrot, das nach einer Fruchtart benannt ist, z. B. *Birnenbrot*, genügt die Verwendung dieser Art.

16. *Käsekuchen, Käsetorte*
Käsekuchen oder auch Käsetorten können in offener, gedeckter oder gefüllter Form hergestellt werden. Auf 100 kg Teig werden mindestens 150 kg Käsemasse verwendet. Zur Herstellung der Käsemasse werden mindestens 30 Prozent Speisequark (Frischkäse) oder die entsprechende Menge Quarktrockenprodukte verwendet.

17. *Sahnetorte, Sahnekremtorte*
Sahnefüllungen und -garnierungen für Sahnetorten
Die bei der Herstellung von Sahne- und Fruchtsahnetorten verwendeten Sahnefüllungen und/oder -garnierungen enthalten mindestens 60 Prozent Schlagsahne.
Füllungen oder Garnierungen mit einem geringeren Anteil an Schlagsahne werden als *Sahnekrem (Sahnekremtorte)* bezeichnet; ihr Gehalt an Schlagsahne beträgt mindestens 20 Prozent. Als eventuell zugesetztes Fett wird nur Milchfett verwendet.
Bei *Quark-Sahnetorte (Käse-Sahnetorte), Frischkäse-Sahnetorte, Buttermilch-Sahnetorte, Kefir-Sahnetorte, Joghurt- oder Wein-Sahnetorte* beträgt der Schlagsahneanteil in der Füllung und/oder Garnierung mindestens 20 Prozent.

18. *Kremtorten*
Butterkrem, Fettkrem für Butterkrem- und Kremtorten
Butterkrem enthält mindestens 20 Prozent Butter oder entsprechende Mengen Butterreinfett und/oder Butterfett, anderes Fett wird nicht verwendet.
Fettkrem enthält mindestens 20,5 Prozent Margarine oder entsprechende Mengen praktisch wasserfreien Fettes.
19. *Frankfurter Kranz*
Frankfurter Kranz ist eine kranzförmige Torte aus Sand-, Wiener- oder Biskuitmasse. Sie ist in Lagen quergeschnitten, mit Butterkrem gefüllt und damit auf den Ober- und Seitenflächen bestrichen, außerdem mit Mandel- oder Nusskrokant bestreut.
20. *Schwarzwälder Kirschtorte*
Schwarzwälder Kirschtorten sind Kirschwasser-Sahnetorten oder Kirschwasser-Butterkremtorten, auch deren Kombination. Als Füllung dienen Butterkrem und/oder Sahne, teilweise Canache sowie Kirschen, auch als Stücke in gebundener Zubereitung.
Der zugesetzte Anteil an Kirschwasser ist geschmacklich deutlich wahrnehmbar.
Für die Krume werden dunkle und/oder helle Wiener- oder Biskuitböden verwendet.
Die Masse für die dunklen Böden enthält mindestens 3 Prozent Kakaopulver oder stark entölten Kakao. Für den Unterboden wird auch Mürbeteig verwendet.
Die Torte wird mit Butterkrem oder Sahne eingestrichen, mit Schokoladenspänen garniert.
21. *Sachertorte*
Sachertorte ist eine Schokoladentorte aus Sachermasse, gefüllt mit einer Fruchtfüllungmit einem mindestens 45 Prozent betragenden Aprikosenanteil, überzogen mit Kuvertüre oder Kakao-Zuckerglasur, zuweilen auch unterlegt mit dieser Fruchtfüllung.
Unter „Sachermasse" wird eine schwere Schokoladenmasse verstanden, die auf 100 kg Weizenmehl, dessen teilweiser Ersatz durch Stärke möglich ist, mindestens 100 kg Schokolade und/oder eine entsprechende Menge Kakao, mindestens 100 kg Butter oder entsprechende Mengen Butterreinfett und/oder Butterfett sowie mindestens 200 kg Vollei enthält.
Mit Schokoladearten verwechselbare Überzüge werden nicht verwendet.

III. Besondere Beurteilungsmerkmale für Dauerbackwaren

1. *Kekse und Kräcker*
a) Kekse
Kekse (Keks) sind aus kleinen oder mäßig großen Stücken bestehende, nicht süße oder mehr oder minder süße Gebäcke aus meist fetthaltigem Teig, der ausgewalzt, ausgeformt, gespritzt („Dressiergebäck") oder geschnitten („Schnittgebäck") wird.
Mürbekeks enthält mindestens 16,5 kg praktisch wasserfreie Fette oder eine entsprechende Menge anderer Fette auf 100 kg Getreideerzeugnisse und/oder Stärken.
Albertkeks enthält mindestens 9,9 kg praktisch wasserfreie Fette oder eine entsprechende Menge anderer Fette auf 100 kg Getreideerzeugnisse und/oder Stärken.
Butterkeks enthält mindestens 10 kg Butter oder entsprechende Mengen Butterreinfett oder Butterfett auf 100 kg Getreideerzeugnisse und/oder Stärken.
Spekulatius ist eine gewürzte oder nicht gewürzte Gebildbackware.
b) Kräcker
Kräcker sind ein flaches, kleinstückiges oder mäßig großes, fetthaltiges, infolge von Walz- und Falzvorgängen meist blättriges Gebäck, das zuweilen gesalzen oder mit Salz bestreut wird.

2. *Laugendauergebäcke*
Laugendauergebäcke sind knusprige Backwaren mit einem Feuchtigkeitsgehalt bis zu 12 Prozent. Die Außenseite des geformten Teiges wird vor dem Backen mit wässriger Natronlauge[9] behandelt. Dies verleiht den Gebäcken ihre charakteristischen Eigenschaften wie Beschaffenheit der Außenschicht (Farbe, Konsistenz oder Kruste) und Geschmack. Die Gebäcke besitzen meist Brezel- oder Stangenform. Sie können mit Salz und/oder Gewürzen und/oder Ölsamen bestreut sein.
3. *Lebkuchen*
a) Begriffsbestimmungen
Lebkuchen sind süße gewürzte Erzeugnisse mit oder ohne Oblatenunterlage, die aus Massen oder Teigen gebacken werden.
aa) Massen im Sinne von a) werden aus Getreideerzeugnissen und/oder Stärken und anderen Zutaten (vgl. Buchst. b) in unterschiedlichen Mengen durch Schlagen, Rühren, Mischen und/oder „Rösten" hergestellt. Die anderen Zutaten überwiegen insgesamt gegenüber Getreideerzeugnissen oder Stärken. Die Massen, chemisch und/oder physikalisch gelockert, sind schaumartig oder weich bis dickflüssig.
bb)Teige im Sinne von a) werden aus Getreideerzeugnissen und/oder Stärken sowie anderen Zutaten durch Mischen und Kneten hergestellt. Die Teige, biologisch, chemisch und/oder physikalisch gelockert, sind elastisch bis plastisch formbar.
Lebkuchen kommen in vielen Formen vor. Sie können überzogen, belegt, bestreut, verziert, glasiert oder gefüllt sein.
b) Zutaten
Lebkuchen enthalten:
aa) – Getreideerzeugnisse und/oder Stärken,
– Zuckerarten und/oder Honig, Invertzuckerkrem[7],
– Gewürze und/oder Aromen, die ausschließlich natürliche Aromastoffe enthalten. Vanillin kann zur Geschmacksabrundung verwendet werden. Rübensirup – außer bei Gewürzprinten (vgl. Nummer 3 c bb) – und Melassen werden nicht verwendet.
bb) Als weitere Zutaten werden je nach Art der Lebkuchen verwendet:
Mandeln, Haselnüsse, Walnüsse und andere Ölsamen im Sinne der Leitsätze für Ölsamen und daraus hergestellte Massen und Süßwaren und deren Rohmassen, ausgenommen Erdnusskerne sowie Erzeugnisse aus Erdnüssen und Kokosnüssen. Außerdem Hühnerei, Milcherzeugnisse, Zubereitungen aus Früchten oder Fruchterzeugnissen, Malzextrakt.
cc) Zum Überziehen und/oder Glasieren dienen Schokoladearten und Zuckerglasuren (als Eiweiß- oder Wasserglasuren). Zum Verzieren oder Belegen werden ganze oder zerkleinerte Ölsamen (Abschnitt bb) oder verarbeitete Obsterzeugnisse sowie Zuckerarten und Zuckerwaren verwendet. Bei Verwendung von naturidentischen Aromastoffen in Zuckerglasuren und Zuckerwaren wird auf natürliche Rohstoffe und traditionelle Herstellung nicht hingewiesen.
dd) Speisefette und Speiseöle werden nicht verwendet; bei Braunen Lebkuchen ist die Verarbeitung geringer Mengen möglich.
c) Lebkuchenarten
aa) Auf Oblaten gebackene Lebkuchen
Auf Oblaten gebackene Lebkuchen sind Lebkuchen aus Massen, die auf Oblaten aufgetragen (gestrichen oder dressiert) und nach leichter Oberflächentrocknung gebacken werden.
Mit Schokoladearten verwechselbare Überzüge werden nicht verwendet.

---

[7] *Früher „Kunsthonig".*
[9] *Anlage 4 Teil A der Zusatzstoff-Zulassungsverordnung vom 29. Januar 1998 (BGBl. I S. 230, 231) in der jeweils geltenden Fassung.*

- *Oblaten-Lebkuchen*
  Sie enthalten in der Masse mindestens 7 Prozent Ölsamen, von denen mindestens die Hälfte aus Mandeln und/oder Haselnuss- und/oder Walnusskernen besteht. Ölsamen, die der Verzierung dienen, werden dem Ölsamenanteil der Masse nach Satz 1 nicht zugerechnet.
- *Feine Oblaten-Lebkuchen*
  Feine Oblaten-Lebkuchen enthalten in der Masse mindestens 12,5 Prozent Mandeln und/oder Haselnuss- und/oder Walnusskerne. Es können auch Mischungen mit anderen Ölsamen verarbeitet werden. Der Ölsamenanteil beträgt dann mindestens 14 Prozent; ein Anteil von 7 Prozent Mandeln und/oder Haselnuss- und/oder Walnusskernen wird nicht unterschritten.
- *Haselnuss-Lebkuchen, Walnuss-Lebkuchen, Nuss-Lebkuchen*
  Diese Bezeichnungen erfordern einen Gehalt von mindestens 20 Prozent Haselnuss- und/oder Walnusskernen und/oder Mandeln in der Masse. Dabei überwiegt der namengebende Nusskernanteil. Andere Ölsamen werden nicht verwendet.
  Die Masse enthält höchstens 10 Prozent Getreideerzeugnisse oder 7,5 Prozent Stärken oder eine entsprechende Mischung.
- *Feinste Oblaten-Lebkuchen*
  Feinste Oblaten-Lebkuchen werden unter der Verkehrsbezeichnung *Elisenlebkuchen* oder anderen auf höchste Qualität hinweisenden Bezeichnungen, wie *Oblaten-Lebkuchen extra fein, Oblaten-Lebkuchen Spitzenqualität, Oblaten-Lebkuchen edel,* in den Verkehr gebracht. Die Masse enthält mindestens 25 Prozent Mandeln und/oder Haselnuss- und/oderWalnusskerne. Andere Ölsamen werden nicht verwendet.
  Die Masse enthält höchstens 10 Prozent Getreideerzeugnisse oder 7,5 Prozent Stärken oder eine entsprechende Mischung.
- *Mandel-Lebkuchen, Marzipan-Lebkuchen, Makronen-Lebkuchen*
  Diese Bezeichnungen erfordern eine Zusammensetzung wie bei „Feinste Oblaten-Lebkuchen" (Buchstabe c aa, 4. Spiegelstrich), wobei der Mandelanteil gegenüber dem Nusskernanteil überwiegt.
- *Weiße Lebkuchen*
  Weiße Lebkuchen enthalten in der Masse mindestens 15 Prozent Vollei und/oder eine entsprechende Menge Eiprodukte oder Milcheiweißerzeugnisse und nicht mehr als 40 Prozent Getreideerzeugnisse und/oder Stärken. Die Verwendung von Ölsamen ist möglich.
  Weiße Lebkuchen werden nur in rechteckiger Form hergestellt und sind weder glasiert, überzogen noch gefüllt.
  Zum Verzieren (Belegen) werden Mandeln und/oder Zitronat und/oderOrangeat verwendet.

bb) *Braune Lebkuchen*
Braune Lebkuchen werden aus Teig ausgeformt, ausgestochen oder geschnitten und nicht auf Oblatenunterlage gebacken. Sie enthalten auf 100 kg Getreideerzeugnisse und/oder Stärken mindestens 50 kg Zuckerarten. Sie werden ohne oder mit Ölsamen hergestellt.
Braune Lebkuchen ohne qualitätshervorhebende oder ohne auf Ölsamen hindeutende Hinweise können bis zu 3 kg zugesetztes Fett (Nummer 3b dd) enthalten, bezogen auf 100 kg Getreideerzeugnisse und/oder Stärken.

- *Feine Braune Lebkuchen*
  Feine Braune Lebkuchen enthalten mindestens 10 Prozent Mandeln und/oder Haselnuss- und/oder Walnusskerne und/oder andere Ölsamen im Teig und/oder als Auflage.
  Sie können bis zu 1,5 kg zugesetztes Fett enthalten, bezogen auf 100 kg Getreideerzeugnisse und/oder Stärken. Hiervon unberührt bleiben sonstige Anforderungen bei einzelnen Lebkuchenarten.

- *Feinste Braune Lebkuchen*
  Feinste Braune Lebkuchen oder Braune Lebkuchen mit qualitätshervorhebenden Bezeichnungen, wie *Braune Lebkuchen extra fein, Braune Lebkuchen Spitzenqualität, Braune Lebkuchen edel*, enthalten im Teig und/oder als Auflage mindestens 20 Prozent Mandeln und/oder Haselnuss-und/oder Walnusskerne, jedoch keine anderen Ölsamen und kein zugesetztes Fett.
  Hiervon unberührt bleiben sonstige Anforderungen bei einzelnen Lebkuchenarten.
- *Braune Mandel-Lebkuchen, Braune Nuss-Lebkuchen*
  So bezeichnete Braune Lebkuchen erfüllen die Anforderungen für Feinste Braune Lebkuchen. Es überwiegt jeweils der namengebende Ölsamenanteil.
- *Honig-Lebkuchen, Honigkuchen*
  Honig-Lebkuchen, auch Honigkuchen genannt, sind Braune Lebkuchen, bei denen mindestens die Hälfte des Gehaltes an Zuckerarten aus Honig stammt. Der andere Teil kann auch aus Invertzuckerkrem[7] stammen.
- *Dominosteine*
  Dominosteine sind etwa bissengroße Würfel aus einer oder mehreren Schichten Braunen Lebkuchens und einer Lage oder mehreren Lagen von Zubereitungen, z. B. aus Fruchtmark, Marzipan oder Persipan, nicht aber aus Fondantmasse oder -krem; sie sind mit Schokoladearten überzogen.
  Feine Dominosteine oder *Dessert-Dominosteine* enthalten außer einer oder mehreren Schichten Braunen Lebkuchens (Nummer 3 c bb) mindestens eine Lage aus Zubereitungen aus Früchten oder Fruchterzeugnissen und mindestens eine Lage aus Marzipan oder Persipan.
  Bei *Feinste Dominosteine* bestehen die Lagen ausschließlich aus Zubereitungen aus Früchten oder Fruchterzeugnissen und Marzipan im Sinne der Leitsätze für Ölsamen und daraus hergestellte Massen und Süßwaren.
- *Printen*
  Printen sind knusprig-harte oder auch saftig-weiche Braune Lebkuchen. Es sind meist rechteckige Stücke, jedoch sind auch platten- oder gebildartige Formen üblich. Kennzeichnend sind die sensorisch deutlich wahrnehmbare Mitverwendung ungelöst gebliebener brauner Kandiszuckerkrümel und eine typische Würzung.
  Auf 100 kg Getreideerzeugnisse enthalten sie mindestens 80 kg Zuckerarten, berechnet als Trockenmasse. Rohzucker wird nicht verwendet. Bei *Gewürzprinten* wird zuweilen ein Teil des Zuckers durch Rübensirup ersetzt.
  Bei Printen werden als Ölsamen im Teig und/oder als Auflage in Überzügen nur Mandeln und/oder Haselnuss-und/oder Walnusskerne verwendet.
  Bei Verarbeitung von Ölsamen werden diese vorwiegend als Auflage in ganzer oder zerkleinerter Form, eingebettet in Überzügen, verwendet. Insbesondere Figurenprinten werden auch mit ganzen oder halben Ölsamen dekoriert.
  Mit Schokoladearten verwechselbare Überzüge werden nicht verwendet.
  Feine Printen haben einen vollständigen und gut deckenden Überzug ausschließlich aus Schokoladearten. Der Anteil des Überzugs beträgt mindestens 25 Prozent, bezogen auf das Gesamtgewicht des fertigen Gebäckstückes.
  Feinste Printen haben darüber hinaus einen Olsamenanteil von mindestens 15 Prozent, bezogen auf den Gebäckkörper, eingearbeitet und/oder als Auflage. Mit einer Marzipan-oder Nugatschnitte belegte „feinste" Printen weisen üblicherweise keinen vollständig deckenden Überzug aus Schokoladearten auf.
- *Spitzkuchen*
  Spitzkuchen sind etwa bissengroße, mit Schokoladearten überzogene, gefüllte oder ungefüllte Stücke aus Braunen Lebkuchen mit meist dreieckiger oder viereckiger Grundfläche.
  Mit Schokoladearten verwechselbare Überzüge werden nicht verwendet.

[7] *Früher „Kunsthonig".*

Feine Spitzkuchen enthalten zerkleinerte Früchte oder Zubereitungen aus Früchten oder Fruchterzeugnissen im Teig oder als Füllung. Sie sind vollständig mit Schokoladearten überzogen.
Feinste Spitzkuchen haben darüber hinaus eine gut deckende Auflage aus zerkleinerten Mandeln und/oder Haselnuss- und/oder Walnusskernen. Die Auflage ist in Schokoladearten eingebettet und damit vollständig überzogen.

- *Lebkuchen-Herzen, Lebkuchen-Brezeln, Lebkuchen-Sterne*
  Diese und andere figürliche Formen Brauner Lebkuchen – auch als Bunte Mischung – sind Braune Lebkuchen (Nummer 3 c bb, 1.–4. Spiegelstrich) und entsprechen den an die einzelnen Lebkuchenarten gestellten Anforderungen, wenn sie so bezeichnet werden.
- Traditionelle Lebkuchenarten, wie *Pfeffernüsse, Pflastersteine, Magenbrot* oder *Alpenbrot*
  Dicke oder hohe Lebkuchen (Frühstückslebkuchen, z. B. holländischer und Braunschweiger Art), entsprechen den Anforderungen für Braune Lebkuchen.

4. *Backoblaten*
   Backoblaten, auch *Oblaten* genannt, sind dünne, blattartige, meist weiß aussehende Erzeugnisse, die aus einer flüssigen Masse aus Weizenmehl und/oder Stärken und Wasser zwischen erhitzten Flächen gebacken werden.

5. Waffeldauergebäck
   Waffelblätter werden aus einer meist flüssigen, dünnen Masse zwischen erhitzten Flächen gebacken. Abhängig von der Zusammensetzung des Teiges können die Waffelblätter in heißem Zustand biegsam sein. Für die Weiterverarbeitung werden sie meist geschnitten oder ausgestanzt. Hinsichtlich ihrer Gestalt unterscheidet man zwischen Flach- und Formwaffeln, auch in Gebildform. Sie gelangen ungefüllt oder gefüllt in den Verkehr.
   a) *Ungefüllte Waffeln* sind teils zum unmittelbaren Genuss, teils zum späteren Füllen, z. B. mit Speiseeis, bestimmt.
   b) Bei *gefüllten Waffeln* wird die Füllung, die in manchen Fällen nur eine dünne Schicht bildet, zwischen Waffelblätter eingebracht oder in Hohlwaffeln eingefüllt. Für besondere Arten gefüllter Waffeln ist auch die Verkehrsbezeichnung *Oblaten*, jedoch nur in Verbindung mit einer Ortsangabe, üblich.
6. *Zwieback*
   Zwieback ist ein durch zweimaliges Erhitzen meist unter Verwendung von Hefe hergestelltes knuspriges Gebäck.
   Nährzwieback enthält auf 100 kg Getreidemehl 10 kg Butter und 10 kg Vollei oder die entsprechende Menge Eigelb und als Anteigflüssigkeit nur Vollmilch[6]. Anstelle von Vollmilch können Milcherzeugnisse mit entsprechenden Mengen Milchtrockenmasse, die der Zusammensetzung der Vollmilchtrockenmasse entspricht, verwendet werden.
7. Dauerbackwaren besonderer Art
   a) *Russisch-Brot, Patience-Gebäck*
   Russisch-Brot, Patience-Gebäck ist ein zu Buchstaben, Zahlen oder ähnlichen Gebilden geformtes, knuspriges Gebäck. Es wird aus einer schaumigen, dickflüssigen Masse mit Eiweiß und Zuckerarten ohne Zusatz von Fett hergestellt. Ein Zusatz von Getreide, Getreideerzeugnissen und/oder Stärke ist üblich.
   b) *Baiser*
   Baiser wird aus Saccharose und/oder anderen Zuckerarten und mindestens 20 Prozent Hühnereiklar durch Trocknen hergestellt.

---

[6] Artikel 3 Abs. 1 Buchstabe b der Verordnung (EG) Nr. 2597/97 des Rates zur Festlegung ergänzender Vorschriften für die gemeinsame Marktorganisation für Milch und Milcherzeugnisse hinsichtlich Konsummilch vom 18. Dezember 1997 (ABl. EG Nr. L 351 S. 13 in Verbindung mit § 2 Nr. 5 der Milchverordnung in der Fassung der Bekanntmachung vom 20. Juli 2000 (BGBl. I S. 1178) in den jeweils geltenden Fassungen.

8. *Biskuit*
Biskuit wird unter Verwendung von Getreideerzeugnissen und/oder Stärken, Zuckerarten und Vollei oder entsprechenden Volleiprodukten hergestellt. Der Volleianteil beträgt mindestens 66,7 Prozent des Gewichts an Getreideerzeugnissen und/oder Stärken. Eiaustauschstoffe werden nicht verwendet. Der Masse wird kein Fett zugesetzt.
Eibiskuit und andere hervorhebende Qualitätsbezeichnungen erfordern den doppelten Eigehalt, bezogen auf den Anteil an Getreideerzeugnissen und/oder Stärken.
Mit Schokoladearten verwechselbare Überzüge werden bei Feinen Backwaren, die mit der Bezeichnung „Biskuit" in den Verkehr gebracht werden, nicht verwendet.
9. *Makronengebäcke*
Makronengebäcke werden aus zerkleinerten Mandeln oder anderen eiweißreichen Ölsamen (ausgenommen Erdnusskerne) oder den entsprechenden Rohmassen sowie aus Zucker und Eiklar (bisweilen außerdem Eigelb) hergestellt. Ein Zusatz von Getreideerzeugnissen und/oder Stärken ist außer bei Kokosmakronen nicht üblich. Nur Mandel- und Marzipanmakronen tragen auch die alleinige Bezeichnung *Makronen*, alle anderen Makronengebäcke werden entsprechend der Art der verwendeten Ölsamen oder Rohmassen bezeichnet.
   a) Zur Herstellung von *Mandelmakronen* und *Marzipanmakronen* werden zerkleinerte süße Mandeln, Marzipanrohmasse oder Makronenmasse verwendet.
   b) Zur Herstellung von *Nussmakronen, Haselnussmakronen* bzw. *Walnussmakronen* werden zerkleinerte Haselnuss- oder Walnusskerne oder Nussmakronenmasse verwendet.
   c) Zur Herstellung von *Persipanmakronen* werden geschälte Aprikosenkerne[10], geschälte Pfirsichkerne[10], geschälte entbitterte bittere Mandeln[10] – jeweils zerkleinert –, Persipanrohmasse, Persipan und/oder Persipanmakronenmasse verwendet.
   d) Zur Herstellung von *Kokosmakronen* werden Kokosraspel verwendet. Ein Zusatz von Mehlen und/oder Stärken beträgt höchstens 3 Prozent der Masse.

Mit Schokoladearten verwechselbare Überzüge werden für Erzeugnisse nach a) und b) nicht verwendet.
10. *Florentiner*
Florentiner sind ein knuspriges, flaches Mandel- oder Nussgebäck mit meist braunem Rand und hellerem Innern; es können auch Früchte oder Fruchtbestandteile oder Honig zugesetzt werden. Bei der Herstellung werden außer fein gehackten oder gehobelten Mandeln und/oder Nusskernen, Zuckerarten, Fette, auch Milch (auch als Milchpulver oder in Form von anderen Milcherzeugnissen) verwendet. Der Mehlanteil beträgt nicht mehr als 5 Prozent, bezogen auf Masse außer der Schokoladeüberzugsmasse. Zum Überziehen dienen nur Schokoladearten. Mit Schokoladearten verwechselbare Überzüge werden nicht verwendet.
11. *Nussknacker*
Nussknacker sind ein flaches Nussgebäck mit ganzen oder auch sehr grob gehackten Nusskernen mit meist braunem Rand und hellerem Innern, die auch auf Mürbeteigböden mit Rand gebacken werden. Bei der Herstellung werden außer Nusskernen Zuckerarten, Fette auch Milch (auch als Milchpulver oder in Form von anderen Milcherzeugnissen) verwendet. Der Mehlanteil betragt nicht mehr als 5 Prozent, bezogen auf Masse außer der Schokoladeüberzugsmasse. Zum Überziehen dienen nur Schokoladearten. Mit Schokoladearten verwechselbare Überzüge werden nicht verwendet.

---
[10] *Auf die Leitsätze für Ölsamen und daraus hergestellte Massen und Süßwaren vom 27. Januar 1965 (Beilage zum BAnz. Nr. 101 vom 2. Juni 1965) in der jeweils geltenden Fassung wird hingewiesen.*

Einteilung von Brot und Kleingebäck in Gruppen und Untergruppen

Weizenbrot (mind. 90 % Weizen)	Weizenmischbrot von 51 % bis 89 % Weizen	Roggenmischbrote von 51 % bis 89 % Roggen
Weizen-(mehl-)brot	Weizenmischbrot	Roggenmischbrot
Weizen-(mehl-)brot mit Fett und Zucker	Weizenmischtoastbrot	Roggenmischtoastbrot
Weizentoastbrot	Weizenmischbrot mit Schrotanteilen	Roggenmischbrot mit Schrotanteilen
Weizenbrot mit Schrotanteilen	Weizenmischtoastbrot mit Schrotanteilen	Roggenmischtoastbrot mit Schrotanteilen
Weizenbrot mit Schrotanteilen sowie mit Fett und Zucker	Weizen-Roggenschrotbrot	Roggen-Weizenschrotbrot
Weizentoastbrot mit Schrotanteilen	Weizen-Roggenschrottoastbrot	Roggen-Weizenschrottoastbrot
Weizenschrotbrot (auch Grahambrot)	Weizen-Roggenvollkornbrot	Roggen-Weizenvollkornbrot
Weizenschrottoastbrot		
Weizenvollkornbrot		

Roggenbrote (mind. 90 % Roggen)

Roggen-(mehl-)brot

Roggentoastbrot

Roggenbrot mit Schrotanteilen

Roggentoastbrot mit Schrotanteilen

Roggenschrotbrot

Roggenschrottoastbrot

Roggenvollkornbrot

Spezialbrote

mit besonderen Getreidearten

Dreikornbrot

Vierkornbrot

Fünfkornbrot

Gerstebrot

Haferbrot

Maisbrot

Reisbrot

Hirsebrot

Buchweizenbrot

mit besonderen Zugaben pflanzlichen Ursprungs

Weizenkeimbrot

Malzbrot

Leinsamenbrot

Sojabrot

Rosinenbrot

Gewürzbrot

Kleiebrot

mit besonderen Zugaben tierischen Ursprungs

Milchbrot

Milcheiweißbrot

Sauermilchbrot

Joghurtbrot

Kefirbrot

Quarkbrot

Butterbrot

Molkebrot

mit besonderen Backverfahren

Holzofenbrot

Steinofenbrot

Dampfkammerbrot

Gersterbrot

Pumpernickel

Knäckebrot

mit verändertem Nährwert

Eiweißangereichertes Brot

Kohlenhydratvermindertes Brot

Ballaststoffangereichertes Brot

Diätetische Brote

Eiweißarmes Brot

Glutenfreies (Gliadinfreies) Brot

Diabetiker-Brot

Streng natriumarmes (kochsalzarmes) Brot

Vitaminisierte Brote

Brote als Getreide-Extrudate

Flachbrotextrudate

Mehltypen-Regelung, gültig ab 1. Februar 1992

Mahlerzeugnis Gruppe	Mahlerzeugnis Benennung	Kurzzeichen	Type	Mineralstoffgehalt in g je 100 g Trockenmasse[4] Mindestwert	Höchstwert	Siebrückstand in %[1] auf Siebboden[2] Maschenweite, mm 0,8	0,5	0,315	0,224	0,16
Mehl	Weizenmehl	WM	405	–	0,50					
			550	0,51	0,63					
			812	0,64	0,90					
			1050	0,91	1,20					
			1600	1,21	1,80					
	Durum-Weizenmehl	DWM	1600	1,55	1,85					
	Dinkelmehl	DM	630	–	0,70					
			812	0,71	0,90					
			1050	0,91	1,20					
	Roggenmehl	RM	815	–	0,90					
			997	0,91	1,10					
			1150	1,11	1,30					
			1370	1,31	1,60					
			1740	1,61	1,80					
Backschrot	Weizenbackschrot	WBS	1700	–	2,10					
	Roggenbackschrot	RBS	1800	–	2,20					
Vollkornmehl[3]	Weizenvollkornmehl	WVM	–	–	–					
	Dinkelvollkornmehl	DVM	–	–	–					
	Roggenvollkornmehl	RVM	–	–	–					
Vollkornschrot[3]	Weizenvollkornschrot	WVS	–	–	–					
	Dinkelvollkornschrot	DVS	–	–	–					
	Roggenvollkornschrot	RVS	–	–	–					
Grieß	Weizengrieß	WG	–	–	–	0	–	≧ 25	≧ 90	–
Dunst	Weizendunst	WD	–	–	–	–	0	< 25	–	≧ 90

[1] Massenanteil.
[2] Drahtsiebboden nach DIN 4188 Teil 1.
[3] Vollkornmehl und Vollkornschrot müssen die gesamten Bestandteile der gereinigten Körner einschließlich des Keimlings enthalten. Die Körner dürfen vor der Verarbeitung von der äußeren Fruchtschale befreit sein.
[4] Bei den Grenzwerten handelt es sich um gemessene Werte unter Einschluss der methodisch bedingten Fehlertoleranzen.

Mehlprüfung – Roggen/ Hefebackversuch

Backwert 1: Kruste vollkommen abgebacken, Krume ohne Lockerung, zum Klitsch zusammengesessen, starker Auswuchsbesatz.

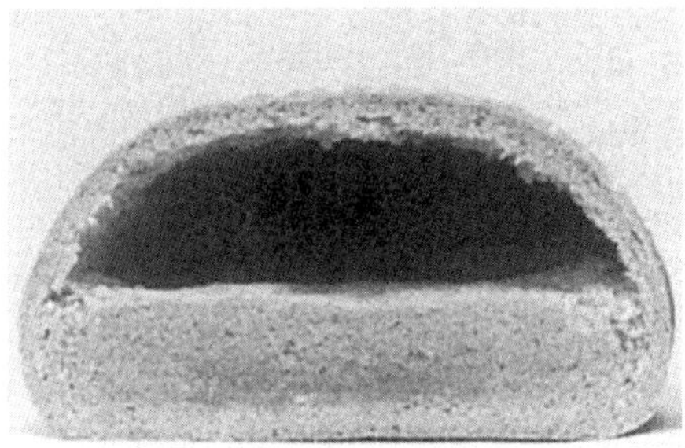

Backwert 2: Kruste abgebacken, Krume zeigt etwas Lockerung, besteht aber in der Hauptsache noch aus Klitsch, Auswuchsbesatz noch sehr beträchtlich.

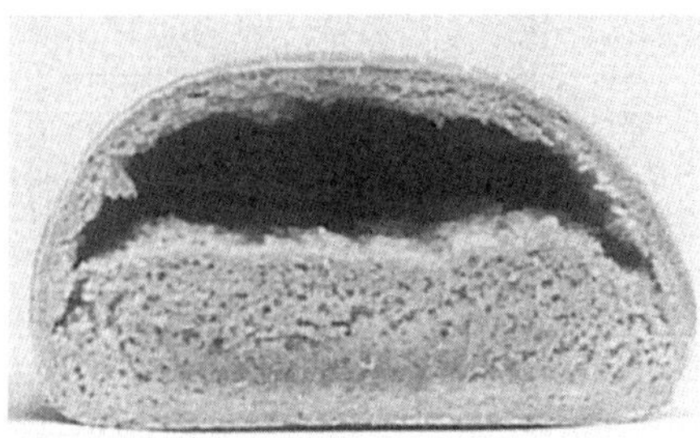

Backwert 3: Kruste abgebacken, Krume gelockert, jedoch mit kräftigem Wasserstreifen, Auswuchsbesatz vorhanden.

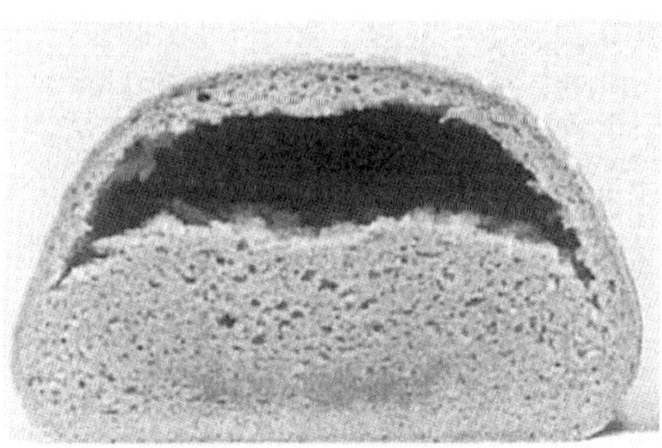

Siehe Backversuch Nr. 9, Seite 204 f.: „Backversuch (mit Salz und ohne Säure)".

Backwert 4: Kräftiger Krumenriß, Krume gelockert, mit Anzeichen von Wasserstreifen am Boden. Auswuchsbesatz gering.

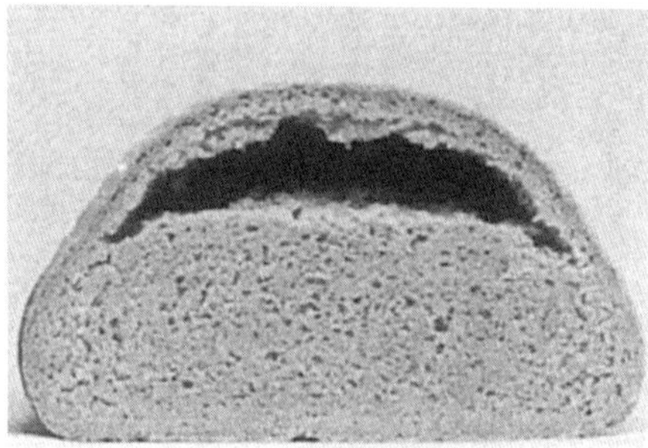

Backwert 5: Krumenriss, Krume gelockert, ohne Wasserstreifen.
Kaum Auswuchsbesatz.

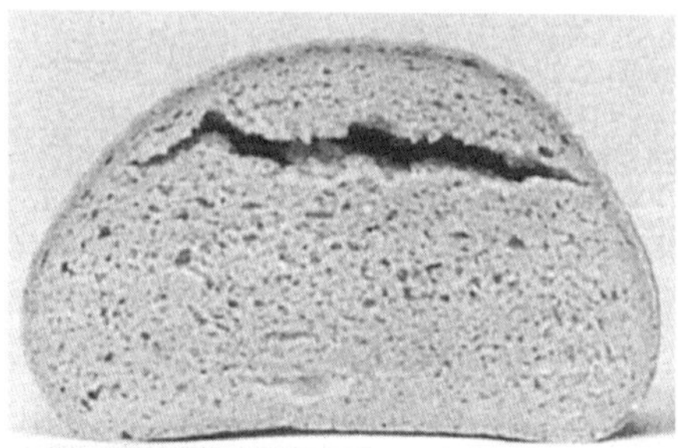

Backwert 6: Krume vollkommen gelockert, ohne Riss, gelegentlich sogar mit einer gewissen Elastizität.
Kein Auswuchs.

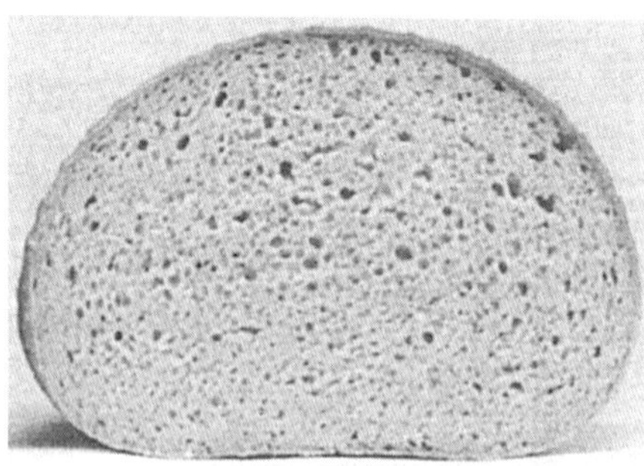

Siehe Backversuch Nr. 9, Seite 204 f.: „Backversuch (mit Salz und ohne Säure)".

Längsschnitt durch ein Weizenkorn

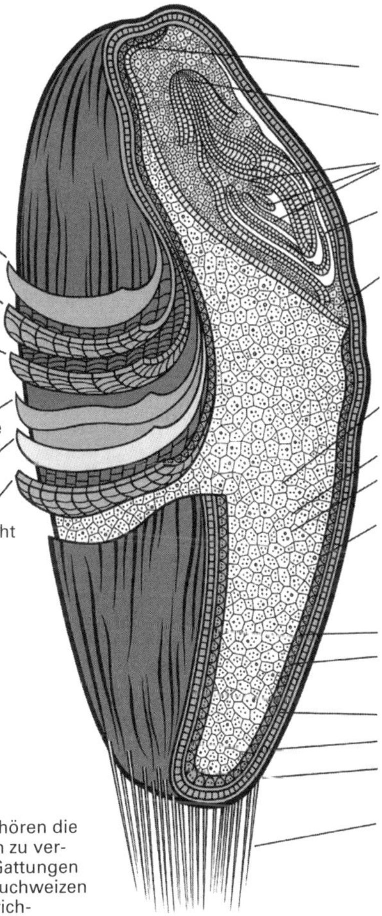

Botanisch gehören die Getreidearten zu verschiedenen Gattungen der Gräser. Buchweizen ist ein Knöterichgewächs.

Die Schale ist reich an Eiweiß, Fett, Mineralstoffen, B-Vitaminen und Ballaststoffen (Rohfaser).

Weltgetreideerzeugung

Ungefähre Anteile der Getreidearten in %

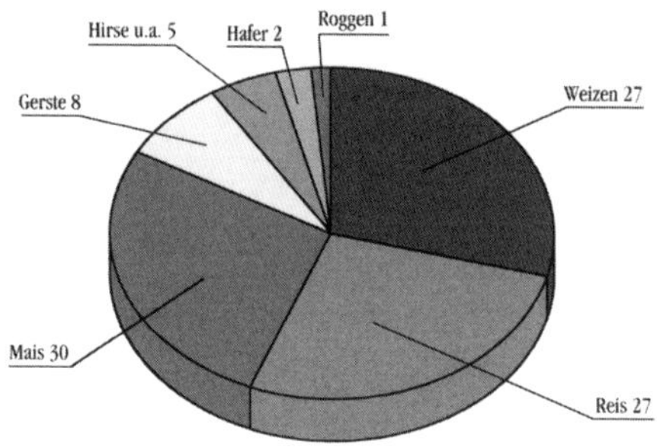

Verwendet werden bei uns überwiegend Weizen und Roggen, vereinzelt auch Gerste, Hafer, Mais, Hirse und selten Buchweizen.

Übersicht über das Brotgetreide und andere Getreidearten sowie Beschreibungen

Weizen

Roggen

Gerste

Hafer

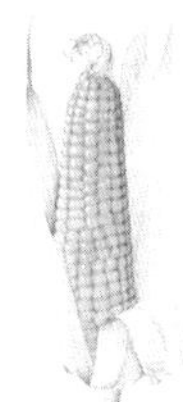

Mais

Reis

Buchweizen

Rispenhirse

Kolbenhirse

Buchweizen: Die Pflanze gehört zur Familie der Knöterichgewächse. Weil ihre Samen Ähnlichkeit mit Weizenkörnern haben, trägt sie den Namen Buchweizen. Da Buchweizenmehl keine Backfähigkeit besitzt, dient es nur zur Bereitung von Suppen, Breien und Pfannkuchen. Die mittlere Zusammensetzung von geschältem Buchweizen beträgt: Wasser 12,8 %, Eiweißstoffe 9,8 %, Rohfett 1,7 %, Kohlenhydrate 72,4 %, Rohfaser 1,6 %, Mineralstoffe 1,7 %.

Dinkel/Grünkern: Auch Spelt oder Spelz, aus einer Kreuzung von Emmer und Zwergweizen stammende Kulturform eines Getreides, das nach der Klimaverschlechterung in der Bronzezeit um etwa 800 v. Chr. das führende Getreide in Mitteleuropa wurde und im Oberrheingebiet noch heute angebaut wird. Die in der Milchreife geernteten und gedörrten Körner heißen Grünkern und dienen zur Bereitung von Suppen.

Einkorn: Aus Wildformen in Asien und Europa um 3000 v. Chr. kultiviertes Getreide, das in der Steinzeit weit verbreitet war und in der Bronzezeit seltener wurde.

Emmer: Etwa um 5000 v. Chr. vermutlich in Babylonien oder weiter östlich aus dem Wildemmer gezüchtetes Getreide. Es war bis nach Abessinien, Nordafrika und Mitteleuropa verbreitet. In seinem Ursprungsland blieb es bis ins 6. Jh. v. Chr. das wichtigste Getreide.

Gerste: Getreideart, deren Kulturformen bereits um 4000 v. Chr. entstanden. Das Mehl ist nicht backfähig und fand nur in Notzeiten als Streckungsmittel in der Bäckerei Verwendung. Gerste ist Hauptrohstoff der Bierbrauerei, Futtermittel und Nährmittel (Graupen). Die mittlere Zusammensetzung von Gerste ohne Spelzen beträgt: Wasser 11,6 %, Kohlenhydrate 71,8 %, Eiweiß 10,6 %, Mineralstoffe 2,3 %, Rohfett 2,1 %, Rohfaser 1,6 %.

Hafer: Getreideart, die in den Steppen Westasiens, Nordafrikas und Osteuropas wild wächst und in Nordeuropa kultiviert wird. Hafermehl ist nicht backfähig. Hafer dient als Futtermittel und zur Herstellung von Nährmitteln (Haferflocken). Die mittlere Zusammensetzung von Hafer ohne Spelzen beträgt: Wasser 13,0 %, Eiweiß 12,6 %, Rohfett 7,1 %, Kohlenhydrate 62,8 %, Rohfaser 1,6 %, Mineralstoffe 2,9 %.

Hirse: Allgemeine Bezeichnung für mehrere der ältesten Kulturgräser. Von diesen waren die Rispen- und die Kolbenhirse auch in Europa verbreitet. Zurzeit ist die Mohrenhirse (Durrha) eine in Afrika weit verbreitete Getreideart. Hirsebrei spielt dort eine große Rolle in der Ernährung der einheimischen Bevölkerung. Das Mehl der Hirse ist nicht backfähig. Ihre mittlere Zusammensetzung beträgt: Wasser 12,1 %, Kohlenhydrate 70,7 %, Eiweiß 10,6 %, Mineralstoffe 1,6 %, Rohfett 3,9 %, Rohfaser 1,1 %.

Mais: Neben Reis und Weizen wichtigstes Getreide, stammt aus Amerika. Aus 2 Ursprungsformen (Zahn- und Hartmais) mit zahlreichen Zuchtformen heute in heißen und gemäßigten Zonen der Welt angebaut (sogar in Skandinavien). Anbau auf demselben Standort mehrere Jahre nacheinander möglich. Entzieht dem Boden mehr Nährstoffe, die Körner enthalten aber weniger Eiweiß als die anderen Getreidearten. Die gelben, weißen oder roten Körner sitzen im Kolben auf der Spindel in 8 bis 16 Reihen. Die Ernte von Körnermais ist im Oktober/November.

Reis: Getreideart, die vornehmlich in Asien angebaut wird, sehr hohe Ansprüche an die Kultur stellt, aber auch hohe Erträge liefert. Reismehl hat keine Backfähigkeit, ist wegen seines hohen Stärkeanteils aber zur Stärkegewinnung besonders geeignet. Als Bestandteil von Quellmehlen und Krempulvern hat Reismehl auch für die deutsche Bäckerei Bedeutung. Die mittlere Zusammensetzung von ungeschältem und von poliertem Reis beträgt: Wasser 13,1 %, 12,9 %; Eiweiß 7,4 %, 7,0 %; Fett 2,2 %, 0,6 %; Kohlenhydrate 75,4 %, 78,8 %; Rohfaser 0,7 %, 0,2 %; Mineralstoffe 1,2 %, 0,5 %.

Roggen: Aus Vorder- und Innerasien stammende, als Unkraut mit dem Emmer nach Europa gekommene Getreideart, die geringe Ansprüche an Boden und Klima stellt und daher zur Brotfrucht des nördlichen und östlichen Europas wurde. Roggenmehle und -schrote sind allerdings nur in gesäuerten Teigen backfähig, da die Krumenbildung mehr auf der Verkleisterung von Stärke als auf der Gerinnung von Eiweiß beruht und die Stärke im Backprozess nur durch Säure vor dem Angriff durch Amylasen geschützt werden kann.

Weizen: Getreideart, die hohe Ansprüche an Boden und Klima stellt und wegen ihres Kleberbildungsvermögens besonders gut backfähige Mehle liefert. Weizen ist das bedeutendste Brotgetreide vor allem in Europa, Nordamerika und Australien.

Verordnung über die Berufsausbildung zum Bäcker/zur Bäckerin vom 21. April 2004

Auf Grund des § 25 Abs. 1 in Verbindung mit Abs. 2 der Handwerksordnung in der Fassung der Bekanntmachung vom 24. September 1998 (BGBl. I S. 3074), der zuletzt durch Artikel 1 Nr. 26 des Gesetzes vom 24. Dezember 2003 (BGBl. I S. 2934) geändert worden ist, und § 25 Abs. 1 in Verbindung mit Abs. 2 Satz 1 des Berufsbildungsgesetzes vom 14. August 1969 (BGBl. I S. 1112), der zuletzt durch Artikel 184 Nr. 1 der Verordnung vom 25. November 2003 (BGBl. I S. 2304) geändert worden ist, jeweils in Verbindung mit Artikel 4 des Gesetzes vom 20. Juli 2000 (BGBl. I S. 1045), verordnet das Bundesministerium für Wirtschaft und Arbeit im Einvernehmen mit dem Bundesministerium für Bildung und Forschung:

§ 1 Staatliche Anerkennung des Ausbildungsberufes

Der Ausbildungsberuf Bäcker/Bäckerin wird

1. gemäß § 25 der Handwerksordnung zur Ausbildung für das Gewerbe Nummer 30 der Anlage A der Handwerksordnung und
2. gemäß § 25 des Berufsbildungsgesetzes

staatlich anerkannt.

§ 2 Ausbildungsdauer

(1) Die Ausbildung dauert drei Jahre.

(2) Auszubildende, denen der Besuch eines nach landesrechtlichen Vorschriften eingeführten schulischen Berufsgrundbildungsjahres nach einer Verordnung gemäß § 27a Abs. 1 der Handwerksordnung und § 29 Abs. 1 des Berufsbildungsgesetzes als erstes Jahr der Berufsausbildung anzurechnen ist, beginnen die betriebliche Ausbildung im zweiten Ausbildungsjahr.

§ 3 Zielsetzung der Berufsausbildung

Die in dieser Verordnung genannten Fertigkeiten und Kenntnisse sollen bezogen auf Arbeits- und Geschäftsprozesse vermittelt werden. Sie sollen so vermittelt werden, dass die Auszubildenden zur Ausübung einer qualifizierten beruflichen Tätigkeit im Sinne von § 1 Abs. 2 des Berufsbildungsgesetzes befähigt werden, die insbesondere selbständiges Planen, Durchführen und Kontrollieren sowie das Handeln im betrieblichen Gesamtzusammenhang einschließt. Die in Satz 2 beschriebene Befähigung ist auch in den Prüfungen nach den §§ 9 und 10 nachzuweisen.

§ 4 Berufsfeldbreite Grundbildung

Die Ausbildung im ersten Ausbildungsjahr vermittelt eine berufsfeldbreite Grundbildung, wenn die betriebliche Ausbildung nach dieser Verordnung und die Ausbildung in der Berufsschule nach den landesrechtlichen Vorschriften über das Berufsgrundbildungsjahr erfolgen.

§ 5 Ausbildungsberufsbild

Gegenstand der Berufsausbildung sind mindestens die folgenden Fertigkeiten und Kenntnisse:

1. Berufsbildung, Arbeits- und Tarifrecht,
2. Aufbau und Organisation des Ausbildungsbetriebes,
3. Sicherheit und Gesundheitsschutz am Arbeitsplatz,
4. Umweltschutz,
5. Umsetzen von Hygienevorschriften,
6. Umgehen mit Informations- und Kommunikationstechniken,
7. Vorbereiten von Arbeitsabläufen; Arbeiten im Team,
8. Durchführen von qualitätssichernden Maßnahmen,
9. Kundenberatung und Verkauf,
10. Handhaben von Anlagen, Maschinen und Geräten,
11. Lagern und Kontrollieren von Lebensmitteln, Verpackungsmaterialien und Betriebsmitteln,
12. Herstellen von Weizenbrot und Weizenkleingebäck,
13. Herstellen von Brot und Kleingebäck,
14. Herstellen von Feinen Backwaren aus Teigen,
15. Herstellen und Weiterverarbeiten von Massen,
16. Herstellen und Verarbeiten von Überzügen, Füllungen und Cremes,
17. Herstellen von Partykleingebäck,
18. Herstellen von Süßspeisen,
19. Entwerfen und Herstellen von Torten und Desserts,
20. Herstellen von Backwarensnacks,
21. Herstellen von kleinen Gerichten unter Verwendung frischer Rohstoffe.

§ 6 Ausbildungsrahmenplan

Die Fertigkeiten und Kenntnisse nach § 5 sollen nach der in der Anlage enthaltenen Anleitung zur sachlichen und zeitlichen Gliederung der Berufsausbildung (Ausbildungsrahmenplan) vermittelt werden.
Eine von dem Ausbildungsrahmenplan abweichende sachliche und zeitliche Gliederung des Ausbildungsinhalts ist insbesondere zulässig, soweit betriebspraktische Besonderheiten die Abweichung erfordern.

§ 7 Ausbildungsplan

Die Ausbildenden haben unter Zugrundelegung des Ausbildungsrahmenplans für die Auszubildenden einen Ausbildungsplan zu erstellen.

§ 8 Berichtsheft

Die Auszubildenden haben ein Berichtsheft in Form eines Ausbildungsnachweises zu führen. Ihnen ist Gelegenheit zu geben, das Berichtsheft während der Ausbildungszeit zu führen. Die Ausbildenden haben das Berichtsheft regelmäßig durchzusehen.

§ 9 Zwischenprüfung

(1) Zur Ermittlung des Ausbildungsstandes ist eine Zwischenprüfung durchzuführen. Sie soll vor dem Ende des zweiten Ausbildungsjahres stattfinden.

(2) Die Zwischenprüfung erstreckt sich auf die in der Anlage für das erste Ausbildungsjahr und die erste Hälfte des zweiten Ausbildungsjahres aufgeführten Fertigkeiten und Kenntnisse sowie auf den im Berufsschulunterricht entsprechend dem Rahmenlehrplan zu vermittelnden Lehrstoff, soweit er für die Berufsausbildung wesentlich ist.

(3) In höchstens vier Stunden soll der Prüfling je eine praktische Aufgabe aus den Gebieten 1 und 2 sowie eine praktische Aufgabe aus dem Gebiet 3 oder 4 bearbeiten.
Folgende Gebiete sind zu Grunde zu legen:
1. Herstellen von Weizenbrot,
2. Herstellen von Weizenkleingebäck,
3. Herstellen von Feinen Backwaren aus Teig oder Masse,
4. Herstellen von Backwarensnacks oder Partykleingebäck.

Bei der Durchführung der Aufgaben soll der Prüfling zeigen, dass er Arbeiten planen, unter sachgemäßer Verwendung von Geräten, Anlagen und Maschinen durchführen und die Ergebnisse beurteilen und kontrollieren sowie Gesichtspunkte der Hygiene, des Umweltschutzes, der Wirtschaftlichkeit, der Arbeitssicherheit, des Gesundheitsschutzes und der Kundenorientierung berücksichtigen und hierbei die Informations- und Kommunikationstechnik anwenden kann.

(4) In höchstens 150 Minuten soll der Prüfling Aufgaben schriftlich bearbeiten, die sich auf die praktischen Aufgaben beziehen. Dabei soll der Prüfling zeigen, dass er Arbeitsschritte planen, Arbeitsmittel festlegen, Rohstoffe beurteilen, Mengen bestimmen sowie lebensmittelrechtliche Vorschriften und Maßnahmen der Qualitätssicherung berücksichtigen kann.

§ 10 Gesellenprüfung, Abschlussprüfung

(1) Die Gesellenprüfung, Abschlussprüfung erstreckt sich auf die in der Anlage aufgeführten Fertigkeiten und Kenntnisse sowie auf den im Berufsschulunterricht vermittelten Lehrstoff, soweit er für die Berufsausbildung wesentlich ist.

(2) In Teil A der Prüfung soll der Prüfling in insgesamt höchstens acht Stunden vier Arbeitsaufgaben durchführen sowie während dieser Zeit in insgesamt 15 Minuten hierüber ein Fachgespräch führen.

Hierfür kommen folgende Arbeitsaufgaben in Betracht:
1. Herstellen von Sauerteigbrot,
2. Herstellen von Kleingebäck unterschiedlicher Teige und unterschiedlicher Formen,
3. Herstellen von Backwarensnacks, Partykleingebäck oder kleinen Gerichten,
4. Herstellen von Feinen Backwaren aus Teigen oder Massen,
5. Herstellen einer Torte.

Die Arbeitsaufgaben 1 bis 3 sind verpflichtend zu bearbeiten.
Von der Arbeitsaufgaben 4 und 5 ist eine zu wählen.
Durch die Durchführung der Arbeitsaufgaben und das Fachgespräch soll der Prüfling zeigen, dass er Arbeitsabläufe unter Beachtung wirtschaftlicher, technischer, ökologischer und zeitlicher Vorgaben im Hinblick auf Kundenerwartungen selbständig planen, umsetzen und präsentieren, Sicherheit, Gesundheitsschutz und Hygiene bei der Arbeit berücksichtigen, Kundenaufträge annehmen, Kunden beraten, die für die Arbeitsaufgaben relevanten fachlichen Hintergründe aufzeigen sowie die Vorgehensweise bei der Durchführung der Arbeitsaufgaben begründen kann.

(3) In Teil B der Prüfung soll der Prüfling Aufgaben aus folgenden Prüfungsbereichen schriftlich bearbeiten:
1. Warenwirtschaft und Produktionstechnik von Backwaren und kleinen Gerichten,
2. Betriebswirtschaftliches Handeln,
3. Wirtschafts- und Sozialkunde.

In den Prüfungsbereichen
1. Warenwirtschaft und Produktionstechnik von Backwaren und kleinen Gerichten
2. Betriebswirtschaftliches Handeln sind insbesondere produktbezogene Problemstellungen mit verknüpften planerischen, technologischen, mathematischen und hygienebezogenen Sachverhalten zu analysieren, zu bewerten und Lösungswege darzustellen.

Für den Prüfungsbereich Wirtschafts- und Sozialkunde kommen Aufgaben, die sich auf praxisbezogene Fälle beziehen sollen, insbesondere aus folgenden Gebieten in Betracht:
Allgemeine wirtschaftliche und gesellschaftliche Zusammenhänge aus der Berufs- und Arbeitswelt.

(4) Für Teil B der Prüfung ist von folgenden zeitlichen Höchstwerten auszugehen:

1. Warenwirtschaft und Produktionstechnik von Backwaren und kleinen Gerichten	180 Minuten,
2. Betriebswirtschaftliches Handeln	120 Minuten,
3. Wirtschafts- und Sozialkunde	60 Minuten.

(5) Innerhalb des Teils B der Prüfung sind die Prüfungsbereiche wie folgt zu gewichten:

1. Warenwirtschaft und Produktionstechnik von Backwaren und kleinen Gerichten	50 Prozent,
2. Betriebswirtschaftliches Handeln	30 Prozent,
3. Wirtschafts- und Sozialkunde	20 Prozent.

(6) Teil B der Prüfung ist auf Antrag des Prüflings oder nach Ermessen des Prüfungsausschusses in den einzelnen Prüfungsbereichen durch eine mündliche Prüfung zu ergänzen, wenn diese für das Bestehen der Prüfung den Ausschlag geben kann. Bei der Ermittlung der Ergebnisse für die mündlich geprüften Prüfungsbereiche sind die jeweiligen bisherigen Ergebnisse und die entsprechenden Ergebnisse der mündlichen Ergänzungsprüfung im Verhältnis 2 : 1 zu gewichten.

(7) Die Prüfung ist bestanden, wenn

1. im Prüfungsteil A und
2. im Prüfungsteil B

jeweils mindestens ausreichende Leistungen erbracht wurden.
In zwei der Prüfungsbereiche des Prüfungsteils B müssen mindestens ausreichende Leistungen, in dem weiteren Prüfungsbereich des Prüfungsteils B dürfen keine ungenügenden Leistungen erbracht worden sein.

§ 11 Übergangsregelung
Auf Berufsausbildungsverhältnisse, die bei Inkrafttreten dieser Verordnung bestehen, sind die bisherigen Vorschriften weiter anzuwenden, es sei denn, die Vertragsparteien vereinbaren die Anwendung der Vorschriften dieser Verordnung.

§ 12 Inkrafttreten
Diese Verordnung tritt am 1. August 2004 in Kraft.

Ausbildungsrahmenplan

für die Berufsausbildung zum Bäcker/zur Bäckerin

Abschnitt I: Berufliche Grundbildung (Bei der Verteilung der betrieblichen Ausbildungszeiten sind die Anforderungen der Zwischenprüfung zu beachten.)

Lfd. Nr.	Teil des Ausbildungsberufsbildes	Zu vermittelnde Fertigkeiten und Kenntnisse	Wochen im Ausbildungsjahr (betriebliche Werte sind einzutragen, Richtwerte in Klammern)		
			1	2	3
1	2	3	4		
1	Berufsbildung, Arbeits- und Tarifrecht (§ 5 Nr. 1)	a) Bedeutung des Arbeitsvertrages, insbesondere Abschluss, Dauer und Beendigung, erklären b) gegenseitige Rechte und Pflichten aus dem Ausbildungsvertrag nennen c) Möglichkeiten der beruflichen Fortbildung nennen d) wesentliche Teile des Arbeitsvertrages nennen e) wesentliche Bestimmungen der für den ausbildenden Betrieb geltenden Tarifverträge nennen	(während der gesamten Ausbildung zu vermitteln)		
2	Aufbau und Organisation des Ausbildungsbetriebes (§ 5 Nr. 2)	a) Aufgaben und Aufbau des ausbildenden Betriebes erläutern b) Grundfunktionen des ausbildenden Betriebes wie Einkauf, Produktion, Dienstleistung, Verkauf und Verwaltung erklären c) Beziehungen des ausbildenden Betriebes und seiner Beschäftigten zu Wirtschaftsorganisationen, Berufsvertretungen und Gewerkschaften nennen d) Grundlagen, Aufgaben und Arbeitsweise der betriebsverfassungs- und personalvertretungsrechtlichen Organe des ausbildenden Betriebes beschreiben			
3	Sicherheits- und Gesundheitsschutz am Arbeitsplatz (§ 5 Nr. 3)	a) Gefährdung von Sicherheit und Gesundheit am Arbeitsplatz feststellen und Maßnahmen zu ihrer Vermeidung ergreifen b) berufsbezogene Arbeitsschutz- und Unfallverhütungsvorschriften anwenden c) Verhaltensweise bei Unfällen beschreiben sowie erste Maßnahmen einleiten d) Vorschriften des vorbeugenden Brandschutzes anwenden; Verhaltensweisen bei Bränden beschreiben und Maßnahmen zur Brandbekämpfung ergreifen			
4	Umweltschutz (§ 5 Nr. 4)	Zur Vermeidung betriebsbedingter Umweltbelastungen im beruflichen Einwirkungsbereich beitragen, insbesondere a) mögliche Umweltbelastungen durch den Ausbildungsbetrieb und seinen Beitrag zum Umweltschutz an Beispielen erklären			

Lfd. Nr.	Teil des Ausbildungsberufsbildes	Zu vermittelnde Fertigkeiten und Kenntnisse	Wochen im Ausbildungsjahr (betriebliche Werte sind einzutragen, Richtwerte in Klammern)		
			1	2	3
1	2	3	4		
		b) für den Ausbildungsbetrieb geltende Regelungen des Umweltschutzes anwenden c) Möglichkeiten der wirtschaftlichen und umweltschonenden Energie- und Materialverwendung nutzen d) Abfälle vermeiden; Stoffe und Materialien einer umweltschonenden Entsorgung zuführen			
5	Umsetzen von Hygienevorschriften (§ 5 Nr. 5)	a) Grundsätze der Personalhygiene und der Arbeitshygiene anwenden b) Lebensmittelhygiene in den betrieblichen Abläufen anwenden c) lebensmittelrechtliche Vorschriften anwenden	(4)		
6	Umgehen mit Informations- und Kommunikationstechniken (§ 5 Nr. 6)	a) Bedeutung und Nutzungsmöglichkeiten von Informations- und Kommunikationssystemen für den Ausbildungsbetrieb erläutern b) Arbeitsaufgaben mit Hilfe von Informations- und Kommunikationssystemen bearbeiten c) Vorschriften zum Datenschutz beachten d) Daten pflegen und sichern	(3)		
7	Vorbereiten von Arbeitsabläufen; Arbeiten im Team (§ 5 Nr. 7)	a) Arbeitsaufträge erfassen b) Informationen beschaffen und nutzen, insbesondere Rezepte, Produktbeschreibungen, Fachliteratur, Kataloge sowie Herstellungsanleitungen und Gebrauchsanweisungen c) Arbeitsmaterialien zusammenstellen d) Arbeitsschritte vorbereiten e) Arbeitsaufgaben im Team planen und Sachverhalte darstellen	(3)		
8	Durchführen von qualitätssichernden Maßnahmen (§ 5 Nr. 8)	a) Ursachen von Fehlern und Qualitätsmängeln ermitteln b) zur Verbesserung von Arbeitsvorgängen im eigenen Betrieb beitragen c) Prüfarten und Prüfmittel auswählen d) Qualität von Erzeugnissen unter Beachtung vor- und nachgelagerter Arbeitsschritte sichern e) frische, vorgefertigte und fertige Erzeugnisse nach vorgegebenen Kriterien beurteilen	(2)		
9	Kundenberatung und Verkauf (§ 5 Nr. 9)	a) Kundenerwartungen im Hinblick auf Sprache, Körperhaltung, Gestik, Mimik und Kleidung beachten b) Verkaufshandlungen durchführen	(2)		

Lfd. Nr.	Teil des Ausbildungsberufsbildes	Zu vermittelnde Fertigkeiten und Kenntnisse	Wochen im Ausbildungsjahr (betriebliche Werte sind einzutragen, Richtwerte in Klammern)		
			1	2	3
1	2	3	4		
10	Handhaben von Anlagen Maschinen und Geräten (§ 5 Nr. 10)	a) Anlagen, Maschinen und Geräte pflegen und reinigen b) Anlagen, Maschinen und Geräte vorbereiten c) Anlagen, Maschinen und Geräte unter Beachtung der Sicherheitsvorschriften bedienen, insbesondere Backofen beschicken d) Fehlfunktion an Anlagen, Geräten und Maschinen erkennen und melden	(4)		
11	Lagern und Kontrollieren von Lebensmitteln, Verpackungsmaterialien und Betriebsmitteln (§ 5 Nr. 11)	a) Lagerverfahren für Rohstoffe, vorgefertigte und fertige Erzeugnisse unter Berücksichtigung von Temperatur, Licht und Feuchtigkeit festlegen und anwenden b) Arten und Eigenschaften von Lebensmitteln, insbesondere ihre wechselseitige Beeinträchtigung bei der Lagerung, berücksichtigen c) Umverpackungen lagern und entsorgen d) Verpackungsmaterialien zur Warenabgabe lagern e) Betriebsmittel lagern	(3)		
12	Herstellen von Weizenbrot und Weizenkleingebäck (§ 5 Nr. 12)	a) Zutaten auswählen und nach Rezeptur einsetzen b) Teige herstellen c) Teige nach unterschiedlichen Verfahren aufarbeiten d) Gärprozesse steuern e) Backprozesse durchführen	(12)		
13	Herstellen von Feinen Backwaren aus Teigen (§ 5 Nr. 14)	a) Blätterteig herstellen b) gefüllte und ungefüllte Teile aus Blätterteig aufmachen c) Mürbeteig herstellen und verarbeiten d) Hefeteig nach unterschiedlichen Verfahren herstellen und verarbeiten e) deutschen und dänischen Plunderteig herstellen und verarbeiten f) Backprozesse durchführen	(12)		
14	Herstellen und Weiterverarbeiten von Massen (§ 5 Nr. 15)	a) Zutaten auswählen und nach Rezeptur einsetzen b) Biskuitmassen, insbesondere Wiener Masse, anschlagen c) Massen aufstreichen, einfüllen und backen	(3)		

Lfd. Nr.	Teil des Ausbildungsberufsbildes	Zu vermittelnde Fertigkeiten und Kenntnisse	Wochen im Ausbildungsjahr (betriebliche Werte sind einzutragen, Richtwerte in Klammern)		
			1	2	3
1	2	3	4		
15	Herstellen und Verarbeiten von Überzügen, Füllungen und Cremes (§ 5 Nr. 16)	a) Aprikotur herstellen und verarbeiten b) Glasuren herstellen und verarbeiten c) Sahne aufschlagen d) Cremes herstellen e) Mandel-, Nuss-, Quark- und Mohnfüllung	(4)		

Abschnitt II: Berufliche Fachbildung (Bei der Verteilung der betrieblichen Ausbildungszeiten sind die Anforderungen der Zwischenprüfung zu beachten.)

Lfd. Nr.	Teil des Ausbildungsberufsbildes	Zu vermittelnde Fertigkeiten und Kenntnisse	Wochen im Ausbildungsjahr (betriebliche Werte sind einzutragen, Richtwerte in Klammern)			
			1	2		3
1	2	3	4			
1	Vorbereiten von Arbeitsabläufen; Arbeiten im Team (§ 5 Nr. 7)	a) Bedarf an Arbeitsmaterialien ermitteln b) Arbeitsabläufe unter Berücksichtigung insbesondere fertigungstechnischer, wirtschaftlicher und ergonomischer Gesichtspunkte planen, festlegen und vorbereiten		(2)		
		c) Aufträge und Vorgaben auf Umsetzbarkeit prüfen, Lösungen teamorientiert entwickeln d) Zeitaufwand und personelle Unterstützung festlegen e) Backzettel herstellen, Reihenfolge der Produktherstellung festlegen f) Listen zur Warenbeschaffung führen, auch unter Verwendung von Informations- und Kommunikationstechnologie			(2)	
2	Durchführen von qualitätssichernden Maßnahmen (§ 5 Nr. 8)	a) Bedeutung und Wirksamkeit qualitätssichernder Maßnahmen für den betrieblichen Ablauf beurteilen b) Prüfarten und Prüfmittel anwenden, Wareneingangskontrolle durchführen c) betriebliche Dokumentationen anlegen d) Betriebsmittel unter Berücksichtigung ihrer Wirkung auf Lebensmittel lagern	(2)			
		e) qualitätssichernde Verfahren anwenden, insbesondere Kältetechnik und Frischhalteverpackungstechnik f) Ursachen von Fehlern und Qualitätsmängeln beseitigen g) Rezepturen und Arbeitsgänge unter dem Gesichtspunkt der Qualitätssicherung prüfen				(4)

Lfd. Nr.	Teil des Ausbildungsberufsbildes	Zu vermittelnde Fertigkeiten und Kenntnisse	Wochen im Ausbildungsjahr (betriebliche Werte sind einzutragen, Richtwerte in Klammern)			
			1	2		3
1	2	3	4			
3	Herstellen von Brot und Kleingebäck (§ 5 Nr. 13)	a) Rohstoffe und Halbfabrikate für Weizen-, Weizenmisch-, Roggen-, Roggenmisch- und Spezialbrot sowie Kleingebäck auswählen, dosieren und nach vorgegebenen Rezepturen einsetzen b) Vorteige herstellen und einsetzen c) Lockerungsmittel, insbesondere Sauerteig und Hefe, einsetzen		(5)		
		d) Sauerteig nach vorgegebenen Rezepturen und Führungsarten herstellen e) Teige herstellen f) Teige in unterschiedlichen Formen, auch von Hand, aufarbeiten g) Gärprozesse steuern, insbesondere unter Berücksichtigung der Kältekonservierung			(12)	
		h) Backprozess für Weizen-, Weizenmisch-, Roggen-, Roggenmischbrot und Kleingebäck durchführen i) Vollkorn- und Schrotbrote herstellen k) Spezialbrote herstellen, insbesondere unter Verwendung anderer Getreidearten und Zusatz von Saaten				(10)
4	Herstellen von Feinen Backwaren aus Teigen (§ 5 Nr. 14)	a) Flechtgebäcke herstellen b) Mürbeteige nach unterschiedlichen Verfahren herstellen und verarbeiten c) Spritzmürbeteige rühren und dressieren d) Teegebäck aus Mürbeteig füllen, zusammensetzen und garnieren e) deutschen und französischen Blätterteig herstellen und aufarbeiten f) Backprozesse durchführen		(10)		
		g) Lebkuchenteig herstellen und aufarbeiten h) schweren Hefeteig, insbesondere für Stollen, herstellen und aufarbeiten i) nährstoff-, vitamin- und mineralstoffveränderte Backwaren herstellen				(4)
5	Herstellen und Weiterverarbeiten von Massen (§ 5 Nr. 15)	a) schwere Massen rühren, insbesondere für Sandkuchen und Kuchen mit Früchten b) Makronenmasse herstellen c) Florentiner und Nussecken herstellen d) Brandmasse herstellen e) Bienenstichmasse abrösten f) Baiser-Masse herstellen g) Massen dressieren, aufstreichen und einfüllen h) Backprozesse durchführen				(12)

Lfd. Nr.	Teil des Ausbildungsberufsbildes	Zu vermittelnde Fertigkeiten und Kenntnisse	Wochen im Ausbildungsjahr (betriebliche Werte sind einzutragen, Richtwerte in Klammern)			
			1	2		3
1	2	3	4			
6	Herstellen und Verarbeiten von Überzügen, Füllungen und Cremes (§ 5 Nr. 16)	a) Eiweißspritzglasur herstellen und verarbeiten b) frische und getrocknete Früchte sowie Gemüse zu Füllungen verarbeiten c) Sahnecreme herstellen			(3)	
		d) pikante Füllungen herstellen e) Kuvertüre auswählen, temperieren und verarbeiten f) deutsche, französische und italienische Butter- und Fettcreme herstellen				(4)
7	Herstellen von Partykleingebäck (§ 5 Nr. 17)	a) Partykleingebäck, insbesondere Salz- und Käsegebäck, aus Teigen und deren Verbindungen mit tierischen und pflanzlichen Zutaten herstellen		(3)		
		b) Pasteten mit unterschiedlichen Füllungen herstellen c) Partykleingebäck aus Brandmasse herstellen				(3)
8	Herstellen von Süßspeisen (§ 5 Nr. 18)	a) kalte, halbgefrorene oder gefrorene Süßspeisen herstellen b) süße Eierspeisen herstellen			(3)	
9	Entwerfen und Herstellen von Torten und Desserts (§ 5 Nr. 19)	a) Torten und Desserts unter Berücksichtigung von Farbe, Form, Geschmack und deren Wechselwirkung entwerfen b) Böden und Kapseln mit Füllungen zusammensetzen c) Dekortechniken ausführen, insbesondere Einstreichen, Einstreuen, Einschlagen, Riefen, Dressieren und Belegen d) Ornamente und Schriftzeichen entwerfen und herstellen e) Torten und Desserts ausgarnieren				(6)
10	Herstellen von Backwarensnacks (§ 5 Nr. 20)	a) Backwarensnacks aus Teigen mit tierischen und pflanzlichen Zutaten herstellen b) Brot und Kleingebäck belegen und garnieren		(4)		
		c) gebackene Snacks mit Auflagen und Füllungen herstellen d) Backwarensnacks entwickeln				(3)
11	Herstellen von kleinen Gerichten unter Verwendung frischer Rohstoffe (§ 5 Nr. 21)	a) süße Teigspeisen herstellen, insbesondere Strudel b) Eierspeisen herstellen c) Toastvariationen zubereiten			(3)	
		d) herzhafte Teigspeisen, insbesondere Gemüsekuchen, Zwiebelkuchen und Quiche, zubereiten e) Salatvariationen zubereiten				(3)

Lfd. Nr.	Teil des Ausbildungsberufsbildes	Zu vermittelnde Fertigkeiten und Kenntnisse	Wochen im Ausbildungsjahr (betriebliche Werte sind einzutragen, Richtwerte in Klammern)		
			1	2	3
1	2	3	4		
12	Kundenberatung und Verkauf (§ 5 Nr. 9)	a) Waren präsentieren b) Kundengespräche situationsgerecht führen c) Kunden beraten		(3)	
		d) Bäckerei-Erzeugnisse kundengerecht und transportsicher verpacken e) bei verkaufsfördernden Maßnahmen mitwirken			(3)

Quellenverzeichnis

Allgemeine Bäcker-Zeitung, Stuttgart
Betriebliche Altersvorsorge für das Bäcker- und Konditorenhandwerk
Böcker GmbH & Co. KG, Minden
Chemische Landesuntersuchungsanstalt, Karlsruhe
PKB Versicherungen, Pensionskasse des Bäckerhandwerks VVaG, PKB Lebensversicherungs-Aktiengesellschaft, Berlin
Sach- und Haftpflichtversicherung des Bäckerhandwerks VVaG, Königswinter
Süddeutsche Zucker-Aktiengesellschaft, Zentral-Laboratorium, Grünstadt
Zentralverband des Deutschen Bäckerhandwerks e. V., Bad Honnef